# 都市への給水

## W・K・バルトンの研究

平山 育男 編著
金出ミチル 訳

中央公論美術出版

本書は、独立行政法人日本学術振興会平成27年度科学研究費補助金(研究成果公開促進費)の交付金の助成による。

# はじめに

1 本書は、W・K・バルトンによる
  『The Water Supply of Towns and the Construction of Waterworks: A Practical Treatise for the Use of Engineers and Students of Engineering』（1894年）
の日本語訳と、W・K・バルトンの生涯の内、特に明治20（1887）年の来日、渡台以後の仕事について
  『解説　バルトンによる上下水道・衛生調査の全容』
としてまとめたものである。

2 原著の邦訳は、内々扉に示した
  『都市への給水と水道施設の建設：技師と学生のための実務手引』
がより正確なものとなるが、既に一般には
  『都市への給水』
として馴染みがあるため、この書名を採用した。

3 翻訳では、原著2版（1898年）を底本とし、翻訳作業は金出ミチルが当たり、平山が編集に当たった。なお、訳出では、原本の持つ独特の言い回しなども極力再現できるように取り組み、図版、注記、覚書なども忠実に記した。

4 後半の『解説　バルトンによる上下水道・衛生調査の全容』では、W・K・バルトンの全仕事を網羅することを前提として、根拠資料に基づく記載を原則とし、著述は平山が当たった。

# 目　次

はじめに

W・K・バルトン『都市への給水と水道施設の建設
技師と学生のための実務手引』…………………… 1
　　目次 …………………………………………………… 7

解　説　バルトンによる上下水道・衛生調査の全容 …… 391
　　目次 …………………………………………………… 393

訳者あとがき ……………………………………………… 575

おわりに …………………………………………………… 576

# 都市への給水と水道施設の建設
## 技師と学生のための実務手引

The Water Supply of Towns
and the
Construction of Waterworks
A Practical Treatise for the Use of
Engineers and Students of Engineering
1894

ウィリアム・キニンモンド・バルトン 著
William Kinninmond Burton

ヴァーンウィー湖(Lake Vyrnwy)貯水池(リバプール水道施設)
The Engineer誌の許可を得て掲載

# 都市への給水
# と
# 水道施設の建設

## 技師と学生のための実務手引

土木学会準会員 W・K・バルトン 著

日本国東京帝国大学衛生工学教授
東京水道改良事務所指導技師
日本国内務省衛生局技師

王立協会フェロー ジョン・ミルン教授 著
地震の水道に及ぼしうる影響に関する論文
を収録

多数の図版と挿図入り

ロンドン
クロスビー・ロックウッド・アンド・サン
7ステイショナーズ・ホール・コート、ラドゲイト・ヒル
1894

LONDON:
BRADBURY, AGNEW, & CO. LD., PRINTERS, WHITEFRIARS.

## まえがき

　本書で扱う主題のほとんどは工学の当該分野における私の実務経験に基づいており、またここで述べる結論は様々な疑問に対する念入りな研究の成果であるがゆえ、私の同志である技師たちにとって参考書としていくらか有用なものとなっていることをあえて望みたい。しかし執筆に当たっては、給水という話題に恐らく初めて接する工科系の学生たちが必要とする内容を特に意識した。

　そのような本は、既に書かれ発刊された書物を頻繁に参照せずに書くほうが望ましいと言われても不可能である。ゆえに私が手にすることのできた既往研究からは躊躇することなく引用し、意見をも採用することにした。しかし、私自身の経験に基づく情報ではないものについては、できる限りその根拠を示すように留意した。もし注記が抜けている箇所があれば私の見落としで意図的ではないので、気づいたら是非知らせて欲しい[1]。例えば、(言うまでもないが) ハンバー (Humber) やファニング (Fanning) 両氏の基礎研究のようなものは、自由に用いた。各業績から得た情報すべてに対して個々に謝意を示すことはできないので、ここに全体にかかるまえがきを記す。

　当然ではあるが、この著作が日本の学生たちの関心を呼ぶと同時に彼らにとって実用的な内容となっていることを願う。従って、日本だけに関わる内容もところどころで扱っている。しかしこれらの説明は、一般読者の関心の流れを妨げることがないよう、注にゆだねざるを得なかった。

　この作品に関して何らかのかたちで私を支援してくれた個人的な知り合

い全員の名前を挙げることは不可能であるが、彼らの多くから得た力添えに対する謝辞は、本文全体に散りばめてある。しかし特に同僚たち——王立学会特別研究員 E・ダイヴァーズ（E. Divers）博士、文学修士チャールズ・ディッキンソン・ウェスト（Charles Dickinson West）教授、A・イノクチ（訳注　井口在屋）教授及び王立学会特別研究員ジョン・ミルン教授——に言及せずにはいられない。ダイヴァーズ博士は、化学領域に関する助言や当該分野に関する私の文章の見直しのみならず、本文を数段落執筆もしていただき、それぞれの箇所で文責を示している。ウェスト教授とイノクチ教授には、機械工学に関連するすべての項目についての助言指導をいただき感謝している。そしてミルン（Milne）教授には、本書に補遺として掲載した、給水施設に及ぶ地震の影響について興味深い論文を寄稿していただいたことに感謝する。

W・K・バルトン
帝国大学工科大学
東京、日本国

注

1　本書は、理学学士 J・H・タッズベリー・ターナー（J. H. Tudsbery Turner）と理学修士 A・W・ブライトモア（A. W. Brightmore）の見事な著作『給水工学の原理（The Principles of Waterworks Engineering）』を拝見する一年近く前に書かれた。

# 目　次

### 第1章
はじめに …………………………………………………… 17

### 第2章
水質の多様性 ……………………………………………… 23

### 第3章
供給水量について ………………………………………… 35

### 第4章
計画された水源が十分であるかどうかの判断について …… 43

### 第5章
必要とされる貯水量の把握について ……………………… 53

### 第6章
水道施設の分類 …………………………………………… 67

### 第7章
貯水池 ……………………………………………………… 73

### 第8章
アースダム ………………………………………………… 81

第 9 章

組積造ダム ……………………………………………………… 107

第 10 章

水の浄化 ………………………………………………………… 123

第 11 章

沈澱池 …………………………………………………………… 129

第 12 章

砂濾過 …………………………………………………………… 147

第 13 章

鉄の作用による水の浄化―石灰による水の軟化―自然濾過 ……… 177

第 14 章

給水池あるいは浄水池―給水塔―配水塔 …………………… 193

第 15 章

沈澱池、濾過池及び貯水池の連結 …………………………… 215

第 16 章

ポンプ設備 ……………………………………………………… 219

第 17 章

水路の水流――水道管と開渠 ………………………………… 243

#### 第18章
給水施設 ………………………………………………………… 269

#### 第19章
消火用特種設備 ………………………………………………… 291

#### 第20章
水道施設の配管 ………………………………………………… 305

#### 第21章
水の浪費対策 …………………………………………………… 329

#### 第22章
水道に関連して使用される多様な装置 ……………………… 361

#### 補遺 I
地震が水道施設に及ぼしうる影響に関連する考察及び地震国にて
とるべき特別な予防策　　ジョン・ミルン教授、王立協会フェロー ……… 373

#### 補遺 II
覚書 ……………………………………………………………… 381

# 挿図・図版一覧

| 挿図 | | | ページ |
|---|---|---|---|
| | | ヴァーンウィー湖（Lake Vyrnwy）貯水池 | |
| | | （リバプール水道施設） | 巻頭 |
| 1, 2 | | 小川の流量を計るための堰あるいは目盛板 | 45 |
| 3 | | 小川の流量を計るための金属板 | 45 |
| 4 | | 各点の流れの水深を示す川の断面図 | 47 |
| 5 | 図版 I | 貯水池：必要貯水容量（年間降水量）を示す図 | 60-61 |
| 6 | 図版 II | 貯水池：必要貯水容量（1日当たり降水量）を示す図 | 62-63 |
| 7-12 | 図版 III-V | 重力式及び揚水式の水道施設形式 | 70-71 |
| 13 | | 貯水池の立地となる渓谷両岸の起伏 | 74 |
| 14 | | 貯水池の立地となる渓谷両岸の起伏（川の合流点） | 74 |
| 15 | | 側面が斜面の貯水池の平均水深を示す図 | 76 |
| 16 | | 側面が急斜面の貯水池の平均水深を示す図 | 76 |
| 17 | | 貯水池の必要水深を決定するための方法の図 | 78 |
| 18 | 図版 VI | アースダム断面 | 83 |
| 19 | | 粘土溝の横断面 | 85 |
| 20 | | 粘土溝の横断面（別の形式） | 85 |
| 21 | | 取水装置の位置、溝内に暗渠 | 86 |
| 22 | | 取水装置の位置、ダム下にトンネル | 86 |
| 23-28 | 図版 VII | 暗渠とトンネル断面 | 87 |
| 29 | 図版 VIII | 粘土溝断面 | 90 |
| 30-34 | 図版 IX | 組積造取水装置：断面図 | 92 |
| 35-38 | 図版 X | 組積造取水装置：サイホン式気体採取器断面図 | 94 |

| 挿図 | | | ページ |
|---|---|---|---|
| 39-43 | 図版XI | 鋳鉄造取水装置：断面図 | 96 |
| 44 | | 計量器や仕切弁のための主管分配図 | 97 |
| 45 | | ダムを越える水用の廃水堰（ファニング） | 98 |
| 46 | 図版XII | 貯水池の配置図、廃水堰と放水路とともに | 102 |
| 47 | | 貯水池に導水するための仕組み | 103 |
| 48 | | 掘削したダム用地 | 105 |
| 49 | 図版XIII | 組積造ダム：ランキン式と理論値による断面形状の比較 | 106 |
| 50 | 図版XIV | 組積造ダム：石材重量別のワーグマン式による断面形状の理論値 | 110 |
| 51-53 | 図版XV | ワーグマンによる3つの断面理論値 | 112-114 |
| 54 | 図版XVI | 香港、タイタムダム断面 | 118 |
| 55 | 図版XVII | ヴァーンウィーダム断面（リバプール水道施設） | 119 |
| 56 | 図版XVIII | タイタムダム断面、取水壁部分 | 120 |
| 57 | | 沈澱槽：平面 | 132 |
| 58 | | 沈澱槽：側面及び通過水路 | 132 |
| 59 | | 沈澱槽：通過水路堰箱断面 | 132 |
| 60-63 | 図版XIX | 沈澱池の形式 | 133 |
| 64 | | 水流を迂回させるための貯水池間仕切り壁の配置 | 136 |
| 65 | | 沈澱池の図：水面における取水口と排水口 | 137 |
| 66 | | 沈澱池の図：池底における取水口と排水口 | 137 |
| 67 | | 沈澱池の図：水面の取水口と池底の排水口 | 138 |
| 68 | | 沈澱池の図：池底の取水口と水面の排水口 | 138 |
| 69-73 | 図版XX | 沈澱池：取水管の仕組み | 140-141 |
| 74-76 | 図版XXI | 沈澱池：排水管の配置 | 142 |
| 77-79 | 図版XXII | 沈澱池：配水塔と浮遊管による排水 | 143 |
| 80-83 | 図版XXIII | 沈澱池：浮遊管の詳細 | 144 |
| 84 | 図版XXIV | オーバーフロー堰と排水管の複合型 | 148 |

*11*

| 挿図 | | | ページ |
|---|---|---|---|
| 85-91 | | 濾過池の配置：数が3、4、6、8、9、12または16の場合 | 151 |
| 92 | | 濾過池排水口の配置 | 153 |
| 93, 94 | | 濾過池用煉瓦排水断面 | 153 |
| 95 | | 濾過池用多孔性煉瓦床（ロンドン、ニューリバー会社） | 153 |
| 96-100 | 図版XXV | 濾過池の仕組みを示す断面（ロンドン、ニューリバー会社） | 154 |
| 101 | | 濾過水頭の図示 | 158 |
| 102-105 | 図版XXVI | 濾過池の濾過速度を制御するための仕組み（J・P・カークウッド） | 161 |
| 106 | 図版XXVII | 濾過池の濾過速度を制御するための仕組み（ヘンリー・ギル） | 161 |
| 107-113 | 図版XXVIII | 濾過池の濾過速度を制御するための仕組み（伸縮式管） | 164-165 |
| 114-119 | 図版XXIX | 濾過池の濾過速度を制御するための仕組み（自動） | 166-167 |
| 120, 121 | | 水の流速制御用弁（断面と平面） | 171 |
| 122 | | 砂洗浄装置 | 173 |
| 123, 124 | | ウオーカーの砂洗浄装置、特許品 | 173 |
| 125-127 | | 「水路」式砂洗浄装置（平面と断面2面） | 174 |
| 128-131 | 図版XXX | 金属鉄を用いた浄水用円筒容器 | 181 |
| 132-136 | 図版XXXI | 蒸気機関用の水質軟化及び濾過装置 | 186-187 |
| 137-141 | 図版XXXII | 覆いのある貯水池：柱上に立つ煉瓦またはコンクリート造アーチ | 欠落 |
| 142 | 図版XXXIII | 瓦またはスレート屋根のある貯水池 | 199 |
| 143-145 | 図版XXXIV | リバプール及び上海の給水塔 | 203-205 |
| 146 | | 給水塔の作動を示す図 | 210 |

| 挿図 | | | ページ |
|---|---|---|---|
| 147 | 図版XXXV | 水道施設の典型的配置 | 216 |
| 148 | | 開渠断面（曲面状） | 249 |
| 149 | | 開渠断面（一部六角形） | 249 |
| 150 | | 開渠断面（護岸状） | 249 |
| 151 | | 開渠断面（斜面にある場合） | 250 |
| 152-168 | 図版XXXVI | 多様な暗渠横断面 | 253-255 |
| 169-172 | 図版XXXVII | カトリン湖水道施設の一環の水道橋（グラスゴー） | 257 |
| 173 | | 導水勾配線の説明図 | 258 |
| 174 | | 導水勾配線計算の説明図 | 266 |
| 175-177 | | 給水方法の模式図 | 273-275 |
| 178 | | 仕切弁複数化の模式図 | 277 |
| 179, 180 | | 給水主管配置の模式図 | 278 |
| 181-183 | | 給水中心地配置方法の模式図 | 283 |
| 184 | 図版XXXVIII | 東京の水道施設：給水組織 | 286 |
| 185 | 図版XXXIX | 東京の水道施設：給水組織の詳細 | 287 |
| 186, 187 | 図版XL | 柱型消火栓：イギリス型 | 296 |
| 188 | | 柱型消火栓：アメリカ式（ファニング） | 297 |
| 189 | | メリウェザー式消火栓 | 298 |
| 190 | | 玉型弁消火栓と竪管 | 298 |
| 191, 192 | | 仕切弁式消火栓 | 300 |
| 193 | | 仕切弁式消火栓用竪管 | 300 |
| 194 | | ネジ締め式消火栓（例その1） | 301 |
| 195 | | ネジ締め式消火栓（例その2） | 301 |
| 196, 197 | | 地下式消火栓：アメリカ式（ファニング） | 302 |
| 198, 199 | | 水道管用フランジ継手 | 306 |
| 200, 202 | | 旋盤及び穿孔加工継手による印籠継手 | 307 |
| 203, 204 | | 水道管接合部充填用道具 | 309 |

| 挿図 | | | ページ |
|---|---|---|---|
| 205-208 | | 接合部に鉛を流した印籠継手 | 310 |
| 209 | | 印籠継手のある水道管（ファニング） | 311 |
| 210-215 | 図版XLI | 給水施設用水道管：特殊鋳造品の形式 | 319 |
| 216, 217 | | 管試験機 | 323 |
| 218 | | 刻印入鋼鉄製フランジ継手 | 327 |
| 219 | | ダンカン式特許水道管用継手 | 327 |
| 220 | | ライリー式特許水道管用継手 | 327 |
| 221 | | 水の浪費度合い確認実験結果の説明図（ホープ） | 331 |
| 222 | | 漏水計器内滑車の仕組み | 338 |
| 223 | | G・F・ディーコン氏の「地区」漏水計器 | 340 |
| 224-231 | 図版XLII, XLIII | 水の供給と浪費を示す図（ディーコン） | 342-347 |
| 232 | | ケネディーの特許水量計、断面 | 355 |
| 233, 234 | | シーメンスとハルスクの特許水量計、断面 | 356 |
| 235, 236 | 図版XLIV | 仕切弁 | 362 |
| 237, 238 | | 仕切弁を開くための装置 | 363 |
| 239 | | 水道管用空気弁 | 239 |
| 240-242 | | バネとネジ締め式安全弁 | 365 |
| 243 | | 水道主管用大型安全弁 | 367 |
| 244 | | ブレイクボローの柱型給水栓 | 367 |
| 245, 246 | | 水道管接続用先細継手 | 368 |
| 247, 248 | | 水道管接続用ネジ式継手 | 368 |
| 249 | | 水道管に接続されたネジ式継手 | 369 |
| 250-252 | | 水道管を主管に繋ぐ装置 | 370 |
| 253, 254 | | 停止弁継手、特許品 | 371 |
| 255 | | 壁耐力を求める計算式の図 | 377 |
| 256 | | ダイヴァーズ博士による砂濾過理論の図 | 383 |
| 257 | | 小さな地区での給水方法を示す図 | 388 |

ヤード・ポンド法－メートル法
単位換算表

長さ

1インチ ＝ 2.54 センチメートル

1フィート ＝ 12インチ ＝ 0.30 メートル

1ヤード ＝ 3フィート ＝ 0.91 メートル

1マイル ＝ 5,280 フィート ＝ 1.61 キロメートル

面積

1平方インチ ＝ 6.45 平方センチメートル

1平方フィート ＝ 0.09 平方メートル

1平方ヤード ＝ 0.84 平方メートル

1エーカー ＝ 0.40 ヘクタール

1平方マイル ＝ 2.60 平方キロメートル

重量

1グレイン ＝ 64.79891 ミリグラム

1オンス ＝ 28.35 グラム

1ポンド ＝ 0.45 キログラム

1ハンドレッドウェイト（英）(long hundredweight) ＝ 112ポンド ＝ 50.80 キログラム

1トン（英）(long ton) ＝ 20ハンドレッドウェイト ＝ 2240ポンド ＝ 1016.05 キログラム

容量

1液量オンス（英） ＝ 28.41 ミリリットル

1クオート（英） ＝ 40オンス ＝ 1.14 リットル

1ガロン ＝ 4クオート（英） ＝ 4.55 リットル

## 第 1 章　はじめに

　まちや村のような人口密集地では、きれいな水の潤沢な供給が必要とされるのは周知のことなので、今ここであえてくどくどと述べても意味がない。確かに給水の地域社会の健康に及ぼす影響が十分に理解されるようになったのは近年のことであるが、給水の必要性についてはずいぶん古い時代から認識されており、まちや村を開く場所は、他の条件に加えて水資源があるか否かに重きを置いて決められてきた。今日のロンドンを構成する村々の集まりは、それぞれが帯水性のある砂利の層からなる土地に位置していたため当初は互いに孤立していたのだが、砂利に穿たれた井戸から得られる以上にふんだんに水が供給されるようになって、初めて砂利の隙間が満たされるようになったことがたびたび指摘されてきた。
　居住地を決めるに当たっては、おおかた本能的に水を小川あるいは泉から、またはそう深く掘らなくても済む地面から、すぐに手に入れることができる場所を選んでいたに違いない。家々が独立しているか、または非常に小さい集まりを構成しているならば、（ほとんどの場合）そのような給水さえあればどうにかなるのであった。これでも恐らく十分な水量が得られ、さらには有機物あるいは病疫を引き起こしたり、または広めたりする不純物が溶け込んでいないという意味からすれば、純粋であったと言えるだろう。立地が良ければ、たいがいは嫌われる浅井戸からでさえ、十分な給水を得ることができる：例えば井戸が丘の麓に位置しており、丘側からの地下水の流れを取り入れるものであれば。例えばよくあることだが、単独で離れた場所にある家であっても、同じ多孔質の土地に汚水槽をここからそれほど遠くない位置に掘削すれば、浅井戸はこの家にとっての危険要因となりうる。この場合、汚水槽からの物質はたいてい井戸に浸み入り、その結果非常に体に悪い水質となる；しかしこの場合でも、共同利用する水源

が汚染された時と比べると、伝染病の広まりはそれほどにはならなくて済む。

　非常に危険な状態になるのは、未開の地域社会に人々が共存し始める時である。というのはほとんど間違いなく、現代の都市やまちに見られる下水のような、汚水を排出する効果的な手段がないためである。その一部は恐らく地面に浸み込むであろうし、また一部は自然の水路を通って最も近い小川へと流れ込むであろう。浅井戸から水を汲んでいるのであれば、水質は必ずますます悪化するであろう。そして最後には、帯水層は汚水に満ち、井戸は薄められた汚水と何ら変わらない水でいっぱいになる。この水源を頼りに居住者たちが小川の土手に家を建てたならば、徐々にさらなる汚染物質が小川へとたどり着き、この共同体は、特にその下流において苦しむことになる。いずれの場合でも——井戸の場合、あるいは小川の場合——地域社会全体の健全性が脅かされるだけでなく、水を通して広まる特定の伝染病——特にコレラ——については、いったん病が村やまちに入り込むと、「まるで野火のように」広まるのである。場合によって、病原菌は土に入り、井戸に忍び込む；あるいは、小川へと運ばれる。いずれにしても、結果はほとんど同じである。

　浅井戸を利用する場合、最も苦しむことになるのは、まちの一番低い場所である。浅井戸の不純物の濃度が、井戸の位置の高度にほぼ反比例することを、筆者はいくつかの事例を通して見聞きしている。小川を水源とするのであれば、最も苦しむのは下流にいる人たちなのである。

　しかしながら、水質は別として、地域社会の規模が大きくなるにつれ水量はたいがい不足し始めるので、長期間干ばつが続くと渇水が実際起きる；このような渇水は、ほとんどの国では気温が最も高い時期に発生しやすく、さらにひどい状態になる。

　従って、肥大し続ける地域社会については遅かれ早かれ、とても深い、あるいは遠い場所から水を得るための特殊な施設の建設が必要となる時が訪れる。さもなければ、地域社会の健康は冒され、死亡率が高まるのである。

　昔の人たちは、ふんだんな水の供給の必要性を高く評価したうえ、清ら

かな水の供給によって得られる健康上の効用を熟知していたようだ。特にローマ人たちは、自国だけでなく、征服した国々でも、技師としての大胆さと技能を今日までも知らしめる優れた作品を実現させた。

　ローマ帝国崩壊後、給水の問題は脇に追いやられてしまったようで、統計の得られる範囲ではあるが、中世には死亡率が非常に高かったことと、まち全体、時には一国の人口を破滅させるだけでなく、はるかに大きな被害をもたらした恐ろしい伝染病の大半は、給水が不十分であったことに起因することは間違いない。16世紀のスペイン人たちに征服される以前のメキシコやペルーの水供給の状況は、ヨーロッパと比べて非常に優れていたようであるが、彼らの初期文明の業績はすべて廃墟と化してしまった。雄大さにおいて彼らの建設した給水用施設のいくつかの廃墟を超えるのは、ローマ人の作品群しかない。一方、ヨーロッパの手本となった国は、アメリカ大陸だけではない。ほぼ3世紀近い昔から日本の首都東京には、四角い断面の木製水道管を用いた精巧な施設一式を伴う、玉川上水を利用して水が供給されていたのは事実である。今世紀（訳注　19世紀）初頭までの東京は、ロンドンまたはパリのいずれと、あるいは恐らく天然の水資源に特別に恵まれていなかったヨーロッパのどのまちと比べても、水の供給に関しては進んでいただろう。

　今日一般的に使用される、村やまちや都市に給水する「水道施設（waterworks）」という言葉は、今世紀に入って初めて用いられるようになったと言ってもよいだろう。ロンドンでは、木製の給水管を1820年頃まで使用していた。

　給水施設が現れた初期の頃には、かなり多くが「私企業」によって手がけられたに違いなく、多くの給水施設は利権を得た会社によって建設された。そうでもしなければ、その後になっても長いこと水道施設が建設されることもなかったであろう。しかし同時に、これらを担った多くの事業者は利益を得るまでには長い年月を要した。今日となっても、まちの水供給を私企業に任せる方が有利であると考える者は多いのだが、場所によっては、このように業者に任せなければ水の供給が得られなかった背景がある

からかもしれない。しかしながら、まちへの給水は、公共事業で行うべきであるという考えが広まりつつある；公衆衛生に関わる非常に重要なことなので、私企業に担わせるべきでない、と；そしてもちろん、このような事業からは決して利益──個人または行政団体にとっての直接的な金銭的利益──を得てはならない。そうすることで、地域社会に対して非常に確かなる利益が保障されるのである。

　実際、給水に関して言えば、水の浪費防止の問題を除いて今見るほどの金勘定はしないほうがよい。問題とすべきなのは、「給水をいかに安く手にすることができるか？」ではなく、「私たちが負担できる額の範囲で得られる最高の給水とは？」である。これは、公衆衛生を最良の状態に保てるよう、家庭に安全な水を十分に供給するという条件のもとでのことである。製造業への、あるいは庭園や噴水のような全くの贅沢品のための水供給の場合とは事情が異なる。これらあるいは類似の用途のための給水について、公共が利潤を得てはならない理由は全くない。

　給水に関連して金銭的な問題を考慮しなければならないのは、火災による損失に対する保証である。このことは、新たな給水施設の建設あるいは既存の施設の拡張に際しても、一般には十分に話題にされない。火災があっても施設の損傷が免れられば、実際数年のうちに水道設備建設費用のもとがとれることは、ほとんど言及されずにいる。少なくともヨーロッパの多くの都市の水道施設は、いわば「成長」してきた。すなわち急に出現するというよりは、徐々に改良され拡張されてきた。また火災の起こりうるどの建物にも、主管から十分な水量で放水できるように給水をゆき渡らせるための配慮が、つい最近まで十分になされなかったことも挙げられる。今後水道施設のこの面がさらに注目されることを願う。一方、アメリカでは、都市が雨後の筍のように急成長し、ほんの小さな集落であっても短期の内に給水施設を必要とする大きなまちとなるので、資産を火災から守ることの大切さがなおさら認識されるようになる。効率的な給水が可能となった都市やまちで火災保険が減額されるのは、水道の効果が確実に見られる証拠である。

日本のように火事が頻繁に見られる国では、水道施設を備えるための総費用は、他の事柄はさておいて、施設を火災からさえ救えば、数年で——建設時の初期投資額にもよるが、恐らく5年から20年のうちに——取り戻せるであろう。

# 第2章　水質の多様性

　**水質**——まちに給水する水源決定の際には、二つのことを考慮しなければならない：まずが水質であり、次いで水量である。
　異なる水の質には大きな違いがあることは、周知の通りである；味も香りも良いものも、そうでないものもある；そしてそれ以上に重要なのは、全く無害な水がある一方、日常的に摂取すれば病気を引き起こしたり、伝染病を広めたりしかねない水もあることだ；洗濯に向いているか、そうでないか；料理用として他より劣るものなど。従って利用を計画している水源について報告する技師は、化学についての深い知識がなくとも、ましてや彼自身が水質分析を手がけられなくてもよいが、水質に違いが表れる要因について少しは知っておく必要がある。特定の水についての意見を得たいならば、試料を専門職の化学者に提供し、可能であれば化学的及び生物学的分析結果に基づく見解を得ればよい。[1]
　同時にここでは、水源の採用あるいは却下に当たって、化学者の報告だけに頼ることについて警告したい。化学者の報告が水源を不適とする内容であるならば、とにかく2度目の分析によってこの評価が再確認できたのであれば、ただちにその水の利用は却下してよい；しかし、水がきれいであるという分析結果が得られたならば、技師の側にはさらなる注意が求められる。彼は個人的に水源の調査をしなければならない：それが川や小川であるならば、両岸に汚染のもととなりうるものがないかどうか、その源までたどる必要がある。化学分析の結果がどうであろうと、計画された取水場から1マイルほど離れたところに多量の汚水排出があることが判明したのであれば、水源利用は中止すべきである。著名な化学者の手による分析を行っても、このような有機不純物が水から検出されなかった事例を、著者は目の当たりにしている。また、両岸に耕作や居住が見られない岩が

ちな澄んだ川底のある山あいの小川の場合、化学分析は水の硬度を測るため以外にはほとんど必要ない。

いずれにせよ、1回の分析だけで結論は得られないことをはっきり理解しておく必要がある。ほとんどの水は、その時々において状態が異なる。特に、浅井戸水や河川の水については顕著である。洪水が起きれば、川の水には多量の無機物が浮遊あるいは溶け込んでいるだろうし、下水が流れ込んでいたとしても有機物は検出できないほど薄められているだろう。上述の場合は、このような状況であったのだろう。さらに、米耕作の排水が流れ込む川の場合、水質に大きな差が表れるのは間違いないだろう。新たに堆肥をまいた田に水を引き始めた時点の排水には、有害な有機物がかなり含まれると思われるのに対して、米が力強く背高く伸び、引水も最後の時期に近づけば、田からの排水は引水された水と同じぐらいきれいであろう。実際、さらにきれいになっている場合もありうる。従って、分析が短い期間のうちに、例えば一年の間にそれぞれがひと月間を空けずに実施されたのでなければ、化学的または生物学的あるいは両方の分析からは、川が水道用の水源としてふさわしいかどうかを判断することができない。

私が化学分析、ましてや生物学的分析の有効性を非難しているとは思わないで欲しい。全くそうではなく、化学者の評価を用いる際には多少頭を使う必要があることを言っておきたいのだ。技師による分析報告を「水源からいついつの日に採取した試料を某氏に届け、分析を依頼した。その結果：（中略）この水は、家庭への水道水の条件を十分に満たす」と始めながらも、水源自体の調査を実際に行ったことを示す内容もなく記述されるのは、もう見たくない。

浅井戸が、地面に汚物が浸み込むもととなる汚水だめ、家畜の糞の山、または豚小屋の類より──地下水の流れる方向にあると言う意味で──低い場所にあるならば、いくら度重ねた化学分析によって水質汚染が検出されなくとも、安全な水源であるとは公言できない。

**水試料の採取**──可能であれば、化学者は自ら水の試料を採取するべき

であるが、多くの場合これは不都合である。ゆえに、ここで水の試料採取について一言二言述べても、場違いではないだろう。試料ひとつを半ガロン程度とし、ガラス栓付き透明ガラス瓶に採取するのが望ましい。イギリスでは、容量80オンス、すなわちちょうど半ガロンの「ウィンチェスター・クオート」瓶ほどぴったりのものはない。瓶は全く清潔にしなければならず、試料を詰める前に、採取する水で2、3回すすぐのがよい。小川の底の泥をかき上げないように注意し、水源が大きな川や湖ならできれば船、あるいは川の場合は橋から岸よりある程度離れた場所で採取するのがよい。水採取時に瓶の口は完全に水中に沈める。栓は別の材料を用いて密封はせずに、ただ紐で結び付けること。

水の試料は変質する可能性があるので、できるだけ速やかに分析者に渡すこと。ある期間保管する必要があれば、直射日光を避け、冷所に置くこと。

**自然河川の自浄作用**——ある程度の距離を流れる水流の自浄作用については、この段階において触れるのが最もふさわしいだろう。

下水やこの類の廃物は、腐敗した有機物——これ自体必ずしも健康に害があるわけではないが、中には病原とされる、あるいは少なくとも伝染病を広める微生物が増殖する媒体となる——を水に加える点から、水の汚染源として最も危険であるとされている。しかしそれにも関わらず、汚染された水が流路のどこかで徐々に浄化され、有機物は単純で無害な化合物に変えられ、汚染物質が流入する前と同じぐらい、化学分析によっても飲料水として適切であると判断されるまでになることは、広く認められている。

この変化には酸素の存在が不可欠であることが古くから知られ、水中にもその一部が溶け込んでいる、空気中の酸素が活性剤であると信じられていた。しかし今や、これは不活性物質に過ぎず、活性剤となるのは一般にバクテリアと呼ばれる微生物であることがわかってきた。有機物は、バクテリアが生きるためにそのエネルギーを消費すると無毒化される。この有機物はまず嫌気性微生物に攻撃され、窒素系有機物をアンモニアへと変換する。すると多種の微生物は水中に溶け込んでいる酸素を用いてアンモニ

アを攻撃し、アンモニアは亜硝酸塩と硝酸塩へと変えられ、バクテリアは生存できなくなる。この説明が科学的に正確であろうとなかろうと、どう見ても十分に長い距離を流れさえすれば、水は再びきれいになるのである。

そこで問題は、いったん下水あるいはその種の汚染を受けた水が、ある程度の距離を流れた後であれば、まちでの一般使用に適切であると考えてよいかどうかである。ひとつ大きな課題として、この過程を経て水質改善が完了するまでに、どれほどの時間と距離が必要であるかが不明なことが挙げられる。10マイル、20マイルあるいは特定の距離を流れれば、水は有機物を分解させて自浄すると確信を持って言うことができさえすれば、この問いかけに対する答えに近づくことができるのであるが、全くあてにならない。この問いには、いくつかの要因が関与することは明らかである。まず、不純物の量と性質が挙げられる；もうひとつが時間；もうひとつは水が空気と接触する時間の長さ；そしてさらにもうひとつが温度である。従って、急流では流れの緩い小川に比べると浄化にかかる時間は短いが、流れる距離は長くなることもあるだろう。また、同じ平均流速であれば、川底が荒く岩がちな場合は平坦な場合と比べて、短い距離と短い時間で浄化されるだろう。さらには、汚染物質が流れ入ることとなる比較的きれいな水自体の量も、浄化にかかる時間に間違いなく何らかの影響を及ぼすことであろう。

フォン・ペッテンコーファー（von Pettenkofer）教授の依頼を受けて、ファイファー（Pfeiffer）及びアイゼローア（Eiselohr）両博士は、ミュンヘンで大量の汚水が流れ込むイザール川での浄化作用を調査した。この河川は、「波打つ急流」として不朽の名声を与えられており、博士たちは、水は約10マイル流れるとほとんど自浄されるのだとの結論に達した。しかし、場合によってはこれ以上の距離を流れながらも浄化されないことも多々ある。

この質問について意見できる立場にある者の見解は、以下のようにまとめることができるだろう：──もし全く汚染されていない水を高い費用がかかってでも手に入れることができるのであれば、流路のどこかでかなり

の量の汚水またはそのような不純物を受け入れる河川の水は、たとえ化学的にも細菌学の面からもきれいであるかのようであっても、都市への給水に用いるべきではない。同時に、技師はこの件について狂信的になることを避けなければならない。水質が理想的でなくても、明らかに悪かったり供給量が不十分であったりする水を我慢して利用するよりは、他にこれ以上良質のものが得られないのであれば、この水を選ぶのが良い場合もあることを念頭に置いておく必要がある。さらには、排泄物由来の物質が全く入り込まない自然の河川水などは存在しないということを覚えておく必要がある。すべての川には、魚、鳥、その他の動物の排泄物、時にはこれらの死骸が流れ込む。大きな河川の上流で流れ込む小川近くに数軒の小屋が点在するからと言って、確かにこれらの小屋は多少の汚水流入の原因となるが、その水の利用を禁止するのは馬鹿げたことである。ここからの汚水は、水に避けようもなく入り込む腐敗有機物質の量からすれば、ほんのわずかでしかない。

　しかしながら給水計画を詰めてゆく際には、このようなわずかな汚染の原因となるものでさえ、可能であれば必要な土地を購入することによってでも、この除去を考慮したい。

**水中によくある不純物**——技師の視点からすると、下記した広く見られる水の不純物のおおまかな分類は、有益であろう。

(1) 溶解無機物質
(2) 浮遊無機物質
(3) 溶解有機物質
(4) 浮遊有機物質
(5) 微生物

　溶解無機物質は、大量にあるのでなければ、水の硬度を高めるほどの量でない限り、一般に害をもたらすことはない。これを多量に含む水は、多

目的利用には向かなくなるかもしれない。このような水の極端な例は天然鉱泉に見られ、薬用に用いられることがあっても、汎用には全く向かない。アポリナリス（訳注　ドイツ）とフンヤニヤドス（訳注　Hunyaniyados、現ジンバブエか。）が良い例である。溶解無機物質は蒸留すれば除去できるが、この方法は大量に必要となるまちへの給水に用いるには適していない。

　水の硬度とは、泡が立つまでに石鹸が一定量溶かされ、不溶性物質を形成する性質である。実際、このようにして溶かされた石鹸の量が一般には硬度の指標とされる；この語源は、水が石鹸に対していかに「硬い」かということに由来する。水の硬度は、主に石灰と酸化マグネシウムの炭酸塩、もしくは石灰とマグネシウムの硫酸塩と硝酸塩がどれくらい含まれるかによる。硬度には、一時硬度と永久硬度がある。一時硬度は、上で述べた炭酸塩があることによる。これらの炭酸塩は水中のどの物質にも溶けないものの、ほとんどすべての天然水に溶液として含まれる炭酸には溶け込む。炭酸は水を煮沸することで除去でき、炭酸塩は沈澱物になる。長いこと水を沸かすのに使った薬罐などの調理道具によく見られる水垢、また蒸気ボイラーに付着する水垢の大半を占めるのは、このような炭酸塩の沈澱物である。

　一時硬度を除去するもうひとつの方法は、クラーク法として知られる。この方法では、石灰が石灰水のかたちで軟化する水に加えられると、石灰は炭酸と反応し炭酸カルシウムとなる。するともはや溶液がなくなり、もともと水中にあった各種炭酸塩とこの新たな炭酸塩は沈澱される。これは、炭酸カルシウムを取り除くために水に炭酸カルシウムを加えるという、明らかに矛盾したことを伴う、全くおもしろい作用である！　数量（クラーク硬度）で表された水の硬度とは、その水1ガロンから生じる石鹸の沈澱物が、同じ炭酸カルシウムのグレイン数を溶かした浄水1ガロンと同量であるという意味である。すなわち硬度10度の水では、1ガロン当たり10グレインの炭酸カルシウムが加えられた浄水と同量の石鹸が沈澱する。炭酸塩が沈澱した後になっても残る硬度が、永久硬度である。

　水が「硬い」か「軟らかい」かは、石鹸で手を洗う時の感触からもおお

まかにわかる。

　過度に硬い水では石鹸がずいぶん無駄になり、染め物や他の製造工程には不適となり、また蒸気を使用する者にとっても大問題をもたらす。永久硬度が高ければ、水は料理や茶を入れるのに不向きとなる。かつては動物性組織を形成するのに必要な炭酸塩が摂取できるように、飲料水にある程度の硬度があった方がよいと思われていたのだが、食品に十分な炭酸塩が含まれることが明らかになり、硬水は健康にも良くないと多くが考えるようになっているので、もはやそうとは信じられていない。また、水のうまみは硬度を高める作用のある溶解塩類によるという考えも、誤ったものとみなされている。これらの塩類は、家庭への給水にふさわしくないほど大量に含まれていなければ、味覚には感じられない。ある水が他と比べて非常においしく感じるのは、溶け込んだ気体、特に炭酸によるのだと、現在は一般に考えられている。水のおいしさにはたいがい炭酸量が関与するので、これが水硬度に影響を及ぼす塩類に左右されるという古い考えも妥当である。

　まちに給水される水の硬度は、総硬度で8程度あるいは高くても10度、永久硬度では3から4度を越えてはならない。

　軟水が手に入らないならば、一時硬度の除去に石灰法を用いるのも良いが、これにかかる手間と費用は無視できないほど大きい。

　有毒な金属塩、例えば鉛塩のようなものは、水道施設から各家々に供給される水で見かけるが、ほとんどは給水施設の水道管あるいは他の部分での汚染による[2]。

　浮遊有機物質は、沈澱させるか、一般的な砂濾過を用いれば取り除ける。従って、除去費用が巨額になるほど大量に含まれる場合、あるいは粒子がとても細かい場合を除いて、沈澱や砂濾過を反対する理由はない。

　溶解有機物質は、それ自体健康に有害または無害であるかもしれないが、病原となる細菌増殖の媒体となるので、水中では常に危険の源である。溶解有機物質の除去あるいは無毒化もできるが、一般に採用するには費用が高過ぎる方法しかない。ゆえに、これは水質汚染の最悪のかたちである。

浮遊有機物質であれば濾過によって取り除けるのだが、実際は溶解有機物質と完全に関わりないことはほとんどない——恐らく全くない。

*微生物*——前述のように、何種類かの微生物は、有機物を腐朽させ微生物の増殖を媒介できなくする有益な機能を持ち合わせている。このような細菌は無害のようだが、これを大量に含む水には、ある病気を発生させたり、広めたりする特定の微生物が含まれる可能性が高く危険であり、いかなる種類であろうと多くの細菌が見られるということは、病原性バクテリアの生存に十分な環境であることを示唆する。

十分に留意すれば、砂濾過により細菌のかなりの部分は除去できる。事実97から98％にまで及ぶ除去が可能であると公表されているが、濾過によって取り除かれていない溶解有機物質がある限り、濾過床をすり抜けた細菌が無限に増加し、増殖する可能性があることを常に念頭に置いておかなければならない。さらには、十分長い期間貯水されれば、細菌数に関しては濾過前と同じぐらい水が悪い状態になるのは目に見えている。ゆえに、細菌の除去を主目的として濾過された水を消費者に「急いで届ける」ことが、現代の慣習となっているのである。

前述のクラーク法により軟化した水では、水中に存在する細菌があっても、たいへん細かい粒子の炭酸カルシウム沈澱物が大部分を吸着する。

少量の細菌であれば、パスツール濾過器または煮沸によって完全に除去できる。並外れてきれいな場合以外、飲料水は必ず煮沸するのが望ましい。繰り返し煮沸することで、外部からの侵入以外では新たな細菌が発生しないまでに、水を「滅菌」できる。

**水の純度**——水の純度を味で判断することはできない。ある水がおいしいのは、汚水が混ざっているからであるとさえ、言われている。これが事実であろうとなかろうと、水の味を悪くすることなく、大量の汚水が混ざっているのは確かである。例えば、有名な例としてロンドンの昔からある井戸が挙げられる。井戸は水の純度が高いことから、大勢の人がずいぶん遠くからも水を求めて来たのだが、ある時ここから伝染病が発生してい

ることが判明した。何と公共下水が井戸に漏れ込んでいたのだった！

河川汚染委員会によって発表された次の表（第8項目は筆者が追加）は、もはや古典となっている：

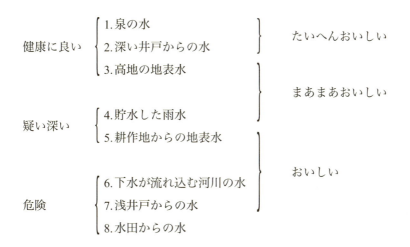

水が「たいへんおいしい」、「まあまあおいしい」、「おいしい」との評価はもちろん、おおまかなものでしかない。

湧き水では一般に、有機物やいかなる浮遊物質も含まれることはまずない。しかしながら、水の硬度が非常に高くなるほどの量の溶解性無機物質が無機塩のかたちで含まれたり、あるいは他の理由により家庭での使用には不適となったりすることがある。この極端な例が、薬効泉に見られる。

深井戸からの水——深井戸の定義としては、地表水の帯水地層だけを貫く浅井戸と区別するために、不浸透性の地層を貫き下方の帯水地層に達する井戸、と定義するのが最も適切であろう。言葉の意味からすると矛盾しているように聞こえるかもしれないが、深さを測れば「浅い」井戸が「深い」井戸より深い、ということも起こりうる。問題となるほどの量の無機塩含有が見込まれる場合を除けば、深井戸からの水は一般的に、大量の水が得られる最も純粋な水源とみなされている。この水に含まれる無機塩は、水源自体よりは水を引く地層の性質に左右される傾向がある。赤色の砂岩

と石灰岩層では、特に後者からとても純度の高い水が得られることが知られる；そして不思議なことに、深い場所にある石灰岩層からの水は概して軟水となる。また、深井戸からの水は、空気の混入がいくぶん少ない傾向にある。

　高地の地表水――この定義は、耕作地及び人間の居住地よりも標高の高い位置にある泉、小川、あるいは川からの水として良いだろう。山からの水も、切り立った地形により耕作や居住のできないような谷間からの水も、すべてこの手のものになる。高かろうと低かろうと、実際に沼地でない限り、全く人家のない地帯からの水はすべてこの類であろう。このような水はたいへん身近な水源であり、例えば渓流のような非常に高いところからの水流は、最も望ましい水のひとつである。この種の水は時にはたいへん純度が高く、また水源にできないほど水が汚れていることもほとんどない；しかしこの中でも、純度には大きな違いが認められる。茶色を帯びた「泥炭質」な状態は、多くの山岳あるいは湿原地帯の水の特徴である。この「泥炭質」もある程度までは、無害のようだ[3]。

　貯水した雨水――それがいかなるものであろうと、すべての水はある意味で雨水である；と言うのは、この世ができてから繰り返し蒸発しては雨として降ってきたものだからである。従ってここで言う雨水とは、例えば家々の屋根から集められたような、降った直後に貯水された雨水を指すこととする。この類の水の純度には、大きな開きがある。大都市では大気中を降ってくる際に、さらには家々の屋根を洗い流す際に異物を取り込んでおり、とても汚れているかもしれない。田舎のきれいな空気の中であれば雨水は、蒸留水と同様に異物の混入から逃れられるかもしれないが、なかなかそうはいかない。雨水の最大の特徴は、その完全なる軟らかさにある。これゆえに、洗濯にはたいへん貴重である。イギリスのカントリーハウスでは、たいがい屋根から水を集め、わざわざ洗濯用に貯水するのを慣習としている。

　著者の経験では、まちから離れた場所で集水したものであっても、雨水はおいしいとは言い難い。

*耕作地からの地表水*——この水については疑いを持って見るべし、と言う以外に多くは語れない。水田耕作または堆肥利用の耕作がなければ水はある程度良質であるかもしれないし、あるいは良質からはほど遠いかもしれず、加えて水質が頻繁に変わる危険性もある。そのような水を、望ましい水源とみなすことはできない。

*下水が流れ込む河川の水*——この種の水は「水の自浄作用」の項（p.25から）で全般的に扱っているので、ここでのさらなる言及は不要であろう。

*浅井戸からの水*——井戸が、まちや村の牛小屋や豚小屋などのある農家、あるいはもちろん地下水の汚染源となりうるものの近くにある場合、この水は常に疑ってみる必要がある。一方、浅井戸であるからと言って、すべての井戸の水をただちに避けるのは間違いである。地下水の流れる方向はたいがい土地の傾斜に沿うのだが、これは試掘によって、あるいはしばらく水を汲んだことのない既存井戸の水面高さを観察することによって確かめることができる。その結果、水の流れ込む方向に汚染源となりうるものがないことが確認されたら、浅井戸であっても高地からの地表水と同類とみなして良い。

*水田からの水*——この種の水は、非常に危険とみなす必要がある。下水が流れ込む河川の水と同類である。但し、両者の違いは、下水に排水される河川の汚染は希釈によって変動するため、乾燥した天気が長期間続いた後で汚染が最大になる。それに対して水田の水は一年を通して季節ごとに変動する。

著者は水田の水のおいしさ、またはその他の特質を試すほどもの好きではないし、またこの話題に関する見識者として語ることのできる人物には、まだお目にかかっていない。

注

1　著者はかつて、詳細な水質分析方法について学ぶ特別な演習を受けたが、評価を求める水質の分析を専門家の化学者に依頼する方がよほど都合良かったので、その後そこで得た知識を活用することはなかった。

2 　補遺 II、覚書1参照。

3 　補遺 II、覚書2参照。

# 第3章　供給水量について

**測定基準**——まちで必要とされる供給水量について何か言う前に、まず測定基準としてガロンよりは、立方フィート（1立方フィート = 6.24 ［または約6¼］ガロン）を使用することを勧めたい。水1ガロンはちょうど10ポンドの重さとなるので、ガロンという単位は、イギリスの単位系で水の重さを体積に換算する、またはその逆が必要な場合にはある意味では有利である；しかし、水道施設について言えばこのような換算が必要となることはほとんどなく、かえってガロンという単位を用いることには、明らかな弱点が2点ほどある。まず、ガロンには2種類あること。すなわち大英帝国の英ガロンと合衆国で用いられる米ガロンでは、体積比4対5の差がある。そしていずれのガロンも、1立方フィートの体積をきれいに割り切るような分数として表すことができない。この結果、算数としてはとても単純ながらも、不必要な計算をしなければならず、排水量に関連するすべての問題をさらに複雑にする；一方、流速は常にフィートで表されるのに対し、断面寸法は——それが水道管、堰、あるいは水流が見られる他の開口部であれ——平方フィートと平方インチで表される。従って、放水量をガロンとしてよりはむしろ立方フィート(1)を単位として扱う方が、ずいぶんと楽である。

**一人当たり必要な給水量**——24時間という長さは、最も扱いやすい単位ではあるが、状況に関わらず一人当たり24時間中に必要となる水量を導き出すことは難しい。商業あるいは製造用途に大量の水が使われる場合であれば、ある程度の目算はできるが、いささか曖昧な「家庭供給」について推測することは、たいへん困難である。実際今までにも、水の消費に関わる様々な要素を考慮しながら、住宅で必要とされる水量を見積もる試み

はなされてきたが、現在はこのような概算に頼るよりは過去の実績を参照する方が好ましいと考えられている。

　最近、計画的な節水により、一人当たりの水消費量は大幅に減少してきた。浪費は例えば下記のようないくつかの方法によって、防止できるようになった。(1) 地区ごとの流量計の採用、(2) 戸別水量計器の採用、加えて (3) 住宅における水道設備については良質のもののみの採用にこだわり、併せてこれらの頻繁な検査体制の確立。なお、水量計器については、後で詳しく扱う。3つ目の項目についてだが、通りにある給水主管または給水会社経営者が直接所有するさらに大きな施設に関しては、水道施設での浪費防止の難しさが今日大きな課題として認識されたことはない、と言えるだろう。というのも、これらは技能者である技師によって修理され、その後も彼らの管理下にあるからだ。ゆえに、水漏れが起こることは希で、あったとしてもすぐに止められる。しかし住宅用設備となると、はなしは別である。各住宅の水道施設は、建設業者あるいは住宅所有者が自由に雇った者によって導入される。水の無駄遣いがないようにすることは前者にとっては何の得にもならず、水漏れの防止は——水量計器に応じて料金を払うのでなければ——後者の関心外である。というのは、水漏れが生じていても所有者の負担とはならないが、漏水防止のためには所有者自身が費用を支払わなければならないからである。

　イギリス及びヨーロッパのほとんどのまちで、家庭での無駄遣いに関してはたいへん厳しい規制が導入され、少なめに見積もったとしてもかなりの数の行政地区で規制が施行されてきた。場合によっては、水洗便器の使用されているまちにおいてでさえ、特殊な商業利用を除いては、一日一人当たりたった2立方フィートの水量まで、あるいはヨーロッパのいくつかのまちではこれよりもさらに少なめの量にまで、平均消費量を減らすことが可能となった。これと比較しなければならないのが、一日一人当たり20立方フィート前後の水量が使用され——または浪費される——アメリカのまちの例である。大きなまちや都市で一人当たり供給する必要のある水量は、小さなまちや村と比べてたいがい多いことが知られているが、必

第3章　供給水量について

ずしもそうであるとは言い切れない。

　以下の見積もりは、浪費防止に十分気を使っているまちについては、恐らくほぼ当てはまるだろう。ここで挙げる水量とは、商業及び製造業用途に分類されるものを除く、多目的の用途分を指す：──

　　一日一人当たり2（あるいは2½でさえ）立方フィートの水は、平均給水量としてはたいへん少ない；

　　一日一人当たり3（あるいは3½でさえ）立方フィートの平均給水量は、ほとんどの場合十分であろう；

　　一日一人当たり4立方フィートは、ありあまる平均給水量である。

　これらには、商業及び製造業用途に用いられる水を加えなければならず、当然この量には大きな開きがある。従って、純粋に製造業を主産業とするまちでは、他の用途に必要な量と同等、あるいはこれ以上の量が必要であるかもしれない。しかしこれはとても例外的なことで、他の用途に必要な水量の25％を越えないのが一般的である。一人当たり1立方フィート分の追加は、製造業寄りのまちとして知られるところでなければ、一般に十二分の量である。一方、アメリカのまちや都市では、浪費がないことを確認しながらでも、少なくともこの2倍の量の供給が必要なようである。

　この情報だけでは何だかもの足りなく思えるだろうが、実際は上の通りである。ここに気やすく数々のまちの給水量を長く連ねた一覧表を付け加えてもよいだろうが、このようなリストは常に変動しているものである。前述したように、多くの土地では今日浪費を防止することで使用水量を減らしている傾向にあるので、少しでも時間が経てば内実に合わなくなり、誤認される恐れがある。むしろ、どんな特定の状況についても、必要水量に関する具体的な情報提供は不可能であると言い切らなければならないと、著者は考える。一方技師は、──新たに給水することを考えているまちに隣接するまちの給水量に関連する──入手できる地元の情報をすべて活用し、小さ過ぎるよりは不必要なほど大きい給水量に対応できるように計画しなければならない。これらのまちが立地、商業、隆盛などに関して少しでも似ているのであれば、なおさらである。

*37*

**水消費量の変動**——ここで提示した水量とは、通年の一日当たりの平均消費量として解釈していただきたいのだが、この消費量は決して一定でない。当然だが、水は気候が寒い冬期よりも暑い夏期に多く消費される。また、冬が寒く乾燥している国々では、凍結防止のために消火栓などから水を流しっぱなしにしなければならないこともある。もちろんこうすれば、消費水量に無駄が生じる。

さらにはもちろん、24時間の時間帯のうちでも、水使用量には大きな違いがある。家庭での消費水量は、夜の数時間はほとんどゼロにまで落ち込み、日中の数時間には平均値よりずいぶん高い値を示す。

一般に任意の一ヶ月の最大消費量は、一年間を通しての平均消費量の10％から20％、希に30％増しになることもある。非常に暑い乾燥した気候の時は、数日単位で消費量が平均より50％も上昇することも考えられるので、このような状況にも対応できる給水量を確保しなければならない。

また日中の消費量は、24時間全体の平均消費量の50％増しにもなることが考えられる。すなわち、任意の一日の消費量全体が一日当たりの平均消費量×1.5 に、また例えば1時間の消費量が一時間当たりの平均消費量×1.5 に達することもありうる。[2]

この二つの数字を掛け合わせると、2.25 になる——ということは、一日のうち短時間ではあるが何度かは、一年を通しての平均消費量の2¼倍にもなるということだ。しかし、一日の消費量が最大になる日が、ちょうど一時間当たりの消費量が一日当たりの消費量に対して最大になる日に対応することはありそうもない。従って、最大の消費量に対応するに当たって給水量は、いくばくかの余裕を持たせても全く害にはならないが、一年の平均消費量の2倍以上にする必要はそれほどない。

ここでは消火用の給水を考慮していないので、この話題については別項で扱う。

**人口増加対応のためのゆとり**——給水開始時に一人当たりの給水量を正確に見積もるのは難しいことであるが、人口増加を見越してどれほどのゆ

第3章　供給水量について

とりが必要かの見当をつけるのはさらに困難である。当然どのような場合であっても、過去の増加傾向を考慮し、将来も同等の割合で増加が続くと想定するのが、最も適切な目算となる。この方法は、長期間、極めて安定している歴史を持つ国においては参考になるが、ある期間普通の速さで成長してきたまちに、特にアメリカで言うように急な「ブーム」が起きるようなことのある、新しい国では全く参考にならない。

　古い国でさえも、鉄道や運河の建設または湾の造築、あるいはこれらが完成したりすると、——予期しなかった鉱物資源の発見や新たな産業の創設——あるいは数多くある何らかの要因によって、予測不可能な急な成長が喚起されることがある。このような折には、技師や他の者が理不尽にも非難される。技術に疎い一般人は、技師はこのようなものがあるならば単に超自然とも言えるような予知能力を、多方面において備えていると思い込んでいるのである。まさにこのような事例を、著者は記憶している。これは水道についてではなかったが、そうであっても決しておかしくない。提示した見込みに対して、どんな者にも予知不可能なある問題を予測できなかったと言って、委員会から技師が執拗に責められたのだ。委員のひとりの石頭は、「それで技師を名乗るつもりか」と問うた。「まさにその通り。予言者と名乗ったならば、このようなことの予見を期待されるかもしれないな。」と返事したのである。

　そうとなれば、過去の人口の増加傾向を振り返り、将来の増加予測に関係しそうな事柄をすべて考慮するしかない。最も単純な場合、今後20年間増強を必要としないという条件を満たすこととし、人口は過去20年間のうちに22％増加していることが判明したとしよう。その場合、給水施設は現在の人口の例えば25％増しの人口に対応できるものとして建設するのが賢明であろう。

　しかしこの他に、将来給水システムを構成する各施設の増強が必要となった時には、最小限の費用で実施できるように計画することにも十分に留意しなければならない。例えば、今日の人口の25％増しにも対応できるように水道施設全体を建設することが決定されたとしても、余裕を持つ

39

てこれ以上の規模で造れる部分がいくらかあるだろう。これらは、当初から大きく造るには比較的費用がかからないが、後になって増強するのは高価となる部分である。

　例えば、敷設が困難な場所に配置される長い水道管を単純な例として取り上げてみよう。直径比を3対4——例えば12インチと16インチ——とする2本の管を比べると、大きい方は小さい方の2倍以上の水量を運べることを、常に頭に入れておかなければならない。しかし管の価格比は2対3ぐらいでしかなく、接合の費用にもたいした差はなく、掘削と埋め戻しはもう一方よりわずか高くなる程度である；要所要所に設置することとなる橋や他の支持物についても同様であろう。ということは、現在の人口に必要な水の2倍供給できる水道管は、現在の人口に必要な水の25％増しを供給できる管のたった20％増しの費用でまかなえることになる。一方で、もとの水道管を掘り出して大きな管に取り替えなければならないならば、または1本目の管の隣に2本目の管を並べなければならない（この措置に対しては当初からの特別な備えはない）のであれば、追加となる費用は莫大になるだろう。そのようであればほとんどの場合、最初から大きな管を入れておくのが最良である。

　水を運ぶための開渠は、比較的低い初期投資ながらかなりの水量を送水できるものの、後になって運ぶ水量を増やすとなると、膨大な費用がかかる例である。

　全く反対の性質のものが、濾過池の場合である。ある程度の規模を有する水道施設の場合には複数の濾過池があるが、一基はたいがい砂を洗浄するために水が抜かれているため、この一基を除いて同時に機能している。当初から土地が入手できるまたは将来確実に土地が購入できるのであれば、最初の濾過池群とほとんど同じ費用で、追加の濾過池を建設することができる。従って、濾過池については、必要に応じて新たな濾過池をひとつずつ追加するための準備は欠かせないが、濾過池自体に含ませるゆとりはほんのわずかで済むのである。

　大規模施設におけるポンプ設備も似たようなものである。この場合も何

組かのポンプがあり、一式は「予備用」、そして他が一体で機能するようになっている。当初から必要な空間が確保されているのであれば、当初の施設と同様の費用で、必要となった段階で追加することができる。

貯水池それも特に覆いのあるものは、上記2例の中間あたりに位置する。この場合も、最初の貯水池の建設費用をそう上回ることなく、貯水池の追加容積をまかなえるのが一般的である。

給水システムの設計に当たっては、システム全体としての増強のみならず、特定の方向性を持った増強——すなわち、まちの特定の地区において、また特定の方向に通じる配管——をできる限り少ない費用で行えるように、十分に考慮する必要がある。

将来的に給水システムの各部分を増補する必要が発生することは、最初から念頭においておかなければならず、また設計に際しては、最小限の費用で増強できるような配慮も忘れてはならない。

注
1 日本では、すべての水道施設関連に関して立方尺を立方フィート相当として扱うことができる。
2 ドイツのいくつかの水道会社の統計分析により、以下の数字が得られた：平均消費量＝1とすると、一日の最大消費量＝一日の平均消費量×1.4となり、最大消費のペースは、1.4×1.5＝2.1となる。

# 第4章　計画された水源が十分であるかどうかの判断について

**供給条件**——水源の給水量が十分であるかを知るために調査をすれば、以下の3点のいずれかが必ず当てはまる。

(1) *最小限*の供給水量は、必要とされる水量と同等、あるいはこれを越える量である。

(2) *最小限*の供給水量は、必要とされる水量を満たさないが、平均供給水量が必要とされる水量と同等、あるいはこれを越える量である。

(3) *最小限*の供給水量が、必要とされる水量に満たない。

(1) 水源が河川や大きな天然湖である場合によく見られる状況である。深い井戸や高地に大きな河川のある中規模のまちの場合にも見られる。当然、このような場合に、技師の負担は最小となる。

(2) 高地の河川でよく見られるこのような場合には、貯水池に水を貯めなければならないのであるが、どれほどの貯水量が必要であるかが問題となる。というのも場合によっては、特に乾燥した日が続いた時に数日分の必要供給量さえまかなえればよいこともある；または——主に需要が平均給水量とほぼ*同等*であるのならば——必要とされる貯水量とは、水量が変動する小川を、ほぼ一定水量の供給ができる水源へと変えることのできる量になる。

(3) これは供給量が全く不十分であり、現水源を補うものとして、あるいはこれに代わるものとして、他の供給源を求めなければならない場合である。

**湧き水、小川、河川の流量測定**——ほとんどの湧き水や小さな川の流量測定は、水流を堰き止め、ある程度の深さに水を貯め、その上に1枚ある

いはこれ以上の板を浮かべて1人あるいはこれ以上の人数がバケツで容易に水を汲み上げられるようにすれば行える。水中の川底に杭を打ち込み、杭には堰き止めた部分から水が溢れ出す水面高さよりやや低めの位置に印を付ける。一定容量のバケツを用いて水を汲み上げ、この印よりある程度低い高さまで、水面を下げる。この時点で作業を止め、水面を落ち着かせ、水面が印の位置まで戻るまでに要する時間を測る。次いで、水面が印をいくぶん下回る位置に達するまで、すばやく水を汲み出す。一定時間、例えば1時間、水面をこの方法でこの位置に保ち、その間バケツで何杯分汲み出したかを記録するのだ。作業を止め、水面を再び落ち着かせ、これに要する時間を注意深く観察し、印まで水面が上昇した時の時間を記録すればよい。

$$\frac{バケツで汲み上げた水量(立方フィート)}{水面が2度印に達するまでに要した時間(分)} = 1分当たりの水排出量(立方フィート/分)$$

　これは実測方法としてはとてもおおざっぱのように思えるだろうし、実際たいして微妙な方法でもないが、そもそもほとんどの水量測定用機材では、おおまかな結果しか得られないということを念頭に置いておきたい。著者は水量の実測に目盛板を用いたり、一定の大きさの開口部に水を通すのに要する圧力を計測したりする非常に精度が高いと言われる方法を、それほど信頼していない。誤差の要因となる要素が多過ぎるので、非常に精度が高いとされる計測方法でも、バケツを用いる方法を注意深く実施した場合と比べて、誤差の程度に大差はない。しかし、数人のアシスタントの手があっても、1分当たり5から6立方フィートを越える水量となってはバケツによる方法を用いることはできないので、この範囲の水量での計測は実際難しい。ここで示す水量は、人口約3,000人に対する給水量に相当する。

　水量のやや多い小川での一般的な計測には、図1、2に示す堰堤あるいは目盛板を用いた方法がある。[1]

目盛板の原理は、図に示したような長方形の開口部の大きさ及び水の深さ——この場合の深さとは切り欠き下端と堰からある程度離れた上流の静水面の高さの差——がわかるのであれば、排水量は比較的簡単な数式で求められる。

　非常におおざっぱな測定に当たっては、実際丁寧に印を付けた、下流側を面取りあるいは斜めに切り落とした板材を用いることができる。木板に厚さ約$\frac{1}{10}$インチ以下の金属板をネジ留めすれば、精度を高めることができる（図3）。これには、真鍮板が最適である。

　堰堤は当然漏水してはならず、できればほとんど静水になる貯水が得ら

図1, 2　小川の流量を計るための堰あるいは目盛板

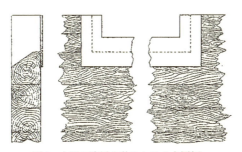

図3　小川の流量を計るための金属板

れる大きさと位置であるようにしたい。堰堤に水がかなりの流速で押し寄せてしまうほど貯水量が小さいならば、計算がややこしくなるだけでなく、結果としても静水がある場合と比べて精度も落ちるであろう。堰開口部の面は正確に垂直でなければならず、また切り欠きの底辺と側面は水平垂直が正確である必要がある。切り欠きの幅は、水の深さが切り欠き高さ方向の¼以下になるようにする。その深さとは、堰の実際の水深ではなく、上述の水面高さの差である。

数多くある計算式の中でも、あらゆる水道施設に適用できるまでに十分精度が高い結果が得られるうえ、さして複雑でもない、土木技師ジェームズ・B・ウッド（James B. Wood）氏によるものを勧める。この式は：

$$Q = 3.33\,(l - 0.2H)\,H^{3/2}$$

凡例

Q = 1分当たりの水量、単位は立方フィート

$l$ = 堰の幅、単位はフィート

H = 水深、単位はフィート。観測された水深、すなわち堰切り欠き下端と堰背後にある静水面の高さの差

堰堤に水がかなりの流速で達するような状況であれば——すなわち、切り欠きに達する前に貯水中を水が移動するようであれば——下記の補正式を用いる：

$$Q = 3.33\,(l - 0.2H_1)\,H_1^{3/2}$$

ここで $H_1 = H + h$

H は前出と同じ。$h$ は堰に近づく水の流量によってもたらされる追加分である：

$h = v^2 / 64.4$

ここで$v=$堰に向かって流れる水の流速、単位はフィート/分

土木学会会員トーマス・ヘネル（Thomas Hennell）による『下水と給水のための水理工学表類聚（Hydraulic and Other Tables for Purposes of Sewerage and Water-Supply）』中、表4は、堰を越える水流の計算が容易にできるので便利である。ここには、堰の幅1インチ当たりの排水量が深さ¼インチから5フィートまでの範囲で（単位は残念ながらガロンであるが）掲載されている。この表を用いれば、小川のおおまかな水量計算としては十分な値が得られる。

**目盛板では計測不能な水量の大きな小川の計測について**——ダムに排水する河川の場合、たいがいはダムにおいてかなり正確に、またほとんど問題なく河川の水量を計測できるが、このような計測方法について読者たちはたいがい、純粋な水力学あるいは河川工学を参照させられる。普通は、川の流れの断面と流速を確認し、両者を掛け合わせて排水量が求められる。

川をおおまかに測定するために、流れがある区間——中規模の川であれば数百ヤード、また大きな川であればさらに長い距離にわたる——ほぼ一定である場所を選ぶ。測定対象となる全長で数カ所、例えば少なくとも4箇所で断面寸法を測定する。断面寸法は、下記図4に示すように、水深を等間隔でいくつかの点で測定して得る。

両端での深さを(3)0とし、深さの平均値×幅を断面寸法とする。例えば、図より深さは、0、1.6、1.9、2.3、2.6、2.8、3.2、3.4、3.5、3.3（原文で欠落、下

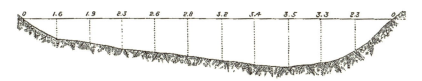

図4　各点の流れの水深を示す川の断面図

記式に補足要）、2.3、0 フィートと読める。

$$\frac{0+1.6+1.9+2.3+2.6+2.8+3.2+3.3+3.4+3.5+2.3+0}{12} = 2.242 \text{ フィート}$$

　川幅を30フィートとすると、断面寸法は平方フィートで＝ 2.242 × 30 = 67.260 となる。

　このようにいくつかの断面寸法を測定し、これらの平均値を川の断面寸法とみなすのである。

　次いで、川水面中央における流速を求める。これは、浮遊体が特定距離にある2点間を通過するのに要する時間を測ることで得られる。この時、物体の移動が水流の流速と一致するまでになっているように、上流の印よりいくらか離れた位置で、浮遊体を水中に入れる必要がある。この場合、3人の測定者が必要となる。1人が浮遊体を水に入れる。小さな河川やせせらぎであれば、岸から投げ入れればよいのだが、大きな川では橋または川の中央に係留された船から投入するとよい。一定距離離れた位置の2人は、浮遊体が2本の杭間を通る通過時間を確認できるように、両岸の同じ場所に垂直に立てた杭を見通せる、それぞれの場所に立つ。2人のいずれかがストップウォッチを持ち、あるいはそれぞれが持てば互いに確認し合える利点がある。いずれにしても浮遊体の通過は、一方からもう一方の測定者にさっと腕を上げるまたは他のあらかじめ決めておいた方法で知らせる。測定は数回繰り返し行い、平均値を水面の流速とする。

　浮遊体として最適なのは、本体が水中にありながらも浮くような、水よりわずか密度が低いものである。蕪（かぶ）の切れ端がこの目的にちょうどよい；うまい具合に浮き、白色であるので見やすい。水面の流速は小川の平均流速より大きくなり、また排水量の概算値としては水面流速の$\frac{3}{4}$をとればよい。[4]

　従って一例として、水面での流速が1秒当たり4.8フィートであるならば、平均流速を$4.8 \times \frac{3}{4} = 3.6$フィート／秒、また排水量は67.260×3.6 =

242.136立方フィート/秒と計算できる。

　さらに正確な測定は、流量計や回転速度計を用いれば可能である。これらは一般的にファンあるいは厳密に言えばスクリュープロペラのようなかたちをしており、仕組みはスクリュープロペラの逆となる。ファンの回転は、水量計あるいはガスメーターのように、一連の歯車装置によって記録され、回転数から流速を推測することができる。

　他の回転速度計は、一部が垂直、一部が水平になるように直角に曲げられた管が水平部の口を上流に向けて流水の中に置かれると、管の垂直部に入っている水が小川の水面より高く上がり、この水面の高さの違いが流速の自乗に比例することより、流速が求められる。

　これら流量計のいずれであっても川幅方向の異なる位置での、異なる深さで測定することができ、測定値の平均値を平均流速として扱うことができる。[5]

**小川と河川の最小流量**——川あるいはある程度の流量を確保できる小川が水道の水源として計画されている場合、ひと目見て、または地元で容易に入手できる情報に基づき、流量が最小となる時でも十分な給水ができるかどうかを、簡単に判断することができる。しかしながら時には、果たして最小水量で十分かを見極めるのが困難な場合も発生する。このような場合、最小の排水量がどれほどになるのかを、できる限りのことを尽くして推測しなければならないのであるが、得られる情報すべてをしても、報告書作成時までにおける小川の最小排出量は推測でしかないと認めざるをえない。

　希に、ある小川を水道の水源として計画してから、その場所については既に何年もにわたり体系的な計測が続けられてきたことを知る場合がある。この場合、最小水量について答えることは簡単である。しかしこのような事例は、滅多にない。

　流量測定されたことのない小川が水源の候補となったならば、すぐに体系的な計測を開始するための準備にとりかからなければならない。水道計

画が実際着手されるまでにはかなりの遅延が生じるのが常であり、その間にとても有用な情報が得られることが多いのである。

　小川の流れが降水のように直接的に変動するものであれば、どんな小川でも最低流量の計算はたいがい簡単であるか、あるいは全く計算を必要としなくなる。というのは、どんな場所でも雨が止む時は必ずあるからである。スコットランド高地でさえ、時には降水量がゼロとなり、すべての小川の最小流量もゼロとなる。しかしもちろん、全く吸水しない地面を流れる小川を除いてはどんな小川でも、一年の一時期完全に乾ききってしまうことはないことを、私たちは知っている。

　小川の排水量の*平均値*と*最小値*との間に何らかの一定の比率関係があるならば、最小値は容易にそれもほぼ正確に見出すことができるだろう。というのは、平均排水量は比較的短期間にわたる測定であっても、高い精度で推測できるからである。この際には降水をも考慮し、観察期間の平均降水量が数年間の平均降水量を上回るかまたは下回るかによるのと同じ比率で、測定値の平均値が小川における流量の平均値を上回るか下回るとすればよい。

　しかし、平均流量と最小流量との間には、一定の比率はない。これらは、一年を通して大きく変動するかあるいはほぼ均一にならされているかのように、降水量によって変動するだけでなく、地面の性質にもよるからである——地面の吸水性が高いほどこの比率は低く、集水流域が大きくても比率は小さくなるのである。

　住宅屋根からの排水が、極端に変動する例のひとつである。ここでは集水流域が小さく、しかもほとんど吸水性のない面からなり、水の流れは雨が止んでから数分もしないうちに排水は止まる。これと正反対の例が、広大な平らで緩やかな斜面をなす吸水性のある地面を排水する大河が、一年を通して航行可能であり、どの時期にも増水することがない場合である。

　以下にファニングが掲載した表の一部を示す。アメリカ太平洋沿岸流域[6]の平均的な小川の流量の最小値、平均値と最大値を示す：

## 第4章　計画された水源が十分であるかどうかの判断について

| 流域面積 \ 流量 | 最小値 | 平均値 | 最大値 |
|---|---|---|---|
| 1 | 0.083 | 1.00 | 200 |
| 10 | 0.1 | 0.99 | 136 |
| 25 | 0.11 | 0.98 | 117 |
| 50 | 0.14 | 0.97 | 104 |
| 100 | 0.18 | 0.95 | 93 |
| 250 | 0.25 | 0.90 | 80 |
| 500 | 0.30 | 0.87 | 71 |

（1平方マイル）　　　　　　　　　　　　　（立方フィート/1秒・1平方マイル当たり）

　集水流域が500平方マイル以上あれば、流量の最小値がまちの給水に不十分でないかどうかが問われることはないだろう：ゆえに以下の表は省略した。

　この表を見ると、流域が増加するにつれて平均排水量は1平方マイル当たりいくらか減少することがわかるが、最大排水量は特に急速に減少する。また、変動幅も小さくなる。従って、集水流域が1平方マイルしかない場合、小川の流れは平均の $\frac{1}{12}$ にしか過ぎないのに対し、集水流域が500平方マイルとなると $\frac{1}{3}$ 以上になるのである[7]。

　この場合にも、「最小」とは夏期の最小の15日の流量を示すので、1、2日の期間については特にたいへん小さな集水流域の場合、表に掲載された値以下にもなるだろう；一方、中規模の沈澱池のように貯水量がたいへん小さい場合には、これら数日間の値だけで十分である。

　小川の最小水量についての調査に当たっては、特に水を灌漑に用いる国では、小川の水量に注目していると思われる農民や他の者から得る地元の情報を常に利用するべきである。しかし、同時に、彼らの証言に頼り過ぎるのも禁物である。著者は今までに何度も、ある小川が「現状よりも水量が低くなったのは見たことがない」と言われたことがあるが、その地域の降水量を示す表をひと目見ただけで、つい最近、水量が今より低かったことも分かったのである。

## 注

1 図はシャーリー・F・マーフィー（Shirley F. Murphy）編『私たちの家庭を健全にするために（Our Homes and How to Make them Healthy）』より。出版社 London: Cassell & Co. より掲載許可済み。

2 この話題は、土木技師 J・F・ファニング（J. F. Fanning）氏の論考『水理学と給水技術の実務（A Practical Treatise on Hydraulic and Water Supply Engineering）』で丁寧に扱われている。堰を越える水流の理論について知識を深めたい者は、この著作の第14章に目を通すのがよい。

3 護岸が垂直であれば、得られる結果は不正確となることは明らかである。このような場合、垂直に測った実際の深さを利用する。

4 たとえおおまかであるとしても、これは自然の小川に見られるような、水深より幅の方がずいぶん大きい場合——例えば、幅が平均水深の12倍を下回らない——にのみ有効である。とても深い小川の場合、平均流速は、水面流速の0.75倍よりかなり大きくなるかもしれない。従って、水深が幅の半分の場合、平均流速は水面流速の0.920倍になることもある（ファニングによる）が、概算用の倍率として$\frac{3}{4}$は妥当である。というのも、実際の流速はこれを上回ることはあっても、その逆とはならないからである。

5 ファニング著『水理学と給水技術の実務（A Practical Treatise on Hydraulic and Water Supply Engineering）』の第16章に、数種類の水量計の説明と図示がある。実際、この章中「開渠における水流（Flow of Water in Open Channels）」についての項全体は一読に値する。

6 イギリスでは地域によっては、この表に示した値よりも変動の多い場所がある。日本では、長く乾燥した冬期と湿潤な夏期により——降水量が時には驚異的になり、24時間中に1フィートを記録したのは一度だけではなく、また別の時にはこの量の倍を記録した——一般的に変動はさらに大きい。

7 神戸の水道施設の場合、いくつもの測定値及び長期にわたる降水量の観察から判断する限り、一年を通して供給できる全水量は恐らく降水量全体の$\frac{1}{3}$以上はあろうが、冬の乾燥した月に供給できる全水量は全降水量の$\frac{1}{3}$をかなり下回る。寒く乾燥した月には、集水流域の地面のおおかたは凍結しているだろうし、もともと少ない「降水量」のうち大部分は雪として降るだろう。

# 第5章　必要とされる貯水量の把握について

　**降水現象**——気候にそれほどの差がない多くの国では、以下の二つの現象が驚くほど規則的に発生していることが、降水観測の結果から読みとれる。ここではまず、この点に注目してみよう：

(1) 一年間の最小降水量は、平均年間降水量より $1/3$ あるいは33％少なく、また一年の最大降水量は平均降水量の $1/3$ あるいは33％増しとなる。

(2) 平均年間降水量が例年の80％にしか満たない年が3年連続する場合が、かなりの頻度で見られる。

　**理想的な貯水池**——小川からの平均排水量が平均消費量と同等またはこれを越えていれば、最小排水量が平均消費量を下回ることがあっても、貯水池を用いることによって小川は給水源として使用可能であるとされている。

　平均排水量と平均消費量が（貯水池水面からの蒸発、漏水などにより失われる分を含めても）完全に一致するようなことは理論上ありうるが、実際に目にすることはない。このような状態であるためには、発生しうる最長の干ばつが続いた後の最初の降水による小川の流れが給水量に一致する。また、理想的な貯水池の規模としては、完全に空となるまたは最小限可能な貯水量しか残らないものとする必要がある；同時に貯水池は、起こりうる最大の増水後にぴったり満水になり、一滴たりとも水が溢れないような寸法でなければならない。このような条件を満たす貯水池を用意することは、明らかに人間の予想を超えたことである。

　もし平均排水量が平均消費量に全く一致するならば、決して溢れること

のない貯水池を造ることは可能であろう。そうすれば、溢水により水が一滴も無駄になることもないし、また本来変動する排水水流を全く一定にすることもできる。しかしながら、嵐の降水による砕屑物の混入を避けるために貯水池をいったん通すのが望ましい場合もあるものの、水流を一定にする程度の規模となる貯水池にすることは決して経済的でない。貯水池は必ず嵐による降水が幾分通過する、あるいはこの際に溢水させるような大きさで造られる。一般によく見られるのが、降水の少ない3カ年の間、すなわち平均降水量が例年の20％減となる期間に、水流が一定となるように貯水池を設計することである。そうすれば、貯水池はそのような3年の間、ほとんど空になったり、溢水によって水を失ったりすることがない。

**貯水池容量の決め方**——貯水池の容量は、何日分の消費量という単位で表すのを慣習とする。例えば貯水池の容量が消費量100日分であるといえば、貯水量が排水時の最小値と満水時の最大値との間で、水を追加しなくてもまちの平均消費量を100日間給水するのに十分であることを意味する。

前述のように、全体をならした時の給水を確保するためにも、貯水池の容量を150日から200日分とするのが一般的であるものの、250日分の給水量にする必要がある場合も珍しくない。

必要とされる容量は流量の変動が大きいほどさらに大きくなり、これから最大降水量の見られる時期へまさに入らんとする時に最大需要の時期が終盤に向かっているのであれば、その時点で必要な容量が最大になることは明らかである。アメリカの各地でこのような状況が見られ[1]、他の月よりも7月、8月、9月に水が消費されるのに対し、降水量が最大になる時期は12月に始まる。

下記の式は、ジョン・ホークスリー卿（Sir John Hawksley）による、平均降水量が判明している場合の必要貯水量を求めるためのものである。

$$C = \frac{1000}{\sqrt{r}}$$

C = 1 日当たり平均消費量換算の容量
r = 連続する乾燥した 3 カ年の平均降水量 = 平均降水量の 0.8 倍[(2)]

*例* 平均降水量は 45 インチである。45 × 0.8 = 36 であるので、C = 1000/$\sqrt{36}$ = 1000/6 = 166.6 を丸めて 167 となる。すなわち貯水量は平均消費量の 167 日分が必要である。

降水量が不規則な場合は、この式がどのように対応するのかを理解するのは難しい。例えばこの式によれば、一年を通して雨が一定して降った場合でも、一回の雨期にすべて降った場合でも、同じ必要貯水量が得られる。しかしながら、イギリスではそれで十分通用する結果が得られている。

数年間にわたる小川の流量や地区の降水量についての記録がない場合、必要な貯水量は推測する以外に方法がない。いずれかの記録があるのならば、以下で説明する簡易図法の利用を強く推奨する。

小川の流量の実測値が数年間分あるのなら、ことは比較的簡単になるのであるが、前述したようにそのような測定値が存在すること自体、希である。これらがないならば、雨水に基づいた小川の流量の推測が必要となる。そのためには、どの一定期間に対しても下記を仮定する。

$$d = a \times r \times c$$

ここで
$d$ = 該当期間における小川の排水量、単位は立方フィート
$a$ = 集水流域、単位は平方フィート
$r$ = 当該期間における降水量、単位はフィート
$c$ = 給水可能な総水量を分数として示す係数、すなわち集水流域に降る雨の総量から湧き水として集水領域に還元されない乾燥や吸収などにより失われる分を差し引いた量

都市への給水と水道施設の建設

　この推定値が正確であるとみなすことができるのは、期間が長い場合だけである。というのは、短期間では降水量がゼロとなることもあるものの、小川の排水量がゼロになることは恐らく全くないことを考えれば明らかであろう。しかし、一定の短期間に含まれる誤差は、他の誤差を打ち消す傾向にあるので、どのような場合であっても必要貯水量算出に際してこのように仮定しても問題ない。むしろ、ほぼ正確な $c$ 値を得ることの方が難しい。ファニングが、様々な地面の種類ごとに概算値を出している[3]：

| | |
|---|---|
| 山の斜面や険しい岩がちな丘 | 0.8 から 0.9 |
| 木々に覆われた沼地 | 0.6 から 0.8 |
| 起伏のある牧草地や森林 | 0.5 から 0.7 |
| 平坦な農地や草原 | 0.45 から 0.6 |

　これらの数値は、非常におおまかな参考値として挙げられているので、同一の集水流域であっても差はありうる。従って乾燥した時期における $c$ 値は、同じ集水流域の湿潤な時期と比べると、低くなる。すなわち、雨期と比べると乾期における貯水可能な降水量は*比例*して少なくなる。どの時期においても蒸発の総水量が、かつてみなされていたように降水量の分数として表せるものというよりは、定数に近いことを考慮すると、この理由は明らかである。

　さらに、一年を通してほぼ均一に分散した降水よりも、短期間に激しく降るような場合に、$c$ 値は大きくなる。実際、上で説明したように嵐における雨水の損失により、十分に相殺される可能性がある[4]。

　いずれの場合でも、上の表から $c$ 値を推測するのであれば、2つの値のうち小さい方を採用する必要がある。

　ある程度長期にわたって小川を測定することができるのであれば、

$$c = d / r$$

第5章　必要とされる貯水量の把握について

という原理に基づき、cとしてけっこう妥当な値が得られる。

　　cは、前出の係数
　　d＝全期間にわたる小川の総排水量、単位は立方フィート
　　r＝同じ期間にわたる集水領域全域の総降水量、単位はフィート

　測定期間が長いほどc値は正確になると考えてよい。乾燥した連続する3カ年を測定できれば、たいへん信頼のおけるc値が得られる。しかし、数ヶ月間だけの測定であっても、測定時期の天気がきわめて典型的な状態であれば、測定値をうまく利用することでc値としてはかなりの近似値が得られることがある。従って、全期間で雨が降りがちであったならば、ある程度（例えば10％ほど）差し引くのがよいだろう。ごく普通の天気であっても——平均降水量が長期間の降水量と同じであり、雨もほぼ等間隔で降る場合——多少差し引くのが望ましい。天気が乾燥ぎみであれば、差し引く必要はない。いつもより非常に雨が多かったり、非常に乾燥していたりするならば、結果は予想できない。できる限り測定は丸一年かけて行うのが好ましい。

　貯水池容量を求める：長崎を例に——いったんc値を推定したので、著者の推奨する方法を説明するのに、長崎を具体例として取り上げるとわかりやすいだろう。貯水池を含むこのまちの水道施設はC・ヨシムラ（吉村長策<sup>ちょうさく</sup>）氏の設計による。貯水池計画の際に、貯水量が十分であるかどうか疑問が呈され、著者は1889年に助言を求められた。図版I、II（図5、6）に、貯水量を検討するために当時作成した表を縮小して掲載した。

　以下が、施設の詳細である。人口6万人に、1人当たり1日20ガロンの水量を供給する計画であった。(5)日本、特に九州において雨は暑い時期に降るが、寒い時期には概して非常に乾燥しており、一年を通して水の消費量は一定であると仮定した。もちろんこのような仮定が全く正しいということはあり得ないのであるが、水道施設運用開始以来の経験があったので、平均消費量に十分に余裕を持たせることができ、安全なものとなった。集

水領域は 865 エーカーであった。

　1879 年始めから 1888 年末まで、毎日と毎月の降水量が記録されていた。小川の計測を通して、$c$ 値として $2/3$ あるいは 0.6 をとれば、かなり安全であることがわかった。すなわち、総降水量の $2/3$ 以上が小川によって排水されていることがわかった。

　6月のうち半月、7、8、9月は丸々ひと月、面積約 25 エーカーの農地に 24 時間当たり深さ $5/8$ インチの割合で灌漑用水を給水する必要があった。

　表の説明——下から始めることとするが、最初の2列は説明不要であろう。第3、4列の表題は「消費量」と「降水量」になっている。図がある数年間にわたる小川の実測値に基づいて作成されているのであればこれらの単位は立方フィートになるが、「降水量」の表題のある列を「排水量」とし、「排水量」には集水領域の総降水量 × $c$ として計算した値を用いているので、とにかくこれらを立方フィートで表記する方が一貫性がある。但し実用上、ここには多くの問題が含まれている。というのは、各月ごとに大きな値（平方フィート単位での集水領域）に半端な分数（フィート単位での降水量）を掛け、さらに $c$ を掛けることになるからである。

　煩雑になるのを避けるために、「消費量」の列にある値を、この供給量を確保するのに必要な降水量と解釈する。これは下記のように求める：

$$r = \frac{q}{a \times c}$$

ここで、以下とする。

　　$r$ = 1日分の消費量をまかなうのに必要な、蒸発と吸収による損失を含めた1日に必要な降水量
　　$q$ = 1日当たりの実際の消費量
　　$a$ = 集水領域
　　$c$ = 得られる総降水量に対する係数

第5章　必要とされる貯水量の把握について

　これにより、1日当たり降水量が0.102インチあれば、まちの消費量に必要な給水に十分であることがわかった。

　さらに、上述のように灌漑用に水を供給する場合には、1日当たり0.126インチの降水量があれば、まちへの給水と農民たちが必要とする量に十分であることがわかった。ひと月当たりの必要量は、これらの値を月ごとの日数である28、29、30、または31を掛ければ求められる。

　第5列は、各月の給水に必要な降水量と実際の降水量との差を示す。すなわち、これは第3列と第4列との和であり、第3列の値を負数とし、第4列を正数として扱う。

　第6列はいずれも、第5列までの数値の合計を示す。

　曲線は、第6列の値に応じた便宜上の縮尺を用いて、縦座標を描いて求められる。

　得られた曲線を用いればひと目で、貯水池の調査対象とした期間のいずれの時点における状態をも把握することができる。右上がりの曲線は、貯水池への水の流入または溢水を示す；右下がりの曲線は、徐々に空になりつつある状態を示す。

　曲線の凹みは、必要最小限の貯水量を直接示すこととなる。

　冬期には定期的に凹みが現れていることに気づくであろう。また中でも、1887年11月初めから1888年3月末に及ぶ凹みは、他よりずいぶん大きいこともわかる。この凹みは44日をちょっと越える給水量に相当する。すなわち、この図解法によると、貯水池では最小でも $60{,}000 \times 20 \times 44 = 52{,}800{,}000$ ガロンを幾分上回る貯水量が必要となる。

　月ごとの曲線の結果は、おおまかなものでしかない。もしすべての雨が毎月1回短時間に降るとしたら、そしてそれもほぼ同じ時間、例えば月の最初、中頃、あるいは最後の日であれば、正確な結果が得られる：しかし、そのような条件に合致することはまずない。降雨はひと月にわたり多かれ少なかれ不均一に分散するものだ。例えば、ここに挙げられた特殊な例では、10月中の雨がすべて月の最初の日に降り、2月にはすべての雨が月の最終日に降った、ということも考えられる。このように仮定すれば、凹み

都市への給水と水道施設の建設

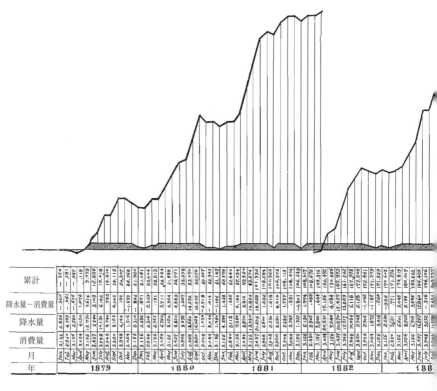

図5　貯水池：必要貯水容量（年間降水量）を示す図

第5章　必要とされる貯水量の把握について

図版 I

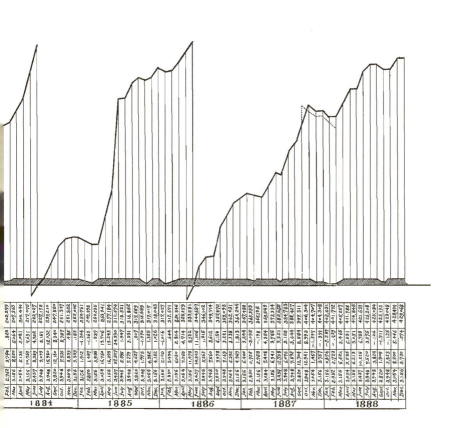

都市への給水と水道施設の建設

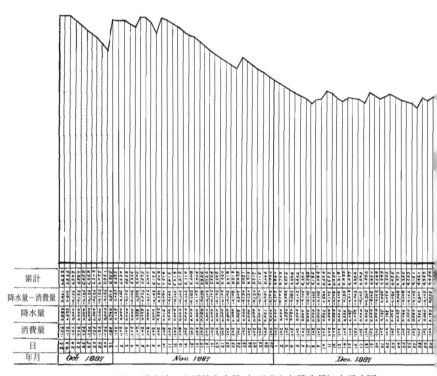

図6　貯水池：必要貯水容量（1日当たり降水量）を示す図

第5章　必要とされる貯水量の把握について

図版 II

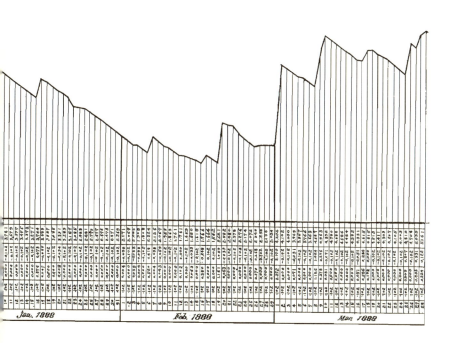

は描かれたよりももっと深くなる。実際、点線で図示したほど、あるいは実際の曲線より50%は深くなる。

このような発生しうる誤差を避けるために、曲線の凹みが最大になる点については1日ごとの降水量から算出するか、あるいは同じぐらい深い凹みが複数ある場合はそれぞれについても同様に算出するのが望ましい。

図版Ⅱには、1887年10月22日から1888年3月28日の月々に対応する凹みを算出した結果を示す；月単位の記録から算出するよりも、ずいぶんと大きな貯水量が必要であるという結果が得られることがわかるだろう。実際、ここには52日間にわたる消費量を満たすための貯水量が示されている。

**偶発性の予測**——このような結果がわかっていたとしても、偶発的な変動にも対応できるように十分な水量を追加して確保しておく必要があることは、以下の様々な理由による。

（1）貯水池の清掃や、満水時にできない修理の場合を除けば、貯水池を完全に空にするのは望ましくない。貯水池は、水量が最小になる時にも満水時の10%から15%の水が保てるように設計するべきである。

（2）この図解法による結果は、降水量の記録がかなり長期間にわたってあるのでなければ、おおまかなものとしてしか捉えられない。というのも、記録が数年間分しかないのであれば、起こりうる最長期間の干ばつが含まれているかどうか、わからないからである。一方、参照できる記録が40年から50年分以上あれば、ほんの数パーセントの余裕さえ持たせればよい。それに対して、記録が例えばわずか8年から12年分しかなく、またこの期間に異常に乾燥した天気が長く続いた時期があったかどうかの確かな情報がなければ、かなりの割合の余裕を持たせなければならない。

（3）貯水池水面からの蒸発により、水はいくらか失われる。この量は、気候のみならず、貯水池の水深——もちろん水深とともに水面の面積も変動する——にも影響されるので、おおまかにでも把握することができない。ただ幸い、水深が最小の時に蒸発量も最小となる。その量は、貯水池の平均水面面積を基準とし、ここから上方水深20インチ前後に相当するかも

第5章　必要とされる貯水量の把握について

しれない。暑い時期に湿度が非常に高くなる気候では、気温の上昇に従い、貯水池水面で水分が凝結することもある。著者は、貯水池から汲んだ水を瓶に入れるとすぐ外側に凝結し、それも瓶の中の水が外気温に達する前に水がしたたり落ちるほどになる気候を経験したことがある。そのような時には確実に、貯水池の水面全体で甚だしいほどの凝結が進んでいる。貯水池に、天然であろうとそうでなかろうと、氷河が解けた小川からなどの冷たい水の流入があれば、蒸発による水の損失分よりも凝結による増加分が多くなることが考えられる。

(4) 貯水が多少漏水することや、地中へ浸透することは避けられない。注意すれば、この量をほんの数パーセントにまで下げることができるだろうが、完全にはなくせない。

これらすべてを考慮すると、降水量の記録がある期間の長短に応じて、貯水量の概算値に30％から40％の量を上乗せすればよい。

図版ⅠとⅡの作図に用いた事例の場合、1887年から1888年冬期の給水をまかなうためには52日分の消費量をいくらか越える容量が最低限必要であることがわかった。まず計画されたのは、65日分に相当する容量であった。この場合には、降水記録が10年分しかなかったので、容量の概算に40％上乗せするのが適切であろうと判断した。貯水池の容量は、ダム用の土砂を予定地から掘り出すことによって、75日分に増強された。これは概算値に対して40％程度の上乗せである。結果として、この余裕でまさに十分であった。

図版Ⅰ下方の網掛け部分は、1879年から1888年までの間、最初に計画された容量の貯水池とした場合の状況を示す。水平線は、貯水池が満水あるいは満水のうえ溢れていたことを示す。下降線は貯水池からの排水、上昇線は貯水池への水の流入を示す。曲線の軸を上回る線の距離——すなわち、各位置における縦座標の長さ——は、縦座標に対応する時間軸上の時点での貯水池にある水量を示す。

都市への給水と水道施設の建設

注

1 日本ではこのほとんど全く反対の状況である。温暖な月に最大降水量があり、寒い月は非常に乾燥している。

2 当初の式では、連続する乾燥した3カ年の平均降水量を平均降水量の$\frac{2}{3}$として計算した。降水量の記録を詳細に考察した結果、連続する乾燥した3カ年の平均降水量が平均降水量の$\frac{3}{5}$に相当することが少なくなかった。ごく希に、この値よりも低くなった。(降水量記録の詳細については、ヘネル著『下水と給水のための水理工学表類聚(Hydraulic and Other Tables for Purposes of Sewerage and Water-Supply)』中、表10、11、12参照。ひと目で有用な情報が多く得られる体裁で掲載されている。これを見ると例えば、1854-56年にわたるエクセターの平均降水量は、まちの52年間の平均降水量の$\frac{3}{4}$以下であったことがわかる。

3 補遺II、覚書3参照。

4 補遺II、覚書4参照。

5 これらの数値は著者に提供されたものである。私自身の考案によるのであれば、表記単位は立方フィートにしていた。

## 第6章　水道施設の分類

　水道施設は一般的に**重力式**と**揚水式**とに分類される。

　重力式施設では、本管内の圧力は重力のみによる。揚水式施設において、常時の消費量変動に対応できるように高置貯水池に十分な水が貯められれば、直接重力によるものとなるが、もともとこの水は比較的低い位置から貯水池にポンプを用いて引き揚げたものである。別の方法では、本管への過度の衝撃あるいは「水撃（ラミング）」を避けるために、水は低置貯水池から小さな畜圧器として作用する空気室あるいは「配水塔」に直接ポンプで送り込まれる。

　これらのポンプは、ほとんどの場合蒸気で発動される。希に水力式も見られ、特に施設の規模がたいへん小さい場合、水力揚水機がよく採用される。

　完全な重力式施設であるためには、以下の構成要素が欠かせない。(1) 高置貯水池、または沈澱池と高い位置での取水との組み合わせ、(2) 濾過池、(3) 貯水池または沈澱池近くの配水池、あるいは近くに高地が都合良くあるのならば、まちにできる限り近いあるいはまち中の貯水池、あるいはまち中に1基以上の高置水槽、(4) 配水施設。

　ポンプ施設の構成要素には、以下のような組み合わせが考えられる。

　A.  (1) 比較的低い位置での取水、(2) 複数の沈澱池、(3) 濾過池一式、(4) ポンプ施設、(5) 高置貯水池またはまちの近くあるいはまち中の貯水槽、(6) 配水施設。

　B. 高置貯水池が設置可能な高地がなく、また24時間中の消費量の変動への対処に十分水を貯めることのできる構造物に支持された高置水槽が実用的でないと考えられる場合——(1) 比較的低い位置での取水、(2) ひとつ以上の沈澱池、(3) 濾過池一式、(4) 低地の配水池、(5) 配水施設に

直接送水できる動力のあるポンプ施設、(6) 配水施設。

　C. 取水量がとても小さく、沈澱池や濾過池に適切な場所まで重力で引くことができず、またこれらを設ける場所として低地しか得られない場合——(1) 低い位置での取水、(2) 沈澱池に送水する動力のある取水ポンプ施設、(3) ひとつ以上の沈澱池、(4) 濾過池一式、(5) 下の (6) への送水用動力のある主ポンプ施設、(6) 高置貯水池または構造物に支持された高置水槽、(7) 配水施設。

　D. (4) までは上と同様であるが、(5) 以下は異なる——(5) 低地の配水池、(6) 配水施設に直接送水できる動力のあるポンプ施設、(7) 配水施設。

　最後の例は、B と同様に、貯水池を設置できる天然の高地がない、十分な容量のある構造物で支持された高置水槽の費用が高額過ぎる、またはその他の理由により、実用的でない場合に必要となる。

　実用上、これらのシステムの多様な組み合せまたは改良が必要となる。

　図版 III、IV、V（図7-12）では、よく目にする重力式システムとポンプ式システムを図解した。文字の凡例は下記の通りである。

| | | |
|---|---|---|
| I.R. | Impounding reservoir | 貯水池 |
| W.T. | Water tower | 配水塔 |
| D. | Dam | ダム |
| F.B. | Filter beds | 濾過池 |
| C.W.R. | Clear water reservoir | 浄水池 |
| D.S. | Distribution system | 配水施設 |
| S.R. | Settling reservoir or reservoirs | 沈澱池 |
| R. | River, stream, or lake | 川、小川、湖 |
| | | （いずれも干潮面を示す） |
| P.S. | Pumping station | ポンプ施設 |
| P.W. | Pumping well | 揚水井戸 |
| I.P.S. | Intake pumping station | 取水ポンプ施設 |
| | Main（訳者追加） | 主管 |

第6章　水道施設の分類

　　　　Forcing main（訳者追加）　　　　圧送管

　各図の縮尺は揃えておらず、図はあくまでも図解を目的とする。各図は明解であるが、少し補足をしておこう。

　まず、図7と図8に描かれたシステムの違いに注目する。両者の違いはただ、図8では配水池に適切な場所がまち中にあったのに対し、図7ではそのような場所がなかったため配水池を貯水池近くに設けなければならなかった点にある。いずれの配置を採用しても、大差ないように思えるかもしれないが、ずいぶんと大きな違いがある。図7の場合、主管は一年のどの日のどの時点においても最大消費水量を送れなければならない。すなわち、平均消費量の少なくとも2倍の量を送れなければならないのだ。一方、図8によると、主管は一日の最大消費水量を運べれば十分で、平均給水量×1.5を越えることはない。この場合、配水システムの方が最大量さえまかなえればよい。配水システムは常に、最大消費量を運べることが必要とされるのである(1)。

　両方の場合とも、もし小川の最小排水量で必要とされる水量を供給できる状態ならば、貯水池の代わりに高地における取水と沈澱池の組み合せにできた。

　図9と図10に示す事例の違いは、図7と図8との違いに非常に近いが、主管ではなくポンプ動力に関係する。

　図7の場合、動力は一日の最大給水量、または平均給水量×1.5を送水できれば十分である；図10の場合、いずれの時点における最大給水量──最小でも平均給水量×2──に対応できる必要がある(2)。

　図9においてポンプ施設は、濾過池と地形に応じて図示された場所との間の、どの位置にあってもよいことに注目したい。実際は、どこよりも濾過池近くに設けることが多いだろう。

　図10では、浄水池と揚水井戸間の配管が最大必要水量を十分に運べなければならないので、浄水池とポンプ施設をできるだけ近い場所に配置するのが望ましいのだが、いくらか離して配置せざるを得ないこともあるだ

## 重力式及び揚水式の水道施設形式

図版 III

図7

図8

図版 IV

図9

図10

第6章 水道施設の分類

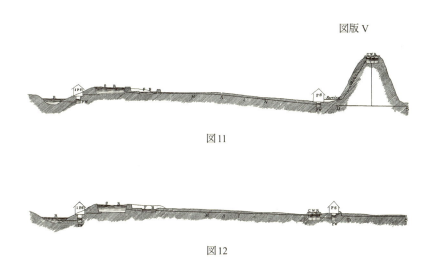

図版 V

図11

図12

ろう。

　図9と同様のことが、図11についても言える。ポンプ施設は、図示された位置と濾過池間のどの位置にあってもよい[(3)]。

　ここで図示した事例では、主たるポンプ動力は一日の最大流量——すなわち平均流量×1.5——に対応できればよい。一方、取水ポンプの動力はこれほど必要ない。一日の消費量が平均消費量×1.5近くを維持する状態が続いても、せいぜい1日、長くても2日だからである。沈澱池は原則として2、3日分の水を貯めているので、そのうちいくらかは非常時に利用しても問題なく、実際そのように計画されている。いずれにせよ動力は、安全をとって一日の最大量に対応できるように計画するのが望ましい。これはあくまでも、後述する「予備」とは別ものである。図11に図示した例では、主たるポンプ動力は最大の仕事——平均の2倍——をまかなえなければならない。それも「予備」の動力を用いずに済むことが望ましいが、実際は需要が異常に高い時には使用されるのである。

　図12に図示した取水ポンプ動力についても、図11と同様のことが言える。

71

注

1 図7は日本の長崎水道施設の図である；図8は下関水道施設の計画を示す。
2 図9は日本の福岡水道施設の計画を示す。図10は岡山の計画である。
3 ポンプ施設を濾過池により近い位置に描けば、現在（1894）日本で実施中の大阪水道施設の状況を示すことになる。

# 第7章　貯水池

　**一般的な配慮事項**——どの貯水池においても、一年のうちの乾期に必要とされる給水量を確保するための貯水が求められたならば——すなわち、深井戸による供給が論外であり、かつ排水量が最小の時でも給水に十分な水量が得られる小川がちょうど良い距離にない場合——貯水池用地、それも多くの場合は複数を探す必要がある。

　貯水池に適切な用地は、一般に谷間の中でも高い位置に求められる。膨大な費用をかけてまで貯水池を建設することによってもたらされる恩恵のひとつはたいがい、重力により十分な圧力のかかった給水が得られることである。しかしながら、貯水池からの給水であっても十分な水圧を得るために、ポンプ使用が必要な場合もある。貯水池用地を求める際に、その地域の地図が手に入るならば、どんなものでも利用すべきであることは、言うまでもないであろう。既に完全な流量調査がなされ、等高線が地図に記載されていれば、かなりの手間が軽減できる。

　貯水池に最適な敷地とは、谷の幅がいったん広がり両岸が急斜面、谷底が平らになりながら両岸が近づき、この平らな谷底の少し下流で絞り込まれるような場所である。すなわち、図13に示すような等高線となる場所が、貯水池に最適となる。

　実施計画の分析や貯水池にふさわしい場所を探した経験に基づき、合流地点から少し下流で谷が絞られるような地形は、2本の小川が合流する地点によくあることに著者は気づいた。すなわち、二股に分かれる貯水池も実によく見られるのである。図14の等高線は、この種の貯水池にふさわしい敷地を示す。

　もちろん、敷地の下に不浸透層がなければ貯水池は造れない。そのような不浸透層はほとんどの場合、ある程度深くには存在するもののあまりに

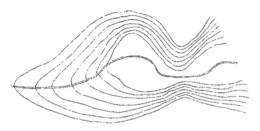

図13　貯水池の立地となる渓谷両岸の起伏

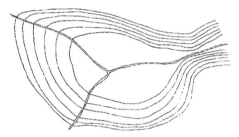

図14　貯水池の立地となる渓谷両岸の起伏（川の合流点）

も深いため——不浸透層にまで浸透しなければならない——ダムの建設が実現不可能となる場合もある。これまでも厚さ100フィートほどの浸透性の層を経て不浸透部分に達するような場所に、ダムを建設するのが賢明であると考えられてきた。

　**準備段階**——貯水池に適切な用地が見つかったならば、次の事業が必要となる：——

　(1) 貯水池が計画されている敷地全体の範囲の試掘。特にダム建設予定地沿いで必要である。というのも、この結果は構造物の規模のみならず、これに用いる材料の選択にも関わってくるからである。工事が始まってから、浸透性の土壌が予想以上に深い位置まで達していることが判明したら大ごとになる。

(2) 不浸透層と思われる層を実際に見て、また確認できるように、その層の表面を露出させるために複数の試掘をする。

(3) 谷線に沿って、海あるいは給水対象となるまちの最低地点以下の任意の点を基準に、高度を計測する。水道管の経路は多くの場合、谷線にほとんど一致する。

(4) 集水流域の範囲を求めるための調査。集水流域はほとんどの場合、周囲の山々の稜線が境界線となることに注意したい。しかし、ほぼ平らな台地の場合、水（少なくともその一部）が斜面状の浸透層に運ばれ、予想に反して反対方向に排水されることも起こりうる。そのような例は実に希なので、慣習として周囲の山々の稜線を集水流域の境界線とみなす。

(5) 貯水池計画地については、貯水池満水時の高さとして考えられる最大の高さまで、2から3フィート間隔で等高線を描きながら、注意深く詳細な調査をしなければならない。

もちろんその土地が既に正確に測量されているのであれば、(3)、(4)の項目は新たに手がける必要はない。集水流域は地図から面積計などで計測できる。

まだ詳細に調査されておらず、等高線図が作成されていない土地であれば、精度の高いアネロイド気圧計が高度の計測にずいぶん役立つ；しかし、ある程度信頼のおける測定値を得るためには、技師が事前調査を実施している間に、海が近いのであれば海水位で、または導水が計画されている土地では気圧計の変動を観測する必要がある；そうしなければ、気圧変動によって気圧計を用いた計測結果には狂いが生じてしまう。

**貯水池の深さ**——この段階で、どれほどの深さの貯水池が必要となるかを決めなければならない。

貯水池の平均水深は、最大水深の $1/3$ 弱から $2/3$ 弱あたりに納まる。谷両側が均一な急斜面として小川に向かい、小川自体が急斜面を下るのであれば、平均深さは最大深さに対して最小値になる。一方、貯水池の底がほぼ平らで側面が急斜面であれば、平均深さは最大深さに対して最大値になる。

下記の図15、16は、これらの2通りを示す。

等高線がいくつか描け、前述の知識があれば、貯水池としてどれほどの大きさと最大深さが必要であるかを決められる。

以下のたいへん便利で興味深い下の表は、チャールズ・スラッグ（Charles Slagg）著『水理工学（Water Engineering）』からの引用である：

| No. | Ratio. | No. | Ratio. | No. | Ratio. | No. | Ratio. |
|---|---|---|---|---|---|---|---|
| 1 | ·612 | 20 | ·490 | 39 | ·452 | 58 | ·400 |
| 2 | ·583 | 21 | ·487 | 40 | ·450 | 59 | ·400 |
| 3 | ·580 | 22 | ·485 | 41 | ·450 | 60 | ·400 |
| 4 | ·572 | 23 | ·473 | 42 | ·447 | 61 | ·400 |
| 5 | ·560 | 24 | ·468 | 43 | ·435 | 62 | ·400 |
| 6 | ·543 | 25 | ·468 | 44 | ·431 | 63 | ·496 |
| 7 | ·537 | 26 | ·468 | 45 | ·427 | 64 | ·495 |
| 8 | ·528 | 27 | ·466 | 46 | ·422 | 65 | ·494 |
| 9 | ·526 | 28 | ·466 | 47 | ·420 | 66 | ·380 |
| 10 | ·525 | 29 | ·465 | 48 | ·420 | 67 | ·376 |
| 11 | ·515 | 30 | ·464 | 49 | ·420 | 68 | ·350 |
| 12 | ·515 | 31 | ·463 | 50 | ·420 | 69 | ·350 |
| 13 | ·514 | 32 | ·462 | 51 | ·420 | 70 | ·345 |
| 14 | ·510 | 33 | ·460 | 52 | ·420 | 71 | ·340 |
| 15 | ·504 | 34 | ·460 | 53 | ·417 | 72 | ·340 |
| 16 | ·500 | 35 | ·460 | 54 | ·407 | 73 | ·336 |
| 17 | ·500 | 36 | ·460 | 55 | ·407 | 74 | ·320 |
| 18 | ·496 | 37 | ·458 | 56 | ·405 | 75 | ·281 |
| 19 | ·496 | 38 | ·455 | 57 | ·400 |  |  |

＊ Crosby Lockwood and Son発刊、ロンドン

図15　側面が斜面の貯水池の平均水深を示す図

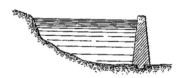

図16　側面が急斜面の貯水池の平均水深を示す図

この表には、実在する75の貯水池の大きさを考察した結果を示す。ここでいう「比率」(Ratio) とは平均水深÷最大深さである。表からは、ほとんどの貯水池の平均深さは最大深さの半分以下であり、平均深さの平均値は最大平均深さの半分以下であることがわかる。

貯水池の深さと規模をさらに正確に算出するためには、下記のようにすればよい：

$d$ = 貯水池内範囲内における最低等高線からの貯水池底の深さ
$d_1$ = 等高線間の垂直距離
$a_1$、$a_2$、$a_3$、$a_4$ など = 最初の等高線に囲まれる面積、2番目の等高線に囲まれる面積、3番目の等高線に囲まれる面積、4番目の等高線に囲まれる面積など

とする。

最初の等高線以下の容積 = $d/2 \times a$; 最初と2番目の等高線間の容積 = $(a_1+a_2)/2 \times d_1$、2番目と3番目の等高線間の容積 = $(a_2+a_3)/2 \times d$、3番目と4番目の等高線間の容積 = $(a_3+a_4)/2 \times d$、以下同。

深さはフィート、面積は平方フィートで測定するのがよい。容積は、立方フィートで表される。必要な容積に達するまで計算結果を加算すれば、貯水池として必要な水深が求められる。

この方法には、安全側にではあるがいくらかの誤差が含まれる――すなわち貯水池の実際の容積は、この方法による概算値と比較してやや大きい傾向にある。

ここでの仮定は、図17で直線と曲線に囲まれた部分――直線は水面を、曲線は貯水池の断面を表す――が、同じ直線と階段状になった直線とに囲まれる部分に等しいとしたことだけである。もしこの曲線が直線に対して常に凹面をなす――貯水池の一般的な断面形状である――のであれば、これと直線によって囲まれた部分は、直線と階段状の直線に囲まれる部分よりもいくらか大きくなる。

都市への給水と水道施設の建設

図17　貯水池の必要水深を決定するための方法の図

　技師の中には、このようにして得た結果に対し、垂直方向の断面を1フィート間隔まで密にしてまで、わざわざ確認する者もいる。結果は上述した方と比べてたいしてそれほど正確になるわけではないので、著者は──単に検算するだけでないのならば──この必要性を感じない。データがさらに詳細に得られるならば、後者の方法を用いても精度を高めることができる。もちろん水深がダムの高さを決定づけるのである。

　**ダムの材料**──少なくともダムに必要とされるおおよその高さが求められていなければ、最終的なダムの材質と形状は決められない。
　ダムには2種類ある──土でできたアースダムと組積造またはコンクリート造のダムである。
　アースダムは、最も一般的でかつ、たいがい安価である。どのような不浸透層──粘土、砂利と粘土の混合層など──の上にでも築ける点では、有利である。反対に、十分丁寧に造らないと水が浸透しやすく、いったん穴が開いてしまうと水流によって穴は急に大きくなり、ダムは瞬く間に決壊する、という点では不利である。；または増水時に水がダムを越えれば、堤頂は崩れ始め、急速に増える水流がダムの決壊を招くことになる。いずれの場合でも、人工池の全容量が突然谷間に送りこまれ、通り道にあるものをことごとく流してしまうので、悲惨な結果になりがちである。この裏づけとして、1890年に、アメリカのジョンズタウン上流の谷でアースダムが決壊してまちが破壊された事実を持ち出すまでもないだろう。
　**組積造ダム**──一般に組積造ダムは、頑丈な地盤上に造られたものであればアースダムより優れているとされる。しかし、柔らかな地盤では、い

くら不浸透であっても適さない。確かにアースダムと同程度に水密性を高めるためには同様の手間がかかるが、組積造ダムからの漏水では穴の大きさが急激に大きくなることもないので、アースダムと比較するとそれほど破滅的ではない。むしろ、水が堤頂を越えても被害は生じない。実際、以降取り上げるイギリス、いやヨーロッパ最大の貯水池においては、洪水時に水が単に溢れ出すことによって、ダム自体が余水吐きの役割を果たすのである。

　予想通り、アースダムと組積造ダムのいずれを選ぶかは、かかる費用による。適切な石材を十分な量入手できるのであれば、組積造ダムであってもアースダム以上の費用はかからない。特に、アースダムでこね土用の粘土をかなり遠距離から求めざるを得ない場合が、これに当てはまる。この場合、地盤さえ適切であれば、組積造ダムが一般には好まれる。

注
1　日本で計画されている門司水道施設はこれに当てはまる。
2　日本の長崎貯水池は二股になっている。下関と門司の貯水池計画についても同様である。しばらく前のことであるが、著者はあるまちの貯水池の候補地を求めていた時、それぞれ同様にふさわしい敷地を3箇所見つけたのだが、いずれも2本の小川の合流点であった。

## 第8章　アースダム

　**工事の手順**——アースダム建設に関わる工事は、多くの場合下記に分類できる。できる限り工事の進捗に沿う順序としたが、現実にはこの順序が変更されることもあるし、また工事よっては同時進行するものもある。
- (1) 植生のある表土の除去、深さはたいがい1から2フィートに及ぶ。
- (2) すべての浸透層を通過し、下方の不浸透層に達する泥土溝の掘削。
- (3) 後に1、2本の管を入れて構造体の排水坑として用いるトレンチまたはトンネルの掘削。
- (4) 不浸透層が石からなるのであれば、セメントを用いた上質コンクリートで粘土溝の底及び側面に発生するすべてのひびを埋め、用地地面の高さまで粘土の薄い層で粘土溝を埋めること。
- (5) ダムの築造に当たっては、引き続き薄く粘土層を重ねながら粘土壁を上方に続け、内外両側に土を盛ってダム本体をかたちづくる。この際、一般に粘土壁よりも厚い層で土を盛る。
- (6) ダムの内壁を石貼りにする。
- (7) ダム上端を道路利用するのでなければ、外壁及び上端を芝土で覆う。
- (8) 貯水池からの水流制御用設備を建設。これは一般に (a) 貯水池内または少なくとも粘土壁内の取水塔または取水装置からなる；(b) たいがい1本以上の排水管がある上述の排水坑；及び (c) ダムからの排水制御用にこの排水坑端部——すなわち堤趾部外側——にあるバルブ室。
- (9) 余剰の水を排出するための余水吐き、排水堰または溢流の建設に際しては、ダム上面からの越水がないようにすること。
- (10) 沈泥でいっぱいになるのを防止するための設備を貯水池の堤頭

部に建設すること。
(11) 水を満たす前に貯水池用地に生息するすべての植生を焼却すること。

**アースダムの断面形状**——図版VI（図18）に、アースダムの断面をできる限り単純化して表した。

アースダム全体としての安定性について問題はない。ダム内側の斜面は、その荷重で反転作用をもたらすモーメント力に抗することができるように、水の垂直力が水平力に比してかなり大きくなるようにかたちづくられているからである。斜面はダムを構成する材料の安息角（訳注　積み上げた土や石が自重で崩れた時に構成する角度）によって決定され、これは安全側に十分な余裕を見込んである。内側の斜面は外側あるいは低い側よりも緩くなっている。というのは、内側が水で満たされると、石材による保護工が設けられていても安息角は小さくなる。水頭の静水圧全体が粘土壁の内側に直接作用するほどにアースダムの内側斜面が水で飽和状態になっても、イギリスの慣例に倣っている限り、ダムの外側斜面の安定性については全く問題ない。

ここで挙げるダムのプロポーションは、イギリスの標準である。特にアメリカでは図版に示すよりもダムを小振りに造ることが多いのだが、断面をさらに小さくすることは勧めない。ただ、ダムに起こる不具合は、欠陥そのものを修正しなければ、ダムを厚くしようと斜面を緩くしようと、完全に避けることはできないことを言っておかなければならない。イギリスでは、斜面は図版VIに示すよりもさらに緩く造る例が広く見られる。

**粘土壁の厚さ**——図の粘土壁は、頂上厚さを8フィートとして描かれている。粘土壁の厚さを理論的に分析する方法はなく、決断と過去の実務経験に頼るしかない。今までにも頂上の粘土壁がこれより薄いダムは建設されてきたが、勧められることではない。一方、これよりさらに厚くした壁も造られてきた。しかし、厚さを増した効果のほどは確認されていない。

第8章 アースダム

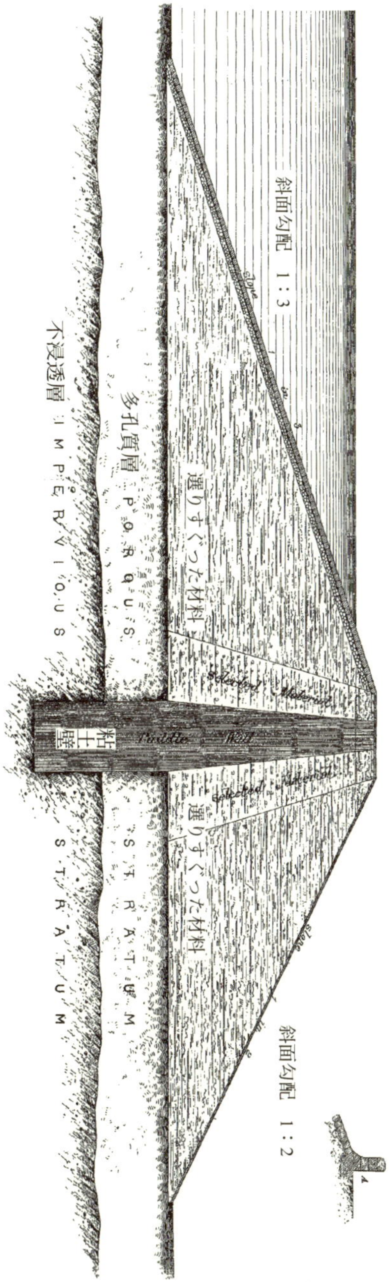

図18 アースダム断面

粘土壁には粘土溝より上方で、1フィート当たり1から2インチの転びを設けてもよいが、壁厚は増水時の水深の$\frac{1}{3}$よりも薄くしてはならない。

浸透層では、粘土層の側面を平行かつ垂直にしてよい。不浸透層に設けられた粘土溝の深さは、粘土壁下端の幅と同等であってよい。

**選りすぐった材料の厚さ**——ダム本体を造る材料については仕分けし、粘土壁に接するところは浸透性の低いもので築造し、最も重量のある材料を外側の斜面あるいは低い斜面に接して用いるのが一般的である。選択した材料の厚みは粘土壁のすべての位置で水平方向に同じく、また頂上での厚みは（例えば）4フィート、斜面は垂直方向1に対して水平方向1としてよいだろう。

**植物の生えた地表土壌の除去**——植物の生えた地表土壌が前述の深さ1、2フィート以上に達していても、木の根のようなものまで含めて除去しなければならない。地面を非常に平らなままにしておくことには何の意味もない。実際、地面は凸凹のままにしておいた方がよいであろう。アースダムという概念自体、建設される地面と全く一体になっていることにあるのだから。

**粘土溝**——粘土溝の幅と深さについては、先に挙げた。断面形状は、設計担当の技術者によってずいぶんと異なる。人によっては四角とする。別の者は図19に示すかたちにする。また他の者では、図20のようになる。

これら二つの断面のうち前者を採用するのは、水が直角部分を2箇所だけ回る場合と比較すると、多数の直角部分を回らなければならない場合の方が、粘土下で漏水が発生する可能性が少ない理由による。この考え方は恐らく他のどれよりも想像力に富んでいると言えるだろう。二つ目の断面では、粘土と掘削手間の両方を節約することができるので、反対意見もないようだ。

粘土溝掘削の際に鉱泉に当たったならば、ダム外側斜面の堤趾部におい

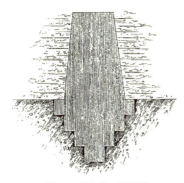
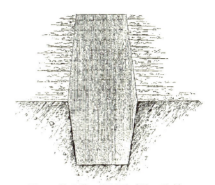

図19 粘土溝の横断面　　　図20 粘土溝の横断面（別の形式）

て排水できるように、管を設置しなければならない。

　後に取水塔から続く排水管のための暗渠を設置することになるトンネルや溝は、施設の中でも特に注意を要する場所である。かつて排水にはダムの中にも設置される鋳鉄管を用いるのが慣習とされ、排水は管の外端で完全に制御されるようになっていた。しかし、この組み合せには欠陥がある。加圧された管では避けられない漏水が生じた場合、水はダムを通り抜ける傾向にあり、最終的にはダムの機能を破綻させるまでに弱めてしまうからだ。または管がダムの築造された部分を通る場合でも、水はその際に沿って移動しがちで、同様の悲惨な結果をもたらすこととなる。

　ゆえに取水塔や取水装置を先に設計し、これらから出てくる暗渠はしっかりした地面に設けることとされていた。取水塔側面を貫く異なる高さの開口部に接続する弁から水が暗渠へと導入されるようにすれば、常に加圧されている暗渠の中で水は静水圧を受けずに済むのであった。

　今や暗渠は、1本以上の鋳鉄管を通す坑道としてのみ用いることが推奨されている。こうすれば、点検や修理も容易にできる。これらの管が加圧されるか否かは、堤趾部バルブ室にて推奨されている排水制御の状況による。塔のバルブを全開のままにするか、バルブを部分的に開くかによって、すぐさま濾過あるいは責任放流用の給水のために、ダム外側斜面堤趾部から水が自由に流出できるようにするのである。

暗渠をダムの下を通るトレンチの中に造るか、またはダムの一端を通されたトンネルとして造るかは、状況による。小規模ダムでよく見られるように、取水装置をダムの最深部に設置する場合、暗渠は通常トレンチ内に設けられる。この利点は、暗渠を増水時の排水にも十分対応できる大きさとすれば、ダム建設の際に小川を迂回させるのにも使えることにある。

暗渠が粘土溝を貫く場合には、粘土溝の底から暗渠までの範囲をセメントコンクリートで埋めるのが望ましい。

特に深い貯水池では、取水塔の基礎を貯水池の最低地点よりもいくぶん高くしておくのが一般的である。貯水池の最深地点からサイフォンで取水できるので、必要となれば貯水池の水を完全に抜くことも不可能ではない。水をサイフォンで揚げられる高さは、最大で34フィートである。現実には水をサイフォンで28フィート以上引くのはたいへん困難なので、25フィート以上揚水するような設計にすることは推奨できない。一方この際取水塔の基礎は、ここを通り暗渠に至るサイフォンが貯水池最深の底から28フィート以内の高さになるように、貯水池最深地点の片側に配置する

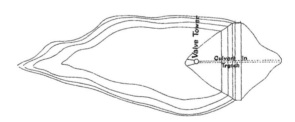

図21　取水装置の位置、溝内に暗渠

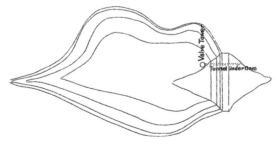

図22　取水装置の位置、ダム下にトンネル

第8章　アースダム

ことができる。図21、22 に、ここで説明した2通りの取水塔の配置を示す。

　図22に示す位置に塔を置くならば、特にダムの位置で谷が強く絞り込まれる場合、比較的水深があるダムの下の固い地面に、短くたいがいはまっすぐになるトンネルを造るのが好都合であるだろう。場合によってトンネルは、間にある丘を貫通させて谷間に平行するように通すとよいだろう。

　図版 VII（図23-28）に暗渠とトンネルの断面を数通り示す。

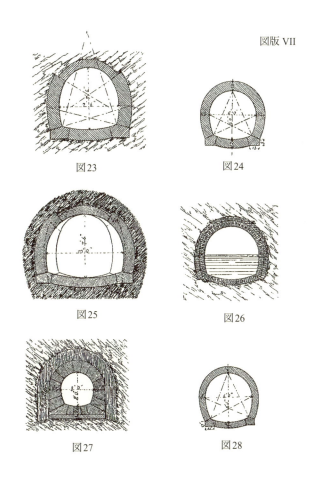

図版 VII

図23　　　　　図24

図25　　　　　図26

図27　　　　　図28

暗渠とトンネル断面

**粘土壁**——粘土溝の底は、全体を地面に平行とするよりも、図版VIIIに示すように、縦方向の断面を階段状に造るのが慣習となっている。

ここで使用する粘土の材料は、全量が粘土、あるいは砂利対粘土の比率最大1対1まで（十分にふるいにかけた）砂利を加えることができる。いずれの比率を採用しようとも、全体をよくかき混ぜ、密度の高いこね粉のような固まりとするのにちょうど良い最小限の水で練らなければならない。先に述べたように、粘土は薄い層に重ねてゆく。粘土層の厚さは6インチを越えないように明記するのが一般的である。各層は十分に打ち固め、次の層を打つ前に表面を乾燥させてはならない。表面を滑らかにしてはならず、次に打つ層と繋がるように粗いままにしておくのがよい。

壁は層ごとに造られるが、一体化するのが目的であることを頭に入れておく必要がある。

**選りすぐった材料**——前出のダム本体造築用の材料は、粘土よりはいくぶん厚い層にしてもよいが、各層は厚さ2フィートを越えてはならず、この材料もわずか6インチの厚さで打つように明記されることが多い。層は水平よりも粘土壁に向かう斜面状に打つのが望ましい。選りすぐった材料を打つ際には、粘土壁を造るのと同様の注意を払う必要があり、これらすべてを打ち固めて一体化しなければならない。

**ダム本体**——一般に他の土工事については、上ほど注意は払われない。しかしながら貯水池のダムに関して言えば、注意を払い過ぎるということは決してない。このことは、特に粘土壁及び粘土壁と貯水された水との間にあるものすべてに当てはまる。最も重い材料は、斜面下方に配置しなければならない。

石材の保護工は厚さ約18インチとし、同じ程度の厚さの砕石層に重ねると効果的である。

**取水塔**——取水塔の目的は、いずれの水深からでも取水できるようにす

ることにある。貯水池の水質は、水面よりも数フィート下方において最良であるからだ。深い水位には浮遊物が多く含まれ、水面付近では漂流物が見られるうえ、太陽光により温められている可能性が高い。

取水塔は、わずかな時間であっても決して水流を止めることなく、いつでもすべてのバルブの点検が可能で、必要に応じて修理できるようにしておかなければならない。すべての貯水池についてこの状態を完全に保つのは難しいかもしれないが、現在ほとんどすべてにおいて可能であることがわかる。

取水塔は、池底に立ち全体として貯水池内に位置するか、あるいは粘土壁内のいずれかの位置で貯水池内側斜面を貫通して立つ。後者の場合、底からの高さ及び塔から粘土壁までの距離に応じて、貯水池から塔に続く管はダム躯体を多少貫くことになる。従って、対応する内部の仕切弁修理のために閉じなければならない場合、これらの管の端までたどり着くのが比較的困難となる。このため、一般に取水塔は内側斜面堤趾部先端に建設するのが望ましい。そして取水塔とダムそれぞれの頂上を軽量の歩行者用橋で繋ぐのである。

取水塔には、多様なかたちがある。ひとつの例では、取水塔内部の水は貯水池水面と同じ高さにあり、排水は暗渠へと続く塔足元の弁によって制御される。この仕組みでは、貯水池と塔内部との間にある開口部をすべて閉鎖し、一時的に給水を止めて水を排出することでのみ、水面下にあるバルブに近づくことができる。他の例では、いずれの弁を通してでも取水塔へ水の流入は可能となるが、暗渠を通して自由に排水されるがゆえに、塔内の水面高さは貯水池水面の位置に保たれはしない。前者と比べていくらか改善されたものの、いつでもすべての弁に自由に近づけるわけではない。

さらに別の場合、塔は縦方向の仕切りによって「ウエットウエル」と「ドライウエル」とに区画される。前者の水面は貯水池の高さにある。仕切りには異なる高さに管が通され、それぞれの反対側にはウエットウエルから貯水池に至る開口部がある。仕切りの各開口部からは3つ目のバルブが備えられた管があり、暗渠へと続く。仕切りにはウエットウエル側から開口

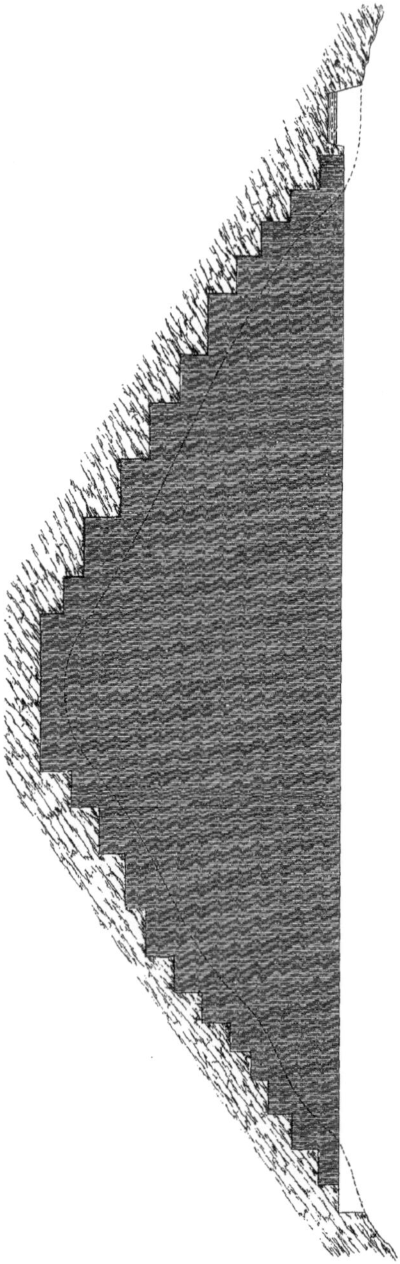

# 都市への給水と水道施設の建設

図29 粘土溝断面

図版 VIII

部を閉じるための装置がある。すなわち点検や修理のために、常にどのバルブにも達し、近づくことができるようになっている。しかしながら、これはたいへん高価である。水位が低い時に最も低い位置にあるバルブを修理する必要が生じたならば、短時間ではあるが排水を止めなければならなくなる。

　一方、他と比べてたいへん有利な給水塔の形式があり、著者の私見では他のどれよりも好ましいものである。これは、いつでも自由に点検可能、ほとんどすべての状況下においてどのバルブも修理可能、また構造が単純なのである。

　このように造られた取水塔では、竪管に直結された複数の管から、異なる高さで取水ができる。貯水池から竪管まで水を運ぶ管それぞれには仕切弁があり、取水塔外側から開口部を閉じる手段もある。この竪管は暗渠またはトンネルの床に沿って直接延長され、単なる検査と修理用の坑道となる。実際、この坑道にはダム外側斜面の堤趾部から入り、取水塔の頂上まで至ることができる。弁を完全に開放することで、必要あれば貯水池最大水頭の水圧を有効利用できる。あるいは弁を部分的に開放すれば、取水塔で排水を制御することができる。前者では、この状況下でのみ可能となる重力に頼る仕組みを場合によっては利用できる。

　取水塔は、高さがあれば切石の組積造で、普通の高さならば鋳鉄で造るのが一般的である。貯水池に通じる開口部は、高さ方向に約10フィート以下の間隔で設けるのがよい。

　著者のスケッチに基づきK・サクマ氏が描いた図版IX（図30-34）には、上で説明した形式の組積造の取水塔を示す。フラップ弁を用い、外側からいずれの開口部をも鎖で作動させて閉じられるようになっている。これらのフラップを真鍮で製作すれば、故障することもほとんどないだろう。ほとんどあり得ないものの、万が一水面下のフラップの修理が必要となった時には、修理をするために潜水夫を送り込む必要がある。フラップを持ち上げて開くのにかなりの力が必要となるのは、いったん閉めたフラップを再び開けるには背面にかかる非常に大きな圧力に抗しなければならないか

## 都市への給水と水道施設の建設

図版 IX

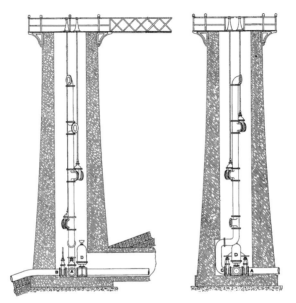

図30, 31　縦断面

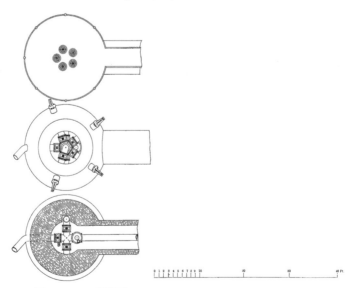

図32, 33, 34　横断面

組積造取水装置：断面図

## 第8章 アースダム

らである。

　とても大きなバルブの場合は、フラップを開けやすくする圧力が働くように、これに加えバルブと仕切りとの間の空間から注水管を出してこの空間を埋め、注水管内に水頭が生じるようにすることを勧めたい。

　ひとまずサイフォンを問題外とすれば、最低のものを除いてどのバルブでも一瞬たりとも排水を止めずに取り外せることがわかる。最も低い位置にある弁は、サイフォン効果により排水すれば取り外せる。

　サイフォンは、取水塔に不可欠なものではない。常に何らかの問題が含まれ、またその動きにも不確かな点があるので、実際これを一般とするよりはむしろ特例とするべきである。問題は、最も高い部分に空気が集まることで発生する。この空気を取り除く措置をとらなければ、サイフォン作用は完全に停止しがちになる。特に貯水池の水位が最低となる時、またそれゆえにサイフォン管に最大の真空がある、すなわち空気が最も放出されやすくなるだけでなく、それほど活発でない動きであっても長いサイフォン管下方に空気が運ばれやすくなる時に、この現象が見られる。流速が大きければ空気は水とともに運ばれ、サイフォン管溜まりの中に排出されるのである。

　貯水池水位より高い位置でサイフォン管から漏水があれば、間違いなく空気を引き込んで停止する。

　この場合のサイフォンは、下記のように作動する。Aを経由して竪管に水が流入し続ける間に貯水池水面がAより低くなることが予想される時、仕切弁Bが開かれる。次いで仕切弁Cが閉じられ、水は空気ポンプを用いて起動させることなしに、サイフォンを通して引き込まれる。Dに示す空気を集める仕組みがあれば、サイフォンは貯水池の水がほとんどサイフォン管溜まり内の水位まで排水されない限り、停止することなく作動するだろう。

　図版X（図35-38）に示す集気容器の機能は単純である。単に円筒形の容器からなり、下端にはサイフォン管の頂点に接続するバルブ、上端には充填容器に繋がるバルブがあり、さらには空のバルブと容器内水位を示すガ

都市への給水と水道施設の建設

図版 X

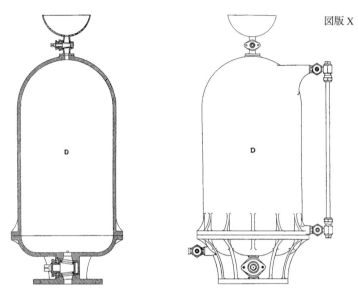

図35, 36　縦断面

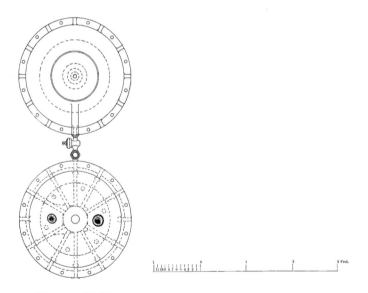

図37, 38　横断面

組積造取水装置：サイフォン式気体採取器断面図

ラスゲージからなる。これは、以下のように作動する：サイフォン使用前には、充填容器を用いて容器を水で満たす。このようにしないで容器がサイフォン管に通じると、容器内の空気が急に膨張し、サイフォン管には部分的に空気が流入してしまう。

　サイフォンの利用開始時には、サイフォン管と空気室（繋ぐ管の直径は十分である必要がある）間が連絡するようになる。このことによりすべての空気が空気室に上がるようになり、この水位はガラスゲージから読みとれる。操作者が容器の水がほとんど空になっていることに気づけば、サイフォン管の連絡を閉め、バルブを開放して容器に再び水を入れる。すると一連の作動が再開されるのである。サイフォン不使用時の容器は、排水バルブによって排水される。この装置を自動制御することは可能であるが、あまり利点はない。既に述べたように、サイフォンは空気室をしっかり見ていれば停止することはないはずであるが、サイフォン装置が何らかの故障により作動しなくなったことを考慮し、空気ポンプを設置しておかなければならない。

　「サイフォン井」については一度ならず触れてきた。これは浅井戸で、貯水池からサイフォン管を用いて水を引き込む最低の高さより少なくとも1、2フィート低い位置にオーバーフロー堰を設ける。サイフォン管の長い枝管の下端が、この井戸に入り込む。

　図版 XI（図39-43）には、鋳鉄製の小規模取水塔を示す。この場合、サイフォン管は含まれない。

　多くの場合、取水塔外側の開口部を閉じるには、潜水夫が潜って直接木製の仮設仕切りで閉じる以外の特別な手段は用意されていない。必要に応じて、図版 IX に示すようなサイフォン管の下端を閉じるには、このような手段を講じる必要が出てくるだろう。

　**バルブ室またはメーター室**は場合によって、ダム外側斜面堤趾部に建設される。よくあることだが、特に責任放流のために水流の一部を変えなければならない時に必要となる。この場合一般には、坑道に管が2本あると

都市への給水と水道施設の建設

図版 XI

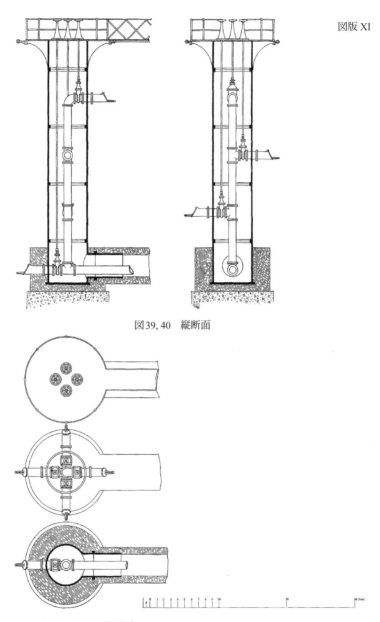

図39, 40　縦断面

図41, 42, 43　横断面

鋳鉄造取水装置：断面図

第8章　アースダム

便利で、1本は取水塔への給水、もう1本は責任放流用とし、後者は貯水池の底から水を引き、取水塔とバルブ室の両方を通過する位置に仕切弁が付いている。

　時に水はバルブ室でメーターを用いて計量される。この場合、主管は3つに枝分かれさせ、それぞれにメーターと二つの仕切弁を取り付けるのが望ましい。図44の略図では、メーターを○、仕切弁を×で示す。メーターのうちひとつを修理や調整時に取り外しても問題ないように、残り2ついずれかのメーターを用いれば、すべての水量が計測可能とする必要がある。

　貯水池の**余水吐き、廃水堰、またはオーバーフロー堰**は、常に最も重要なものであるが、特にアースダムのある貯水池の場合、ダムの安全性はこれらの機能に全く依拠するので、特に重要となる。オーバーフロー堰が小さ過ぎてダム上端を越水するようであれば、ダムは間違いなく決壊するからだ。

　あまり熟慮をせずに廃水堰の設計をした場合、ダムの凹みを越えた廃水を下流側斜面に設けられた水路に流し、この水路を組積造で保護するのが一般的である。実際、オーバーフロー堰は場合によっては、このように建設しなければならない。しかしながら、ダム上の廃水堰として最適な設計にするよりも、地面がしっかりしているダムの一端に堰を回したり、あるいは二つの堰をダムの両端に回したりする方が望ましいと考えられている。組積造の堰をアースダム上に建設すると、構造の一体性が失われることに

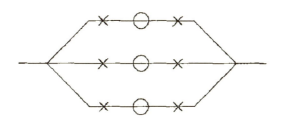

図44　計量器や仕切弁のための主管分配図

もなるからだ。

　図45（ファニングより引用）はダムを越えて廃水させる場合に採用できる廃水堰の形式を示す。この場合粘土壁はなく、本章末で触れるように、ダム全体が不浸透の材料で造られている。

　アースダムの長手方向の断面を示す図版 VIII（p.90）には、洪水堰あるいは廃水堰の横断面を示す。図版 XII には、貯水池ダムの端を回した廃水堰を平面図に表す。

　貯水池の有効貯水容量は廃水堰の縁の高さで決まるので、廃水堰の縁を低くしておくのは好ましくない。従って、予想される波に対する余地を設けつつ、十分な廃水堰の長さを確保して必要な廃水容量に対処することが特に必要となる。すなわち、廃水堰に一定の長さがあり、ある深さの水流で排出することで荒天時の最大水量にも対応できるとするならば、廃水堰の縁はダム上端からこの深さ分だけ低くした位置に設けるのではなく、この深さ＋ダムに打ち寄せうる最大の波の高さを加算した分低くしなければならない。この高さは最低3フィートとするのが一般的である。これは非常に小さな貯水池に対する値であり、より大きな貯水池に対してはもっと余裕を持たせなければならない。

　波の最大の高さは貯水池の「広がり（fetch）」の関数である。ここでいう広がりとは、貯水池が満水で溢れている状態において、ダムから貯水池岸まで測れる最長直線距離を指す。これについては、波高さを算出するためのスティーヴェンソンの公式が一般に用いられる。公式は、下記の通り

図45　ダムを越える水用の廃水堰（ファニング）

である：

$$H = 1.5\sqrt{D} + (2.5 - \sqrt[4]{D})$$

ここで

H = 波高さ、単位はフィート

D = 貯水池の広がり、単位はマイル

　この真の意味するところは、技術者が考慮することになる貯水池に発生する波を見込んだ余裕が、経験則から得られる最低3フィートから、最大5、6フィートの範囲で変動するということである。

　ここで挙げる高さとは、抗するもののない場合、波の垂直方向における高さである。しかしながら緩やかな斜面にぶつかる波は普通、波頭よりもかなり高い位置まで斜面を登る。ゆえに保護工は、高さ2、3ないし4フィートほどの低い壁として、図版VI（図18）のAに示すように、設けるのが望ましい。この壁は実際に水圧に耐えるためのものではなく、これなくしては保護工上端を越えてしまう波を砕くためにある。

　もし廃水堰を、集水域全体が数分単位の降水一回分で受ける水量を運べるように設計せねばならないとすれば、巨大なものとなってしまう——事実、実用的でなくなるほど大きくなる。しかし、小川の最大流量はこの限界を決して超えることはない；そしてさらには、堰の上端高さと予想される最大水位との差が許容分となるので、オーバーフロー堰には集水域全域の最大水量に相当するほどの余裕を持たせる必要はない。ここで難しいのは、どれほどの余裕を持たせるかである。イギリスの古くからの慣習では、堰上端における水深が2から3フィートの場合、集水域100エーカー当たり長さ3フィートの堰を割り当てることとされている。但しこの習わしでは、集水域が大きくなるほど、小川の最大排水量は平均排水量と比較して相対的に小さくなるという事実に配慮していないことが、大きな欠点となっている。堰の長さと堰を越える水の深さは、下のファニングによる表によると、熱帯性暴風雨のない国々においては、安全寄りのものとなって

いることがわかる[1]。中間位置における堰長さと水深は、比例値として算出できる：

| 集水域 | 堰長さ | 堰を越える水の深さ |
|---|---|---|
| 200 エーカー | 15 フィート | 1 フィート 8 インチ |
| 400 エーカー | 20 | 1 フィート 10 インチ |
| 1 平方マイル | 25 | 2 フィート |
| 2 | 32 | 2 フィート 5 インチ |
| 3 | 39 | 2 フィート 1 インチ（訳注　誤植か） |
| 4 | 44 | 2 フィート 10 インチ |
| 6 | 54 | 3 フィート |
| 8 | 61 | 3 フィート 3 インチ |
| 10 | 68 | 3 フィート 6 インチ |
| 15 | 83 | 3 フィート 9 インチ |
| 20 | 95 | 4 フィート |
| 25 | 105 | 4 フィート 2 インチ |
| 30 | 116 | 4 フィート 4 インチ |
| 40 | 133 | 4 フィート 7 インチ |
| 50 | 149 | 4 フィート 10 インチ |
| 75 | 183 | 5 フィート 3 インチ |
| 100 | 212 | 5 フィート 8 インチ |

図版 VI に示す割合に従えば、ダムの高さが 1 フィート高くなるにつれて、足元では幅が 5 フィート大きくなる。従って、普通の堰においては、堰縁の高さと安全な水位の許容高さとの容量差が、ほとんど無駄となってしまうのが残念である。この無駄をある程度抑えるために──すなわち、排水堰を越水するまでにいったん水が安全限界まで上昇するように、またこの高さに達さないうちは全く越水しないように造る──そのようにしながらも安全性を確保することが、多様な計画で試みられてきた。

第8章　アースダム

　最も簡単かつ最良と思われるのは、安全限界の高さまで、土と芝で小さなダムを堰の上に造ることである。安全限界に満たなければ水の無駄は防げるし、安全限界に達すれば小さなダムから越水し、ダム自体が流失する[2]。

　この計画は、波が小さなダムに打ち寄せることがない限り、有効である。波が越水すれば、間違いなくあっという間に堰は失われる。堰の内側に衝立を建てて波に備えることもできるが、特に洪水時、小川に漂流物が多くあると堰の排出量が減少してしまう恐れがある。

　短い堰であれば、堰の上に木材を積んで障壁とし、底及び端ではかなりの防水性が得られるようにできる。落雷を受けた際に一端は崩壊するものの、もう一端は鎖で繋ぎとめて流出しないようにできる。

**貯水池堤頭部の構造物**——すべての自然に流れる小川の水には、沈澱しやすい浮遊物が含まれ、特に洪水時には多く見られる。ゆえに、どんな貯水池でも沈泥のたまる傾向がいくらかは見られる。しかしながら、沈泥の大半は洪水時に流れてくる。従って、貯水池に洪水の水を「通す」と一般に表現されること——貯水池の堤頭部に洪水の水が流れ込み、廃水堰から水が溢れ出ている状態——については考慮する必要がある。洪水の水を「通過」させても、貯水池には何の利点ももたらされず、一定量の沈泥が貯水池に排出されるだけである。

　前述のように、貯水池は過度の増水を受け入れるようには設計されていない。このため、可能ならば——それも費用が法外とならない範囲で——増水分を貯水池の先まで運ぶための水路1、2本を建設することを推奨する。このような配置を、図版XII（図46）に示す。増水分は、廃水堰からこの水路へと排水される。この水路と放水路の工事を建設時に始めれば、ダム建設中にも水は排出されるので都合が良い。

　水流の方向は、係員による堰の操作で制御するのが最良であろう。貯水池への堰は普段は開放されているが、貯水池が溢れ始めたならば、または廃水堰上に小さなダムがある場合はこれを越える前に、水をバイパス水路に迂回させることができる。このような仕組みがあれば、小さなダムの効

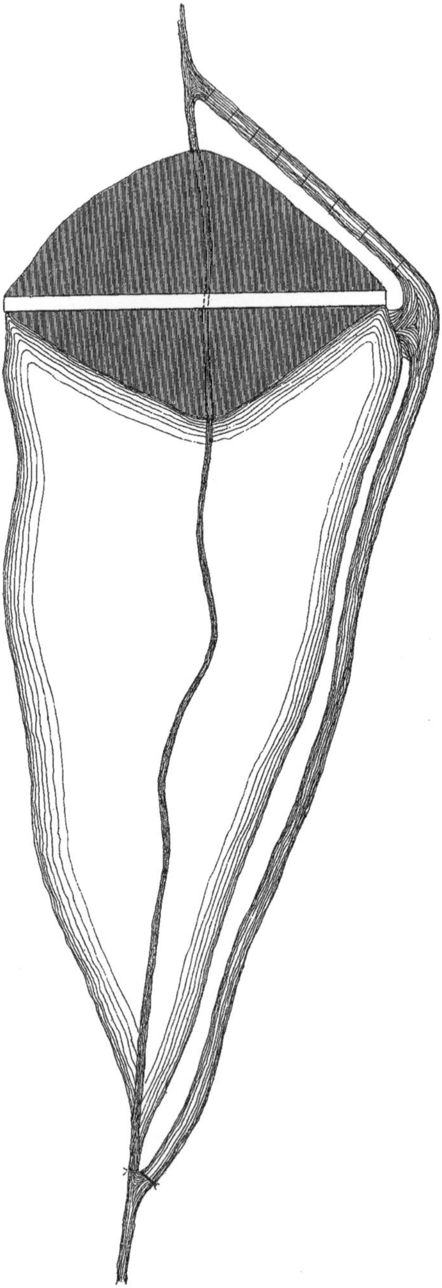

都市への給水と水道施設の建設

図46 貯水池の配置図、廃水堰と放水路とともに

図版 XI

果は最大限発揮される。

　水流の方向を制御するためには、多様な自動装置が設計されている。最も単純なものを図47に図解する。この図は一目で、ほぼ理解ができるだろう。この作用は、水の体積が大きいほど流速は速くなり、水流が空中を飛び越えて遠くまで達する現象を利用する。ここに示す板Ａの位置は、垂直方向に調整可能である。流れが水の混濁する勢いにまで達すると、水がちょうどこの板を越える高さになるように調整される。この方法は、年間給水量が年間消費量よりもかなり大きい場合に限って採用できる：板Ａを制御することで、通常は小川を流れる水量すべてが貯水池に入るように、また過度な増水がある時にはすべての水量が迂回水路に流れ込むようにできるからである。この際、中間の流量であれば、水流はこの板によって分けられ、一部は貯水池に、もう一部は廃水として扱われる。

　迂回水路の設置が論外であるうえ、洪水時に小川がかなりの沈泥を下流に流すようであれば、主たる貯水池の上流に小さな沈澱池を設けるのが望ましい。谷間を組積造あるいは木製筏枠のダムで堰き止め、増水分はこの上端を越えるようにすればよい。これが一日分の排水しか貯水できないとしても、極度の洪水時には少なくとも数分間の排水分ぐらいは貯められる。それほどの洪水によって運ばれてくる砕屑物はたいがい重いので、これほど短時間であっても砕屑物の大部分はこの沈澱池に堆積されるのである。構造物の一部は、通常時の排水を送水できる迂回路及び小さい方の貯水

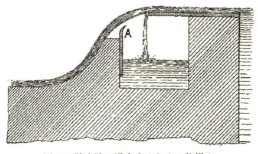

図47　貯水池に導水するための仕組み

池から取水できる排水管からなる。小さい貯水池は、小川の水面が低い時であればいつでも沈澱物をさらうことができ、その際に小川は迂回水路を通し、小さな貯水池からの取水は沈澱物を一緒に集めないようにゆっくりと行うのである。

**貯水池地区内で植生を焼却する**——この目的は、最初の一年ほどの間腐敗する植物性物質の影響により、貯水池に貯められた水に発生しうる劣化現象を最小限に抑えることである。決して常時行うことではないが、すぐさま燃やせるほど植生が十分乾燥しているのであれば、そうするのが望ましい。

**アースダムの他のかたち**——ここで示すアースダムの断面の様々な改良型が採用されている。これら改良の例を知りたいならば、ハンバー (Humber) の『都市とまちの給水 (Water Supply of City and Towns)』を参照されたい。また、ファニングの『水理学と給水技術の実務 (A Practical Treatise on Hydraulic and Water Supply Engineering)』には、構造物全体あるいは大部分が不浸透性の材料で造られ、図版Ⅵ（図18）に示すよりかなり軽量となる断面のものが見られる。

技術者によっては、粘土壁に代わるものとして、粘土をダム内側斜面で石張補強の粘土護床として使用することを推奨する。この方法には何ら利点はないようである。いずれにせよ著者は、粘土壁と粘土護床の*両方*を備えるのは間違いであると考える。後者で完全に防水できるのであれば、前者は必要ない。さもなければ、貯水池が一時でも満水になることがあれば、護床と壁との間の土は水浸しになる。しかも、貯水池水面が下降した時には、内部の圧力により内側斜面が崩れる可能性も高くなる。

**アースダム滑動の可能性**——既に述べたように、崩壊を避けるために推奨するプロポーションであればダムの安定性については疑う余地がないのだが、ダム全体を谷の下流に滑らせるように働く、水平方向にかかる水圧

に対するダムの抵抗力も考慮しなければならない。谷線がほぼ水平である場合、アースダムの自重による摩擦力が地滑りを完全に防ぐのに十分であることを示すのは容易である。実際著者は、ダム全体が滑動によって破綻した例を聞いたことがない。

しかし急斜面のある谷では、そのような地滑りの発生する可能性がある。これを防止するために、谷の斜面がかなり急な場合には、図48のようにダムの立つ地面にトレンチを切ることが推奨される。

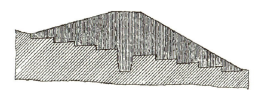

図48　掘削したダム用地

注

1　日本では、堰の長さを2倍、あるいは少なくともここで挙げる堰を通過すると予想される排水量の倍量にすることが望ましい。

2　貯水池について書くついでに、日本や他の地震国においてはたいへん重要なこと——主にアースダムのある貯水池に対して地震が及ぼしうる影響——について、ひとことふたこと言っておきたい。

　　日本での1891年の地震時（訳注　濃尾地震を指す。）に、震源から約200マイル離れたところにある横浜水道施設の強固な仕切壁は、水が行ったり来たり打ち寄せたことにより崩壊した。貯水池に他の被害はなかった。帝国大学水道施設の小さな長方形の貯水池（規模82フィート×25フィート×深さ20フィート）でさえ、高さ約3フィートもの波が発生したのだが、地震はわずかに体感された程度の地域であったにも関わらず、これほどの影響があった。最大の揺れが発生した地域に貯水池があったならば、どのようななりゆきになったかを推測することは不可能であるが、以下の2点

## 都市への給水と水道施設の建設

については確かである。農民たちが土で造った小さなダムのある灌漑用水用貯水池が、地震時に決壊したというはなしを聞いたことがない。さらには、1891年大地震時最大の揺れほどに耐えられるように技術的構造物を造らなければならないとすれば、日本には全く造れないことになる——いや、どんな種類の構造物であろうとも造れない、というのも山そのものが引き裂かれ、部分的に崩壊するような事態の時に、何が立ち続けられようか？

人々はただ竹藪で野宿するしかない！（この話題についてのジョン・ミルン教授F.R.Sのコメントは、p.373補遺I参照。）

# 第9章　組積造ダム

　組積造ダムがアースダムと比べて好ましい条件については、既に説明してきた。
　組積造ダムの問題はアースダムの問題とは全く異なり、後者ではダム一体としての安定性に関わる事項以外が断面形状を決定する。プロポーションが適切でない組積造ダムの全体または一部が崩壊するのは、貯水池の水圧が原因となる可能性が最も高い。

　**組積造ダムの安定性**——組積造ダムを全く安全にするには、下記の条件に沿うのが望ましい：——
(1) ダムは、基礎やダム両端での支持部位との接合力(1)に頼らずに、水圧や風、波による崩壊させようとする力に対して、自重だけで抵抗できなければならない。
(2) ダムのどの高さにおいても、同様に対処できなければならない。
(3) どんな場合でも摩擦力だけで、足元部分が滑動しないように抵抗できなければならない。
(4) ダムのどの高さにおいても、同様に対処できなければならない。
(5) 組積造のどの部分にも引っ張り力がかかってはならない。
(6) 組積造のどの部分においても、上方の荷重により一定値を超える圧力がかかってはならない。

　(5) の条件を満たすためには、貯水池が満水であろうと空であろうと、圧力線が組積造の内側 $1/3$ 以内に納まらなければならない。「圧力線（抵抗線とも言う）(2)とは、すべての力の合力がかかる点において、構造物の各接合部に交差する線（実際の線または想像上の線）である。」「内側 $1/3$」とは、ダム高さの各位置において水平線を3等分する2本の線で囲まれる範囲を

指す。

　条件（5）と（6）が満たされれば、他のすべての条件も満たされる。但し実際には、波に抗することができるようダム頂上にはある程度厚みを持たせる必要があり、また他の自明な理由もあるので、他のすべての条件は、頂上に全く厚みのないダムでしか満たされない。

　これらすべての条件を満たすダムの断面を見出すのは、非常に複雑な問題である。この課題に対して最初に提示された有効な解決法は、フランス人技術者 M. デゥロクレ（M. Delocre）によって編み出された。ランキン（Rankine）はこの手法をかなり改良し、少なくともイギリス人技術者たちの間では、ずいぶん長いこと、ランキンの断面形状が標準とされてきた。ワーグマンは1889年に、クウェイカー・ブリッジダムの計画に関連する調査結果を刊行した。この高さ270フィートのダムは、ニューヨーク市の給水用に貯水するためのもので、世界一高いダムであった。この設計をどのようにするか検討するに当たって、200フィート以内のどの高さにも対応できる「理論的断面形状」を考案した。

　組積造ダム頂上の幅は、データが十分得られないため理論上の計算はできないのだが、実際はどう判断するかによる。ワーグマンは最小値として5フィート、高さ50フィート以上のダムについては幅をダム高さの$\frac{1}{10}$相当にすることを推奨しており、恐らくこれ以上の提案は出てこないだろう。

　約150から160フィート未満の高さについては、ランキン教授とワーグマン氏の示すダムの断面形状はたいして変わらず、少なくとも紙面で見る限りは、両者のうちランキンの方が洗練されている。この高さを越えると、ランキンによる断面形状では下流側斜面がたいへん平坦になり、厚みが急に増すのだが、その効果は明らかでない。二つの断面形状の比較を、図版 XIII（図49）に示す。

　図版 XIV（図50）には、ワーグマンによる理論上の断面形状を、異なる比重の石に対して示す。組積造にかかる上方からの荷重は1平方フィート当たり、下流側では16,380ポンド、上流側では20,480ポンドを決して越

第9章　組積造ダム

図版 XIII

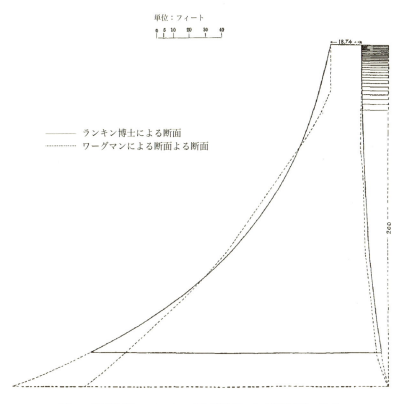

図49　組積造ダム：ランキン式と理論値による断面形状の比較

図版 XIV

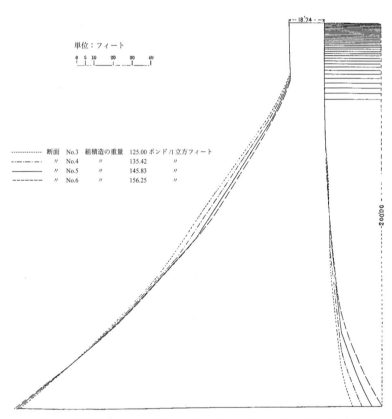

図50　組積造ダム：石材重量別のワーグマン式による断面形状の理論値

えないようにされている。これよりも高い圧力に晒されながら長い年月にわたり使用されてきた組積造ダムも存在する。

この「理論的断面形状」に基づきワーグマンは、様々な規模のダムに適用できる、3つの「実用的断面形状」を見出した。これらを図版 XV（図51-53）に示す。高さ50フィート未満のダムについては、頂上の幅を常に5フィートに保ちつつ、すべての寸法を断面理論値 No.1 に比例する値として求められる。50から100フィートのダムについては、すべての寸法を断面理論値 No.2 に比例する値として求められる。100フィート以上については、断面理論値 No.3 から必要な高さの値をとればよい。

**曲線組積造ダム**──幅の狭い渓谷の場合、上流側が凸面となる曲線ダムにすれば、谷の側面に寄りかかる水平アーチとして作用し、厚みを薄くすることができることは明らかであろう。さらには、アーチの原理が作用しなくなる限界点があることも、明らかである。ここまで達すると、アーチとして抵抗するのに必要な圧縮力が得られる前に、壁は（部分的にまたは全体として）倒れ、変形することが予想されるからだ。

ダムが水平アーチとして作用する限界点、または反対に作用しなくなる限界点を定めることが不可能であることは、明らかにされている。この追究は非常に複雑であり、必要上、全くの推定とほとんど差のないデータに基づく判断がなされている。これらの理由により曲面状の平面は場合によって、特に狭い谷での採用について有利であると一般に考えられているが、それでもなおダムは自重で安定する断面にする必要がある。

一方で、クウェイカー・ブリッジダムの水道橋委員に任命されたジョセフ・P・デイヴィス（Joseph P. Davis）、ジェームズ・J・R・クロース（James J. R. Croes）、ウィリアム・F・シャンク（William F. Shunk）の各氏は、この件について導いた結論を下記の通り述べた：

「(1) 深く狭い渓谷を閉じるようなダムの設計に当たっては、平面を曲面状にし、安定性を確保するためにアーチ作用に頼るのが安全である。曲率半径が小さければ、重力断面と呼ばれるものを下回るまで、

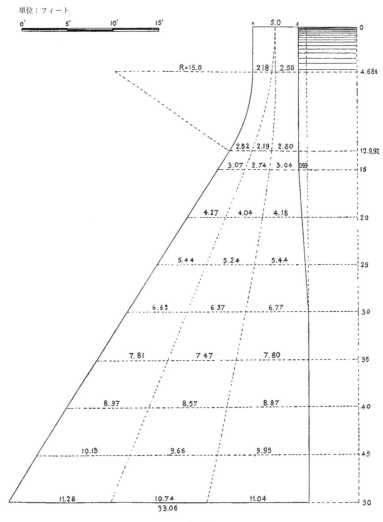

図51　断面理論値　No.1

図版 XV-1

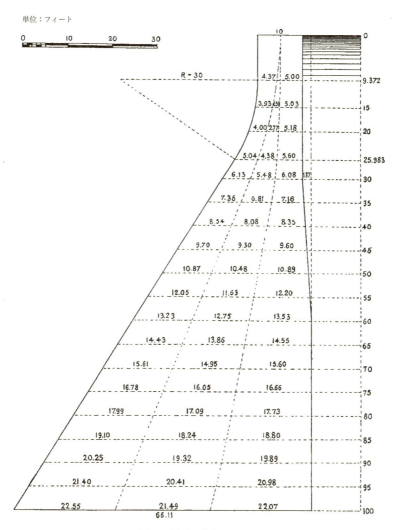

図52　断面理論値　No.2

都市への給水と水道施設の建設

図版 XV-2

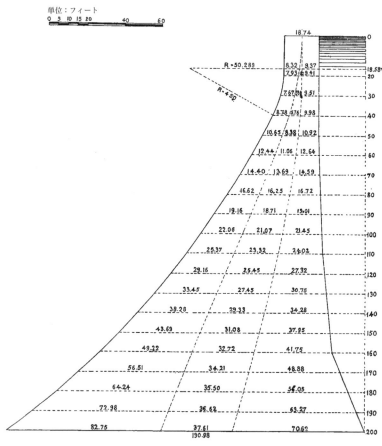

図53　断面理論値　No.3

ワーグマンによる3つの断面理論値

ダムの横断面を小さくしても差し支えない。重力断面とは、ダムを倒したり足元を滑動させるように働く力に対して、どの場所においても自重だけで抗することのできる、安全な横断面またはそのような規模の断面である。」

「(2) 平面が大きな曲率半径を描くように造られた重力ダムは、組積造が健全である限り、アーチ作用の恩恵を何ら受けることはない。しかし、組積造が弱体化すれば、曲線状のかたちは有利に働くかもしれない。」

「大きな半径と呼べるものと小さな半径と呼べるものの区分方法はもちろん無限にあり、この分類はダムの高さにもよる。一般に、検討対象とする一定の高さのダムについては、300フィート以下の半径を小さいと言い、600フィート以上の半径を大きいと呼ぶ。」

「(3) クウェイカー・ブリッジダムほど規模が大きく重要な構造物では、建築として美しい効果をもたらすことは、構造的に安定させることに次ぐ問題でしかない。そのような効果は直線からなる鋭く角張り折れ曲がった平面と比べると、大きな半径上で規則的に曲線を描く平面を用いた方が達成しやすい。」

「(4) 曲線状のかたちの方が、温度変化によって生じる体積の変化に対応しやすい。」

彼らの報告による他の部分では、「特にクウェイカー・ブリッジに言及しなくとも、一般に曲線状及び直線状の平面については、平面に関係なく、断面設計に当たっては同じ原理に従うべきであると、当局では意見が一致している。但し、曲線の曲率半径が例えば300フィート未満のように非常に短い場合には、この限りでない。」と述べている。

**組積造ダムの材料と構造**——組積造ダムに最適な材料は、荒石をポルトランドセメントのモルタルと共に用いることである。石の寸法は、入手できる材料に応じて、1ないし2立方フィートから数立方フィートの範囲のいずれでもよい。洗石同士の隙間は、小さい石とセメントモルタルまたは

セメントコンクリートで埋められる。

　リバプールに給水するヴァーンウィー貯水池ダム建設工事の際に当初用いたモルタルは、ポルトランドセメント1に対し、洗った川砂2であった。工事が進むにつれて実験が行われ、ダムを造る石（灰色の粘板岩）を粉砕したもの2に対して砂1を混合し、さらにこの混合物2に対しポルトランドセメント1を混ぜることで、より強いモルタルが得られることがわかった。従ってこのモルタルが採用された。しかしほとんどの場合には、ポルトランドセメント1に対して、清潔な角張った砂2を通常のモルタルとして用いればよい。

　組積造ダムの建設に当たって最初の工程は、ダムを造る岩盤表面を一掃し、すべての割れやひびを良質なセメントコンクリートで埋めることである。その後実際の建設が始まり、各段階において細心の注意が必要となる。石はとても注意深くモルタルに埋め込まなくてはならず、いったん埋め込んだら、動かしたり、激しく揺らしたりしてはならない。目地や割れ目があってはならず、ゆえにこれらを塞ぐグラウトを決して注入してはならない。組積造の層が互いに十分結合するように、規則的な段ではなく厚い層として積み上げなければならない。実際、できる限り一体の構造物に近づけるように、この下方及びこれを通して漏水が生じないよう、一体の構造物を建設することが目的であることを、工事を通して念頭に置く必要がある。

　**コンクリートダム**——コンクリートはこれまでダム本体にはあまり使われていないが、使用された事例ではいずれも良好な報告が寄せられているため、この材料の使用は今後増えることが予想される。

　香港のタイタム水道施設の場合、技師ジェームズ・ドランジ[3]（James Drange）は中国の石工に信頼を置かず、すなわち組積造ダムに必要とされる優れた仕事には対応できないと判断し、大規模なダム全体を切石張りの砕石コンクリート造で建設した。完成から数年経っているが、すべてにおいて満足できるものとなっている。（このダムの断面を図版XVI（図54）に

示す。このダムの詳細については、土木学会論文集［*Proceedings of the Institution of Civil Engineers*］vol. C を参照。）

**洪水吐または廃水堰**——既に述べたように組積造ダムでは、アースダムと比べると越水してもさほど危険ではない。とは言うものの、水が越えられるようにダムの一部が特別に設計されているのでなければ越水は避けるべきである。そうするためには廃水堰を、アースダムの貯水池として推奨される断面に倣って造るのがよい。オーバーフロー堰は、組積造ダムの場合にもアースダムと同様に、ダムの一端あたりに通常設けられる。一方、適切な断面を採用すれば、ダム上端を自由に越水させることもでき、この場合にはそれ自体が洪水吐になる。

近代の水道工学に関連して最も大々的なものは、既に紹介したヴァーンウィー貯水池のダムである。土木学会会員 G・F・ディーコン氏（G. F. Deacon）が担当技師であった。このダムが貯める水で1,120エーカーほどの表面積となる人造湖が造られ、水道橋まで含めた全体の高さは161フィートである。断面を図版 XVII（図55）に示す。

このダムの場合、増水時に水は本体部分を越えるようにされており、この上には一連のアーチ構造上に敷かれた道路がある。この配置の大きな利点は、ダムの高さ1インチたりとも無駄にならないことにある。写真から採用した扉絵[4]は、ダムのほぼ全長の姿である。

**組積造ダムのある貯水池からの排水を制御する**——基本原則として、制御はアースダムと似た方法で行われる。すなわち、取水塔から暗渠またはトンネルを経て取水され、ダムの外側斜面堤趾部に位置する取水室において制御できる。しかしながら、アースダムについてはこの暗渠をダム本体に設けることに関して反対意見が挙げられているものの、組積造についてはこのような声はないという違いがある。さらに、組積造ダム内面の転びは通常わずかで、取水塔は壁そのものの一部を構成することもある。図版 XVIII（図56）には、香港のタイタム貯水池の取水塔を示す。水流制御

都市への給水と水道施設の建設

図版 XVI

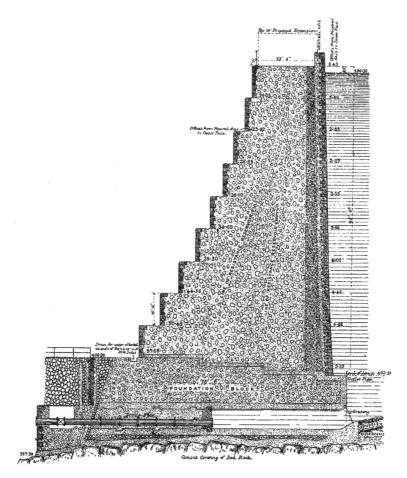

図54 香港、タイタムダム断面

第9章　組積造ダム

図版 XVII

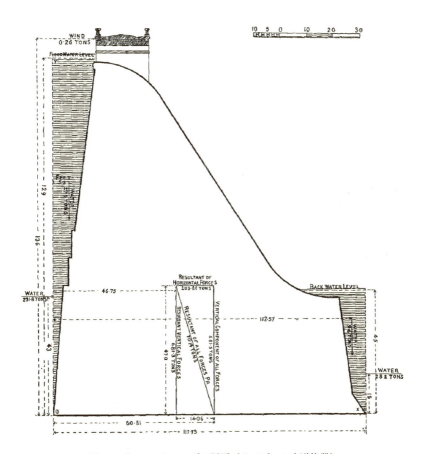

図55　ヴァーンウィーダム断面（リバプール水道施設）

都市への給水と水道施設の建設

図版 XVIII

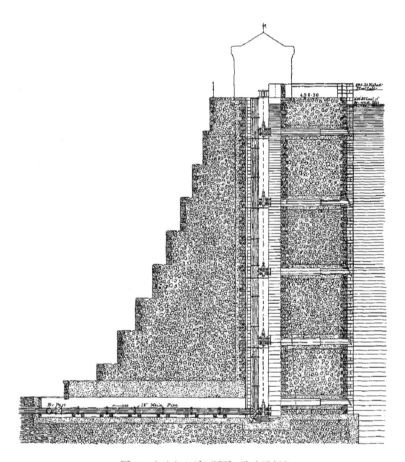

図56　タイタムダム断面、取水壁部分

用に用いる仕切弁の取り付く短い管が貫通する鋳鉄製の仕切りにより、塔はウエットウエルとドライウエルに分けられていることがわかるであろう。この仕組みによる取水塔は、組積造ダムでも採用できる。

　以上の点を除けばあらゆる点で――例えば貯水池上流端部の施設において――組積造ダムのある貯水池の場合も、アースダムのある貯水池と同様の手順を踏めばよいのである。


注

1　p.111の項、曲線組積造ダムを参照。

2　エドワード・ワーグマン II世（Edward Wergmann, Jr.）著『組積造ダムの設計と施工（Design and Construction of Masonry Dams）』（John Wiley and Sons, New York）を参照。組積造ダムを最も余すところなく扱う著作である。題材の難しさにも関わらず、非常に明解で簡潔に記述されている。

3　p.116の「コンクリートダム」についての段落に出てくる技師は（ドランジ Drangeではなく）ジェームズ・オレンジ（James Orange）であり、オレンジ氏はこの施設の施工管理技師として説明されるべきであった。

4　The Engineer 1892年7月15日号より許可を得て掲載。

# 第10章　水の浄化

　天然水は、そのままでは決して完全に清潔であることはない。費用が手頃で、都市が必要とする大量の給水に対しても適用可能な方法による浄化を行っても、これ以上改良できないことはほとんどない。

　純粋に近い水を得るには、蒸留する以外にはないのであるが、そのような工程を船上では行うものの、まちの給水という大規模な使用目的のためには、全くはなしにならない。

　パスツールが使用した素焼きの濾過器はすべての微生物を取り除くと言われているが、これも大量の水には対応できない。

　深い井戸の水や貯水池に貯められていた水の場合、大量の浄化処理方法で改良を施した水より、純度が高いこともある。また、たとえ改良できたとしてもごくわずかで、浄化装置を設けるのにかかる費用ほどの価値はないと判断される。しかしながら、これらは例外である。

　**沈澱と砂濾過による浄化**——抜きん出て最もよく見られる水を大量に浄化する方法は、*沈澱*と*砂濾過*である。

　*沈澱*は、単純に浮遊粒子を自重により沈澱させることによる。このような沈澱が起きるということは、浮遊物が水よりも高い比重であるということを前提としている。処理する浮遊物の大半は水より比重が高いので、時間さえかければ沈澱する。そのうちいくらかは水より比重が低いのだが、これは水面に浮いてくるので、水から分離できる。

　水と全く同じ比重の浮遊物も含まれる可能性があり、その場合には浮きも沈みもしない。そうであっても、水には沈澱するのに無限の時間がかかるような、非常に細かく分割された粒子も含まれるのが普通である。浮遊物が細かく分割されているほど沈むのに時間がかかることは、容易に想像

できるであろう。同じようなかたちをしている粒子については、沈澱を妨げる周面摩擦が生じる表面積の差は、同じぐらいの線形寸法の2乗の値に対する差でしかない；体積、またこれに伴い重さは、この3乗の値に対する差となる。すなわち、周面摩擦による抵抗の生じる表面積は、粒子が小さいほど相対的に大きくなる。

　貯水池があれば、これは必ず、それもたいへん効果的に沈澱池としても機能する；貯水池は比較的非常に深いのであるが、それでも沈澱する時間が十分とれるほどの日数分の水がたいがい貯められている。特に過剰な増水を排水する迂回流路がある時に、この作用は顕著である。

　貯水池がなく、小川の水が時には混濁するようであれば、沈澱池を複数設けることが推奨される。これらは単に普通の大きさの貯水池で、折に触れて清掃のため空にでき、大きい浮遊物の粒子が沈澱するのに十分な時間、貯水することができるものである。本来、沈澱池の目的は濾過池への負荷を軽減させることにあり、沈澱池の容量について絶対的な規則は考案されていない。水をいったん沈澱させなければ、水が混濁している場合、濾過池は清掃するよりも早く詰まってしまい、全く扱いにくくなってしまう。沈澱池の容量が大きいほど、濾過池の清掃頻度は少なくて済む。2から3日の平均消費量に相当する容量が一般的である。

　大量の水を適度な費用で浄化できる限り、*砂濾過*は水浄化の最終過程としてほとんど万能の方法である。

　ところで人気の高い百科事典の最新版で、濾過は以下のように定義されている：——「濾過の工程は、隙間が固体粒子を通さないほど小さい何らかの多孔性物質に、液体を通すことからなる。ふるいと同じ作用の原理に基づく。」この説明は、濾過方法によっては間違いなく当てはまる。例えば、不溶性浮遊物のある液体を紙で漉す場合である。しかし、砂濾過の作用はこれとずいぶん異なる——あるいは、よくある砂濾過の場合は、さらに別の作用が加わる、と言った方がよいかもしれない。

　砂濾過の作用がふるいを用いて漉す作用とは異なるのだと、かなり自信を持って断言するのには二つの理由がある。ひとつは、水の濾過に最適で

あるとされる砂は粒子が大きく、砂粒間の隙間は実際に濾過する粒子の多くが並び合ってでも十分通してしまうほど大きいことは間違いないだろう。もうひとつの理由は、水がたいへんゆっくりとしたある流速を上回ることがない限り砂濾過は効果を発揮するのだが、作用が単にふるいのように漉す作用であれば許容範囲に入る流速であっても、流速が高まると急に効果が減じる——すなわち微細な浮遊物が通過する——ことになる。

　混濁した水の入ったグラスをある程度の時間放置した時に起きる作用を考えれば、濾過時における砂の作用が理解しやすくなるだろう。混濁のもととなる物質は徐々に堆積するが、グラスの底とほとんど同じぐらい側面にも現れることがわかる。実際、付着作用が見られるのである。この現象は、一定時間空気にさらされると不溶性化合物になりやすい鉄分の多い水で、特に顕著に見られる。砂濾過でも、似たような作用があることが想像される。[1]しかし、砂の層上方厚さ1インチほどにおいて隙間がある程度微細な濾液で埋まってしまえば、少なくとも部分的には、実際に漉す作用になるようである。

　溶液中の不純物は、砂濾過では取り除けないと言われており、この過程を連続的なものとして見るならば事実である。しかしすぐには理解しにくいのだが、新たな砂または十分に洗浄した砂で濾過し始めると、砂には水溶性物質も含めてかなりの量が停滞する。しかし、少し時間が経てば水溶性物資は濾過層を自由に通過し始めるので、水道施設の稼働上それほど影響を及ぼすとは言えない。

　既に述べたように、砂濾過ではとてもゆっくりとした濾過時の流速さえ保っていれば、かなりの量の微生物を水から除去することができる。

**水を浄化する他の方法**——既に述べたように、かなりの量の有機物が溶け込んでいる水は、他の水源が得られるならば、給水用水源にはふさわしくない。しかし他には、多かれ少なかれ有機物が含まれる水源以外、全く見つけられない場合もある。そのような場合、有機物を除去する何らかの処置法、例えば酸化による無毒化に頼らなければならなくなる。これらの

方法はたいがい多少高価であるうえ扱いも厄介なのだが、中には大規模であっても適用可能かつ実用的なものも見られる。

　獣炭は、水の浄化において長いこと評判高く、特定の条件下、獣炭の層を通された水に含まれる有機物は完全に酸化され、すばらしい効果が得られることは疑いない。しかしこの過程には明らかにされていない点がいくつかあり、しばらく炭を使い続けると、時には、水が処理前より実際に汚れてしまうこともある。このため、大規模での利用はもはや行われていない。[2]

　様々な鉄鉱石は、有機物を急速に酸化させ、水に対して奇妙な作用を及ぼす。中でも磁気を帯びた酸化鉄の作用が際だっている。これらいずれかの鉱物を細かく砕いた数インチの層に、有機物の溶け込んだ水を通すと、多かれ少なかれ酸化されることがわかっている。水の浄化用として特別に処理された鉄鉱石は、「カーファレル（Carfarel）」、「鉄の炭化物（Carbide of Iron）」、あるいは「ポラライト（Polarite）」という商標で販売されている。最後に挙げた近年好評の製品は、磁気を帯びた純粋な酸化鉄であるとされる。

　金属鉄は、有機物が溶解した水に対して強力に作用する。ゆえに、溶けた有機物を含む水の入った容器にきれいな鉄粉を一握り入れ、鉄のやすりくずと鉄を2、3分激しくかき回せば、対流が落ち着いた時に有機物はやすりくずとともに沈澱する。

　ここで起きる作用もはっきり解明されていないのだが、王立協会フェロー　E・ダイヴァーズ博士（Dr. E. Divers）は著者に、以下のように説明してくれた：──

　　「炭酸を含む水は、鉄を炭化物のかたちで溶かし、脱酸化できる物質が存在しなければ、同時に水素を遊離させる。水に溶け込んだ炭酸を取り除くには、恐らく炭酸があったために溶解していたカルシウム、マグネシウム及び鉄の炭酸塩を沈澱させる方法がよく知られている。こうすると、海綿鉄は覆われて互いに付着し、石灰質を含む水によって硬い固まりに変えられる。それでもなお沈澱しない鉄の炭酸塩は、

その後空気中の酸素と反応して水酸化鉄となり、錆を帯びた沈澱物として堆積される。水中に融解している酸素、亜硝酸塩、硝酸塩、また間違いなく他の酸素含有物質の一部は炭酸のある中で金属鉄と、また一部はのちに炭酸塩として溶けている鉄と接触することで消費されるのだ。」

「鉄が炭酸を含む水に及ぼす作用に、水中に溶けているアルブミノイド物質を破壊したり、沈澱させたりする効果があると言い切るのは難しい。むしろ漠然とアルブミノイドに分類される物質を水から取り除いて浄化するには、水中生物をも除去することを意味する。水から細菌を除去する鉄の作用がまさに期待されることであるかもしれない。というのも、炭酸を含む水中の病原菌が輝く鉄に接触すると、強烈な化学作用の影響を受け、すぐさま殺されないとしても自然と麻痺させられる。さらには、鉄の作用を受けた水から炭酸と酸素の両方が遊離すると、細菌の生存には適さない環境となる。同時に、溶解している鉄の炭酸塩はわずかな量であっても、他のすべての還元剤や脱酸素剤と同様に強烈な毒性を持つ。」

「鉄が細菌を殺したり除去したりする作用として考えうる説明に沿って言うならば、細菌数が急激に減少するのは、水が鉄と接触して間もなくのことである。というのも、空気を抜かれた水の中で鉄はガラスのように不活発になるので、細菌の新たな世代が水中で生き延びることができたならば、大手を振って衝突してくる可能性があるからだ。」

煆焼（かしょう）または二酸化炭素を用い赤鉄鉱を減少させて得られる**海綿鉄**は、実際には金属鉄である。ゆえに、有機物が溶け込んだ水を海綿鉄に通して濾過すれば、上記の作用が起こる。鉄が錆びるまでには時間がかかるので、大規模で行うには、工房で良く見る旋盤細工や穿孔の際に出る状態にある金属鉄を水とかき混ぜる方が、海綿状の鉄に通す濾過よりも水の浄化に適切のように思えるのである。[3]この方法については、後の章で説明する。

**水の硬度**——水の硬度についても、溶解有機物質と同様な状態である。

すなわち、望ましい状態以上にそう高くない硬度の水源を見つけるのは、時には不可能である。その場合、水を軟化する過程を用いるのがよいのであるが、たとえ水が過度に硬質であっても健康に及ぶ危険性は、溶解有機物と比べると、それほどではないとも言える。

クラーク法の基本原理は既に説明してある（p.28）。実務上、水は沈澱槽や貯水池で一定量の石灰水——石灰の薄い水溶液に過ぎない——と混ぜられる。発生した不溶解性炭酸塩が堆積する時間を置き、澄んだ水が引かれる。細かい粒子が、水中にいる可能性のある微生物のかなりの割合を絡め取り、殺しはしないもののタンクの底まで運ぶことには、注目したい。

改良されたかたちで、この過程は継続されている。複数の水平な仕切りが設けられた装置に入れられる前に、水には一定量の石灰水が混ぜられる。この装置は、最上の仕切りの上を水がゆっくりと通るように、またその下の仕切りの上を今度は反対方向に通るように、以下同様に配置されている。このようにすれば比較的短距離で細かい浮遊粒子も沈澱するため、作用は速やかで、同時に大きな貯水池を使わずに済むのである。

注

1　補遺 II、覚書 5 参照。
2　補遺 II、覚書 6 参照。
3　補遺 II、覚書 7 参照。

# 第11章　沈澱池

　**容量と沈澱池の数**──既に述べたように沈澱池の容量が大きいほど、濾過層の消耗は少なくなるのであるが、そのような沈澱池の容量設定については幅広い実施例が見られる。容量として、一日消費量の一部分に相当する量から、10または20日分さえまでが推奨されてきた。後者は、貯水量に余裕を持たせたい場合には都合良いだろう。というのは、連続した数日間あるいは数週間さえ、最小給水量が消費量を多少下回るかもしれないという恐れがあるからだ。しかし通常では、平均消費量の2日から4日分の容量で十分である。

　もちろん沈澱池をいくつ設けるかを決める必要もある。もしも間歇式沈澱（本章で後述）を採用するならば、少なくとも2基の沈澱池が必要であることは明らかである。一方、連続式とするならば、ひとつあればよい。また小さな施設では費用面を考えると、たいがい沈澱池をひとつにしておくとよい。この場合、清掃時に沈澱池を空にできるよう、迂回水路を設けなければならない。なお清掃の時期には、水源の水が比較的混濁していない時期を選ぶ。

　水道施設が小さい場合を除いて、いずれにおいても2、3、4あるいはこれ以上の数の沈澱池を設けることが一般に推奨される。この場合、清掃時にはひとつずつ空にし、順次進めてゆく。

　**沈澱池の深さ**──これは、様々な条件を考慮して決めなければならない。深ければ深いほど、沈澱に時間がかかることは自明であろう。一方、非常に浅い沈澱池については様々な異議が唱えられている。そのひとつとしてはもちろん、とても大きな敷地が必要となるからである；もうひとつは、沈澱池の容量ごとに、建設費が最小となる特定の深さがあるからだ。小さ

な沈澱池では同じ容量の大きな沈澱池と比較して、特に擁壁を造る場合には、側面の施工分が全体のうちで占める割合が大きくなる。沈澱池の容量はかたちが変わらないとすると、深さを一定とした時に、擁壁の面積は池周長に対して自乗の比として変動する。ゆえに、小さな沈澱池は浅く、大きな沈澱池は深くするのが経済的になる。

浅過ぎる沈澱池に対しては、上で述べた以外の反論もある。水が浅いと太陽の熱を受けて暖められやすく、植生の繁茂が大きな問題となりやすい。

沈澱池の標準的な水深は、12から16フィートであろう。また、非常に小さな施設では、12フィートより浅くできることもあるだろう。その場合、沈澱池の深さは10フィート、あるいは時には8フィートまで浅くされることもある。一方、場合によっては深さ16フィートを越えることもあり、また深さ18フィートあるいは20フィートにする方が経済的なこともある。但し、これは非常に大きな施設に限ってのことである。

ここであげる深さとは、実際の水深である。非常に小さな沈澱池を除けば、この値よりも2フィートほど余分に深さを設ける必要がある。非常に小さな沈澱池であっても、1フィート6インチほど余分に深くしたい。

**連続式沈澱と間歇式沈澱**——沈澱はこれら二つの方法のいずれかで行われるであろう。連続式沈澱の場合、水は沈澱池の一端から常に流れ込み、もう一端から常に流れ出ている。ゆえに沈澱池は時速数フィートを越えることのない、流れの非常に遅い水路とみなすことができる。沈澱池が空になるのは、清掃時のみである。

一方間歇式沈澱の場合は、2基以上の沈澱池が必要である。この時沈澱池は以下のように機能する。沈澱池は3基あることとしよう。1基が水で満たされる時、2基目では底から2、3フィートの高さまで水が引かれ、前者に流れ込むようにされながら、3基目は完全に休止状態である。ここで、各沈澱池の容量が一日の給水量相当であると仮定しよう。どの沈澱池も、ある1日には水で満たされる；次の日は満水のままである；3日目にはここから取水される。底に残る2、3フィートの水が排水されて無駄になる

のは、沈澱池が清掃される時だけである。

　まず、最初の（すなわち連続式）沈澱方法しか採用できないこともあることを述べておかなければならない。例えば、沈澱池容量の¾の水を濾過池に流入させるように、取水量、沈澱池及び濾過池それぞれの水量を必ずしも調節できるとは限らない。一方逆に、沈澱池から濾過池に水を流すのに十分な水頭が確保できる分だけ、濾過池の水深を沈澱池の水深以下に抑えておく必要がある。それも高さではほんの数インチの違いでしかない。この状況を図版XIX（図60-63）に示す。

　この方法では、沈澱池を清掃のために排水する場所が確保できないことも時々見受けられ、その場合にはたまに揚水するための仕組みを設けなければならない。この際には、パルセータ式ポンプを使うと便利である。

　これら二つの方法の優劣に関しては、意見の相違が多少あるのだが、いずれも賢く利用すれば、混濁した水を大きく改善できる。著者は、果敢にも連続式を支持することに迷いはない：このように意見するのには、理由がいくつかある。沈澱池の容量が同じ場合、連続式で水がほとんど完全に静止している状態で沈澱にかけられる時間は、間歇式で水が全く完全に静止している状態で沈澱にかけられる時間よりかなり長い。すなわち——先に挙げた、それぞれ容量が一日分の沈澱池を再び例にすると——間歇式では、水は1基の沈澱池に完全に静止して24時間とどまる。これに対して連続式では、普通水はほとんど静止した状態でそれぞれ24時間の3日間、とどまるのである。沈澱池の1基が清掃のために利用されなくても、2基の各沈澱池の水はそれぞれ24時間の2日間、ほぼ静止状態にある。

　さらに連続式では、*適切な場所に適切な形式の流入口と流出口*があるならば、水は常に最もきれいな場所から取水される。それに対して間歇式では、沈澱池が空にされる時には、沈澱池の流入口周囲の堆積物は流出口に集まる傾向があり、水位が低くなるにつれて、流出水に混ざりやすくなる。

　下水沈澱の場合、見方によっては水の沈澱にとても良く似ているのであるが、連続式の方が間歇式と比べてかなり優れていることがわかっており、当初間歇式で開始されながらも連続式に置き換えられた場合もある。下

水沈澱の場合、水の沈澱に連続式を用いるほどの利点はないにも関わらず、また迂回水路があれば沈澱池1基にすることが可能であるにも関わらず、このような状況にある。

　著者は、下水沈澱では有効なことが示された、一連の沈澱池を並列ではなく直列に並べる方法が、水の沈澱においても試されたことがあるかどうかは知らない。この基本原理を図57から59に示す。[1]

　この場合、通常水は沈澱池A、B、C及びDのすべてを流れ、脇水路は空のままである。しかしいずれの沈澱池も清掃するには、その沈澱池に通じるすべての堰を閉じて、横を通る脇水路の水門を開けさえすれば、利用停止させることができる。例えば沈澱池Bは、これに出入りする堰を閉じて、bbと記された水門を開けば、清掃のために一時的に利用を停止できるのである。

　水の流れを単に堰を越えさせるのではなく、第1沈澱池の底まで、次いで第1沈澱池の水面近くから第2沈澱池の底に、以降同様に導水を行う。浄水処理のためにこのような方法を採用すれば、たいへん効果的な沈澱効果が得られると、著者は考える。

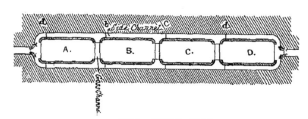

図57　沈澱槽：平面

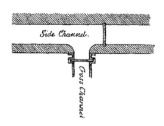

図58　沈澱槽：側面及び通過水路

図59　沈澱槽：通過水路堰箱断面

第11章　沈澱池

図版 XIX

図60

図61

図61A

図62

図63

図63A

沈澱池の形式

**沈澱池の形式**——沈澱池の*平面上*の形式は、多くの場合用地の形状によって決められる。効果的な沈澱という観点からだけからすれば、水流と同じ方向に幅より数倍長く伸びる長方形は、適切な形状であると言えるだろう。2基以上の沈澱池を横並びで建設する際にも、経済的な形式であると言える。沈澱池が1基だけの場合はこのようなかたちにしても、四角形または円形の沈澱池ほどの明確な初期投資上の経済的利点はない。両方とも、輪郭線がより短い池で一定量の水を貯水することができ、特に後者にその効果が表れる。

円形の形状にはさらに利点があり、小さな沈澱池で壁を垂直あるいはほんの少しの転びをつけたかたちにするならば、自重で水圧に抵抗し、壁全体が円形のアーチとして作用するので、実際の擁壁に必要な厚さと比べてかなり薄くすることができる。しかしここでは、土木工事でよく発生する困難に直面することとなる。材料の圧縮力だけに頼って壁をあまりにも薄くするのは馬鹿げたことである。壁はあまりにも薄くなり、変形により崩壊するのは明らかである。この変形は、円の異なる部分では半径方向の圧力が不均一であることによるが、これについては計算に利用できるデータがない。従って、垂直な壁がアーチとして作用する沈澱池の壁厚を薄くすることについては、ほとんど完全に判断の問題となってくる。対象の規模が大きくなるにつれ、一定の高さの壁に対して、どれほどの直径を持つ沈澱池まで円形アーチとしての抵抗力を当てにできるのかは、これもまた判断の問題となる。

沈澱池の底は*断面*で見た時に、清掃しやすいように緩く傾斜しているのが好ましい。底を横断するように二方向から沈澱池中心を長手方向に走る排水口に向かって勾配をつけ、さらに、排水口のある床面自体も長手方向へ緩やかに傾斜させるのが一般的である。中央排水口に向かっては1/150または1/200、長手方向には1/250または1/300の勾配で十分である。

沈澱池の側面は、石張りで傾斜があるか、または擁壁のかたちになっている。側面の傾斜は、貯水池にあるアースダム内側よりもかなり急であってよい。というのも、池が比較的浅いので、石張りはある程度までは転び

のとても大きな擁壁として働くとされている。従って、縦方向1に対して横方向2とする比率の傾斜は珍しくなく、これよりもいくらか急な傾斜でさえ許容範囲に入る。

擁壁を用いる場合、擁壁が背後から受ける土圧への耐力は、一般的な工学上の擁壁用計算式で算出する。水圧は考慮しなくてよい。その理由は擁壁が背後の土圧に十分抵抗できるだけの重厚な断面にされているため、水圧で擁壁が外側に押し出されることは決してないためである。かといって、沈澱池が満水になれば水圧は土圧を圧倒的に上回るので壁厚を決して薄くしてはならない。実際は「空の沈澱池」を想定して計算しなければならない。

沈澱池の擁壁内側の転びは、高さ1フィート当たり1.5インチから2インチにするのが一般的である。

建設費用に限って言えば、傾斜する側面とほとんど垂直な壁とを比較すると、側面が傾斜している沈澱池の方が概して少なくて済む。側面に傾斜をつけるために必要な土地取得の追加費用は、建設費削減分を相殺する、あるいは上回ることは明らかである。一考すれば、側面を傾斜させることにより当面生じる差額は、深さが同じならば、沈澱池が大きいほど総体的に少ないことが明確である。

初期投資は両者の場合ほとんど同じになるが、たいがい擁壁構造の方が好まれる。側面が傾斜する範囲で水深が浅くなったところには、扱いが厄介な植生が発生しやすいからである。


**沈澱池建設のための材料**——最近まで水道施設の一部を構成する貯水池のような建造物の水密性を保つためには粘土に頼るのが一般的な方法であり、現在も粘土が広く使用されている。しかしながらコンクリートとセメントの性能についての知識が深まるにつれて、正しい使い方さえすれば沈澱池や貯水池の水密性を高めるのに、これらだけに完全な信頼をおけること[2]も立証されるようになっており、今や粘土を用いない例もよく見られる。

図版XIX（図60-63A）に2基の沈澱池を示す——1基は側面を斜面とする沈澱池で、内側が粘土で仕上げられており、もう1基は粘土の使われてい

ない擁壁からなる沈澱池である。

**沈澱池における管の配置**――私たちがここで取り扱う貯水池の沈澱効率は、おおかた水がどのように沈澱池に引き込まれ、また排水されるかに関わっている。避けなければならないのは、水が取水管から排水管まで、沈澱池に既にある水を攪拌することなく、かなりの流速で直線状に流れることである。このような状態を防止するために、端が互い違いに開放された複数の仕切りを沈澱池の長手方向に設け、図64に示すように、水の流路が曲がりくねるようにすることが勧められてきた。しかし、取水と排水に十分な注意を払えば、このような仕組みは不要であるように思われる。またこうすることで、水路となる沈澱池中における水の流速は速まりやすくなるので、逆に沈澱は妨げられることとなる。

沈澱池に流れ込む水が、池の水全体と全く同じ水温であることはほとんどないだろう。沈澱池に入る水の水温が池の水温と異なれば、水流が発生し、また水と沈澱池中の水との混合は防ぐことができ、これらの条件がさらには沈澱速度に影響を及ぼしうることは明らかである。

取水と排水の位置を違えてみたり、また沈澱池の水よりも流入する水の水温が高かったり低かったりするとどのようなことが起きるか、ちょっと考えてみるとおもしろい。図65に図解するように、まずは取水口と排水口の両方が水面高さにあると仮定しよう。まず流入する水の水温の方が暖かいとすると、沈澱池の水よりも密度が低くなる。実線の矢印で示すよう

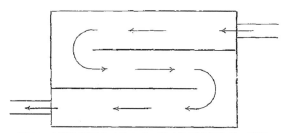

図64　水流を迂回させるための貯水池間仕切り壁の配置

第11章　沈澱池

に、水は取水口から排水口へと沈澱池の水面を速やかに移動する。この移動の最中に、浮遊物のいくらかは確かに沈澱するが、沈澱に必要な時間が足りない。

一方、もし流入する水の方が冷たいならば、貯水池の水より密度が低くなるので、点線で示すように沈みやすく、沈澱の状況はずいぶん良くなる(3)。

今度は図66に示すように、取水口と排水口の両方とも沈澱池の底にある、反対の例を取り上げよう。ここで流入する水が沈澱池に既にある水よりも冷たければ、水は底をまっすぐ横切って突進するので、最悪の条件となる。この状況を実線で示す。一方、もしこの水が暖かければ、点線で示したように上昇するので、浮遊物が沈澱する距離が最大に得られる。

次に考えられる例として、図67に示すように、水が上方から流入し、排水口が沈澱池の底にある場合がある。この場合、流入する水が沈澱池の水よりも冷たくても、暖かくても、取水口から排水口まで水は直行し過ぎる傾向がある。冷たければ実線矢印の経路、暖かければ点線矢印の経路を通る。前者の方が、沈澱に都合が良い。

最後に考えられるもうひとつの例は、図68に示すように、水が沈澱池の底から流入し、水面または水面近くから排出される場合である。この場合、沈澱池の水より冷たい場合、水は底にとどまり、沈澱池にしばらく貯

図65　沈澱池の図：水面における取水口と排水口

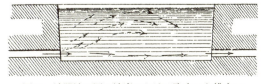

図66　沈澱池の図：池底における取水口と排水口

都市への給水と水道施設の建設

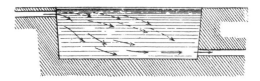

図67　沈澱池の図：水面の取水口と池底の排水口

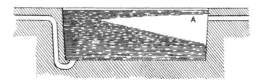

図68　沈澱池の図：池底の取水口と水面の排水口

まっていた水を徐々に押し上げるように働く。このような条件は、沈澱に最適である。沈澱池に流入する水が既にある水より暖かければ上昇し、いくぶん直行するような経路で排水口に向かうが、これでもずいぶんうまい具合に沈澱が行われる。このような取水と排水の条件——すなわち沈澱池に水が底から流入し、水面近くから排水される——のが、沈澱のためには最適である。[(4)]

　*取水口の形状*は、流入する水の流速だけで水流が発生する可能性を最小限に抑えるために、ラッパ口にするのがよく、またこのラッパ口は上向きにするとさらに効果がある。これを、図版XX（図69-73）に図示する。

　ここで説明したように取水口と排水口を配置すれば、沈澱物と浮遊物は図68に影をつけて示したあたりに漂うようになり、Aの印を付けた沈澱池の特定の範囲には、沈澱物と浮遊物の両方とも見られない。さらには、ここから水を引くべきであることがはっきりわかる。

　連続式で沈澱を行うのであれば、水面から約1フィート下がった位置に*排水管*を配置するのが適切である。地形的に沈澱池から濾過池に全水量を移すことが決してできないような場合に、この配置が採用できる。図版XXI（図74）に、側面が傾斜している沈澱池の例を示す。

## 第11章　沈澱池

　間歇式では（連続式でも、水を時折濾過池へと排水するような場合）、貯水池内の水量に関わらず、水面よりやや低い位置で排水する手段を確保することが望ましい。そのため、よく採用される2つの方法がある。ひとつは異なる高さにバルブの設けられた給水塔——実際、小規模のバルブ塔である——を用いる方法である。もうひとつは「浮遊管」の利用による。この管は水面からほぼ1フィート下に口を保つよう銅製の浮きを、また管が非常に大きい場合には鋳鉄製の浮きを用いる。両方の仕組みを図版XXII（図77-79）に示す。自動で作動する装置には故障が避けられないという不確かさがつきまとうものの、浮遊管こそが最も効率良い仕組みである。浮遊管の詳細を図版XXIII（図80-83）に示す。

　いずれの場合でも、沈澱池の水全量が濾過池へと排水されることはない。間歇式の場合、水が排水され水深が2から4フィート以内になると、清掃が必要な時以外は、沈澱池には満水になるまで再び水が導入される。清掃時には水が濁るまで、または濾過池へと排水できる最低水位に達するまで、濾過池へと送水される。残った水は捨てられる。連続式の場合に沈澱池を清掃する時にも、同じ方法で行われる。

　沈澱池清掃の頻度は、水質によりずいぶん異なる。ひと月からふた月、あるいは数年間に一度の場合もある。

　*排水管*または*堆積物除去管*、そして溢れる恐れのある場合にはオーバーフロー管（溢水管）が沈澱池に必要な設備である。両方が使用される時には、たいがい図版XXIV（図84）に示すように一体で造られる。オーバーフロー管が必要なければ、図版XXII図77に示すように堆積物除去管は、最も低い位置にある排水弁の下に仕切りを設けて、取水塔の一部として取り入れることができる。ここではAに仕切りがあるが、一番下あるいはそのひとつ上の鋳物管の一部とするか、またはこれら2本の鋳物管の間に鍛鉄板をボルト締めするかたちにしてもよいだろう。

　既に述べたように、重力による沈澱池の排水が不可能な場合、または費用がかかるため実用的でない場合、排水のためにポンプを用意する必要がある。

都市への給水と水道施設の建設

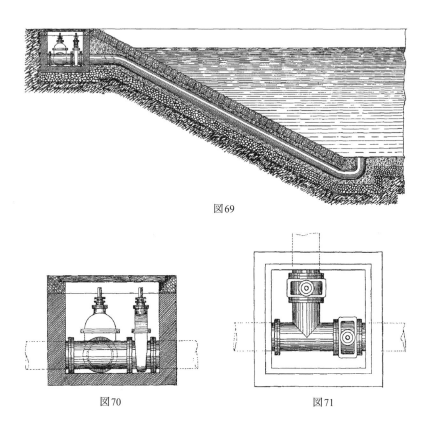

図69

図70　　　　　　　　図71

沈澱池：取水管の仕組み

第11章　沈澱池

図版 XX

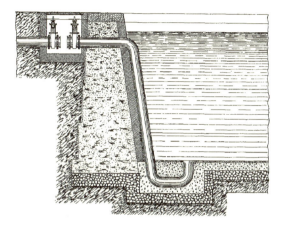

図72

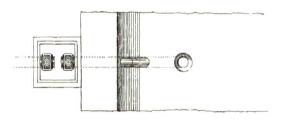

図73

## 都市への給水と水道施設の建設

図版 XXI

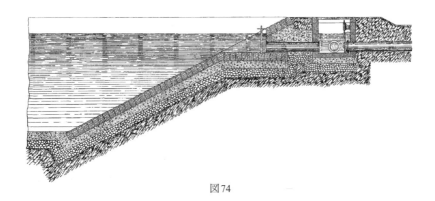

図74

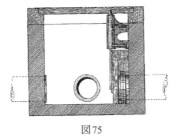

図75

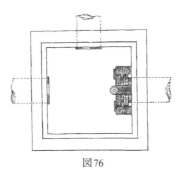

図76

沈澱池：排水管の配置

# 第11章　沈澱池

図版 XXII

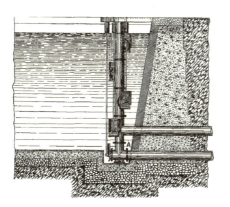

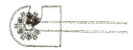

図77

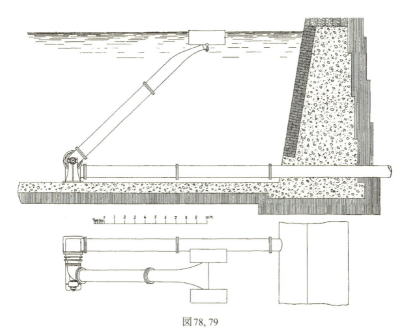

図78, 79

沈澱池：配水塔と浮遊管による排水

図版 XXIII

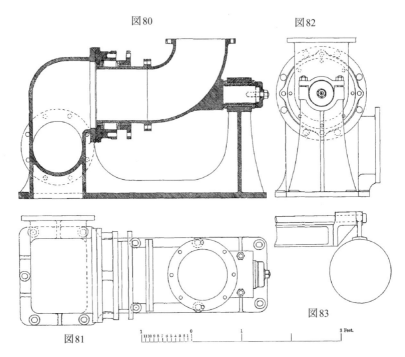

図80

図82

図81

図83

沈澱池：浮遊管の詳細

第 11 章　沈澱池

注

1　ピーター・スペンス＆サンズ（Peter Spence and Sons）著『下水浄化の実務（Practical Sewage Purification）』より。

2　地震国の貯水池ではコンクリートのような牢固たる物質だけに頼ることを勧めるのは適切でないだろう。私たちの現在の知識では、そのような国では従来の粘土を用いる方法を維持するのがよいだろう。コンクリートに亀裂が入った時のことを考え、少なくとも予備として。

3　ローヌ川がレマン湖（またはジュネーブ湖）に流れ込むのを見たことのある者ならば、自然によって造り上げられたこの種の大規模な天然沈澱池（水面で水の流入と排出が行われ、流入する水は湖の水より冷たい）があることに気づいただろう。ローヌ川の水には岩屑が多く運ばれ、鈍い鉛のような灰色をしている。また氷河の解けた水なのでとても冷たい。鈍い鉛のような灰色の水流が湖の深い青い水に言わば飛び込み、消えてゆくのが見える。とにかくこれが湖と川が織りなす夏の光景である。

4　全体を通して水は華氏 39°（摂氏 4°）を下回らないと仮定した。この水温で水の密度は最大となる。この水温と氷点の華氏 32°（摂氏 0°）との間では、水流が上昇するか下降するかは、ここで示した傾向のちょうど反対になる。

# 第12章　砂濾過

　**濾過速度の許容範囲**——砂濾過とは、単にふるいのようなものを用いて漉すだけではなく、表面吸着の作用が及ぶことが十分に理解できるようになると、適切な*濾過速度*を設定すること、すなわち濾過池として必要な面積を見極めることが、何よりも大切であることがすぐさまわかるだろう。「濾過速度」とは、濾過池の水全体が砂に向かって垂直方向に向かう速さを指す。この速さに砂の面積を掛ければ、濾過量が得られる。

　濾過池が導入されたばかりの時期には、まだ濾過速度に関するデータはなく、濾過は単なる漉す作用であると思われていたので、当時の速度に関する唯一の制約は、砂が流出しない範囲に抑えておくぐらいのことであっただろう。しばらくすると、そのような制限速度に近づくと危険なことが明らかになり、とても緩やかな速度でありながらも一定値を越えると、急激に濾過効果の落ちることが見出された。しかしこの後になっても、濾過速度として許容される範囲については、ずいぶん多様な考え方があった。近年、細菌学の研究を通じてこの領域にずいぶん光が当てられるようになり、徐々に統一されつつある。それでもなお、実務上かなりのばらつきが見られる。著名な細菌学者であるコッホ（Koch）博士は、濾過速度は24時間当たり7¾フィートを決して越えてはならないと結論づけている（と著者は理解している）。そのような厳格な規則がすべての条件下で成立するとは思えない。[1]というのは、濾過効率は間違いなく様々な条件を受けて変動するからである——例えば水の純粋さ、あるいは混濁具合；砂の性質；温度なども影響を及ぼす。一方で、さらに速い流速である——24時間に16フィートあるいはこれ以上——が何人かのイギリス人技師たちの間で採用されているが、これは疑いようもなく速過ぎる。

　著者が導き出した結論を、多少遠慮がちにではあるが述べたい——すな

都市への給水と水道施設の建設

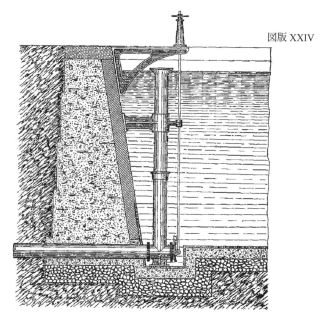

図版 XXIV

図84　オーバーフロー堰と排水管の複合型

わち、既にある程度良い状態の水であれば、濾過速度として24時間当たり10フィートの最大流速は十分許容範囲にある。日々の濾過速度を一定にする信頼できる仕組みがあるならば、濾過池の面積は、一日の最大消費量をまかなうのに必要な濾過速度24時間当たり10フィートが得られる規模、あるいは例えば平均年間消費量に対して1.4倍の水量を処理できる規模以上に大きくする必要はないのである。

　関連して、濾過容量を追加できるようにしておくことは、水道施設計画の一部として必ず考慮される点、さもなければ考慮するべき点であることを、念頭に置いておく必要がある。その用意があれば、濾過速度が速過ぎて十分に濾過できないことが判明した時点で、濾過容量を追加するのも極めて容易である。それでもなお著者は、流速が24時間当たり10フィートを決して越えずに済むような面積に濾過池を最初から常にあえてしておくのが望ましいと考える。

濾過速度が決まったなら、*同時に使用する*濾過池面積の算出には、下記を用いる。

$a = q/f$

ここで

$q$ = 一日当たりの最大水消費量、単位は立方フィート

$f$ = 濾過速度、単位はフィート

$a$ = 面積、単位は平方フィート

次いで、濾過池が何基必要となるかの疑問に自然とたどり着くのである。

**濾過池の数**——濾過池は——この作業については後述するが——*清掃を*しなければならない。濾過のために送られてくる水の状態により、この頻度は異なるが、10日以下に決してしてはならない。一般的な清掃の頻度はひと月ごとであるが、あるところでは数年間清掃をせずに一連の濾過池に水を通し続けているが、その必要性もなく済んでいる例を知っている[2]！

しかしこの場合は、単に濾過池自体が必要なく[3]、もともと水は驚異的なほど澄んだ湧き水であった。濾過池を清掃するには少なくとも1基余分な濾過池を設け、他の池で濾過している間、1基を空にできるようにしなければならない。小規模な水道施設では貯水池が合計2基から4基あるようにして、予備の濾過池を1基以上用意することは決して必要ない。大規模水道施設については、たいへん大きな濾過池は扱いにくいので、濾過池の数を増やすのが望ましい。この場合、特に濾過前の水がいくらか混濁しているようであれば、沈澱池を2つまたは3つさえ余分に設ける必要があるかもしれない。

下記の表は、ヘネルの数値を改めたものである。あくまでも参考値として掲載する。

| 人口の上限 | 濾過池の数 |
|---|---|
| 2,000 | 2 |
| 10,000 | 3 |
| 60,000 | 4 |

| | |
|---|---|
| 200,000 | 6 |
| 400,000 | 8 ⁽⁴⁾ |
| 600,000 | 12 ⁽⁴⁾ |
| 1,000,000 | 16 ⁽⁴⁾ |

これ以上について濾過池の数は人口に比例する。

この数には清掃中に使用されない濾過池も含まれる。

**濾過池の平面配置**——沈澱池の場合と同様に濾過池の平面配置も、たいがいは手に入る用地の形状に対応させることになる。用地の制約を受けない場合は、長方形に並べるのが最も一般的である。濾過池の数が2、3基の場合は、図85に示すように横並びにするのが慣例で、長さを幅より大きくとるのがたいがい最も好都合である。数が6、8、12になっても同様であることを図86、87、88に示す。

一方、数が4、9、16のような場合は、図89、90、91に示すように濾過池を正方形に並べるのが通常は好都合である。

実際おおまかに言うと、濾過池全体で占める平面も四角に近づけると都合良いのであるが、多くの場合この配置は敷地の影響を受ける。

**濾過池の深さ**——濾過池の費用は深くなるにつれて急激に高くなるので、濾過池の設計に際しては効果的な濾過ができる範囲でできる限り浅くするのが好ましいと、まず言っておかなければならない。古い形式の濾過池では、14フィートもの深さになるものがあるように非常に深く、水面下には上からハーウィッチ砂、砂利、細かい砕石、粗い砕石及び大きな石の順に、一連の材料の層が重ねられている。（訳注　Harwich sand、英国エセックス郡ハーウィッチで採取される砂で、数々の19世紀の水道関係書物で濾過剤として指定されている。）

このように深くされたのは、二つの誤解があったからだ。まず、砂が流失した時のことを考え、細かい砂から砂利へと徐々に大きくなる一連の粒子が必要であると考えられていた。今となっては、通常の濾過速度を越え

第12章　砂濾過

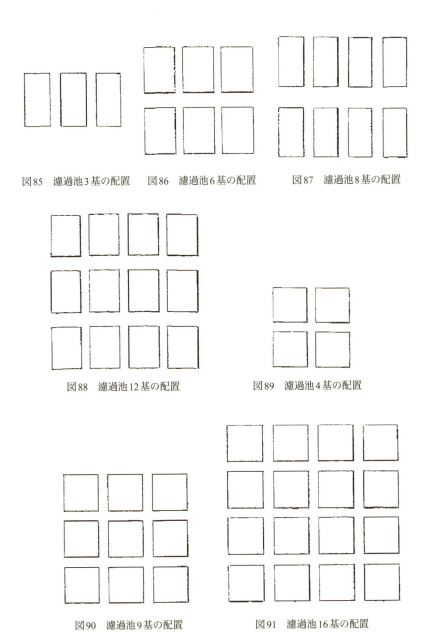

図85　濾過池3基の配置　　図86　濾過池6基の配置　　図87　濾過池8基の配置

図88　濾過池12基の配置　　　　図89　濾過池4基の配置

図90　濾過池9基の配置　　　図91　濾過池16基の配置

ることがなければ、砂利の上に重ねられた砂が流失することはないことが立証されている。次いで、かつては砂の上における水深と「濾過水頭」との間には何らかの関係があると考えられていた。ここでわかるように、そのような関係が必ずしもあるとは言えない。

**濾過池の構成**——濾過池は、以下の層で構成されている：——下から（1）濾過池の床、（2）何らかの排水施設、（3）濾床、（4）水の層。

濾過池の床は一般にコンクリートで造られ、セメントで注意深く塗り込めるか、または粘土で裏打ちして漏水を防ぐ。厚さなどについては、図版XXV（図96-100）を参照して欲しい。

**排水施設**——濾過された水を効率良く排水するのは難しいことではない。非常に荒っぽいやり方でも——主に、濾過池の底に大きな石を敷き詰め、その上に砕石、そして砂利を重ねる——かなり効果的であるが、望まれるのは、費用があまりかからず、最小限の深さに納まる効率的な方法である。

この条件に従うならば、著者が知る2つの方法以外はすべて論外となる。その方法とは、砂の下に敷く砂利層下に暗渠を設置するもので、ひとつは一式の排水溝、もうひとつは実際の濾床上に配置された多孔性煉瓦からなる二重床を利用して排水するものである。

前者では、断面のいかんに関わらず自然と図92に図示するかたちになる。すなわち、濾過池中心を通る主排水管に両側から枝管が直行して入り込むものである。

場合によって排水管は図93、94に断面を示すように煉瓦からなるが、住宅で排水に用いられる陶製排水管の方が好ましい。枝管の寸法と配置間隔は、下記を考慮して設定される：

(1) 枝管の間隔は、決して6フィート以上にしてはならない。濾過池の特定部分に他より負荷がかかることによる、濾過効率の低下を避けるためである。

(2) 排水管内の流速は1秒当たり2フィートまたは最大でも3フィートを越えてはならない。

第12章　砂濾過

　どのような形状と寸法の枝管を採用するにも関わらず、その上には少なくとも厚さ6インチの砂利の層を設けなければならない。

　ロンドンのニューリヴァー会社においてミュア（Muir）氏が初めて採用した多孔性煉瓦の濾床は、著者の見解では、濾過池を排水する最良の方法である。煉瓦の配置は、図95のアイソメ図及び図版XXV（図96-100）の断面図に示す。煉瓦を覆う細かい砂利の層は、6インチ以上の厚さにする必要はない。

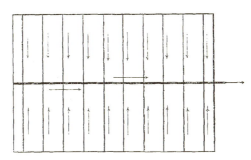

図92　濾過池排水口の配置

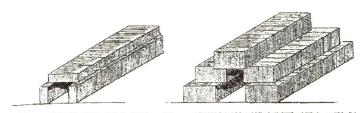

図93　濾過池用煉瓦排水断面　　図94　濾過池用煉瓦排水断面（異なる形式）

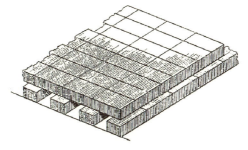

図95　濾過池用多孔性煉瓦床（ロンドン、ニューリバー会社）

都市への給水と水道施設の建設

図版 XXV

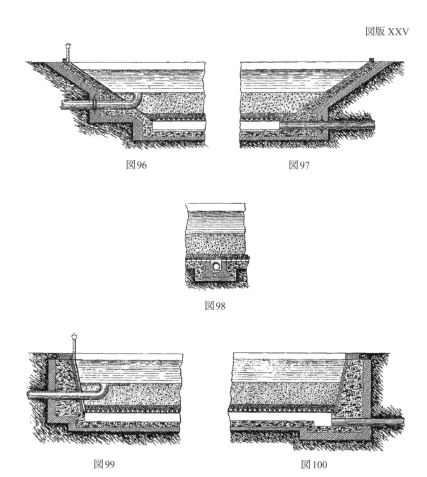

図96　　　　　　　図97

図98

図99　　　　　　　図100

濾過池の仕組みを示す断面（ロンドン、ニューリバー会社）

## 第12章　砂濾過

　この方法には、以下の利点がある：──（1）濾過池全体にわたって完全に均一な排水ができ、（2）垂直方向には最小限の空間で納まり、また（3）とても簡単に清掃できる配置となる。

　実際に濾過する材料となる*砂床*が、当然最も注意深く扱わなければならない材料である。

　まずは砂自体であるが、既に述べたように非常に細かい砂が最適とはならない。砂の粗さは、個々の粒子が裸眼でかなりはっきり見分けられるぐらいが良い。砂は、粒度と角張り具合とがかなり均一であるのが好ましい。もちろんこれは清浄(5)である必要があるが、入手時に一般に言う汚れた状態であれば、洗いさえすれば良い。砂が純粋な硅石に近いほど好ましいのである(6)。

　*砂床の厚さ*は、設計する技師によって異なる。実際の濾過は、砂表面のとても薄い層によって行われる。濾過池清掃の際には、砂の表面をほんの1インチほど取り除けばよい。従って、砂の薄い層さえあれば十分であるように思えるかもしれないが、ある程度の厚みにしなければならない理由がいくつかある。もし砂の層が非常に薄ければ、清掃するその行為によってこの層が破壊されかねない。また、この作業の際には清掃のために除去する砂の層を毎回は入れ替えず、合わせて1フィート程度の層が除去されるまでは、重ねて表面の層を取り除くのが慣習となっている。これは手間を考えてのことである。これら様々な理由により、砂床の厚さを約2フィート6インチ以下にするのは好ましくなく、3フィートを標準厚さとするのがよいだろう。

　*砂の上の水深*──濾過に限って言えば、水が濾過池全面に自由に広がるのに十分なだけの水深があれば良いことになる。このための水の層はとても薄くて十分である。しかしながら、実用面から、水が均一に広がるよりもさらに大きい水深を推奨しなければならない。

　ある程度の水深がなければならないと訴える意見の中には、思い込みもあるようだ。砂の上の水深と濾過水頭との間に直接的な関係があるという誤った見方については既に触れている。しかし、今日よく挙げられる意見

——主に、水が浅いほど多く熱を受けるので、濾過池の水深と日射によって水が暖められる度合いとの間に直接的な関係がある——ということについても、著者にはたいした裏づけがあるとも思えない。

　もしも砂の上における水深が日射を透過させないほどであれば、上方数フィートでだけ暖められた水は静止したままで、下方には達することなく水の層は冷たいまま砂の上に広がるので、そのような推定も成り立つ。しかし、これには少なくとも今や濾過池の水深として採用されることのない、最低でも7あるいは8フィートの水深に関わることである。一般的な水深で水もけっこう透明であれば、太陽光線による熱の大半は水を通過して砂に吸収され、次いで熱は水へと移され、対流によって均一に熱せられる。

　つまり、日射によってどれほど熱せられるかは単に*時間*と*水深*とを掛け合わせれば求められ、その効果は水深に関わらず同じである。従って、例えば砂の上の水深が1フィートであれば、24時間当たり8フィートの濾過速度のもとでは太陽の熱に3時間さらされることになる。水深が3フィートならば、熱せられる量は3倍になるが、太陽にさらされるのが3倍、すなわち9時間になる。しかしながら一般に、砂の上には十分な水深を設けることが好まれる。実際、そのような深さにすることには、後に説明するように濾過開始に当たって下方から他の濾過池の濾過水を入れやすいという利点がある。これらの理由ゆえ、著者は水深として約3フィートを推奨する。

　なお、水面の上方には余地を設ける。小規模な濾過池では6インチ、大規模な濾過池では1フィートあるいは2フィートが適当であろう。従ってここで推奨する方法によると、濾過池の総深さは、7フィートから8フィート6インチとなる。

**濾過池縦断面の形状**——濾過池の底には、中央排水管及び枝管に向かってわずかな勾配——例えば1/100から1/200——が付けられることもあるが、濾過水頭の静水圧によって水は各管内を押し進められるので、決して必要なことではない。主たる中央排水溝は、水流が内部では秒速2フィート以

内、最大でも秒速3フィート以内に収まる大きさで造るのが良い。理論からすれば、一端で大きさをゼロとしながら徐々に大きくして、もう一端では先に挙げた流速で水を運ぶのに必要な大きさいっぱいにすることも考えられるが、このようにしても何の利点もないので、全体を通して同じ寸法にするのが良い。

　主たる中央排水管、また枝式排水方式を採用するのであれば、枝管も地上まで伸ばした直径約3インチの鋳鉄管での換気が慣例となっている。このような換気も、決して必要なものではない。濾過池に水を貯める際に空気が自由に抜けられるようにするのが目的であるが、特に下方から取水するならば、このような特別な通気口がなくても空気は自ずと放出される。しかし換気管があっても、害にはならない。

　沈澱池と同様、濾過池の側面は、ほとんど垂直に近いか斜面かのいずれにしてもよい。斜面とする場合、ともかく深さをできる限り浅く抑えるならば、傾斜は沈澱池の許容範囲さえ大きく越えるほど急にしても差し支えない。従って、濾過池側面の傾斜は多くの場合、垂直方向1に対して水平方向1ほどの大きさとされる。

　側面がほぼ垂直の場合と斜面にする場合の長所と短所は、濾過池も沈澱池と同様で変わりはない。

　側面が傾斜している場合、濾過池の面積はその砂床の底を基準としなければならないと一般には定められている。しかし著者は、そもそもほどよい濾過水頭しか得られないのであれば、濾過池の面積は、清掃時の表面除去前における砂の深さに対して半分の位置でとるのが、かなり有効ではないかと考える。この理由として、実際の濾過は全体として、砂の最上部分のとても薄い層で行われるようであること、そしてさらには新たなあるいは洗った砂で埋め戻すことなく除去する砂は──上で述べた厚さの半分以下の──約1フィート以内にするのが望ましいことを挙げている。


**濾過水頭**──濾過水頭とは、砂や他に採用されている排水設備の摩擦抵抗に打ち勝って、水を濾過池に通すのに必要な水頭を指す。濾過速度に影

都市への給水と水道施設の建設

響を及ぼすがゆえに、濾過水頭を正確に制御することが何よりも重要となる。

　上で述べた濾過速度については、砂床が新しい時または砂を洗浄して間もない時の濾過水頭はほんの数インチである。しかし、砂が詰まるにつれて徐々に増加してゆく。水頭がほぼ2フィート6インチ、あるいは最大3フィートに達すると、濾過池を清掃しなければならず、水頭は決してこの後者の値を越えさせてはならない。さもなければ砂は圧縮されて支障をきたし、ひび割れも生じやすくなり濾過されていない水を通してしまう。

　ここに、濾過池からの排水と濾過井の断面を図示する。濾過井の水位は、浄水池の最大水位に、水を浄水池へと送るために必要な小さな水頭を加えた高さになる。浄水池の水位と濾過井の水位との差——すなわちA——が「濾過水頭」である。

　濾過の仕組みが断面図として示した内容だけからなり、濾過池と濾過井間で水が制御されないならば、この作用はたいへん不完全なものとなる。そうであれば、最初は水が濾過池を猛烈な速度で流れ、水頭は主として排水設備に消費され、たいへん濾過効率が悪くなる。ほどなくして濾過池は詰まって流速は弱まり、砂は圧縮され、とてもひび割れしやすくなる。

　流れを制御する最も一般的な方法は、濾過池と濾過井との間に必要な時のみ開放される仕切弁を設けるものである。しかし濾過池の摩擦抵抗は常に変動しているため、この仕組みでは流れを一定に保つように弁の開閉を制御するのは不可能なので、ずいぶん不完全なものである。

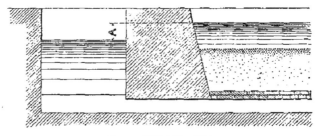

図101　濾過水頭の図示

水頭を正確に制御する何らかの仕組みが必要で、しかも、*この仕組みは濾過池ごとに設けなければならない。*

このことについて土木技師ジェームズ・P・カークウッド氏[7]（James P. Kirkwood）は1866年に下記のように書いている：

「イギリスの濾過池は、作動中の濾過池それぞれからの正確な濾過速度あるいはそれぞれの正確な」（濾過）「水頭を計測する」（または制御する）「仕組みにおいては、すべて不十分である……蒸気動力に頼り各社が水を供給するロンドンでは、ポンプの一日当たりまたは一時間当たりの送水量が、濾過池を通る水量の指標となる。ゆえに、ポンプに十分な水が供給されていなければ、技師は濾過池の面積が小さ過ぎると判断するのである；また水が濾過池を通過する速度が速過ぎたとしても、十分に濾過された水と透明度を比較すればわかる；しかしながら、個々の濾過池の作動具合については、推測するしか他はないのである。これが機能しなくなっていれば、流し込んだ水を通さなくなるので見分けられるし、また通常の水量を通す速度が速過ぎてもわかる。この傾向は、元栓を閉めて濾過池の水面を下げることで確認できる。しかし両方について、技師の判断が適切であるとは限らない。濾過池に供給される変動する水量や濾過層の状態の変化につれて常に変動する水を通すための水頭のように、これら濾過池の機能を正常に保つ上で要となる点の制御には、この任務に携わる賢い担当者の直感以外にも頼れる何らかの措置があってしかるべきである。」

**濾過した水で濾過池を下方から満たす**——濾過施設を開設した当初はまず、普通濾過池を上方から未濾過の水で満たす必要があるが、いったん濾過が開始されれば、濾過池は下方から濾過済みの水で満たすのが望ましい。この理由として、そうしなければ砂表面の少し上方の高さに水が達するまで、濾過速度は制御されているとは言えないからである。水はただ流入口至近で砂の上に広がり、濾過池に全く制御されず一定しない流速で浸み込むので、清掃後最初に濾過池に導入される水が完全に濾過されることはない。下方から他の濾過池で濾過された水を満たせば、この不都合は避けら

れる。水が砂の上に深さ2、3インチ貯まるや否や、普段の方法で水を導入すればよい。

　濾過池の濾過速度を正確に制御するための装置がいくつかあり、中には下方から水を流入させることができるものもある。図版XXVI-XXIX（図102-119）に、そのような仕組みを数例示す。図版XXVI図102-105に示す最初のものは、J・P・カークウッド氏によるもので、非常に単純である。この上方で越水させるために降ろすことができる堰Sだけからなる。堰上方の水位を一定に保つように、時々堰を調整すれば、水流は一定に保たれる。排水し、濾過層を清掃した後には、堰を完全に降ろして下方から水を導入することができる。そうすれば、「水路から浄水井まで」の「排水管」は「堰き止められる」こととなる。この水は実際には、他の濾過池から引かれたものである。

　次に示す仕組みは土木学会会員ヘンリー・ギル（Henry Gill）氏によるもので、ベルリンの水道施設に導入され、成果を得ている。これについて、A・ドゥ・C・スコット大将（A. De C. Scott）は下記のように説明している[8]：（図106、図版XXVII参照）

　　「小さな3室を設け、A、B、Cと呼ぶこととする。Aは濾過池外壁に隣接し、BはAの外壁に隣接し、CはBの外壁に隣接するようにし、各室が濾過池から外方に一続きに連なるようにする。Aと濾過池の境界壁に管を通し、口が濾過層の砂床すぐ上にくるようにする。Aを通された管は上向きに曲げられ、Aの屋根を突き抜け、AとBの上方に設けられた室に通じる；この管や水中に開放されているA室の二つ目の管、さらにはB室の同様な管に、浮きや棒ゲージが取り付けられる。濾過池とAの境界壁及び床面高さには濾過池に通じる開口部があり、ここから濾過された水は自由に移動できるようになっている。」

　BとAの境界壁及び床面高さにはBに通じる開口部があり、上方の部屋での操作により全開したり部分的に開いたりできる堰板が取りつく。BとCとを隔てる壁には長方形の開口部が設けられ、その底辺はB室の床

第12章 砂濾過

図版 XXVI

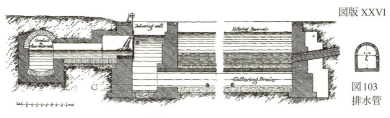

図103
排水管

図102

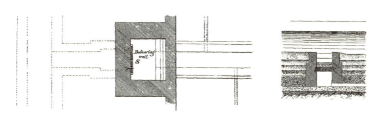

図104　　　　　図105　集水排水管の横断面

濾過池の濾過速度を制御するための仕組み（J・P・カークウッド）

図版 XXVII

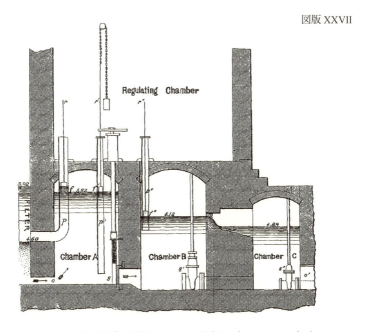

図106　濾過池の濾過速度を制御するための仕組み（ヘンリー・ギル）

面から約1.56メートル（5.12フィート）の位置にあり、Cへと通じる。この開口部には、Bの壁面と面が揃うように、端部を面取りした真鍮または砲金の板が嵌められる。B室からC室へは床面高さで仕切弁によって制御される管が通され、必要に応じてAとBから排水することができる。Cには弁で制御する出口があり、これによって水はある時は濾過水へと送られ、またある時は排水になるのでる。

　「この仕組み全体としての目的は、B室で前述の金属板に設けた縁の薄い長方形となる開口部の水頭を一定に保つことにより、濾過池からの排水を一定にすることであった。A室の底にある堰板の操作によって、口部における水頭は一定に保たれ、これはA室及びB室内の棒ゲージと浮きを用いた計測に従い制御される。」

　「濾過池への水流は仕切弁によっても制御され、濾過池の水深を一定に保つよう、自動的に制御される。濾過層の性能が徐々に落ちるにつれて、流れも徐々に減じるのであるが、AからBへの開口部が大きくなるように弁を調節することで金属板への負荷を保つことができ、同時にA内の水深は低くなるので濾過層にかかる水頭は上昇し、通常の砂を通る流速は維持される。そしてついには、A内の水深はB内の通常水深まで降下し、開口部を通る制御された水流は維持できなくなる。そうなると給水は停止され、濾過池は清掃されるのである。この制御作用は実に容易にまた確実に執り行われ、開口部を通る流量は、1平方フィート1時間当たり2ガロンまたは1平方ヤード24時間当たり432ガロンを越えないようにされた。」

　この説明では、濾過池を下方から濾過済みの水で満たす手段について触れられていないが、ギル氏は濾過池に水を導入するこの方法の支持者としてよく知られ、技師であれば誰もがこの「3室」構成を用い、砂の下に水を通して濾過池を満たす手段をたやすく設計することができる。

　次に説明するのは、伸縮自在な管を用いるたいへん単純なものである。図版XXVIII、図107-113に示す。[9]

　3つ（あるいはこれ以上）の濾過池からのすべての伸縮管をひとつの濾過

井に繋げるのは著者の考案によるが、この方法自体今まで使われたことのない方法であるかどうかを知らない。下方から濾過池に水を導入するのには好都合である。この仕組みは非常に単純なので、とても簡単な説明で十分である。

A、B、Cは3つの濾過池から出る管である。それぞれは上向きで、端部はネジで上下方向の位置を調節できる、濾過井内のラッパ口の管となっている。ラッパ口の管とこれが上下する管が完全に水密である必要はない。ゆえに詰め物はなく、管は「真鍮と真鍮」が直に接して滑るようになっている。Eは浄水池に至り、濾過井に示す水面高さは、浄水池の最大水面高さに池へ水が流れ込むために必要な小さな水頭分を加えた値になる。

ラッパ口の管上端が濾過池の水面と揃うあるいはこれより高い位置まで上げられたならば、伸縮管の継手から漏れる少量を除いては、濾過池に水は全く流れなくなる。一方で、管を降下させれば水はラッパ口から溢れ、管が低くなるほど排水量は増える。ラッパ口の縁から流出する水面高さを一定にすれば、排水量を一定に保てる。ラッパ口には、水が上昇する縁からの高さに印を付けた、とても単純なかたちのゲージを取り付けることができる。

管が低い位置まで降ろされ、濾過池水深と管の縁における水深の差が、許容される最大濾過水頭（例えば2フィート6インチ）にまでなったら、濾過池の清掃が必要なことは、容易に理解できるであろう。水の流入は止められ、あえて時間をかけて濾過池の残りの水を砂に通すまでもないほど流速が遅くなるまで、伸縮管を通して水は排出される。その後、伸縮管は上げられ、排水管D、FまたはG[10]が開放され、無駄になる水が必要分、排水される。

再び濾過池を下方から満たす必要が生じた時に、対応する伸縮管は最大限低くされ、必要ならば仕切弁Eを部分的に閉じて、水槽の中で他の濾過池から流れ込む水の「水頭が上昇」するように操作する。

図版XXIX（図114-119）に示すのは、著者が1888年に東京水道施設のために設計した計画であり、のちに大阪や他の地における水道施設で採用さ

都市への給水と水道施設の建設

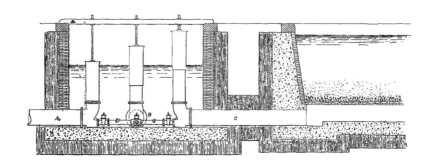

図107

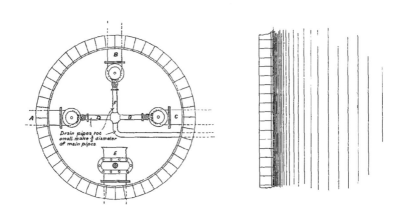

図108

濾過池の濾過速度を制御するための仕組み（伸縮式管）

第12章　砂濾過

図版 XXVIII

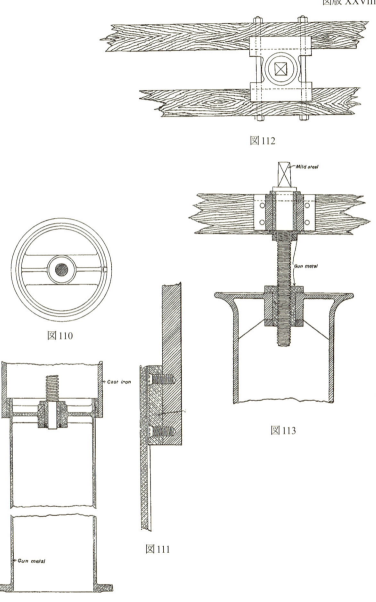

図112

図110

図111

図113

図109

都市への給水と水道施設の建設

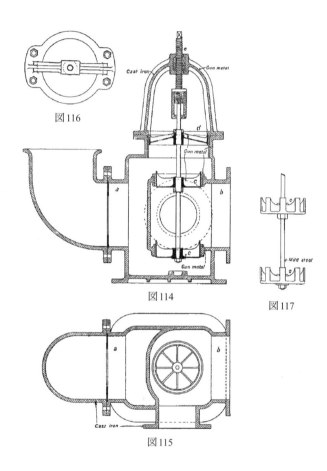

図116

図114

図117

図115

濾過池の濾過速度を制御するための仕組み（自動）

第12章　砂濾過

図版 XXIX

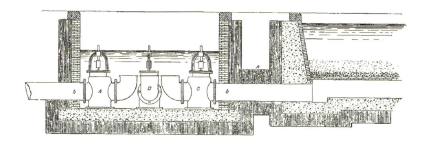

図118

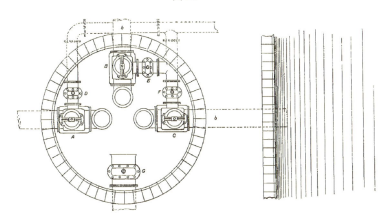

図119

れた。この仕組みは、図版XXVIIに示す伸縮管を用いたシステムでは手動にて行っていたことを、自動制御するために設けた。図118と119に仕組みの概要を示すが、手動で開閉を行わない時には、流入側と流出側の圧力差がいくらであろうとも、ある一定の最小値を下回ることさえなければ、弁A、B、Cからの排水は自動的に一定に保たれる性質のものである、ということを把握すれば容易に理解できるであろう。

　弁の詳細を図114-117に示す。実施図面は著者の手書きのスケッチに基づき、J・サカモト氏（J. Sakamoto）が作成した。

　弁の作動により、中央に円形開口部のある膜$a$両面の圧力差は一定に保たれる。このような場合、圧力差が一定であれば排水量も一定に保たれる。

　弁は、以下のように作動する。水は$b$から入り、釣合弁$cc$を通って流れる。その外観を図117に示す。弁が図114に示すよりも少しでも低くなれば水は弁を通ることが明らかで、またバルブが低くなるほど水は流れやすくなる。

　作動し始める時点で弁は図に示す位置にはなく、鋳鉄製保護管の底にある。弁を流れる水は最初に膜の位置でかなりの抵抗を受ける。ここでまず水流の断面積が絞られ、弁保護管内外の水圧差が発生するからである。ピストン$d$は下端において保護管内側と、上端では保護管外側と自由に行き来できる。下端の圧力が上端と比較して高まる結果、ピストンが上昇し、その結果、弁$cc$を通る水流は減り、また膜の両面、さらには弁の保護管内外やピストンの両端における圧力差も減ることとなる。このようにして釣り合いがとれるようになり、ピストンと弁は一定の位置に保たれ、一定量の水を通すようになる。但し、$a$と出口となる$b$との間の水頭差が変動すれば、ピストン位置はすぐさま自動的に調節されて排水量は再び一定になり、以前と同様の状態になるのである。

　ここで扱う圧力は非常に低いので、弁$cc$とピストン$d$のいずれもが完全に水密である必要はない。ゆえに、摩擦力はほとんど無視できるほど小さくなる。ピストンに長方形断面の溝を切り込めば有利になるかもしれないが、必要とはされていない。弁の作動が妨げられないように実用上、$d$に

## 第12章　砂濾過

は空気を逃がすための小さな穴を、ピストンの膜に設けなければならない。

必要水流がわかれば、膜に開けるべき穴の直径は、弁の他部分における重量を計測することで単純な計算によって求められる。ピストン全体と釣合弁及び両者にしっかり緊結された心棒の重さを水中で量る。そして

　$w$ = この重量、単位はポンド

　$a$ = ピストンの面積、単位は平方インチ

　$p$ = 膜の両側における圧力の差、単位はポンド

とすれば、

　$p = w/a$

上の式を薄板の穴を通る水流に適用すると、特定の水頭差のもとで必要とされる流量を得るための開口部が求められる[11]。ここで挙げるものに近い設計であれば、$p$ は例えば決して6インチを越えることのない範囲の、深さ数インチに過ぎない水深の水頭に対応することがわかる。

この弁への流入口における水頭に大きな差があっても、排水量に対してはほとんど影響を及ぼさないことが知られている。実際、水圧計測の精巧なゲージとして作用する鉛直ガラス管がピストン下端の通じている保護管内の空間と繋がっていても、$a$ において両極端の値で水頭を変動させた時に、圧力の変動は見られない。但し、とても急激に水頭を変化させれば、ピストンと接続部の慣性力を受けて圧力は瞬間的に変化する。むしろ排水量の変動は、どのような圧力変化があろうとも、その平方根分となる。

ピストンとこの付属部品の荷重を支持できる余分な水頭が得られないほど濾過池の状態があまりにも悪くなり、濾過水頭のほとんどすべて——すなわち濾過井と濾過池との水位の差全体——が摩擦によって消費されるようになれば、付属部品は鋳鉄製の保護管に突然落下するようになる。このように落下するということは、この特定の弁に関連する濾過池の清掃が必要なことを意味する。ピストンの落下をはっきり表示するような装置の追加は容易である。

ピストンが落下したら、濾過池清掃のために排水する手順は、伸縮管とほとんど同じである。濾過池へ水の流入を止め、既に貯められている水は

今や完全に開放された弁を通って流れ出るようになる。残りの水を無駄にしないがために必要な時間をかけていられないほど、排水の速度が遅くなるまで続けられる。その後ネジ $e$ を操作して弁は手動で閉じるように上げられ、濾過池を清掃できる高さまで水位が低下するまで、濾過池の水は排水弁D、E、Fのいずれかひとつから排水される。清掃後に弁はネジ $e$ の操作により開けるよう下方に押しやられ、濾過池には下方から水が流入するようになるのである。新たに清掃された濾過池への流速を速める必要があれば、濾過井内の「水頭が高まる」ように弁Gを部分的に閉じればよい。数インチ深さの水で砂が覆われると浸入弁は開放され、未濾過の水はいつものように濾過砂の上に流れ込む。砂上の水面が濾過井の水面高さまで上がれば、弁の制御はピストンのみによってなされるようにネジ状の心棒が調節され、これ以降排水は再び自動で制御されるようになるのである。

**濾過池への水の流入**——水を濾過池に導入する際には、砂を撹乱しないように注意しなければならない。時に主たる中央排水口は、砂表面上に縦長の溝を入れるように設けられる。すると水はこの溝に流れ込み、砂面全体に広がるようになる。この方法については、本来濾過に充てられる面積のかなりの範囲を占める点について、反対意見も挙げられている。

時に溝は濾過池壁の厚みに納まるよう、砂面よりちょっと出る高さに揃えて設けられ、濾過池へと水が浸入する無数の開口部が開けられている。この仕組みにすれば水は実にたいへん均一に分配され、既に説明した他の方法のように反対意見も見られないのであるが、必要以上に複雑になっているように思える。周囲を取り巻く2、3フィート厚の砂が、奔流により流出しないように煉瓦、タイル、あるいは石で覆われているならば、図版XXV（図96-100）に示す単純な鐘またはラッパ型の口はかなり効果的であることがわかっている。この方法で失われる濾過池の面積はほんのわずかで済む。この図版には二つの濾過池を示すが、その側面がひとつでは斜面となっており、もうひとつでは垂直になっている。

濾過池への排水はたいがい仕切弁で制御されるのだが、濾過池の水面高

第12章　砂濾過

さを一定に保つのに自動弁を用いるのが好ましいことには数々の理由がある。濾過水頭が他の何らかの方法で制御されている場合と比較すると、ここで説明した自動排水弁が使用されているのならば、両側の水頭差を解消する自動弁はそれほど必要ではない。とはいっても、自動排水弁があろうともこのような自動で制御される仕組みの採用が望ましい。

水面がほぼ一定に維持されるように、濾過池への水流を制御する弁は商品としてあるので、説明はほとんど必要ない。このような弁を、図120と図121に示す。実際、これらは見慣れた単なる「ボール弁」で、一般家庭の貯水槽への排水を制御するものと同様で、規模を大きくしたものであることがわかる。

濾過池それぞれにこのような弁がひとつずつ設けられるかもしれないが、図版XXXV（図147）のAに示す、図120に示す原理に基づき、水が弁を通してひとつの水槽に導入される仕組みを著者は好む。この弁によって水槽の水面高さは一定に保たれ、この水槽と作動中の濾過池との間の仕切弁

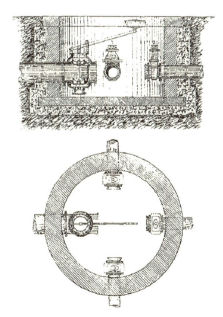

図120, 121　水の流速制御用弁（断面と平面）

が全開になっているならば、各濾過池と水槽の水面高さを同じとみなすことができる。これは、水槽と最も近い濾過池との間では水頭が幾分失われ、さらにいくらか離れた濾過池との間での損失は大きくなるにも関わらず成り立つのである。濾過池の数が4を越えるならば、3、4面当たりひとつの自動弁付き「分水井」を設けると好都合であろう。

**濾過池の清掃**——既に触れたように、通常の濾過池の清掃は主に、砂表面を厚さ1インチ程度薄くすき取ることからなる。しかし、詳細については様々な点を考慮しなければならない。まずは、排水すべき水の量である。砂の上層を除くだけであれば、この層のすぐ下まで水面が下降するだけ排水さえすれば十分であることが明らかである。場合によってはこれだけで済まされるのであるが、濾過池を完全に排水させることには、格別の利点がある。こうすれば、砂床全体にある程度酸化作用が発生するとされ、水浄化に対して効果的であるからだ。

どうであろうと、完全に詰まってしまった砂の表層を取り除いた後には、砂床の上方8インチから1フィートの深さまで、熊手あるいは他の突起がついた道具でかき混ぜて、緩めることを推奨する。その際、少なくともこの深さを下回る位置まで排水する必要がある。

この種の清掃時で毎回取り除いた薄い砂の層を入れ替えるのは、手間がかかり過ぎる。従って合計厚さ1フィート程度の砂を削り取ってから、まとめて新たな砂を入れ替えるのが一般的である。

清潔な砂が実に身近なところにあり、それもすぐに安価で入手できるのであれば、汚れた砂は全部捨ててしまってもかまわないこともある。しかしこのような状況は希で、砂がいくら安くても、これ以上洗浄できないほど良好な状態であることは滅多にないので、砂を洗う手間は、既に使用した砂であろうと新しい砂であろうと、大差はないのである。

濾過池から除去した洗浄前の砂は多少不潔で、たいがい悪臭があり、時には異様に不快な「魚臭さ」がある[12]。しかし単に水で念入りに洗い流せば効果が得られる。この折には、濾過した水を用いるのが良い。

第12章　砂濾過

　砂洗浄のために、様々な装置が発明されている。中でも最も人気があるものを、図122に示す。汚れた砂をこの装置の上部にすくい入れ、水を下方から注入すると、最初は汚れている容器上方から溢れ出る水が、かなり透明になってくる。そこで洗浄された砂を取り除き、次のひと山が処理できるのである。

　次の図（図123、124）には、ウォーカー（Walker）の特許品の砂洗浄装置である。著者は、この機械の仕組みについての実用知識がないものの、商品として扱うことに全く関心のない者たちもこれを高く評価していると聞いている。この洗浄装置は、ここでわかるように、ホッパーまたは漏斗のかたちをしており、砲耳(ほうじ)にぶら下げられている。水は、主管とは下端で接

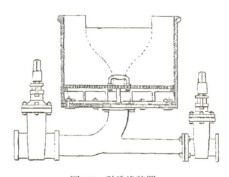

図122　砂洗浄装置

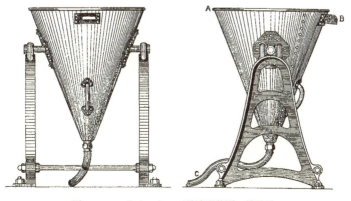

図123,124　ウオーカーの砂洗浄装置、特許品

続するゴム管Ｃから導入され、洗浄の際には注ぎ口Ｂから流れ出る。ゴム管なので、容器を傾けても主管から外れることはない。出てくる水が透明になれば、砂は十分に洗浄されているのである。注水を止め、ホッパー型の容器をＡの方向に傾けて、砂を猫車あるいはトラックで受けるようになっている。

　これらの砂洗浄装置は並列を構成し、横並びのホッパーは両端以外で砲耳を共有する。

　これよりももっと単純な別の仕組みは、図125、126、127に示すように、短く幅の狭い浅い水路からなる。水路にはＡから水が連続して流し込まれ、反対の端Ｂからは汚れた砂が連続して導入される。砂は人手によりＡに向けて掻き集められ、Ａから続けて除去される。約30フィート長さの水路と砂を流す恐れのない弱い水流があれば、人口100,000人に供給する水道施設に対しても十分効果的である。さらに大規模な水道施設では、より大きな水路を造ることができるし、あるいはひとつだけでなく、複数の水路を使用することもできる。水流、砂の投入、そして水路底面の砂を掻き集める速さは、端部Ｂから砂が流出せず、同時にＡに掻き集められる砂からその数フィート手前では目に見える汚れが流出しないように、すべて

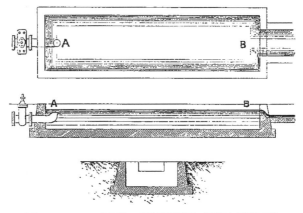

図125, 126, 127　「水路」式砂洗浄装置（平面と断面2面）

第12章　砂濾過

制御しなければならない。

　これが濾過槽の砂洗浄の手順である。しかしこれ以外にも、6ヶ月から数年という長期に及んでは、水の性質にもよるが──そして恐らくいくらかは砂の性質にもよると思われる──床面に至るまでの濾過池を構成する材料すべてを取り除き、念入りに清掃するのが望ましい。


注
1　日本の大阪水道施設に関連して実施した生物学及び化学の領域に及ぶ一連の実験からは、これと全く異なる結果が得られた。ベルリン水道施設では、覆いをかけた濾過池は覆いのない濾過池と比べてずいぶん効率が落ちることが、最近判明している。
2　日本の大住郡秦野村（現神奈川県秦野市）にある小さな水道施設。
3　補遺II、覚書8参照。
4　これらに対して清掃時には、9基に対し2基以上の濾過池を使用する必要があるだろう。
5　補遺II、覚書9参照。
6　日本では濾過用に美しい砂が得られる。特に2種類の砂、伊豆諸島の新島と式根島には著者の経験上この用途にこの上なく最適な砂がある。ちらほらと黒い粒が混じるものの、純白の砂である。砂を虫眼鏡でのぞくと、白い粒はガラスのように澄んで透明で、黒い粒は鉄の磁気を帯びた酸化鉄からなるのだ！　黒い粒があまりにも多いので、両方の砂を磁石でひとたびさらえば、かなりの量の酸化鉄が拾い出せる。砂の約97％は硅石である（と著者は想像する）。この2種の砂は、1887年頃にH・ヨシダ氏によって発見された。
7　ジェームズ・P・カークウッド著『ヨーロッパでの実務に基づく都市への供給のための河川水の濾過について　セイトルイス市水道行政委員会への報告（Report on the Filtration of River Waters, for the Supply of Cities, as practised in Europe, made to the Board of Water Commissioners of the City of St. Louis)』（ニューヨーク、D. Van Nostrand社刊）。この著作は1869年付であり、この時点の3年前に行われた調査を記述するものであるが、著者が目

にしたことのある、水の砂濾過を扱う最も完全でかつ多くの面において最高の著作である。この年以降の教科書、百科事典、辞書などに記述された砂濾過の内容は、単にこの報告の繰り返しに過ぎない。それもほとんどの場合、*引用元*も示されていない。

8　土木学会論文集 vol. C., pp.292- 掲載。

9　著者が長崎水道施設用に設計した仕組みを、わずかに変更したものである。

10　図版でこれらの排水管は実際より小さく描かれている。

11　異なる用途のためではあるが、何年も前に故フリーミング・ジェンキン（Fleeming Jenkin）教授がとても似た弁を設計していたことを、著者はこの弁を設計した時点では知らなかった。この基本原理——どう見ても減圧弁であるものに、開口部の設けられた薄板の両面で一定の圧力差が生じるようにして排水量を一定に保つこと——は、実際多く利用されてきたが、この原理が既に濾過池を通る水流の制御に対して用いられた例を聞いたことがない。

12　補遺 II、注10参照。

## 第13章　鉄の作用による水の浄化－石灰の作用による水の軟化－自然濾過

　これらの過程の原理については既に説明してきたので、あとは実務上どのように使用できるかについて、簡単な説明があれば十分であろう。

　鉄の使用に関しては、近年まで、酸化鉄――例えば磁気を帯びた酸化鉄――の作用は、金属鉄と同じであると思われていた。しかし今となっては、両者とも確かに有機物の溶解した水の浄化には効果的であるが、この二つの作用は異なり――実際正反対であると言ってもよいかもしれない――磁気を帯びた酸化鉄は酸化剤として、一方金属鉄は還元剤として作用するようなのである。

　**磁気を帯びた酸化鉄の水の浄化への使用**[1]――細かな状態になった磁気を帯びた酸化鉄は、単独であるいは砂と混合して、濾過剤として利用できる。高価であるがゆえ、一定の割合で砂と混ぜるのが慣例となっている。多孔性の磁気を帯びた酸化鉄であることを謳う物質を「ポラライト（Polarite）」という商品名で扱う会社の発行したパンフレットから、以下の文章を引用する。著者には、この物質の使用経験はないが、これについての見聞は良好である：

> 「砂と砂利の層を含むポラライト層は、決して3フィート以上の厚さにしなくて済む……ポラライト粒子は非常に多孔質であるので、水はこれを通り抜けるだけでなく、またその表面で濾過される。従って、同規模の普通の砂濾過層と比べると、一定時間内には約2倍の水量を濾過することができる……同時にポラライトには、砂にはない性質がある；融解している有機物を酸化して無毒化し、水を浄化できる……ポラライト濾過層の望ましい使い方として、底に3または4イン

チの農業用排水タイルを適切な間隔を空けて配置し、これらの間に大きな瓦または砕石を詰め、次いで砂利を厚さ 4 から 6 インチ、その上に尖った粗い砂を 4 インチ、そして浄化する水質に適合する比率でポラライトを尖った粗い砂と混ぜた層を厚さ 12 インチになるようにする。そして最後に砂を上に厚さ 9 から 12 インチ重ねて、濾過層全体の深さを 2 フィート 9 インチから 3 フィート 2 インチにする。必要とされる濾過速度に応じた水深が十分得られるように、砂の上に空間を設ける必要がある。(2) このような濾過池にすれば、浄化する水質にもよるが、1 平方ヤード 24 時間当たり 100 から 1,000 ガロンの水を効果的に浄化できる。濾過層 1 平方ヤードに対し、ポラライト約 360 ポンドの比率が適切で……最上層の砂が漉し器として機能し、水に浮遊する粒子を捉える……下方に位置する砂の層は緩衝材として、ポラライト中の細かい粒子が濾過層から流出するのをただ防ぐのである。」

**金属鉄による水の浄化**——溶解した有機物を含む水に対して金属鉄が作用する原理については既に触れている。水の浄化に金属鉄を用いる考案の功績は、主にグスタフ・ビショフ（Gustav Bishof）教授にある。そして「海綿状の鉄」の実用化も彼のおかげによる。家庭用濾過器のような小規模な場合にも、この物質はたいへん効果的であった。また大規模な用途でも、多少の効用は見られる。水はまず砂を通して濾過され、普通ある浮遊物が取り除かれる；次いで海綿状となった鉄の層を通り、ここで空気の作用にしばらく晒されると、溶解している鉄は二度目の砂濾過によって除去できる鉄の酸化物へと還元される。

海綿状の鉄はこのようにウィリアム・アンダーソン（William Anderson）土木学会会員によりアントワープ水道施設で利用され、浄化の点では、たいへん優れた効力があったようだ(3)；しかししばらく後には、海綿状鉄の層が詰まる問題が起こった——事実、錆びの発生(4)であった。

アンダーソン氏はこれらの困難に直面し、水に融解した有機物に対して目覚ましい効果をあげる金属鉄の作用をどうにかして活用する方法を探り

第13章　鉄の作用による水の浄化―石灰の作用による水の軟化―自然濾過

始めた。それも、さきほど述べた濾過の仕組み上見られる欠点が生じない方法を。鉄を水に作用させる方法の中では実用上最も有利な、最終的に採用された方法は、フレデリック・アベル卿（Frederick Abel）王立学会特別研究員、バース二等勲爵士の提案によるものであった。この方法では、水へ細かくした金属鉄を入れて、短時間激しくかき混ぜさえすればよい。

アンダーソン氏の用いる装置の概要を下記する[5]：

鍛鉄製の円筒、直径4フィート6インチ、長さ6フィートを空洞の砲耳上で回転するように設置し、中に供給された鉄をすくい上げて、この中をゆっくりと流れる水に向けて継続的に散らすように、内部には6つの棚または出っ張りが設けられた。入口と出口は当初は直径2インチにされ、1分当たり12ガロンの流速――この流速のもとでは、必要とされる45分間の水と鉄との接触時間が得られるのだった。円筒には9ハンドレッドウェイト（訳注　英国では long hundredweight = 112ポンド）の鉄が投入され、1分当たり1/3回転する速度に設定された。試運転をしたところ、水にあまりにも多くの鉄が吸収されてしまうことがわかった；従って流速は1分当たり30ガロンに上げられ、1ガロン当たり1.2グレイン（訳注　約0.07グラム、grainは480グレイン＝1オンスとなる重量の単位）の鉄が溶け込んだ。次いで60ガロンまで上げると、0.9グレインが消費されたのであるが、これでも経験的に十分であるとみなされた量をはるかに越えていた。4インチの管の取り付いた新しい砲耳が円筒に据え付けられ、装置は1分当たり166ガロンで通常運転に入った。この速度では、水と鉄の接触はわずか3分半であったが、水を浄化するには十二分であることがわかった。水1ガロン当たり吸収される純鉄は約0.1グレインだけであることがわかった。

上で説明した方法で鉄を用いることの利点は、材料同士が互いに、またこれらの入っている円筒型容器の内面とこすり合わされ、さらに多量の水の中を継続して落下することによって、材料の表面が常に清潔で活性化された状態に保たれることにある。鉄の分割状態がどのようであっても、この過程に利用できる。最も活発な作用因子となるのが――その理由は間違いなく、個々の粒子にひび割れが入っているからである――鋳鉄の旋盤に

179

よる削りくずである。次いで、恐らく海綿状の鉄である。その次に鋳鉄を水中に流し込んで粒子にしたもの、そして最後に鍛鉄と鋼鉄の削りくずとなる。

　鉄と水との接触時間を必要と考えられていた時間の$\frac{1}{12}$まで実際には減らせることが偶然見出され、事態が完全に変わってきた。アントワープでは、図版XXX（図128-131）に示すように、海綿状の鉄を砂の濾床の代わりに利用することが決定された。図128-131の方法は、水を鉄で浄化するために採用された。

　この装置は、合計で1分当たり水1,500ガロン（1日当たり2,160,000ガロン）の処理能力のある3つの回転する浄化槽、これらを作動させる小さなピストンエンジンと一連のシャフト及び粗い粒子を分離するための細かい網目のついた水槽からなる。

　浄化槽はそれぞれ、直径5フィートで最大長さが15フィートの鍛鉄製円筒からなり、内径10インチとなる空洞の砲耳によって長手方向に支えられ、注水管及び排水管が通されるパッキン箱が備えられている。

　鉄をすくい上げて水中にどっと散らすために、円筒には曲線状のひれが奥行8インチのものが5つ、奥行6インチのものがひとつ設けられている。後者は6インチ長さの刃20本からなり、それぞれが$\frac{7}{8}$インチの軸に取り付き、円筒内部を通され、ナットで緊結されている。この仕組みの目的は、刃を斜めに配置することで、水流がたとえ鉄粉を排水口に向けて流すように働いても、取水口側の端部に追い戻すことができるようにするためである。

　取水口が円筒へと通じる位置では、流入する水が$\frac{5}{8}$インチ厚さの円盤として放射状に広がるように、直径2フィート8インチ鉄板の円盤が、球状端部を覆うかたちでここから$\frac{5}{8}$インチ以内の距離に納められている。秒速4インチの流速では、鉛直管内では鉄の微粒子しか移動させることができないことが確認されたので、排水口は円筒内でラッパ口が反り返ったようなかたちに拡張され、直径は上向き水流が秒速4インチ以内となる大きさにされた。経験上、鉄は水流の方向へ円筒に沿って動くことはほとんど

## 第13章　鉄の作用による水の浄化―石灰の作用による水の軟化―自然濾過

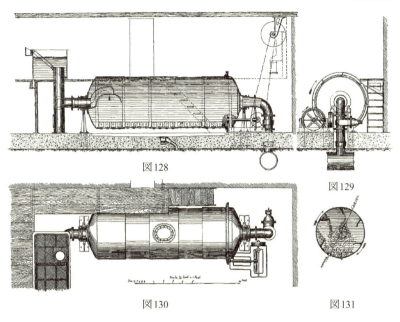

図版 XXX

図128

図129

図130

図131

金属鉄を用いた浄水用円筒容器

なく、流速がわずか¾インチ程度の水流では鉄粉を移動させる力にはほとんどならないことがわかっている。

　横並びに設置された3つの回転装置は、流入口側で直径10インチの枝管で繋がれ、直径20インチの主管との間に止水栓が設けられている。排水管はすべて鍛鉄製の水槽へと通じる。水槽は、長さ15フィート、奥行3フィート6インチ、深さ3フィートで、亜鉛メッキされた金網（1インチ当たり4目）付きのスクリーンが斜めに設置されている。このスクリーンは大量の苔やその他不純物を捉えるためである。特に夏期には取水管に発生して遊離し、濾過層へと入り込むのである。水が浄化された後にはこのような増殖が見られなくなることは注目に値する。

　駆動装置は、各円筒一端の周囲に緊結された環状のリングギアからなり、

直径6¼インチ、9インチストロークのピストンエンジンのクランクシャフトと直接組み合わされ、副軸に繋がる2½インチのベルトによって稼働され、内蔵型の枠によって作動する一連の歯車装置によって機能する。水で満たされ、鉄2,200ポンドが供給された各回転装置の総重量は14.6トンになり、これを1分当たり⅓回転の速度で作動させるのに必要な動力は0.4馬力である。3つの回転装置の総容量は、1週間当たり15,000,000ガロンになる(6)。

このような施設をイギリスに設ける場合の費用は建屋を含めて2,300ポンドになり、稼働費は、建物の減価償却に対して5％、機械類については10％、これに経費にかかる利子5％を含めると、100ガロン当たり9シリング9ペンスになる(7)；労務費と材料費だけでも、100ガロン当たり2シリング6ペンスになる。全体で使用する鉄の量は3.5トン以下で済む。もとの濾過層を同様の仕事量をこなせるまで拡張したと仮定すると、鉄の使用量は1,800トンになる。1週間当たり溶解する鉄が約200ポンドである。

まちに供給される水はこの上なく輝き透明であることが報告されているので、この新たな浄化方法の成功に、疑いの余地はない。

アンダーソン氏の興味深い論文の概要は、以上である。このように鉄で処理した水は、その後通常の砂濾過で処理する必要があることを理解しなければならない。鉄は不溶性の酸化物として濾過され、炭酸塩の全部あるいは大部分が除去される。この過程には、水に溶け込んだ有機物を取り除いたり、微生物を除去、殺傷、あるいは麻痺させるだけでなく、水を軟化させる作用もかなりあるのだ。


**石灰による水の軟化**──すでに述べたように、クラーク法の当初のやり方では、一定量の石灰水──浮遊する石灰が存在するものの、水には部分的にしか溶け込んでいない乳白色の混合物の場合もある──がこれから軟化する貯水池の水に加えられた結果、不溶性のカルシウムの炭酸塩が微粒子として発生し、沈澱する。

この仕組みに対する反対意見は、沈澱に時間がかかることに加えて、大

きな貯水池が必要となることであった。この方法では、沈澱池に入れる前の水に石灰を混ぜることにより、炭酸カルシウムが他の浮遊物と共に沈澱する可能性があるので、大容量の貯水池が他の理由で必要となる場合には都合が悪い。しかし最近では大きな貯水池を用いずに、水を連続的な処理方法で軟化するための多様な努力がなされるようになっている。

土木学会論文集 vol. XCVII には、土木技師 W. W. フィッツハーバート・プレン氏（W. W. Fitzherbert Pullen）による「タフ・ヴェール鉄道会社のカーディフ近郊ペナース・ドック（Penarth Dock）駅における機関車用水質軟化及び濾過装置（Water-softening and Filtering Apparatus for Locomotive Purposes, at the Penarth Dock Station, near Cardiff, of the Taff Vale Railway Company）」に関する論文が掲載されている。

本論文では、まず水質軟化の原理をたいへん巧みに扱い、次いで必要あれば加圧下でも作動する連続的に軟化できる装置の説明に移る。ここで説明される装置は、蒸気機関車ボイラーに用いる水の軟化を目的としているが、間違いなく水道施設にも適用できるものである。その際、施設が大規模な場合は、言うまでもなく設計上の改良がいくらか必要となる。水の軟化を加圧下で行うことが有利になる場合も色々考えられる。

最初に説明した装置の部分は、石灰の完全な飽和溶液を作るためだけにある。酸化カルシウム（CaO）はほんの少しの量しか水には溶けず、温水よりも冷水での方が多く溶けるという、幾分珍しい性質を持っている。常温での溶解性はたいへん安定しており、1/700、すなわち1ポンド当たり約10グレイン、あるいは1立方フィート中約1¼オンスに相当する量が生石灰となる。水質軟化における仕組みでは、用いる石灰の量を必ず正確に調節する必要がある。加える石灰の量が少な過ぎれば水は十分に軟化されず、また加え過ぎると水中に酸化カルシウムが残り、水は再び硬質になってしまい不都合である。従って、石灰の*飽和溶液*を基本溶液としてあてにするのであれば、確実に、かつ完全に飽和させるような方法とすることが欠かせなくなる。

参照した論文で説明される飽和状態をもたらす装置を、図132及び図版

XXXI中図132に示す。これは基本的に3つの容器からなり、ひとつ目の容器には水と乾燥した石灰が混ぜられ、あとの二つにはこのように生産された「クリーム」がこれから軟化する水の一部とともに練り合わされる。この仕組みでは、3つめの容器からは消石灰の飽和溶液が通されるのであるが、水に溶けていない石灰は通らないようになっている。図版XXXI中図133には、最後の軟化処理が行われる残りの水槽を図示する。水槽はそれぞれ高さ20フィート、直径7フィートで、$\frac{3}{8}$インチ厚の金属板からなる。

以下、参照論文で軟化の過程を説明する部分の概要を示す：

石灰の飽和水溶液は、これから軟化する硬質な水が流入する位置の近くにある下方左側の容器に導入される。するとここで化学反応がおき、沈澱が始まる。水と石灰水溶液の水位が水槽の中で徐々に高まり、水の経路を図中に矢印で示す；徐々に高くなる水中で炭酸カルシウム沈澱物の一部は沈み、最後には棚の上に落ち着く。棚は、沈澱物が水槽の底にほとんど達することがないように配置されている。水は左手の水槽から流れ、「接続管」と印のついた管を通って右手の水槽の底まで流れ、矢印方向に棚の間を通過しながら徐々に上昇するのである。ここで沈澱は完了し、水溶液の中を沈む不溶性の炭酸カルシウムは、左側の水槽と同様に、棚で受け止められる。棚上に積もった沈澱物は、水流が棚の下面によって流れの向きを変えられるので、たいへんゆっくり上昇する水流の影響を受けることはない。軟化された水は、右の水槽の頂上から流れ出る。

各水槽それぞれの棚（図では左の水槽にのみ断面として図示してある）の上には、鉛直方向の軸に取り付く対になったひれあるいは水洗機がある。沈澱槽の清掃あるいは洗浄が必要になれば、すすぎ板を作動し、沈澱物は速やかに棚から取り除かれる。二つの水槽の底にある水洗弁は開かれ、沈澱物は排出される。装置を連続使用する場合には、週に2、3回この操作が行われる[8]。

ここで処理された特定の水の硬度は、湿度の高い時の最低15度から非常に乾燥した時期の21度を越える範囲であった。そのうち13度は、一時的な硬度であった。軟化処理することで、総硬度は6度から7度の間まで

第13章　鉄の作用による水の浄化―石灰の作用による水の軟化―自然濾過

に減少した[9]。水1,000立方フィートを軟化するのに要した石灰の代金は、1¼ペンス以下であった（訳注　原文では「硬化する」になっているが、「軟化する」の誤り。）。

　追加した石灰の量が不十分、十分、あるいは過剰であるかどうかを試す方法――単純な化学試験を行えば、硬質な水に加える石灰の量がふさわしい比率であるかどうかわかる。ごくわずかであっても結合していない石灰を含む水に硝酸銀の水溶液を加えると、黄色または茶っぽい黄色に変色する[10]。大きな沈澱槽から少量の水を採取し、白色の蒸発皿に入れて、硝酸銀水溶液を数滴垂らせばよい。茶色の着色が見られれば、石灰は過剰にある。変色がほとんど見えないほどの薄い黄色にしかならなければ、硬質の水に対して適量の石灰が加えられている。硝酸銀を加えても液体が無色のままであれば、水槽に入れられた石灰の量が不十分であるとみなしてよい。

　石灰の量が不十分な場合、あるいは沈澱槽を設置する場所が得られない場合に加圧濾過器が用いられる[11]。

　水槽内で沈澱が起きるように水と石灰とを適切な比率で混ぜ、混合物を加圧濾過器（図版XXXI中図136）へと導入あるいは圧送すると透明になり、比較的硬度が低くなって出てくる。

　「加圧濾過器は鋳鉄製の台座BPからなり、各端部には支持材または持ち送りSBがある。これらにはそれぞれ台座からの高さが同じ一対の水平材HBが接続し、強固に緊結されている。これらの材の上に濾過板と水貯め枠が載る（図版XXXI中図134、135）。」

　「濾過板は鋳鉄からなり、各板の周囲には支持用及び取り外すための取っ手を取り付ける2つの突起部Lがある。これらの表面には、濾過しやすくするため及び濾過布を支持するために、一連の円形となる偏心助材が刻み込まれている。また、板には濾過された水を助材外側となる環状の空間に送り込むように、放射状に配置された幅広い溝Sが切り込まれている。ここから左上方隅の水路FWCへと至り、すなわち加圧濾過器から流れ出ることになる。右手上方隅にある穴から、濾過されていない水は水貯め枠に入り込む。水貯め枠（図版XXXI中

都市への給水と水道施設の建設

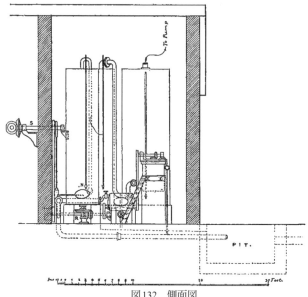

図132　側面図

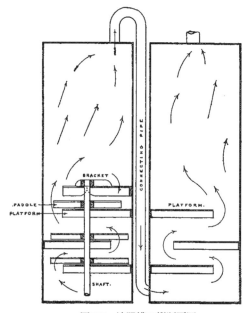

図133　沈澱槽の縦断面図
蒸気機関用の水質軟化及び濾過装置（フィッツハーバート・プレン）

第13章　鉄の作用による水の浄化―石灰の作用による水の軟化―自然濾過

図版 XXXI

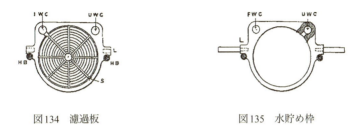

図134　濾過板　　　　　　　図135　水貯め枠

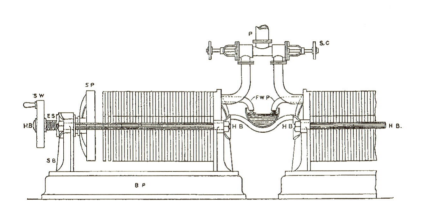

図136　加圧濾過器

図135）は濾過板に似ているが、金属の環状枠を残すように、濾過板の円形助材を形成する金属が取り除かれている。濾過されていない水が濾過布にたどり着けるように、大きな中央の空間と右手上方隅の穴UWCを繋ぐ通路が鋳造されている。」

「いくつかの濾過板と水貯め枠が水平で平行する軸HBに交互に配置され、極上品質の綿綾織物の布またはタオルが各濾過板に（まるでタオルを馬の背にかけるかのように）落とされ、この布には板と枠それぞれの頂上隅に設けた穴に対応するように穴が開けられている。枠と板は強力な端部ネジESでしっかり緊結されている（図版XXXI中図136）。これに伴い、穴FWCとUWC両方が加圧濾過器の全長にわたる筒状の水路を構成し、片側の水路から未濾過の水を円形の水加圧枠へと導入する；水は密封され、加圧されているので、布を通してしか同心円状の溝へ逃れることはできない。ここから水は水路FWCの放射状の溝に沿って進み、加圧濾過器から出てゆくのである。」

「この過程が開始されると、未濾過水は布だけでなく、布に付着した炭酸カルシウムの残留物をも通過しなければならない。これがたいへん効果的な濾過剤として作用し、水に浮遊するすべての有機物と鉱物性物質を完全に除去するのである。布は平均12時間ほど使用されたら、取り替えられる。」

「未濾過の水と石灰は、混合水槽から加圧濾過器へと鋳鉄管Pを経て運ばれ、流れは止水栓SCによって制御される。軟化された水は加圧濾過器から樋FWP（図136）へと、あるいは貯水槽へと続く管へと流れ込む。濾過面が1平方フィートあれば、1時間当たり30ガロン［5立方フィートとも言える］の濾過水を供給できる。この値は、濾過の行われる際の圧力によって変動する。加圧濾過器（図134）には、約100平方フィートの濾過面がある。布は強力な洗濯機で洗浄され、再利用に備えられる。」[12]

（いわゆる）**自然濾過**——ほとんどすべての川の流れに沿った範囲の一部

第13章　鉄の作用による水の浄化―石灰の作用による水の軟化―自然濾過

に見られるかなり深い砂と砂利の堆積土砂層にトンネルまたは坑道を――特に、水源が山あいにある場合――川と平行して、川の水面高さより低い位置に、底からまたは底及び側面から水が入るように掘ったならば、坑道に水が多かれ少なかれ常に流れ込むことがわかる。普通このように流入する水の量はかなりおびただしく、そのような水源は多くの場合まちへの給水に利用される。（坑道の底が多孔性のままにされるならば）水はたいがい1日当たり直線距離で20から30フィートの速度で、時にはこれよりかなり速く、絶えず坑道へと流入する。ほとんどの場合この水に浮遊物は見られず、たいがい透明できらきら光る状態である。

　比較的最近まで一般には、これらの坑道に流れ込む水は、川から浸透してきたものであると――ごく自然に――思われてきた。最近の研究により、場合によってはそうではなく、またほとんどがそうではないことがわかってきた。ゆえに、もし坑道から引いた水に不純物が見られたとしても、川の水に含まれる不純物と同じ性質のものではなく、むしろ坑道が掘られた地面、あるいはその場所と高地との間にある水に含まれる不純物に近いことが判明した。実際、坑道が水で満たされるのは川から水を受け入れるためではなく、ゆっくりと川に向かって流れる地下水を横取りしているからであった。このことから、少なくともすべての雨水の大部分が小川に達するのは、水がまず地面に浸み込み、そして地下の流れとして最寄りの小川へとゆっくり進むためであることを念頭に置いておく必要がある。すなわち、川に向かって緩やかに傾斜する土地を目にした時には、この斜面をなす土地の表面下には帯水層があり、水が川に向かってゆっくり進んでいる状態を想像しなければならない。この地下水がなければ、降水後間もなく小川の流れは止まってしまうだろう。

　この点について最も輝かしい観察をしたのは、恐らくブライトン（イギリス）近郊のエドワード・イーストン（Edward Easton）氏であろう。このまち近くの土地を広範囲にわたり観察したが、いかなる種類の小川も見いだせなかった。彼はさらに、海岸沿いの特に水深が浅いところでは、砂の中には無数とも言える水の細流が通っているのに気づき、これが真水で

あることも知った。ということは、地面はすべての雨水が浸み込み、地下を通じて海にたどり着くほど、多孔質であるのだった。井戸の水深と比較することで、この地下における水塊の表面形状に至るまでを推測した結果、海に向かって確実に傾斜していることがわかった。この場合、海岸と平行にトンネルを掘り、干潮時の水深の深さにすることで、十分な量の真水が得られるのであった。

川と平行する坑道については、たいがい水の大半は周囲の土地から横取りされたものである可能性が高いが、多くの場合、時によっては水の一部または全体量が川から得られたものである。ゆえに、雨がちな天気の時には周囲の地域からの水が流れ込むのに対して、乾期には川が水源となることも考えられる。[13]

どうであろうと、ここで説明した種の坑道は単に浅い井戸を拡張したものとみなす必要があり、ここからの水は浅い井戸からの水と同様にいくらか疑いを持って見る必要がある。既に述べたように、浅い井戸からの水が必ずしも悪いとは限らない。井戸の近くあるいは地下水が流れてくる方向の上流に汚染源となるものが全くなければ、実際たいへん良質であるかもしれない。

パース（スコットランド）における給水の場合は、川の水が自然濾過される実例として捉える必要がある。[14] このまちでは（あるいは最近までは）川の中にある島の地下に設けられた坑道から引いた水が供給されていた。従って水は川からすべて濾過されたものと考えてよいだろう。この川の水にはかなりの有機物が溶解しているが、坑道から取水した水は驚くほど純粋である。人間ができる限り自然の方法を真似ても人工的手段で行えなかったことを自然がなしとげるという、特に興味深い例である。

注

1　補遺 II、覚書 11 参照。

2　ここでは、砂の上の水深と濾過水頭が混同されているようだ。

3　土木学会論文集 vol. LXII., pp.24-。

第13章　鉄の作用による水の浄化─石灰の作用による水の軟化─自然濾過

4　補遺 II、p.127用の覚書7参照。

5　土木学会論文集 vol. LXXXI., pp.280-。

6　24時間当たり約343,400立方フィートになる。

7　1,000フィート当たり3ファージング（訳注　1ファージング＝$\frac{1}{4}$ペニー、ペニーは1ペンス）より幾分低い。

8　ここでの概要で石灰は水質軟化のためだけに利用されるが、引用元とした論文では、少量の炭酸ナトリウムで硫酸化合物を分解し、沈澱を速めるために少量のミョウバンを使用することにも触れている。これらを用いるのは、軟化する水は特に蒸気ボイラーでの使用を目的としているからである。家庭利用のための水の軟化では、一般には石灰だけを用いる。

9　硬度はクラーク硬度による（イギリス標準）。クラーク硬度による硬度1度の水は、1ガロン当たり炭酸カルシウムが1グレイン入っている純水と同量の石鹸を沈澱させる水を指す。

10　補遺 II、覚書12参照。

11　補遺 II、覚書13参照。

12　補遺 II、覚書14参照。

13　日本では、嵐によって運ばれてくる岩屑を除去しないゆえに川の護岸が継続して形成されるため、山から出てきた川の洪水位は一般に周囲の平野よりも高くなる；実際、川底自体の高さが場所によっては川の通る土地よりも高くなっている。このような場合、条件は全く異なる；このような川と並んで走る坑道にはたいがい多かれ少なかれ、時によっては全体的に、川から水が流れ込むのである。

14　補遺 II、覚書15参照。

## 第14章　給水池あるいは浄水池−給水塔−配水塔

**貯水池**——「給水」池の主たる目的は、一日24時間の供給量を一定としながら、消費者の要求によって変動する消費量に対応できるように、水の蓄えを備えることにある。

濾過速度を変動させても問題なく、さらには十分な貯水が沈澱池または貯水池に保てるならば——あるいは（例えば高地にある水量の多い小川からの）給水量が最大消費量よりも大きいのであれば——たいがいは給水池を設けてもたいした利点はなく、まちは濾過池から直接「供給」されれば済むのである。実際、初期には、そのようにされていた。しかしながら、濾過速度を一定に保つのが好ましいこと、あるいは少なくともある最大値を決して越えさせてはならないことについては、既に十分に説明してきた。ある最大値を越えないようにするだけで十分であることがわかっているので、濾過面積を大きくすれば恐らく給水池がなくても済ませられることも明らかである。このためには約60％程度の拡張が必要となり、場合によってはこれに要する費用は、必要となる給水池の費用に匹敵するほど大きくなることは確かにないのだが、給水池の利便性は一日を通して濾過速度を一定に保てるだけでなく、他の利点も数多くあるため、貯水池の採用はほぼ一般化されていると言ってよいだろう。

貯水池のもうひとつの使用法については配水施設の扱いの項で詳細に取り扱う。それまで、以下の一例を紹介しよう。

あるまちの給水が、かなりの距離にある貯水池から重力式で行われているとしよう。このような距離として、実務上、合計60マイル以下であればいかなる距離でもよい。もしまちが貯水池から直接主管を通じて給水されるのであれば、この主管は、1日の1時間当たり最大消費量に等しい水量を運べる大きさでなければならないことは明らかである。言い換えれば、

主管は平均消費量の少なくとも2倍の量を運べなければならない。一方で、まちの中あるいは近くに——まちの中心部が最も適切な場所である——貯水池から水が重力で運ばれ、ここから配水できる高い位置に設けられた給水池があれば、（給水池には十分な容量があるとみなしたうえで）主管は一日の最大給水量さえ運べれば良く、これは例えば平均給水量の40％増しにあたる。従って、給水池がある場合の主管は、給水池がない場合の容量の約$\frac{2}{3}$あれば十分なのである[1]。

けっこうな高地にある貯水池から主管が引かれている場合、主管は絶対最大消費量を運べるようにしなければならないうえに、主管内に十分な圧力を保たなければならないだけでなく、圧力が大きく変動することにより、さらに問題が発生することが多く、ゆえに反対意見が挙げられることもある。

　*給水池の容量について*——最近まで技師たちの実務上の慣例として、給水池は容量をたいへん大きくして造られてきた。従って多くの場合、2、3日分（あるいはこれ以上）の消費量を貯められるように造られた。これほどの容量の浄水を貯蔵することには明白な利点があり、特にポンプシステムについてはなおさら当てはまる。このようになっていれば、非常時にはポンプエンジンを修理のために1、2日止めることができ、小さな貯水池しかない場合と比べると「予備の」ポンプ力をそれほど持ち合わせていなくても済む；あるいはポンプエンジンが日中だけ作動すればよいように仕組むことができ、ポンプ設備を作動し続けさせるために要する費用のうち、燃料と作業員の労務費が大半を占める小規模な施設においてはたいへん有利になる。しかし何よりも、火災時に貯水のあることが長所となる。

　大きな貯水池の利点はこれだけあるにも関わらず、今日は目的を果たせる最小限の浄水池で済ませる傾向にある。

　この傾向は、近代細菌学の研究成果の一環であり、またあらゆる衛生状態が重視されるようになっていることによる。既に述べたように、すべての水に含まれる無数の微生物のできる限りの除去は、砂濾過を注意深く行うかあるいは他の何らか1、2の方法を用いれば可能であることもわかっ

第14章　給水池あるいは浄水池—給水塔—配水塔

ている。しかしながら水に含まれる微生物のおおかたを取り除いてしまっても、相当時間静止した状態に置くと、細菌数が急上昇する可能性があり、有機生命体について言えば水は濾過前と同じぐらい悪い状態になる。

　水道施設では、給水対象となる人口の健康への影響が今や何よりも優先されるようになっているので、たいがい大きな貯水池の利点は水を消費者に届けるために「急いで通過させる」ことにより犠牲になっている。大火時には一般的に、取水管や貯水池や濾過池からの「バイパス」を通して供給でき、実際には川や貯水池や沈澱池を一時的に給水池として機能させ、大火時に水は濾過池を経ずに流れ出てゆくのである。この仕組みに対しては異論もある。バイパスが使用されれば、主管は未濾過の水で満たされることになり、その後はかなり長い間完全に排出されることがないので、バイパスを作動させるたびに給水は実際に汚染されるのである。そうであっても今や、濾過後長い時間が経ち傷んだ水を継続して利用するよりは、全く未濾過の水の供給が時々偶発的に発生することの方が好ましいと一般には考えられている。

　調査により、給水池の容量が7時間の平均供給量[(2)]に対応するのであれば、一日の消費量が最大になる場合であっても、24時間中に変動する消費量をも相殺できることが証明されており、加えて技師によっては、給水池の総容量はこれをちょっと上回るだけ、またはこれを越えることのないようにすることを推奨するのである。このことは（著者からすると）旧態依然たる実務の対極に急ぎゆくように思える。不慮の事故に対しては、何も持ち合わせていないことになる。給水池がほとんど空の時に小さな火災でさえ発生したら、バイパスの開放、あるいは消火のために設けられた特別な装置の作動が必要となる。

　大きな給水池と、用途を満たすのに必要な最低容量の給水池の利点の釣り合いを見つけることはもちろん困難である；しかし著者は果敢にも、何はともあれ仮にでも、消火用の十分な備えとは別に、平均供給量の少なくとも9または10時間分の容量を基準として採用することを勧めたい。大きなまちと比べて小さなまちでは、防火用の貯水は相対的に大きな規模のも

のが必要であることはすぐにわかるであろう。この話題は第19章で全体的に扱っているので、読者はそちらを参照されたい。

　給水池は、ひとつずつ清掃できるようにいくつかに区画することが望ましい。給水池全体で12時間分の供給量をまかなう容量とし、池を3つに分けるのであれば、そのうち2つだけでも24時間中の消費量変動にも対応する貯水ができることが明らかである。しかし実際の貯水池では、一区画が清掃中で使用できない場合、他の二つで一日の消費量が最大になる時、24時間中の消費量変動に対応できる容量を持ち合わせることが必要なわけではない。というのは、浄水池の清掃が必要になるのはそう頻繁なことではなく、一般には清掃を一日の消費量が最大になる時期を避けて、同時に濾過層を通しての排水が、基準とした濾過速度を越えないように、24時間中一日の最大排水量に等しくなる時期を選ぶことが可能だからだ。従って、給水池を通り越して水が流れるようなバイパスさえあれば、全く区画分けされていない貯水池全体の清掃もできるのである。しかしながらこの場合、給水池に関して言えば、清掃時には火災用の貯水が全くなくなるわけである。従って、給水池を二つに分けられるように、少なくとも仕切りを一箇所は設けることを推奨したい。

　*平面に見る給水池のかたち* ——沈澱池や濾過池の場合と同様に、給水池の形態はたいがい利用できる用地によって決定づけられる。しかし何の制約もなければ、かたちは一般に長方形になる。場合によっては、円形が選ばれることもある。中規模の貯水池であれば壁は水平アーチとして作用するので、この壁を擁壁として計算するよりも薄くすることができる。そのうえ、同じ長さの境界線を持つかたちの面としては、他のどのかたちよりも円形には大きな面積が含まれるので、確かに円形にすれば、ともかく壁の総長を最小にすることができる。しかし円形の形状では土地に無駄が生じるのが一般的である。それに加えて、——現在対処すべき問題として——屋根で覆うかどうかがあり、円形にした場合には長方形の場合と比べてたいへん困難になる。

　従って長方形の平面を基本としてもよいのであるが、円錐状の丘の頂上

第14章　給水池あるいは浄水池―給水塔―配水塔

が給水池に最適の立地となり、実用的な平面としては円形にしかできなかった数々の事例を、著者は目にしてきている。

　浄水池の平面上のかたちという見出しのもとでは、貯水池内における水の動きの問題について考えてもよいだろう。浄水池での貯水は、できる限り短い時間に留めるのが望ましいことを認めたうえで、もし水の導入及び排水において、水の一部が取水口から排水口へと直接流れるものでありながら、他の部分が淀んでいるかまたは静止に近い状態になる場合には、貯水を短時間に抑える意図が台無しになるのは明らかである。このためにドイツではしばらく前から浄水池を、図64（p.136）に示すように仕切りでいくつかに区分けし、貯水池の両端を開放にすることを慣習としている。こうすれば水は貯水池の長さ方向を数回移動しなければならず、水が淀むのを防ぐことができる。この構造の採用に対して、浄水池については沈澱池のように異論が挙げられることはない。というのは、わずかな水流があっても何ら反対すべきことではないからである。

　図版XXXV（図147）に図示する配管を採用し、濾過井から浄水池に至る配管、浄水池から配水システムへと給水する井、それぞれが水全量を運ぶことができる大きさに造られたならば、同じ結果が得られることは明白である。


**浄水池の深さ**——深さに対する制約は、両者において全く同じわけではないが、沈澱池の深さ（p.129を参照）として挙げられている値は、浄水池にも適用できる。

　*断面に見る浄水池のかたち*——浄水池は常にあるいはほとんど常に側面を鉛直にして造られ、内側の転びは並みで、高さ1フィート当たり2インチ以内にされる。床面には沈澱池と同様に、清掃しやすいように排水溝に向かうわずかな傾斜をつけると都合が良い。

　*浄水池の屋根*——浄水池に屋根を架ける理由はいくつかあり、ひとつは、屋根があれば空気中に漂う土が浄化された水に落ちるのを防ぐためである。ずいぶん昔からこの必要性については十分知られており、大英帝国では法

により何年も前からまちに近い浄水池については屋根を設けることが義務づけられている。さらにはヨーロッパを通じて普遍的な慣習となっており、アメリカでも実に広く見られるようになっている。

空気中に浮遊する土が貯水池に入らないようにするためだけでなく、太陽光による水温上昇や、また間違いなく見られるようになる植生の繁茂を防ぐためでもある。もちろん、太陽光で水が熱せられるのを防止する必要性は、一年のうち少なくとも一定期間は太陽がほぼ鉛直方向から射す地方で、特に感じられる。一般に最大の渇水は午前中に見られるため、太陽が一日のうちでも最も直上から射す昼になるまでに給水池は部分的に空になり、太陽の熱する力がまだかなり強力な午後の早いうちは水が減り続けることを考えれば、このことはすぐに理解できるだろう。

大英帝国で使用される屋根のかたちは、ほとんど柱で支持された一連のレンガまたはコンクリート造のアーチからなる。アーチは、厚さ2または3フィートの土で覆われている。このような屋根は熱を通さず、浮遊する不純物の浸入をも防止する。アーチの迫持受けとして作用する側面の壁は、背後にある土の圧力全体を擁壁として受ける場合に比べてずいぶん薄くできることを考慮しても多少高くつく。図版XXXII（図137-141）（訳注　原著図版XXXII欠落）に、ここで説明するような屋根のある浄水池を示す。中に入るためにマンホールを設けることがもちろん必要で、これらに穴あきの蓋をすれば、蓋は換気口にもなる。

タイルまたはスレートの屋根には、上で説明したような屋根の利点がすべてあるわけではないが、経済的な理由によりこれらの採用を推奨するのが望ましい場合もある。図版XXXIII（図142）に、そのような屋根のある浄水池の断面を示す。

浄水池建設用の材料——浄水池の底は多くの場合コンクリートで造られ、セメントで下塗りされる。側面の壁はレンガとセメントまたはコンクリートからなり、たいがいはレンガ張りにされる。比較的最近まで水密にするためにこね土に頼ってきたが、沈澱池に見るように、今日ではこね土を使わない傾向にある。全体的にコンクリートで造られた給水池について述べ

## 第14章　給水池あるいは浄水池—給水塔—配水塔

図版 XXXIII

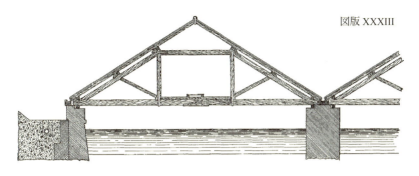

図142　瓦またはスレート屋根のある貯水池

た以下の説明は、興味深いと思われる。[(4)]

「トーマス・ウォーカー（Thomas Walker）氏は、1887-88年にクロイドン（Croydon）近くのアディントン・ヒル（Addington Hill）に5,000,000ガロンの水を貯められる屋根付き給水池を建設したと語った。こね土は使わず、完全にコンクリートで造られた。それでも貯水池は完璧に水密にできたので、この詳細は学会にとっても興味ある内容であろう。」

「建設地となった丘陵はオールドヘイヴェン砂層（Oldhaven beds）の、水で表面が風化した砂利と細かい砂からなり、これをコンクリート用材料に選び、砂の一部はふるい分けて取り除いた。立地の起伏により貯水池の形状は長円にせざるを得ず、内側の寸法は縦420フィート、横124フィート、深さ$16\frac{2}{3}$フィートである。床、外壁及び屋根はポルトランドセメントを用いたコンクリートで、砂利と砂の比率は6：1とした。長手、横両方向の壁の控えとアーチは、覆いとなるアーチの起 拱 点（きょうてん）の高さまで、テームズ川の砂も多少用いて5：1の比率である。コンクリートは人力で混ぜ、乾いた状態で二度天地替えをし、天然ゴム製ホースに付けた散水口で濡らし、木製台の上で十分に混ぜた。施工に当たっては、コンクリートを落とし込むのではなく、シャベル

で何層にも分けて厚くなり過ぎることのないように打った。コンクリートの粗い部分と細かい部分が均一に流され、また混ぜ合わされるように丁寧に作業をし、全体を通して確実にしっかりするように留意した。水は比較的自由に用いたが、流した水が表面にたまることのないようにした。硬化した既施工分と接合するには、セメント1に対してオックステッドの砂（Oxted sand）2からなるグラウトを用い、グラウトを塗布する前には必要に応じて既存部を洗浄し、つるはしで表面を荒らして刷毛がけをした。」

「床厚は18インチ、繋ぎ目を重ねて2層に分けて施工した。（表面を荒らす必要があった）外壁内側と床は注意深く下塗りし、$\frac{1}{2}$インチ厚とした最初の塗りはセメントと洗ったテームズ川の砂を1対1の比率で用いた。一方、$\frac{1}{4}$インチ厚の仕上げ塗りは最初の塗りが完全に乾く前に滑らかなセメントを塗り、硬い鏝で十分に押さえた。控え壁の下及び外壁に架かるアーチの起拱点では下塗りを倍の厚さにした。貯水池のすべての床面と側面が、オーバーフロー堰を6インチ越える高さまで下塗りで裏打ちされたと言ってよいだろう。下塗り前の外壁には、垂直方向に15本のわずかなひびが発生したが、これらは断面が約1平方フィートとなるようV字型に切り込み、良質のコンクリートで埋めた。」

「貯水池が共用されるようになってから丁寧に検査した結果、構造の下塗りのいかなる部分にもわずかなひびさえ認められなかった。屋根を形成するコンクリートアーチの外側部分は2度塗りで$\frac{3}{4}$インチ厚としたアスファルト層で覆われ、水密であった。アーチのスパンドレルは、貯水池中心から端にかけて傾斜しており、表流水を排出するため、これらに沿って3インチの土壌排水管が設けられた。貯水池に差し渡された高さ12フィートの間仕切り壁のおかげで、水は壁の各面ともそれぞれ独立して排水される。ポンプ施設からの主管はそれぞれの仕切られた部分に、オーバーフロー堰の高さでもある屋根の起拱点の高さで導入され、縦横それぞれ10フィート、6フィートの空間

第14章　給水池あるいは浄水池―給水塔―配水塔

を囲む高さ2フィートの壁によって、各取水口下の床面にウォータークッションが形成された。貯水池上方となる丘の表面はもと通りの姿に埋め戻され、以前と同じようにギリュウモドキが植えられた。」

　**給水塔**——たいがいは鍛鉄または鋳鉄からなり、組積造あるいは鉄製の塔上に設置されて貯水池として機能する水槽を、この名称は指す。給水塔は、ポンプ施設と関連して使われるのが最もよく見るかたちである。
　ここで触れる種類の水槽が、24時間中に生じる消費量の変動を埋め合わせるのに十分な水を貯水できる大きさでない限り、実際には今日まで使われてきた言葉の意味で言う給水池としての役割を果たすのではないことは明らかである。揚水設備を使用しなければならない時には、1、2時間分の消費量に対応する供給分を貯水できる水槽があるとたいへん便利なので、上を満たすほどの規模でなくても、非常に使い勝手の良いものである。これがなければ、エンジンの速度を水の消費量にぴったり合致させなければならなくなる。約7時間分の平均消費量に満たない容量の水槽では、24時間中エンジンを均一な速度で作動させることはできず、時々作動速度を変動させなければならないことは事実である。しかしポンプ施設の運用上、時々エンジン速度を変動させることと、一秒一秒変動する消費量に完全に合わせることの間には、大きな差がある。さらには——大規模ポンプ施設によく見られるように、動力がいくつかのポンプ設備に分配され、消費水量に応じていくつかの施設が一度に作動しなければならないような場合には——あるエンジンが、既に作動している他のエンジンを補足するために始動される時、またはこれが停止される時に、小さな給水塔でさえあればたいへん便利である。というのも消費量があまりにも小さいため、エンジンを作動させれば速度が遅過ぎて、経済効率が悪くなるからである。
　しかし近年ポンプ設備がたいへん発達したため、24時間中の消費量の変動をも埋め合わせるほどの大きさにできるのでなければ、給水塔をなくす傾向にある。
　給水塔の別の使い方として、火災時のための貯水がある。一考すればこ

のような貯水は、大きなまちよりもむしろ小さなまちにおいてより必要とされるものであることがわかる。この理由は、火災が（常にそうであるように）一軒の家屋で始まった時、小さなまちでも大きなまちでも消火に必要とされる水の量は同じであるが、相対的に見ると小さなまちにおいて、必要な量は大きな割合になるからである。さらには、ある程度までの延焼は、大きなまちと比べると小さなまちで速く進むのであるが、実際に必要となる水の量は、小さいまちでも大きなまちほど必要となり、比率としてはなおさら大きくなる。従って小さなまちでの火災時には、少なくとも短い時間、通常の用途に必要とされる最大量の数倍まで給水量を増やせるようにしたい。一方、とても大きなまちでは、普段の最大供給量をほんの部分的に増量するだけで、発生しうる最大の火災へも十分に対応できる。たいがいは「予備」のエンジンを作動させれば対処できる。

　今までに触れてきたことから、ポンプ式配水が行われる小さなまちでは、実際に貯水槽として機能する給水塔の採用が望ましいことは察せられよう。大きなまちでも、実際には貯水槽として機能するほど大きなものでなくとも便利であるが、給水塔を廃止してポンプの能力に全面的に頼る傾向にある[5]。

　いずれにしても、給水塔は高価な構造物である。実際に貯水槽として機能する大きさにするとなると、このための費用は例外なく施設全体にかかる費用のかなりの割合を占めることとなる。大規模な水道施設において、給水塔の水槽が実際に、24時間中の消費量に対応できるという意味で、貯水槽として機能するほどの容量で造られた例を著者は知らない。

　図版XXXIV（図143、144、145）に二つの給水塔を図示する。図143には、最近供用されるようになったリバプール水道施設にて使用されている、土木学会会員G・F・ディーコン氏の設計による給水塔を示す。この給水塔は、上で説明した給水塔の機能をそのまま満たすように使用されているのではないが、当然そのように使える。塔自体は組積造からなり、意匠的にもたいへん美しい。水槽自体の設計──端部でのみ支持される鍛鉄製の椀である──は堂々としており、見事である。

第14章 給水池あるいは浄水池―給水塔―配水塔

図版 XXXIV -1

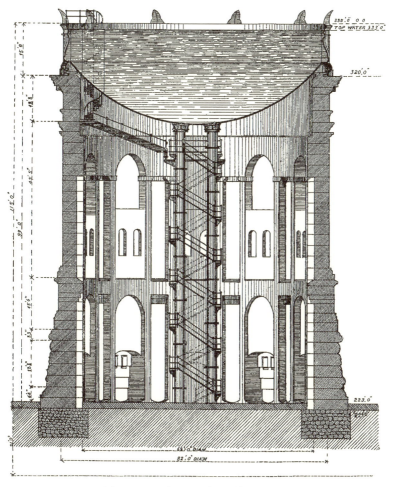

図143 リバプールの（組積造）給水塔

都市への給水と水道施設の建設

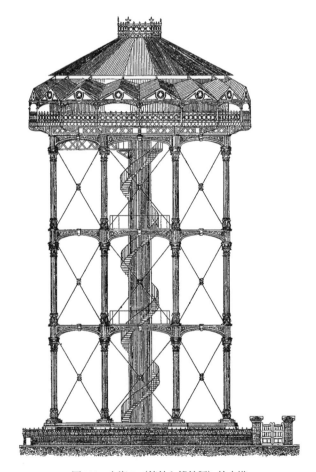

図144　上海の（鋳鉄と鍛鉄製）給水塔

第14章　給水池あるいは浄水池―給水塔―配水塔

図版 XXXIV -2

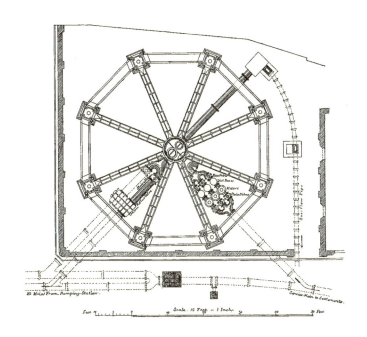

図145　上海の給水塔の配置図

同じ図版の図144と145に示す塔は、鋳鉄と鍛鉄からなる混構造である。これは上海水道施設（技師は土木学会会員 J・W・ハート氏 ［J. W. Hart］）の一部を構成し、その設計はたいへん高い評価を得ている。後述するコンクリートの塊からなる基礎の上に立つ塔の説明は、土木学会論文集 vol. C., p.223 から引用する：

　「水槽を支持する構造物は鉄だけからなる；<u>52 フィート</u>（訳注　下線部原典になし、引用誤り。）、形状は八角形、直径は柱真々 52 フィート 6 インチである。それぞれ 8 本の柱からなる 3 層に、合計 24 本の柱が立つ。フランジの外々で 26 フィートである。敷板は 3 フィート 6 インチ角で、レンガ造に設けられた花崗岩の控え壁に直接載る。中央の管を支える基礎は一体成型され、取水口、排水口及びオーバーフロー管を受け入れる開口部や適切なフランジが設けられている。重量は 5½ トンである。」

　「各柱の敷板は中央管敷板へと、基礎となる放射状の構造壁笠石に載る放射状の鋳鉄製桁にボルト締めにより繋がれている。これらの壁は、中央管敷板から各控え壁に向かって放射状に広がる。」

　「敷板及び放射状の桁は、レンガ造及び控え壁に埋め込まれた 1½ インチの基礎ボルトで緊結されている。各柱の敷板を上述した放射状の桁を用いる方法で中央管敷板に接続することにより、支持するすべての荷重が基礎上端に均一に分散されるため、沈下が発生した時にも柱が開いたり、圧力の不均衡が生じたりする危険性を最小限に抑えられる。中央管は直径 6 フィート、長さ 82 フィート 6 インチ、厚さ $\frac{3}{8}$ インチのボイラー用鉄板からなる。足元では管にリベット締めされた強力な山形フランジ鋼板が、敷板に成型された対応するフランジにボルト締めされ、完全に水密な接合部となっている。管の上端にある同様のフランジ板には、水槽を構成する 4 枚の板がリベット締めされている。塔と上方のフランジ板に埋め込まれた 8 本の鉛直方向に配された T 型鉄骨からなる補強用肋材が、管の側面にリベット締めされ、中央柱を剛体とし、外側の柱とともに水槽と中にある水を支持する。」

第14章　給水池あるいは浄水池─給水塔─配水塔

「これはまた水頭を変動させるのが好ましい場合には、普通の配水塔の役割をも果たす。それも、一日の大部分において、集落内の最も高い建物で通常必要とされる圧力を下回る状態にすることなく給水できる。」

「最大の剛性を得るために、各層の柱は二つ割りで造られた繋ぎ桁で柱頭を繋がれ、中央ではボルト締め、端部は各柱に成型されたフランジに止め付けられている。」

「桁の中央接続部にはフランジとボルトを隠すために、要石型に装飾用の覆いが設けられている。中央管と柱は、軽量の鍛鉄格子細工からなる放射状の繋ぎ桁によって繋がれ、桁の片端は各層の柱を繋ぐ装飾桁と同様に、各柱柱頭にボルト締めされている。それに対してもう一方の端部には、中央管の鉛直方向補強用肋材にリベット打ちされたガセット板が設けられている。斜材の筋交いは、各柱間及び柱と中央管との各柱間に放射状に配置された、直径 $1\frac{1}{2}$ インチのネジ式引っ張り棒からなる。引っ張り棒端部のネジ部を受ける装飾を兼ねた箱があり、箱の中のナットを用いて各棒を締めて調節することができる。」

「水槽と水を支持する頂上の桁あるいは大引は、格子状の鋼製である。外側端部は柱のフランジに直接載り、ここにボルト締めされる。桁の敷板と各柱のフランジとの間には厚さ $\frac{3}{8}$ インチの鉛板がおかれ、不同沈下が生じないように配慮されている。支持する荷重全体が外側の鋳鉄柱と中央管との間で伝わるように、中央管に隣接する桁の内側端部には持ち送り付きL型アングル付きの強固なガセット板が設けられ、T型鉄骨の鉛直方向補強用助材と中央管側面にしっかりとリベット止めされている。8つの主要な鋼鉄製大引に加え、これらは中間の桁にも繋がれ、全体として水槽が載る床の堅木からなる根太をうまい具合に受ける台を形成している。」

「水槽は直径50フィート、深さ12フィート3インチで、670トンの水を貯められる。水槽は、ボイラー用鉄板からなり、床板は厚さ $\frac{3}{8}$ インチ、側板は厚さ $\frac{3}{8}$ から $\frac{5}{16}$ インチである。床板は中央管上方のフ

ランジにリベットにより接続され、鋼鉄製大引に載る堅木の根太上に敷き詰められている。水槽内部側面及び床板には補強用助材としてT型鉄骨がリベット締めされ、この鉄骨には斜材のガセット帯板が緊結されている。さらには、水槽側面から屋根を支持する中央柱に至るネジ式の控えボルトがある。」

「屋根は軽量構造で、主要な根太と中間の根太はアングル鋼からなり、一端は水槽側板にリベット止め、もう一端は中央柱頂上のフランジ板にボルト締めされている。この柱は、床板から立ち上がり、中央柱へ別に取り付けられた一式のフランジにボルト締めされた屋根を支持する。鍛鉄製の板もあり、これには垂木を補強し支持するために、等間隔で放射状に配置された束が止め付けられている。屋根は波型亜鉛鉄板で覆われ、普通の傘を開いた時の構造にたいへん似ている。水槽周囲には鋼鉄製大引き端部に緊結された軽量の持ち出し梁で支持される幅6フィートの歩廊がある。水を日射から遮るために、歩廊の屋根は急勾配になっている。」

「基礎から上部及び中間の歩廊に登るため、中央管には一式の螺旋階段が装備され、柱各層の高さに踊り場が設けられている。階段と足場の点検用設備があるので、水槽と上部構造全体がいつでもすぐに見られる状態にあり、塗装の塗り直しや修繕もしやすくなっている。」

$*$　　$*$　　$*$　　$*$

「排水口は中央管の基礎に取水口と同様に成型され、中央管内部の排水口には大きな漉し器が取り付いており、給水塔から水が出る前にはここを通らなければならない。」

$*$　　$*$　　$*$　　$*$

「過度の揚水による溢水防止のために、中央管内には満水時における水位の位置に大きなラッパ口を持つ直径20インチのオーバーフロー管がある。溢れた水は中央管の敷板の穴から排出され、落水の勢いを和らげる仕切り壁のある井へと排水された後、公共排水溝へと捨てられる。」

第14章　給水池あるいは浄水池―給水塔―配水塔

＊　　＊　　＊　　＊

「給水塔の総高さ、地盤面から屋根頂上端部までは121フィートある。」

＊　　＊　　＊　　＊

「水槽満水時の荷重は、3,725トンになる。」

＊　　＊　　＊　　＊

「以下の合計値として、地価を除いた配水池に要する総額を示す：
上部構造建設費用、流量計、逆流防止弁その他弁や付属物を含む。

| | |
|---|---|
| 運賃及び保険費用込み | 5,378ポンド |
| 基礎、地業、煉瓦積み及び組積造の費用 | 4,371ポンド |
| 上部構造建設及び水槽リベット締め費用 | 2,100ポンド |
| 合計 | 11,849ポンド」 |

「塔は幾度か台風により極端な負荷を受けたことがあるのだが、一箇所たりとも不具合は見られなかった。塗装塗り直しと清掃の費用を除けば、維持管理の費用は今までゼロであった。」

**配水塔**──給水塔（water tower）と配水塔（standpipe）との違いは、そう簡単には線引きできない。これまでの給水塔の説明からは、場合によって中央管は配水塔の役割を果たすことにも触れていることに気づくであろう。一方で配水塔は、給水塔に求められる機能を果たすこともあるという意味から、給水塔として機能することもある。先に説明した給水塔の場合、鍛鉄製の水槽を支持する鉄の混構造がある代わりに、コンクリート基礎からボイラー用鉄板からなる水槽全体の外郭構造が立ち上げられ、足元からポンプで送水し、必要とされる水位まで水が上昇できる仕組みになっているならば──すなわち言い換えるなら、もし水槽の深さが基礎から現在の満水時の水位まであるならば──貯水の点から見れば、すべての水を排水するには徐々に圧力を減じさせながらでしかできないが、かなりの貯水量が得られるので、この仕組みが実に効果的であるのは明らかである。しかし多くの人々は、今推奨した構造を給水塔というよりもむしろ配水塔と呼ぶであろう。実際、ある量を貯水できる構造物が地面から上方に向かって側

面が平行する管または外郭の形式をとるものは、配水塔と呼ぶのがふさわしいであろう。上部が比較的大きな直径で、実際には下部を構成する管だけでは支持できないような構造を、一般には給水塔と呼ぶ。

しかしながら、現実にはまた別の違いがある。給水塔には、必要に応じて送水ポンプを短時間止めることができる水量を貯水できる水槽も含まれる。また可能な場合には、1日における不規則な消費量を埋め合せできることが望ましい。それに対して配水塔は、たいがいエンジンを用いたポンプで数分間のうちに揚水できる量の水しか貯められず、エンジンに対しては単なる「クッション」として機能するだけである。すなわち、配管への衝撃を防止し、需要が上昇した時にはエンジン速度の加速に時間的余裕を与え、反対に需要が減少したなら急激に「合わせる」ことなく「穏やかに」減速できるように働く。

ここで説明した配水塔の作動を、図146に図解する。図中のSW（suction well）は吸水井、P（pump）はポンプ、E（engine）はエンジン、FM（forcing main）は圧送主管、SP（stand pipe）は配水塔、そしてM（main）は配水施設への主管である。機械に多少詳しいならば、エンジン速度を非常に正確

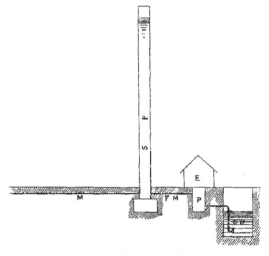

図146　給水塔の作動を示す図

第14章　給水池あるいは浄水池―給水塔―配水塔

に制御できるように、配水塔の中の浮きがポンプエンジンの弁を、または揚水動力の差動式膨張装置であればなおさら好ましいのだがこの制御レバーを、どのように作動させるかがわかるだろう。「蓄圧器」が高圧「油圧装置」のポンプエンジンの速度を制御するため、装置は正確に作動するのである。高圧「油圧装置」は、港湾周辺で実働しているクレーン車、石炭巻き上げ機、絞り盤（キャプスタン）などに一般に使用され、また多くの場合、大型蒸気船上の補助的な機械類のほとんどに見られる。(いわゆる)配水塔の直径は、（例えば）2から40フィートの範囲で見られる。[6]

　配水塔に対しては、配水塔に関連して行われる技師のある慣習について、一言二言言わずにいられない。特に直径が並みであるならば、時々「二又管」のかたちで二重に造られることもある。一方の足は上向き、もう一方は下向きにされ、交点より上方にはさらに管が高く続くようになっている。

　技師の中にはこの仕組みの方が、図146に示すような単独の管よりも有利であると捉えている者もいるようだ。しかし今や近代的なポンプ設備があるので、上の仕組みに関連して発生する弱点が数多くあるのに対し、これより得られる利点を想像することは難しい。例えば、急に大量の水に対する需要が生じても、水が下向きに流れる方の足の水位は交点より低くなるのでエンジンは交点まで揚水するのだが、単に反対側に水を落とすだけである。すなわち、単に同じ管の中で再び水を滝として落とすためだけにポンプで揚水することになるのだ！　さらには、一定の水頭、または少なくとも最小値が二つの管の交点までとなる水頭のもとで揚水するエンジンは、給水量の大きな増加には応えられない。――このような状況は火災時に最も発生しやすく、この問題にはできる限り対応すべきである。この際、配水塔が図に示すように配置されていれば、エンジンが抗しなければならない圧力は減じている。ゆえに、エンジンは限度内では揚水量を増加させることができる。しかしながら、主管内圧力の減少は、二又管式の配水塔よりも小さく済む。

　水頭が一定でなければ効率的に作動しない旧式ポンプ設備の一部では、この二重の配水塔は多くの場合必要であった。比較的新しいポンプ設備に

も導入されるようになったのは、エンジンからそう遠くない位置で主管が破裂した場合の事故防止のためであろう。このようなことが起きれば、新しいポンプ設備は「暴走」し、甚大な被害をもたらすかもしれない。今日となっては、このような不慮の事故に対しては、過去の代物とも言える二重の配水塔を備えるよりは、適切かつ安価なあらゆる方法によって容易に対応できる。

　給水塔でも、二つの管を設けるのが一般的である。ひとつは上向き、もうひとつは下向きにし、足元には上部水槽を清掃や修理のため一時的に使用停止にしなければならない場合に利用する両者間のバイパスが設けられるのだが、これさえも全く必要ない。本章で説明した上海の水道施設の塔に見るように、管はひとつあればすべての機能を満たすことができる。水槽の清掃または修理時には、この管——実際には配水管である——内の水位が水槽に達するぎりぎりの位置になるように制御できる。この際、唯一の不都合は主管圧力が一時的にわずかであるが減少することである。

　最近は、ポンプエンジンの「クッション」の役割をするためだけに用いる配水管を、空気室で代用する傾向にある。配水塔は常に高価な構造物である。ポンプ施設の規模に関わらずこの空気室は、管内での衝撃やエンジン速度の急激な変動を防止するために、いくら大きかろうと鍛鉄で製作できる。

　給水塔と配水塔については、給水施設の章にて再び扱う。

注

1　この2つの場合の典型として、日本の函館と長崎の水道施設を取り上げるとよいであろう。函館では高地の小川から取水しているが、小川の排水量は一日当たりの最大消費水量より大きく、取水はまちから十分遠く離れた場所で行われる。しかしまちのすぐ裏側の丘に給水池があるので、取水管からの主管は一日の最大給水量さえ運べればよいのである。一方長崎の場合には、給水はまちからいくらか離れた貯水池から重力式で送られており、まちの中あるいは近辺には貯水池の立地にふさわしい高地もない。このよ

第 14 章　給水池あるいは浄水池―給水塔―配水塔

うな状況なので、貯水池からまちへの主管は、消費される可能性のある最大水量を常に運べるようにする必要があった。実際この場合には、貯水池がまちに比較的近くにあったので、他の場合と比べると給水池を設けてもさほど大きな利点は得られない状態であった。とは言っても、この事例は要点を説明するためには有効であろう。

2　土木学会会員ヘンリー・ギル氏による。

3　補遺 II、覚書 16 参照。

4　土木学会論文集 vol. C 参照。

5　地震国では、できる限り給水塔は避けたい。これらは必然的に頭の重い構造となり、地震時には特に転倒しがちである。給水塔頂上の水槽の破裂あるいは塔の倒壊または転倒によってもたらされる被害は、たいへん甚大になりやすい。地震国に給水塔を建設せざるを得ない場合には、水槽を支持する構造は鍛鉄だけで造るのがふさわしいだろう。鍛鉄と鋳鉄との混構造は特に避けるべきで、組積造の方が安全のようである。

6　ファニングの論文『水理学と給水技術の実務（A Practical Treatise on Hydraulic and Water Supply Engineering）』（第 4 版）参照。この中の一章では配水塔の主題に特化し、とても丁寧に取り扱われている。

# 第 15 章　沈澱池、濾過池及び貯水池の連結

**典型的な水道施設**——典型的な水道施設は、(1) 沈澱池；(2) 濾過池；及び (3) 浄水池（あるい給水池）からなると言って間違いないだろうが、既に説明したように、このような典型例から外れることも多くあろう。そのような状況であっても、各設備は互いにいくらか離れた場所に配置することがたいがい推奨され、実際には図版 XXXV（図147）に示すような完全に対照的な配置にできることはほとんどない。しかしながら特に注意すべき点を説明するために、このような仮想の事例を用いるのである。SR は沈澱池、FB は濾過池、CWR は浄水池を指すこと以上の説明がなくとも、配置の概要は理解できるだろう。関連する容量と面積は、既に決められた範囲内で定められている。

迂回路とオーバーフロー管については既に触れてきた。接続管については特に話題にしてこなかったが、沈澱池から濾過池まで、また濾過池から浄水池まで水を運ぶために、このような管があろうことはもちろんわかるだろう[(1)]。これらの管について少しは説明する必要があるだろう。

まず、図版 XXXV で接続管や配水管は実線、迂回路は点線、そして排水管とオーバーフロー管は鎖線で示されていることを頭に入れていただきたい。さらに、各文字は以下に充てている：SV は仕切弁、O はオーバーフロー管、WP は排水管、SP は配水塔または浮遊管、BV はボール弁あるいは浮きの作動により水位を一定に保つ弁、FH は水頭を制御する装置である。

**接続管または配水管**——これらには様々な配置方法があるが、著者は図版 XXXV に示す配置を採用すれば、ひとつ二つの「水槽」にて操作されるいずれの装置一式に関連するすべての管は上手に制御できると考える。一方で、これらの管の直径について少し触れておかなければならない。

都市への給水と水道施設の建設

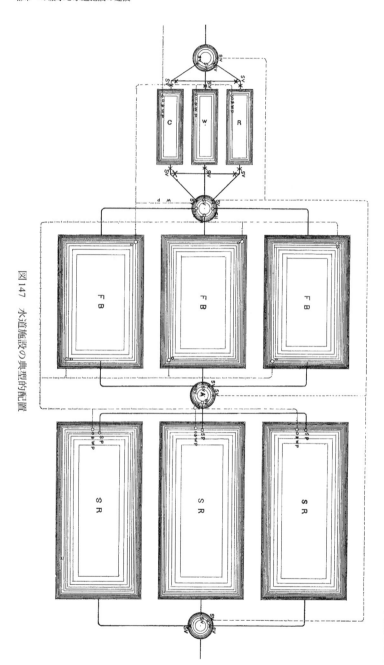

図147 水道施設の典型的配置

第15章　沈澱池、濾過池及び貯水池の連結

　どのような場合であっても管の直径は、(1) 単位時間に通過する水量、(2) 管の長さ、(3) 管内での送水を通して失われる「水頭」をデータとして用い、「短い管」からの排水を計算する基本式のいずれかを用いることで算出できる。但し、このようにするのであれば、「水頭」の値をいくらにするかを決める必要があり、それはただ水頭を想定することに過ぎない。このような状況なので、十分に制御可能な範囲内のある流速を設定するのが妥当であろう。この流速では、図版 XXXV に図示した配置で見られるような各管の長さのもとで、施設の全般的な作動に何らかの差し障りとなる水頭の消費あるいは浪費が発生してはならない。このことを考慮し、著者は現在検討中である管の直径を、最大流速が秒速3フィート以下になるようにしている。この場合、管断面の面積は

$$a = d/3$$

で求められる。

　　$a$ = 管の断面積、単位は平方フィート
　　$d$ = 最大排水量、単位は立方フィート / 秒

とする。

　既に述べてきた通り、水が淀まないように浄水池におけるそれぞれの仕切り内を循環するようになっているのならば、各浄水池に至る管とここから出てくる管の直径は、それぞれこのような条件を満たすようにしなければならないことは容易に理解できるだろう。


　**迂回路**——迂回路や迂回管の目的は、必要に応じて水をいずれか、または一連の貯水池や濾過池を通らないように施設を配置することにある。清掃時にはすべての稼働を停止させなければならないので、貯水池または濾過池のいずれかのひとつを「経路外」に設定できるのが好ましい理由は自明であろう。同様に、火災時には水を貯水池または濾過池、いずれの一式をも通らないようにするのが望ましいのも、容易に理解できるだろう。あとは、濾過池と貯水池に関連する配管の設計では、必要な場合はいつでも、いずれか1基、あるいは複数基の濾過池または貯水池を「迂回」させるこ

とができるように配置するのが望ましいことだけを付け加えておけば十分であろう。図版 XXXV に図示した仕組みを検証すれば、どのようにすれば実現可能であるかはすぐに理解できるだろう。ここでは（既に述べたように）給水主管は実線で、迂回路としてだけ機能するためのものは点線で、またオーバーフロー管または排水管として機能するものは鎖線として示してある。

**オーバーフロー管及び排水管**——これらの管については、特定の規則を挙げるのは難しい。貯水池または濾過池からの排水が完全に停止された場合に備えて、オーバーフロー管の直径は給水量全体を貯水池あるいは濾過池へと送水できる大きさとするのが良いのであるが、これほど大きくするのは希である。

排水管については、下記の条件を参考にできる。設備清掃時には、排水に多くの時間をかけるのは望ましくない。一方、このような設備の水全量を排水管だけから排水することは、まずない。できるだけ多くの量が排水管から流され、残りは破棄される。例えば沈澱池あるいは浄水池の場合、水深約3あるいは4フィート分以上の水を無駄にしなければならないことは決してないと言ってよいだろう。従って、排水管の直径は、例えば3時間で水を流し出せる大きさにすれば良いのである。もちろん排水速度は、設備内の水が空になるにつれて変動し続けるが、計算上の水深は、排水開始時水深の $2/3$ として扱えば十分である。例えば上述の場合、水深を2フィートから2フィート8インチの一定値とみなせる。短い管における水流の流速は有効な計算式を用いたり、管の直径値を表から得ることもできる（第17章参照）。

注

1 補遺 II、覚書17参照。

2 この大切さは、特に未知の地震が引き起こす揺れへの対策の必要がある地震国において実感されるだろう。

# 第16章　ポンプ設備

　ポンプ設備は多くの水道施設の最重要部のひとつであるとことは、言うまでもないだろう。そのためポンプ設備の故障は給水の完全停止、すなわち「水不足」を意味しかねないので、信頼できる設備であることが何よりも大切なのである。さらには、ポンプ施設の運用においては石炭消費が最も費用がかかるため、一定量の石炭の燃焼に対して最大の揚水量を得る効率が求められ、言い換えるなら（このように表現する方がふさわしいかもしれないが）必要とされる揚水量に対して石炭消費量が最小となることが望ましい。

　これらの理由により、土木技師はポンプ設備についていくらか知識を身に付けているのがたいへん好ましいのであるが、同時にこれは機械工学の分野になるので、技師たちが詳細にわたってすべてを理解していることは必ずしも必要ではない。実際、土木技師がポンプ設備についてどれほどの知識を持っていようとも、エンジンに求める仕事やこれらの設置位置などについては細心の注意を払って指定する必要があるが、施工の詳細について技師はポンプエンジンの製造者に任せておくべきであると、著者は考える。ポンプエンジンの製造者は間違いなく、機械の詳細をどんな土木技師よりもよく知っている。造りたいと思うエンジンのかたちを製造者自ら判断できるよう、指定事項をエンジンの形式、機能、石炭1ポンド当たりの効率や設置位置に限った場合と比べて、微に入り細に入り仕様を指定するのは、かえってメーカーを拘束することになり、結果として設備の質は下がってしまう。

　**ポンプエンジンの数と種類**——常に一定の比率の「予備」動力を用意しておく必要がある。すなわち、少なくともエンジンを1基ずつ清掃や修理

のために停止でき、エンジンが故障したならば他のものを作動させられるように、常に必要とされる以上のポンプエンジンを備えておかなければならない。小規模な水道施設では、各々が全仕事をまかなえる馬力を備えた2基のポンプエンジンを設置するのが一般的である。こうする理由は、エンジンがとても小さい場合、全体での馬力数は小さくなるとしても動力をさらに分割することと比較して、初期投資をかなり抑えることができるからである。例えば、必要とされる馬力の総量を6指示馬力としよう。6指示馬力のエンジン2基の値段が、3指示馬力のエンジン3基の値段を越えることは恐らくないだろう。加えて、6指示馬力のポンプエンジン1基の方が、3指示馬力2基よりも作業効率は高いだろう。もちろん水道施設の大小を、はっきりと線引きすることはできないが、小規模の水道施設で10指示馬力以下の個別のエンジンを採用する場合、一般にはポンプ動力を2基以上のエンジンに分割することは勧められない、と言うことができる。

大規模水道施設の各施設にポンプエンジンが3、4、または5基あるならば、予備動力は全体の$1/3$もしくは$1/4$程度、さらに大きな施設では全体の$1/5$さえあれば十分である[(1)]。

大規模な施設の場合、24時間継続して揚水するのが最も経済的であるが、小規模の場合はそうではない。この間続けて人が立ち会う費用が全体の比率からして過剰になるからである。小規模施設では、一日の最大消費量時の揚水に対応するのに必要な性能よりもかなり大きなエンジンを設置し、24時間中の限られた時間だけ作動させ、高地貯水池または水槽へと直接揚水することが一般に推奨できる。これはもちろん予備エンジンとは別のエンジンを用いてのことである。

まちに給水する水道施設において有利になる作動時間数を掲載した下記の表は、ヘネル（Hennel）作成の表を、人口規模に応じて評価できるように、多少改良したものである。

揚水時間が16時間までにもなるのであれば、24時間継続してポンプを作動させても良いのではと、一見思ってしまうかもしれないが、16時間

だけ作動させることにははっきりとした利点がある。こうすれば人員の2「シフト」制を余裕もって計画できるのに対し、24時間にすると2シフトにするには長過ぎる。さらに8時間の空き時期は小修理に好都合である。

| 人口 | ポンプ揚水が必要とされる時間数 | 100フィートの揚水に必要な総馬力 |
|---|---|---|
| 500 | 4 | $1\frac{1}{4}$ |
| 1,000 | 6 | $1\frac{1}{4}$ |
| 2,000 | 10 | 2 |
| 3,000 | 10 | 3 |
| 5,000 | 10 | 5 |
| 6,000 | 10 | 6 |
| 8,000 | 10 | 8 |
| 10,000 | 10 | $10\frac{1}{8}$ |
| 20,000 | 16 | $12\frac{3}{4}$ |
| 30,000 | 24 | $15\frac{2}{3}$ |
| 50,000 | 24 | 21 |
| 60,000 | 24 | $25\frac{1}{4}$ |
| 80,000 | 24 | $33\frac{1}{3}$ |
| 100,000 | 24 | 42 |
| 500,000 | 24 | 210 |
| 1,000,000 | 24 | 421 |

**ポンプの一般的な形式**——並みの揚水に対して遠心式ポンプはたいへん効率的で、とてもコンパクトにできているうえに（優れた製造者によるものであれば）修理もほとんど必要ないので、これを強く推奨する。遠心式ポンプの採用が有利となる揚水高さの明確な限度を挙げることはできないが、機械の小型さを優先し、石炭消費量は二次的な判断材料に過ぎない場合を除いて、おおまかには約25フィートの揚水高さを越える場合には勧められないとは言える。近年になって「アルキメデス式」スクリューポンプが復活し、（著者の理解するところでは）ほどほどの高さまで揚水する場合はとても効果的である。

　比較的高い揚水においては、単動式（プランジャー式）ポンプまたは複動式（ピストンあるいはバケット・プランジャー式）ポンプのいずれかを用いることができるが、今日の傾向としては前者よりは後者の方がよく採

用される。プランジャー式ポンプで水の汲み上げはポンプ上昇（アップストローク）時、排水は下降（ダウンストローク）時のみとなるので、複数のポンプがある時以外の配水は断続的になる。鉱山の坑口によく見られるが今やあまり製造されなくなったコーニッシュ（Cornish）またはブル（Bull）エンジンが、プランジャー式ポンプの例になる。これらはかつて水道施設に広く使われたが、（著者の知る限りでは）今となっては決して製造されることはないものの、恐らく古いポンプは今もいくらかは使われているだろう。

　ピストンポンプについては、蒸気エンジンと同様のピストンのあるポンプに過ぎないので、特に説明も必要ないであろう。バケット・プランジャー式ポンプは、実を言うとピストンポンプと同じものである。ピストン棒または「プランジャー」の断面は、シリンダーとピストンに対して半分の面積になる。ピストン下降時にシリンダーにおける内容物の半分が主管へと送り出され、もう半分はピストンの上方すなわち「バケット」へと流れ込む。上昇時にピストン上方にある水は主管へと送られ、ピストン作用でシリンダーは再び水で満たされる。バケット・プランジャー式ポンプでは、ポンプ弁を複動式ポンプの場合に必要な数の半分へと減らすことができるため有利である。

　ポンプは水平型あるいは垂直型のいずれかのかたちをとるが、著者は垂直型の方が明らかに有利だと考える。水平型エンジンの場合、シリンダーに向かう「インストローク」が垂直型ポンプの「アップストローク」に相当する。

　**エンジンの種類**——実動ポンプのための蒸気エンジンは、*直接型*とはずみ車付きエンジンのある*クランクシャフト型*とに分類できる。直接型エンジンでは、エンジンのピストン軸とポンプのピストン軸またはプランジャーは連続しており、クランクシャフトやはずみ車はない。典型的な直接型エンジンは下記のような仕組みになっている。二つのシリンダーが横並びになり、それぞれに供給される蒸気は吸排気口が3口ある一般のスラ

イド弁によって制御される。ひとつのシリンダーの端部から蒸気が導入され、これを受けてこのピストンがもう片方の端部へと移動する姿を想像しよう。この端部からある距離に達すると、もう一方のシリンダーのスライド弁を作動させるレバーを突く。するともうひとつのピストンが移動し始め、シリンダーのもう一端にある程度近づくと、今度はこちらが最初のシリンダーのスライド弁を作動させるレバーを突き、弁が開放され、当初は蒸気を受け入れる側にあったピストンのもう一端へと蒸気が送りこまれるのである。実際それぞれのピストンは、もう一方のピストンを作動させる蒸気を導入するように、スライド弁を作動させる。以上が非常に単純な形式の直接型ポンプの説明であるが、すべて同じ原理に基づく。しかしながら、二つあるシリンダーの片方はたいがいとても小さく、その役割はただ大きなシリンダーのスライド弁を作動させるだけである。

　この種の直接型エンジンはほとんど自動で作動し、これゆえにたいへん便利である。容量の限度までただ求められる水量を揚水し、さらには比較的小型であることも有利である。一方、これらの作動には蒸気の膨張を伴わず、ただ水を先へと「押し込む」だけなので非常に不経済である。しかし近年経済性に関して直接型エンジンは、まずは「複式膨張」式とされ、その後「強力ギア」が導入されたことにより、格段に改良されている。ギアの形状は様々であるが、目的とするところはいつも同じ——主にストロークが始まった最初の段階で一定量の動力を吸収し、ストロークの終わりに向けて放出すること——であり、シリンダー内で蒸気がのびのびと作用できるようにすることである。最新の強力ギア付き直接型エンジンの中には、同加圧下で優れた設計のはずみ車式エンジンと同じか、またはこれを上回る仕事をするものもあることが確認されている。

　クランクシャフト型及びはずみ車型エンジンの最も古くからあるかたちは、ビームエンジンである。この形式のエンジンは今も時には推奨されているものの、徐々に使用されなくなっているのは、主に基礎の建設に膨大な費用を要するからである。これに対して今日よく見るのは、クランクシャフトをポンプのシリンダーとポンプとの間に、あるいはポンプから遠

い方のシリンダー端部の向こうに配置し、ポンプから遠い方のシリンダーカバーを経てピストンから先棒を移動させるかたちである。

　クランクシャフト型ポンプエンジンの長所はもちろん、蒸気を最大限作用させることができることにある。一方、大きな空間を必要とすることが短所となる。

　ほとんどのクランクシャフト型エンジンには、少なくとも二つのシリンダーがある。クランクシャフト型ポンプエンジンの最悪のかたちは、中にあるシリンダーのうちひとつのピストンによって作動させられる単動または複動ポンプがひとつしかなく、もう一方のシリンダーの仕事がクランクシャフトを通じてすべて伝えられるものである。まずは、エンジンシリンダーのうちひとつの仕事全量をクランクシャフトで伝えること自体、過大な負担が発生するので同意できない。次いで、ひとつのポンプ単独では、配水能力はたいへん不均一になる。

　2シリンダーエンジンのあらゆる種類で一般に見られるように、ポンプ二つに加えシリンダーが二つあり、クランクが直角に取り付けば、配水はずいぶんと均一になる。一方、「3連」エンジンと呼ばれるもの——それぞれにポンプを作動させるシリンダーが三つあり、クランクが180度の角度で取り付くもの。ポンプは複動であることが望ましい。——の採用には、大きな利点がある。このようなエンジンを用いれば、配水はかなり均一になる。この点は、配水主管に直接揚水しなければならないエンジンにおいては特に重要である。

　蒸気ポンプエンジンも、*凝縮型*と*非凝縮型*とに分類できる。凝縮型が非凝縮型と比べてたいへん経済的であることにこだわる必要はなく、ある程度の規模を越えるポンプエンジンには凝縮装置を設けるのが、ほとんど世界共通となっている。とても小規模なポンプ場では、凝縮装置にまで投資することはそう勧められない。この理由は、小さなポンプ場では石炭の実費は経常費の中では比較的小さく、凝縮装置の利用によって削減できる費用は大きなポンプ場と比べて低い比率になるからである。既に述べたように、ポンプ場規模の大小をはっきり線引きするのは難しいのであるが、一

度に10実馬力以上使用されるのでなければ、著者は凝縮型エンジンの採用をまず推奨するべきではないと考えるのである。

凝縮装置は「ジェット」式あるいは「表面」式のいずれかである。前者の場合、凝縮される水は実際にジェット水流として凝縮装置に流入し、その後何らかの動力に頼って「空気ポンプ」で排出されなければならない。一方表面式の凝縮装置で凝縮される水と蒸気は、多数の小さな管からなる大きな面によって分離されるので、互いに接触することはない。ジェット式は表面式凝縮器と比べるとずいぶん安価であるが、速度を変動させて作動させるエンジンには向いていない。従って、ほぼ一定の速度で作動させることのできるポンプ用エンジン以外には採用するべきでない。

ポンプ用エンジンに表面式凝縮装置を採用する場合、エンジン自体が揚水する主たる水を巡回水に用いることができるので、循環式の表面式凝縮装置のある他の形式のように、別の「循環用ポンプ」は必要ない。これが問題となるほど熱せられることもない。

ポンプ用エンジンはさらに細かく、*単純式、複式膨張式、3倍膨張式（あるいは3倍コンパウンド式）及び4倍膨張式*に分類できる。複式膨張式とするのは、単純式エンジンと比較して、作動部分や枠組あるいは床盤に過剰な負荷を掛けることなく、蒸気の膨張をさらに利用できるようにするためである。

凝縮器と同じことが、複式膨張式にすることについても言える。一般にとても小さな施設の場合は、複式膨張を採用するために費用をかけるだけの価値がない。完全に経験に基づく限界値として挙げるのであるが、同時に合計20指示馬力が用いられるのでなければ、著者だったら凝縮器なしの単純な高圧エンジンを指定するだろう。（3倍膨張と複式膨張及び3倍膨張式エンジンの話題は本章後半、ポンプ用エンジンの役割についての項で扱う。）著者の知る限り、4倍膨張式エンジンはポンプ用には使われたことがない。この採用が提案された事例を知っているものの、少なくともしばらくの間はこの用途に用いられることはまずないだろう。

ここでもまたポンプ用エンジンは、*垂直型と水平型*とに分類できる。両

形式のエンジンの支持者はいるので、それぞれに利点があるのだろう。著者は垂直型エンジンを強く好むのであるが、恐らく贔屓の問題であろう。

　**ポンプ吸引長さ**——ポンプについて述べるすべての技術書では、気圧計の高さに応じて多少前後はするものの大気は34フィート高さの水柱と均衡するとしている。しかし実際のところポンプは約26ないし28フィート以上を満足に揚水することはできない。これは皆事実であるが、技師たちの中にはすべてのポンプはこれだけの吸引力を持ち合わせていなければならないと結論づけている者もあるようだ。このような見方は誤っている。ポンプがこのような吸引力を満足に発揮するのは、特別な留意をした時に限られる。非常に遅い速度下以外の状態では、排水量が大きく変動する——例えば一機の複動式ポンプのような——ポンプの形式では、満足に作動させることは不可能であると言ってよいだろう。どんな並みの速度下であってもポンプは満水にならず、ストロークが反転する時にピストンは上昇する水柱に激しく突撃し、恐らくポンプと弁のケーシングを危険にさらすこととなるだろう。著者はポンプ用機械類に関連して、他の原因と比較して、吸引が長過ぎることが原因となり問題が発生した事例を数多く見聞きしている。ポンプ用エンジンの吸引時間は、できる限り短くするように努めることを原則としてもよいだろう。さらには、どのようなポンプ用エンジンでも、水がポンプへ自重によって移動する状態で最も順調に作動することも併せて述べておきたい。

　ここで、吸引の長さあるいは吸引の高さと言えば、*垂直方向の高さ*を指すのだと理解しておいて欲しい。水平方向に長くてもそれほど問題にはならないが、できれば避けたい。というのは、1回のストロークごとに動かし停止させなければならない水の荷重が増えることとなり、あるいはそうでなくともその速度を速めたり緩めたりしなければならないからである。特に、垂直方向の上限に限りなく近づくと、水平方向に延長される分だけ、問題が発生しやすくなる。ゆえに、可能であれば揚水井はポンプ直下に配置するのが好ましい。

吸引力は揚水する水の水面からポンプシリンダー内部の最高点までを、シリンダーが水平または垂直であるかに関わらず測定するようにしたい。

このような吸引に関してエンジンは、水平より垂直である方が有利であることは自明であろう。垂直エンジンの場合、ポンプはエンジン室の床下に設置してもよく、実際、床下やなるべく低い位置に置かれている。

やむをえず吸引距離が長くなってしまう場合には、吸引管内における水柱の速度変化が他よりもかなり低く抑えられる「3連」ポンプを採用すべきである。

**ポンプのピストンまたはプランジャーの速度**——ポンプのピストンまたはプランジャーの速度は、一回のストロークの間にポンプに導入する水の容量によって制約を受ける。激しい「ノッキング」の発生は避けられず、そうするとポンプに強烈な負荷がかかり、故障を引き起こすこともありうる。ポンプのピストンが具合良く水を満たす速度の範囲は、当然吸引バルブの大きさとかたちに大きく左右される。加えて、ストローク幅にもかなり影響を受ける。ポンプ設備設計の成功は、ポンプのバルブ及び特に吸引バルブを適切な形状と大きさにすることに、大きくかかっている。

他の要素が同じであれば、ストロークが長いほど、ピストンの速度を高めることができる。少なくともクランクシャフトのエンジンには当てはまる。そのわけは、あるピストン速度のもとではストロークが長いほど、各ストロークの初期段階ではゆっくり加速されるからである。吸引が短いほど、実動上得られる加速は大きくなる。吸引管が正しく設置されている限り比較的均一な排水が得られるかたちのポンプでは、そうではないポンプと比べてピストンの速度を高くできる。適切な維持管理をすれば、平均秒速240フィートのピストン速度を得るのは容易で、設計が優良なポンプについては秒速300フィートさえノッキングを伴わずに得られる。

ポンプを直接作動させるエンジンについては速度を比較的低く抑えなければならないゆえに、例えば船舶用機関のようにピストンが高速で作動するエンジンほどの力は得られない。後者の場合、再度蒸気が導入されるま

で、排出時にシリンダーが冷めるだけの時間はないので、結露による損失は免れられる。少なくとも最近までは、ポンプ用機械については上で述べたよりも低いピストン速度が推奨されてきた。蒸気ピストンを高速で差動させながらもポンプピストンを低速に保つために、往々にして伝動装置に頼ってきたのである。

　**ポンプエンジンの仕事率**——ポンプエンジンの仕事率とは、一定単位の石炭当たり高さ1フィート持ち上げることのできる水の重量を指す。ワット（Watt）が採用した石炭の古い単位はブッシェルであった。しかしブッシェルは（厳密に言えば）体積の単位であり重量の単位ではないため不都合が生じ、代わりに112ポンドに相当するハンドレッドウェイト（cwt）（訳注　100ポンド、ハンドレッドウェイト［hundredweight］の意。）が使われるようになった。現在では100ポンドに相当するcwtを用いるのが一般的である。後述するように、著者は水を基準とする単位の方がいかなる石炭の単位よりも優れていると考える。

　ところで、ハンドレッドウェイトという単位であるが、ここ20年から30年前までは、ポンプエンジンの仕事率が60,000,000フィートポンドであれば、実用上効率が良いとみなされた——この場合一般には、仕事率は60,000,000であると表された。以来この仕事率はかなり上昇してきた。このことには、二つの理由がある：ひとつに、より高い蒸気圧が使用されるようになってきたこと、次いで複式膨張式の導入による。一般に、当初の圧力が高いほど、また蒸気の温度が高いほど、効率は良くなる。これは今や広く知られるようになったカーノット（Carnot）の論証、すなわち熱エンジン——もちろん蒸気エンジンは熱エンジンの一種である——から得られる最大の仕事率は、$(T-t)/T$に比例するという考えに基づく。ここで（蒸気エンジンの場合）$T$は絶対零度を基準とした流入時の蒸気の温度、$t$は同じく絶対零度を基準とする凝縮器内の蒸気の温度である。

　この差を大きくできるほど、効率が高まることはすぐにわかるだろう。また凝縮器内の温度はほとんど一定なので、この差を大きくする唯一の方

法は当初の温度を高めることである。このような状態を得る少なくとも主な方法が圧力を高めることであり、またシリンダーに入る蒸気を加熱することによってある程度までは行われている。

　蒸気の取り扱いに際して実用的とされる圧力は、徐々に増加してきている。超高圧エンジンは、普通の加圧下で作動するエンジンと比較して、設計においても製造においても今までにも増して細心の注意が必要とされ、操作にもさらに技能が求められる。従って、最大可能な加圧下での作動を推奨できるのは、装置が非常に大規模な場合においてのみである。十分に技能のある操作者の手にかかるボイラーやエンジンについてのみ当てはまることであるが、現時点においてポンプ用機械について勧められる最大圧力は大気圧を基準として1平方インチ当たり150から160ポンドと言っても、そう的外れではないだろう。多くの場合蒸気圧は、大気圧基準で90から120ポンドの間に抑えるのが適切であろう。圧力が90ポンドを下回ると、高い経済性は求められない。

　流入する蒸気に対するシリンダーの冷却効果以外には、はずみ車付きエンジンを用いた複式膨張の作用には、作動部品や枠組と床盤にかかる負荷を軽減する以上の利点はない。シリンダーとピストンの材質が熱を吸収しない性質のものであれば、複式膨張式エンジンの力仕事量は、全く規模を大きくすることもなく低圧シリンダーのみでもたらすことができる。しかしながら実際にはシリンダーとピストンは鉄からなり、熱を良く伝達し、また熱を速やかに吸収し放熱する。従って温度差が大きければ、各ストロークの初動段階において蒸気は、排出の際に冷却された鉄によって無駄なまでに凝縮されるのだが、ポンプエンジンが通常作動する比較的低速度のもとでは、特にこの傾向が顕著である。

　複式膨張式にすることで、また3倍膨張式にすればなおさら、いずれのシリンダーにおいても内部温度の変動幅はかなり狭められるのである。

　さらには、低圧シリンダーのみを用いて複式膨張式エンジンの高圧下での機能がすべて発揮されるようにするならば、低圧シリンダーの大直径シリンダーにこの高圧をかけることで発生する負荷は膨大になる。他には、

例えば「ゆとり分」がなくなることによって恐らく効率も減じるであろう。

　上で述べたことから察するに、圧力が高いほど、複式膨張式にすることの利点は大きくなる；それもさらには、複式膨張式の最大効果を得るには、初動時の圧力を比較的高くすることが欠かせない。ゆえに、複式膨張式エンジンを用いる際の圧力は、1平方インチ当たり大気圧を基準として約90ポンドを下回ることがないようにするのがよいと言えるだろう。複式膨張式エンジンでは1インチ当たり90から120ポンドが好ましい経済的な圧力である。圧力を150ポンドほどにするならば、複式膨張式エンジンよりも3倍膨張式あるいは3倍コンパウンド式エンジンの方が経済的となり、加えてクランクシャフト型エンジンを用いた3連ポンプ配置にすぐさま適用できる利点もある。但し、「3連」の配置は、ひとつの高圧シリンダーと二つの低圧シリンダーがあれば複式膨張式エンジンでも容易に得られる。

　200ポンド以上の蒸気圧を十分に制御できる状態であれば、揚水作業に4倍式膨張式エンジンを用いることで、たいへん有利になるだろう。このようなエンジンは既に海洋関係では採用されているが、その利便性については多様な意見があるようだ。

　既に述べたように、今日一般的に用いる石炭の単位は、100常衡ポンドである。石炭を基準とすることに反対する声は、石炭は物質として変動性が高いことに基づく。よく行われるように、たとえ試運転時に用いる石炭が「最高品質ウェールズ炭」と指定されていたとしても、これでさえ完全に均一な物質からはほど遠い。時にはこの問題解決のために、排出された灰や溶滓などすべてを計量し、これと石炭との差を実際に消費された量として扱うこともある。このようにすれば、基準としては完全にかなり近づくのであるが、それはそもそも使用した石炭が標準にかなり近ければのはなしで、任意の石炭を用いたのであればそうとはいかない。というのは、ほとんどすべてが燃焼する良質の石炭と比較して——少なくとも石炭を蒸気ボイラーで燃やした場合——、不燃部分を差し引いても一定量の低品質な石炭から得られる仕事率は少ないということは、誰もが理解していることではないからである。さらに言えば、完全に標準的な石炭であったとし

ても、ボイラーの性能はエンジンの性能と分けて考えるのが望ましい。

時にはエンジンの石炭1ポンド当たりの性能が、「石炭1ポンドによって蒸発させられる10ポンドの水を基準として」指定される。こうすることでかえって議論倒れ(reductio ad absurdum)になりかねない。それならばいったいなぜ石炭を取り上げるのか？「ボイラーから発生する蒸気10ポンド当たり」これだけの仕事率が得られるエンジンであることを指定するための、非常に要領の悪い方法でしかない。反対にこのように言い換えれば、仕事率を指定するにはとても理にかなった方法であると、著者は思う。実際、まさにこの方法を勧めているのだ。求める仕事率は、ボイラーで蒸発させられる水の量をポンドで表すのがよい。そうすれば、あとはボイラーとエンジンそれぞれにおける効率の問題を分けることができる——よくあることに、ボイラーとエンジンが異なる製造者の製品である場合には特に推奨したいのである。

単位として水の重量をどのように設定してもたいして問題ない。給水の導入が華氏202度で行われる場合、最適な形式のボイラーを用いれば1ポンドの高品質な石炭は10ポンドの水を蒸発させるので、石炭1ポンドに対応するとされる水10ポンドとしても、他の単位と同じぐらい有効である。

ゆえに、水10ポンドを蒸発させる分を単位として用い、水を大気圧下における沸点温度でボイラーへ給水する場合、多種多様なエンジンにどれほどの仕事率を期待するのが妥当であるのかを考えてみたい。

まずは、エンジンがまかなえる最大の仕事率は、均一な速度で作動しなければ期待できない。ここで言う仕事とは従って、例えば高地にある貯水池に揚水するような場合の、均一な作動のもとでしか期待できない。不均一な作動、すなわち直接主管へと揚水する場合、または数分間分の水量しか貯水していない給水塔への揚水でさえ、あるいは24時間中の消費量の変動に対応できない給水施設すべてにおいて、それほど高い仕事率は期待できない。

複式膨張式エンジンでは、作動時の蒸気圧を90から120ポンドの間に制約する場合、10ポンドの水の蒸発によって仕事率1,000,000の仕事を予期

しても問題ない。150から160ポンドの加圧下で3倍膨張式エンジンが作動すれば、仕事率1,200,000は得られるだろう。水頭が例えば25フィートを上回ることのない大きな遠心式ポンプでは、仕事率600,000が発揮されるだろう。通常の凝縮あるいはわずかな膨張作用では、仕事率400,000から500,000を越える仕事は求めるまでもない。一方、ほんの数馬力の小さな高圧エンジンでは、恐らくこの半分あるいは$\frac{1}{3}$を越える仕事をすることは期待しない方がよい。

1,000,000から1,200,000に及ぶ高い仕事率——均一な速度で揚水する大型複式膨張式エンジンで得られるとされる——については、ポンプ機械製造者発刊の報告書を通して、たいがいこれだけの仕事率は実際に達成されていることを、著者は十分認識している。蒸発した水10ポンド当たり可能な仕事として仕事率1,500,000までのあらゆる値が挙げられるのも、著者は目にしてきた。ただ言えることは、前段落で挙げた仕事率が仕事の上で得られているのならば、技師は自らの仕事に十分納得してしかるべきである。

上で述べてきたことを明解にするために、ここで別のかたちで表してみよう。どのようなエンジンでも得られる仕事率は、水10ポンドを蒸発させた量を単位とすれば、下記の式によって求められる：

$D = H \times W/w$

ここで

D ＝ ボイラーで蒸発させられる水1ポンド当たり発生する仕事率、単位はフィートポンド

H ＝ 揚水高さ、単位はフィート

W ＝ 一定時間中に揚水された水の総重量、単位はポンド

w ＝ 上と同じ時間内にボイラーで蒸発させられた水の重量、単位はポンド

とする。

Hについて少し述べておく必要がある。正確に言うならこの値は、揚水元となる貯水池またはポンプ井水面の高さと、揚水先となる貯水池または

給水塔の水位の差である。しかし、もし長い圧送主管があるならば、主管内部の摩擦に抗するのに必要とされる圧力も、相当する水頭の値に換算して、Hに加えなければならない。これが無視できるのは、図146に図示したように、エンジンにより直接揚水される給水塔の直径が、圧送主管内の摩擦を完全に無視しうる寸法である場合だけである。長く水平な給水管の場合——できる限り避けたい状態である——内部摩擦に抗するのに要する水頭も、Hに加算するのがよいのだが、常に使用すべき短く垂直な吸水管内の摩擦は普通考慮されない。実際にはこの管がポンプの一部とみなされるからである。

Wは、ボイラー内の水面高さが試運転の前後で同じであることを確認したうえで、ボイラーに吸水された水量を計測すれば、容易に求められる。

**蒸気ポンプエンジンの馬力**——ポンプエンジンに関連して提示する馬力は、上で述べたように一定量の水を一定高さまで移動させるのに要する、圧送主管の摩擦抵抗を考慮した実際の馬力である。言い換えるならば、主管に摩擦抵抗がないと仮定した場合は、これよりもさらに高い位置まで揚水される水量として計測される。すなわち、

馬力 = W × H / 33,000

となり、ここで

W = 1分間の仕事で上げられる水の総重量、単位はポンド

H = 上で説明したように揚水主管内の摩擦抵抗分を加算した揚水高さ、単位はフィート

とする。

それでも時には（実際は頻繁にある）指定された馬力——シリンダーで発生する馬力——を実際になされる仕事率の馬力と比較できると便利である。というのも、エンジン効率の損失があるとすれば、このようにすることによってのみ確認できるからである。（「公称馬力」という表現は、今や全く意味がないということは言うまでもない。この語は一刻でも早く工学関係の文章から抹消されてしかるべきである。）

指定馬力は実際の馬力 ×1/c となり、c はエンジンとポンプの効率を表す係数で、常に1以下である。実際 c と1との差は、シリンダー内で行われる仕事のうち、機械の仕組みの作動部分及びポンプ弁や、ここから出入りする経路を通過する水によって、摩擦力のために消費されてしまう部分を表す。優れた大規模なエンジンで c は、最低でも0.8に達するだろうし、0.9を求めるのも行き過ぎではない。著者は後者よりもさらに大きな値を目にしている──実際一例では、限りなく1に近づく値であった──しかしながら、この場合は試験時に何らかの誤りがあったものと推測する。事実、最良の指示器を使用し、最大の注意を払っても、指示馬力の測定には必ず数パーセントの誤差が含まれることを念頭に置けば、この推測も間違いないだろう。

既に示した通り、高品質の機械を採用した場合には、シリンダー内で行われる仕事の90％は、実際に揚水された水量として得られる。しかしながらエンジンの設計に当たってはシリンダーで発動可能な仕事率として、0.9と1との差に表れる揚水水量と仕事率との差分として、約11％分の余力をもたせるだけでは不十分である。事実、とても大きなエンジンでさえ、揚水に必要な動力よりもシリンダー内では少なくとも50％増しの動力を発生させる能力があることが望ましい。作動上最大の効率を得るために、少なくとも高圧シリンダーには変動可能な拡張ギアを備え、指示馬力を減じるように接続された状態であることが求められる。それも蒸気の絞り作用によってではなく、通常作動時には常にこのようであってしかるべきなのだが、必要動力の余力としてある50％増し分が使われずにある時に、蒸気の導入時間を短くすることで対応できるようにしたい。

一方、小規模のエンジンでは、複式膨張式であれ高圧であれ、シリンダー内で実際に使用される最大動力の2倍を発生させる能力が求められる。

今までに述べてきたことを考慮すると、エンジンの能力を指示馬力として指定する必要があるならば、以下の式によって値が得られることがわかる。

大きなエンジンの場合：

指示馬力 = W × H × 3 / (33,000 × 2)

小さなエンジンの場合：

指示馬力 = W × H × 2 / (33,000 × 2)

この時

W = 1分間に揚水される水の重量、単位はポンド

H = 前述したように主管の摩擦分を加えた揚水高さ、単位はフィート

ここには、小さなエンジンと大きなエンジンを明確に区分する基準がないという、たいへん身近な問題が含まれている。従って技師は判断を迫られることになる。いずれにしても、既に指摘したように、ポンプエンジンの馬力についての指定は推奨できないので、これに代わって、できる限り正確に、また詳細を挙げながら、例えば設置する位置についてなども含めて、エンジンに求められる機能を指定したい。

馬力に触れたついでに、非常におおざっぱではあるが、時にはたいへん参考になる値を挙げておこう。極小規模な設備を除くが、水頭100フィートの貯水池への揚水により、人口1,000人当たり1指示馬力あれば、摩擦分の余裕及び予備分と揚水用に余裕を見ても十分であることがわかる。直接主管への揚水をするならば、他の値は同じでよいが、人口1,000人当たり1½指示馬力にする必要がある。

**貯水池への揚水及び主管への直接揚水**——24時間中の消費量変動にも十分に対応できる大きさの貯水池や水槽に揚水する利点は数多くある。小さな施設の場合は、24時間中の一部だけでも揚水全体が一定速度で行えるような大きさの水槽または貯水池及び、対応能力のあるエンジンがあれば有利である。

しかし、高地で貯水池用敷地を入手することの困難さや費用、さらには大きな人口に対して高架水槽を使用することが実行不可能であることを考慮すると、多くの場合、24時間中の消費量変動に十分な貯水量のある貯水池や高架水槽を用いずに設計するように迫られ、その際には、多かれ少

なかれ主管に直接揚水する方法をとらざるを得なかった。この方向性での第一段階は、高架水槽の使用であった。これらは24時間中一定速度でエンジンが作動するのに十分な水を貯水できるものではなかったが、例えば1時間分の消費水量は貯水できたので、時々エンジンの速度を変える必要があった。次の段階は、数分の消費量分しか貯水できない給水塔の導入であった。これはエンジン作動速度の急激な変化を防止するための単なる制御装置としてみなすことができる。そして最後の段階になると、エンジンによって直接主管へと揚水されるようになるのだが、ここではひとつあるいはそれ以上の空気室内の空気によってもたらされる以外には衝撃を緩和するものがない。空気室には、機械への予期されない衝撃の防止及び主管への水流をさらに均一にする役目しかないので、このようなエンジンは水の消費量に完全に対応するように作動しなければならない。ポンプ設備の完成度が高まり、まちへの給水においてもこのような仕組みに頼ることができるようになったのは比較的最近のことであるが、今や世界各地で採用されるようになっている。[2]

　この仕組みを採用するならば、エンジンには予備用を除いて最大限の消費量（＋消火用の余裕を含む。これについては後述する。）にも対応できる揚水能力が求められる。エンジンは様々な速度で作動するように特別に設計しなければならず、速度の制御には自動装置を備えるのが最適である。機械何台が作動しているかに応じて、水圧式ポンプエンジンの蓄圧機がエンジン速度を制御する方法を考えれば、主管に直接送水するポンプエンジンをどのように制御すればよいかは、すぐさま見えてくる。最も完璧な仕組みは、絞り弁をワイヤで引いて蒸気を開閉するのではなく、制御ギアが差動式拡張ギアを作動させ、高圧シリンダーあるいはすべてのシリンダーへの蒸気導入時間の長さを変動させるものである。もちろんこの他にも、複数のエンジンが作動している場合には、消費量が最大になる時には手動による制御も行われるし、操作者は、エンジンが過大な速度で作動することがなく、消費量に対応する揚水のために必要以上のエンジンが作動していないように確認する。水の需要に応じて自動的にエンジン作動の停止と開

始を行うギアを設計するのは難しくない。しかし、そのように複雑なことは、多くの技師たちにはそう好まれないだろう。水道施設でよく見るように、エンジン動力がいくつであろうとも複数のエンジンに分割されていると、主管または住宅への給水管から大量の漏水がない限り、深夜から早朝にかけては作動中のエンジンが1台より多くなることはまずない。

エンジンの馬力は24時間中いつでも最大量揚水できる能力を備えている必要があるのだが、エンジンは時にはほとんど休止しているので、その間におけるエンジンの総仕事率は貯水池へと送水するのと同じになることに注意したい。

既に述べたように、この場合には一定量の石炭を燃焼あるいは一定量の蒸気を発生させたりしても、エンジンが均一な速度で作動する時ほどの高い仕事率は期待できない。制御装置はそれぞれ異なり、また効率にも差があるが、エンジンが均一な速度で作動する場合に得られる仕事率の50％から85％は得られる。

つまり蒸気式揚水機に関しては、一般に技師が最良の方法であると考えるのは、ポンプに期待する仕事率を具体的に指定することである――据える位置を指定し、エンジン室床面を揚水する水の水面からどれほどの高さにするか、水は直接主管または貯水池へと揚水するのか、また後者の場合には圧送主管の長さと直径を指示し、エンジンに求める仕事率を指定するのである。この際には、誤解の余地がないように十分に注意する必要がある。その技師に、エンジンに求める能力に対して見当をつけられるほど十分な経験があるならば、試験の実施方法についても具体的に指定するのがよい。加えて（施設がかなりの規模であると想定し）技師は、（作動時の圧力に関する限界値に触れて）表面凝結装置付きの高圧複式膨張式あるいは3倍膨張式エンジンにするか、主ポンプは循環ポンプあるいは複動式ポンプとして作動させるのか、クランクシャフトを用いた設計とするならばクランクとシャフトの3連形式の配置、高圧シリンダーには蒸気ジャケット[3]を設けること、また3倍膨張式を採用するならば中間シリンダーにも設け、低圧シリンダー及びすべての蒸気ジャケットは磨いた木で被覆することなど

を指定する。実際上で述べたことに「最高の技能を用いて、必要な備品をすべて用意してなど」のような一般的な追記をすれば、十分に完成された仕様書にかなり近づく。

　ポンプエンジン製造者自身に、先方の提案するエンジンに対する基礎の設計も任せるのが、たいがい都合良い。

　著者はポンプエンジンの設計を1、2例挙げたくてしょうがないが、ここでは止めておく。このようなものを示すと、一般的な水道施設に使用するポンプエンジンのあり方として捉えられてしまい、その結果、ポンプ設備製造者たちを特殊な設計に縛り付け、製造者たちの邪魔になる問題を生み出すだけの技師と同じような過ちを犯す可能性が高いからである。著者の頭にあるものは、それがただ複雑なギアもなく、また特許によって保護されたものでもないことを言っておく。

　ダルマ型のポンプは、工学の他分野の多くにおいてと同じように、水道施設でも様々な方法で利用できる。特に、一時的な作業あるいは頻繁に吸引管あるいは管自体さえの位置を変更する必要がある場合に有効であるものの、継続的利用には向いていない。

　**ポンプエンジン用のボイラー**——種類は異なってもほぼ同量の動力を生み出す蒸気エンジンで効率的に作動するボイラーは、ポンプエンジン用としても効果的であり、一般的なボイラーについてここでは詳細に述べるつもりはない。従って、普遍的な意見だけに限っていくつか述べることとする。

　優れたボイラーであればどれでも、最良の石炭1ポンド当たりボイラーに華氏212度（摂氏100度）で給水される水10ポンドを、大気圧のもとで蒸発させることができる。この際、石炭を経済的に燃焼させられる点を越えて強制的に加熱しないことを前提としている——この前提とは、ボイラーが適切な大きさで、他の条件もすべて好ましいことである。実際に消費された石炭の重量分だけ——すなわち消費した石炭の重量と灰の重量の差、あるいは最高品質のウェールズ炭であれば実際の重さとさえしてもよ

い——を量って、ボイラーがなすべき仕事として指定しても決して理不尽ではない。

　蒸気ボイラーの場合、また海洋ボイラーでもほとんど同じであるが、目標とするところは一定容量のボイラーで、最大量の蒸気を発生させることである。その結果、ボイラーの火室では激しい燃焼が保たれ、ここに含まれる水の量は比較的少なくなる。そうなれば火入れ及びボイラーの手入れに最大の注意が払われなければ、蒸気圧を一定に保つのが困難になり、ボイラーの効率が本来よりも落ちることとなる。

　水道施設のポンプ設備用ボイラーの場合、一般には設置空間の大きさが制約されることはほとんどなく、昔からのコーニッシュまたはランカシャー式ボイラー——やはりこれらは適切な仕組みにすれば他のどのボイラーよりも経済的である——がよく採用される。とは言えど、著者は海洋用あるいは機関車用のボイラーでも、非常に具合良くポンプ設備稼働用に蒸気を発生させている例を知っている。

　「管式」または「水管式」ボイラーは水が循環する数々の管からなり、火入れは外で行われ、蒸気を集める蒸気ドラムは上方にある。これらはコンパクトに梱包できる点が長所となり、持ち運びしやすい。さらには、中でも最良のものはたいへん経済的である。従ってこれらはボイラーを遠く外国から輸入しなければならない場合、あるいは何らかの理由により重量のある部品を設置するのにたいへんな費用がかかる場合に有利である。

　製造者には、自社のボイラー用として煙突とすべての煉瓦積みまで設計を任せるべきである。そうしなければ、いかなる効率に対する保証も期待するのはかなり無理が伴う。

　技師がボイラーの種類を指定するならば、このボイラーに期待される仕事率をも十分正確に指定するべきである。たとえその会社自体がボイラーを製造しなくとも、同じ会社にボイラーとエンジンの操作者を依頼するのも都合が良い。というのも、そうすれば確実に——あるいはほぼ確実に——求める仕事に対してボイラーの動力は適切に調整されるからである。また、少なくともそのようにならなければ、エンジン製造者がこの責任を

負うこととなる。

**揚水用発動機の他の形式**——多量の揚水に水力を用いることは——たぶん特にオランダでは——そう珍しいことではない。このような動力が利用できる場所で採用することの利点は実に明確である。まずは機械類がたいがい複雑でなく、次いで全く石炭を消費せずに済むからである。

たとえそれほど大きくなくても落差があり、揚水しなければならない水量が落水する水全量のうちほんの一部であるならば、この量を落差の頂点より高い位置まで上げることができる。この高さは、水の総量に対する揚水水量に反比例する。摩擦を無視するならば、揚水できる高さは下記の式で表せる。

$H = h \times Q / q$

この時
 $H$ = 揚水できる高さ
 $h$ = 揚水に利用できる水頭
 $Q$ = 水の総量 　　なお、$Q$ と $q$ の単位は同一とする。
 $q$ = 揚水する水の量

この際、実際のポンプは落差の下方にあることを前提とする。場合によっては、ポンプを落差の上方に配置して、接続棒や他の装置を用いて、落差の下方にあるモーターと接続するのが都合良いこともあるだろう。その場合、$Q$ は水全量から揚水する水量を差し引いた値とする必要がある。いずれにしても、水は同じ高さまで上げられることになる。

ある高さまで上げられる水量は次の式で表せる。ここでも摩擦は無視することにする：

$q = Q \times h / H$

記号は上と同じ項目を示す。

## 第16章　ポンプ設備

　揚水用ポンプのモーターとして最も使われて来たのは恐らく、オーバーショットやブレストホイールであろう。これらはある程度の規模であれば回転はゆっくりであり、あるいはこれらとポンプはクランクと接続ロッドだけで接続できる利点がある。

　近年になってタービンもある程度は使われるようになっている。また著者は実例を知らないものの、揚水にペルトン水車または「ハーディガーディ（hurdy-gurdy）」を用いない理由は見当たらない。両者とも高速で作動できるのは、心棒とポンプ間に歯車装置が関与するためである。

　ここで挙げたいずれのモーターでも、期待できる効率は約 $2/3$ である。すなわち、二つの計算式のうち最初の式で得られる高さの $2/3$ まで揚水できる、または二つ目の計算式で得られる水量の $2/3$ が揚水できる。

　水力モーターは、これを作動させる水流の一部を揚水するのに用いる必要は全くない。例えば、清浄な泉から水を上げるのに、汚れた小川の水を用いることもできる。

　大量の揚水には向かないが、水撃ポンプは動力として使用できる落差の頂上よりかなり高い位置まで揚水するのに広く使われている。この巧妙な仕組みでは、ある程度の長さの管の中における水流が急に止められた時に発生する「水撃（ラミング）」の力を有効に使っている。十分な長さといくらかの落差がある管に、水が流される。水の流速がちょうど最大に達する時点で水流が自動的に突然止められると、圧力が急激に上がるので、この圧力の増加分が一部の水を堅管の頂上を越える高さまで揚水するのに用いられる。

　水撃ポンプについては、動力用水に揚水する水とは別の水源を利用できる形式が導入されてからは、ますます便利になっている。

　ガスエンジンや熱気エンジンも揚水に多く使われるが、小規模での使用に限られる。従ってここでこれらについて特には言及しない。電気モーター利用による揚水についても同様である。

注

1 日本の東京では3箇所のポンプ場が計画されている。各ポンプ場には4基のポンプエンジンが設置されるが、このうち3基が作動すれば現在の人口である1,200,000人に対する給水を十分にまかなうことができる。さらに、人口が1,600,000人になっても、各ポンプ場では4基目のエンジンを作動させれば十分対応できるよう、ポンプ場には5基目のエンジンが設置できるように設計がなされている。

　大阪では、川から沈澱池へと揚水するのに3基の遠心式ポンプが配置されるものの、このうち2基で人口800,000人に対して給水ができるように計画がなされている。また、主エンジンは5基設けるが、うち4基で同じ人口への給水をまかなうことができる。

2 この仕組みは、東京の水道施設に採用されている。

3 低圧シリンダーに蒸気ジャケットを設けるべきであるか否かについては、かなり意見の相違が見られる。3倍膨張式エンジンでは、少なくとも中間シリンダーには蒸気ジャケットを設けるべきである。

## 第17章　水路の水流——水道管と開渠

　**水路**——水路とは正確には、水をある場所から別の場所へと運ぶすべての送水路を指すが、工学用語として用いる場合には、人工的な送水路のみを指す。さらには、工学の分野での最も広義の意味からすれば管も水流として捉えなければならないのであるが、水理工学で両者はたいがい区別されている。ゆえに、管は断面が円形の水路と理解され、互いに接合して使用する長さを単位として製造される。水道施設の管はほとんど常に水で満たされた状態で使用されることが想定されており、この水にはたいがい圧力がかけられている。

　水路は掘削されるかまたは造られるか、あるいは掘削のうえ造られた構造物である。さらには開放されているか覆われているかのどちらかになるのだが、前者では実際にはかなりの流速がある水路となる。暗渠は (1)「オープンカット」工法で造られたものと (2) トンネルとに、さらに分類できる。前者ではトレンチが造られ、底は掘られるかあるいは水路の下方半分のかたちに築かれ、次いで覆われ、トレンチは埋められる。ほとんどすべての下水は、「オープンカット」による水路である。トンネルとして造る目的は鉄道の場合と同じで、移動距離を短くするか、あるいは迂回するのが困難な障害物を貫通するためである。通過する地層に透水性があるか地層が水密であるかによって、トンネルの内張りの有無は左右される。非常に大きい水路は、一般には導水路（aqueduct）と呼ばれる。

　管や水路内の水流を規制する法律について、多くの書物、論文及び学術論文が書かれ、無数の計算式が推論に基づき提示されてきた。これらすべてについての多様な利点を論じるのは著者の目的では全くなく、むしろこれらを実用に供する方法を説明することに関心がある。つまり、すべての工学必携書や水理工学施設についての書物などに掲載されていることであ

る。評判となった著作に掲載されている方法は、ほとんど常に実務に十分利用できる精度になっている。

　水をある程度の加圧下で運ぶ必要がある場合には管が用いられ、ほとんど常に金属製である。圧力をかけずに送水する場合には、管あるいは水路のいずれかを用いることができる。水流が小さな場合、利用しやすい点において一般には管が好ましい。圧力がわずかであるか、全くかからない計画であれば、小さなものについては陶製の管が強く推奨される。清浄な水路が低費用で得られるからである。管は最高品質の釉薬のかかったあるいは焼き締めた製品のみを使用すべきで、わずかであっても加圧されるならば、予定される最大圧力の2倍を個々の管にかけて試験をしなければならない。管を設置する水路は注意深く掘り、水路全長に管が敷設できるように、各受け口の下を掘って空間を設けるのがよい。接続部は、受け口内に撚った毛糸を輪っか状にして押し込み、ポルトランドセメント1に対し、その同量を越えない清浄で鋭利な砂との比率からなる高強度セメントモルタルで注意深く埋めて設けるのがよい。「スタンフォード」型接合部のある管を用いると、効果的である。

　水路については築造したものまたは掘ったもの、開渠または暗渠のいずれにせよ、開渠に圧力は全くかかってはならず、暗渠についても圧力がかかることは推奨できない。この場合には水面に沿った線を指す「動水勾配線」は特定の位置で勾配が変わることもあり、この位置では水流の断面積も変わるのであるが、各点の間では勾配の線は厳密に守らなければならない。そうなると、土地に起伏を設けたり高架水路を建設したりするには、莫大な費用がかかることもある。炻器製の管でさえ、このように動水勾配を厳密に守らなくても済むように、管内のわずかな圧力であれば許容できるようになっている。動水勾配線を越えてはならないが、多少はこの線を下回っても問題なく、時にはこうすると非常に都合良い。十分に注意すれば、水頭10フィート相当の圧力がかかっても水密性が保たれるように炻器管を敷設することも可能である。すなわち、炻器管を送水に使用する場合、管が経路のいずれの点においても、動水勾配線より最大10フィート

以内の深さにあれば問題ない。この状況は、動水勾配線を加圧された管内を流れる水に関連づけて扱う、後述の項で理解できるだろう。

著者は、直径24インチまでについては、築造した水路よりも炻器管の使用を推奨する。

**開渠**——水道施設に関連して言うならば、開渠はこれから濾過する水のみに使用すべきである。但し、水が有機物によって汚染される可能性のある場所では用いるべきでない。すなわち、開渠は人口密度の高い地域を通してはならない。さらには原則として急斜面沿いでの使用は、積雪によって堰き止められたり、落石によって経路を邪魔されたりしやすいので推奨できない。さらに一般には、地上の雨水が流れ込むがままにすることについては、雨水排水のための対策がとられていない限り、好ましくないとされている。一方、そのような対策は、場合によっては多少複雑になる。というのも、雨水用水路の場所を確保するために水路上方でかなり余分な掘削を行ったり、大雨時の降水を排水するために、開渠水路上を越えるか、下をくぐらせる装置を短い間隔で設置する必要が生じるからだ。

*開渠の流水速度*——開渠での流水速度に関しては、考慮すべき項目がいくつかある。まずは実に明らかなことではあるが、水流が速いほど水路の断面寸法は小さくて済むので、建設費用も少なくて済む。多くの場合高低差には全く制約がないので、流速をかなり高くすることができる。しかし実用上、秒速約5フィートを越える速度は好ましくないことが知られている。これより速くなると、たいへんな費用をかけて施工したのでなければ、水路底の重たい物質を水とともに運び、水路を著しく摩耗させることにもなる。この速度を越えてしまうほど全体として高低差が大きいようであるならば、水路はそれほど落差を付けずにある程度の距離を走らせ、階段状に堰のかたちで急激に落下させる必要がある。やり方によっては、例えばこの水で水車やタービンを回せば、みすみす無駄にされてしまう、このような落差から得られる動力を有効利用できるのだが、その際に水の汚染は一切発生しないように細心の注意を払う必要がある。

低い速度にも利点があり、流速が速い場合には内張りしなければならない——必ずしも漏水を防ぐためではなく、底や側面の浸食を防止するために——水路の部分を、内張りせずに済ますことができる。従って、秒速約2フィート以下の平均流速であれば、かき乱されるのは細かい粘土分の類に限られる。これに対して、流速が秒速1から1½フィートしかなければ、水路を造るのに用いたいかなる土も浸食されることはない。

　その一方、これほどの低い速度とすれば、水流の邪魔をしてしまうほど水路にひどく植生が繁茂するのではと言って異議を唱える者もいる。気候条件にもよるが、秒速を2から3フィートにすれば、そのような植生は完全に防止することができる。[3]

　ヨーロッパとアメリカの技師たちが好む流速は、秒速2フィート弱から3フィート強までの間であるようだ。

　*開渠の断面形状*——開渠であろうと他の形式であろうと、水路内水流の流速を決定する式のすべてには、「水理学的平均水深」の用語が何らかのかたちで用いられている。

　　平均水深 = a / p

　　a = 水流の断面面積

　　p =「潤辺長」、すなわち水路断面周囲長さのうち水と接触する部分の長さ

　もちろん両者とも、面積と線を同じ単位で扱う限りは同じ単位になる。面積が平方フィートであるならば、潤辺の寸法と水理学的平均水深も単位はフィートになる。面積を平方インチで測るならば、二つの長さの寸法も単位はインチとなる。

　どのような流速あるいは排水量に対しても水理学的平均水深の値が大きいほど、どのような断面でも流速は速くなり、また必要断面積あるいは勾配あるいは両者ともが小さくて済む。従って一般には、いかなる施工方法を採用するにしても、適切な費用の範囲で水路の水理学的平均水深が最大となる形状にすることが目標となる；但し高低差が十分にある場合には、

水理学的平均水深を可能な最大値よりもかなり小さい断面形状にする方が都合良いこともあろう。

　円あるいは半円の水理学的平均水深は直径の1/4となり、また円形または半円形の断面において、最大の水理学的平均水深が得られる。この理由は単に、円はどのような面積であっても最短の線で囲まれた形であり、半円については直線である直径の線を考慮しなければ、面積と線の長さは円と変わらないからである。

　ゆえに、開渠には半円形の断面が理論上最適であることがわかる。しかしながら建設費用がかかるため、この断面が実際に採用されるのはたいへん希である。ただの半円で十分であるならば、それほど手間はかからない；しかしこの形状の利点を活かすためには、半円形の断面形状とは水の断面を指し、水路の形状ではないことを念頭に置いておく必要があり、またもちろん水が水路の縁ぎりぎりまで達することがあってはならない。これにはいくつかの理由がある。まず普段は水面が水路上端にちょうど接しながらも決して溢れることがないように水流を制御することは不可能であるうえ、さらには波も考慮しなければならないからである。

　しかし水が凍結する可能性までを考えれば、水面より高い位置にかなり高い土手が必要であることは、非常に明らかである。開渠で水面に氷が発生すると、もちろん水流の断面はまさに氷の断面分だけ小さくなる。このような場合には、氷の表面が上昇した時に水流を速めることで相殺できる。しかし他にも考慮しなければならないことがたくさんある。前に「潤辺長」は、水によって濡らされる断面周囲の長さであることに触れた。周囲の長さのうち空気に接する部分は、半円形断面の場合は直径の線になるが、潤辺長には含まれない。空気にある程度の抵抗があることは間違いないのだが、開渠で推奨される比較的低い流速であれば、抵抗値はたいへん小さいため無視して問題ない。しかし開渠で水面に氷が極薄くでも張れば、氷下面が潤辺長の一部となり、該当長さが大きく増加し、水流は急激にかつ極めて低速となる。こうなれば、氷の張った水面を上昇させることによってしか解決できない。

これらの理由より、開渠の土手は水路の大きさやその他考慮すべき点に応じて、通常の水面高さより1から3フィート分高くする必要がある。

　半円形の形状の上方に垂直な側面が2、3フィート立ち上がる、または側面を同様の長さの斜面にさえする場合の断面は非常にやっかいになり、建設費用も高くなる。しかしながら、これに類似するもの——図148に示すものに幾分近い——が、時には採用されている。

　側面をまっすぐにするならば、水理学的平均水深の最大値は、図149に示すように断面を六角形の半分にすれば得られ、一般には側面の斜面をこれほど急にしない方が望ましいものの、場合によっては利用を考えると断面としてはたいへん都合が良い。

　長方形の断面が採用されることもあるが、そう多くあることではない。これは希に水路が硬い岩に切り通される場合には、好都合の断面である。長方形断面を採用する際の比率は、——水路の面積を最小にしたい場合には——水深を水流幅のちょうど$1/4$にするのが望ましい。

　**開渠の建設**——水密性が高くかつ水に流されにくい地層を通して開渠を建設するならば、水路に内張りを施す必要はないが、原則として送水用の水路は内張りが必要である。

　水路の内張りには二つの異なる目的がある——ひとつは単純に浸食を防止するためであり、もうひとつは透水性の高い地面への漏水を防ぐためである。内張りはたいがいこれら両方の不都合な現象が起きないようにすることを目的とする。

　内張りが浸食防止のためだけに必要ならば、石張りにすれば十分である。水路底の水密性が十分でなければ、この石張りの背面には粘土で裏打ちするか、水路の底と側面を煉瓦とセメントモルタルで内張りしたコンクリートまたはセメントで下塗したコンクリートにすることもできる。

　時に開渠は自然の地表面より高い位置に土手で囲まなければならないことがある。この場合の築堤は可能な限り丁寧に、土は沈下を防止するために非常に密に打ち固めて造る必要がある。水路を水密にするためには、他

第17章　水路の水流——水道管と開渠

のどの材料よりも粘土に頼るのが最良であろう。というのは、粘土を使用すればコンクリートのようにびくともしない材料を用いるのと比べて、多少の沈下があったとしても漏水が発生しにくくなるからである。図150には、東京で送水用に採用した、土手上に築いた水路の形状を示す。

　急斜面に沿って設けられた開渠の場合——既に述べたように、水道施設

図148　開渠断面（曲面状）

図149　開渠断面（一部六角形）

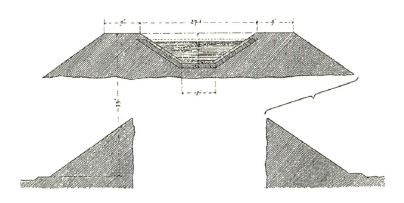

図150　開渠断面（護岸状　縮尺1/200）

図151　開渠断面（斜面にある場合）

の水路としては推奨できない配置である——低い側を盛り上げるのだが、この外側の土手を築くのには掘り出した土砂を部分的あるいは全体的に用いるのが普通である。この構造の一例を図151に示す。時には貯水池のダムで用いられる方法に多少倣って、小さな粘土壁を土手の中央に建設することもある。

**暗渠**——暗渠は、完全に掘削して設けられたものと「オープンカット」工法の原理に基づいて建設されたものに分類される。完全に地上に露出している暗渠も、ここに加えられる。

*暗渠内水流の流速*——ここでも開渠の場合と同じ配慮が必要となる。但し、暗渠の暗闇では植生の繁茂は全くない、あるいはしそうもないので、このことは問題にならない。暗渠において水理学の技師たちが最も好む流速は、開渠と同じようである——すなわち、秒速2フィート弱から3フィート強である。

*暗渠の断面形状*——あまりにも多くの条件を満たさなければならないゆえに、暗渠の断面形状を決める条件は非常に複雑である。従ってトンネルを掘る場合、この特定の工学分野に関係するいかなる配慮をも度外視するわけにはいかない。それでもなお、他の条件が同等であれば、最大の水理学的平均水深が得られる形状を選択するのがよい：しかし、特定の断面が他よりも施工しやすいという点を無視するわけにはいかないので、——このような表現が許されるのであれば——他の要素は同じにはならない。むしろ多くの場合——実際にはほとんどの場合——外部からの圧力に抗する計算上最も適切な形状にしなければならないので、選択された断面はたい

第17章 水路の水流──水道管と開渠

がい妥協の産物でしかないのである。しかし著者は、特に暗渠が通過する地層の特性にも影響を受けることを考えると、最良の妥協のかたちが何であるか、その一般論を挙げられるかどうかわからない。

暗渠を地上に造らなければならない場合も考慮する必要がある。その時、側面は水の内部圧力だけでなく、一般にはアーチのかたちをとる覆い屋根によってもたらされる荷重をも支持する必要がある。

常に満水状態での送水が計画された水路では、水理学的平均水深に関しては、断面を円形にすれば面積が最小となるので有利である。円形断面は、不均一な外部圧力に抗するのには最良の断面ではないので、時々採用されるが、頻繁にあることではない。むしろ、これは建設に手間がかかるうえ、実際暗渠に満水状態での送水が求められることも希である。さらに、内部の水が圧送されていない限り、満水で使用するのは非現実的であるのは、もちろんのことである。というのも、円形の暗渠でさえ、最大流速が得られるのは満水時の$7/8$しか水が入っていない場合であり、最大の排水量が得られるのも水量が満水に満たない状態の時であるからだ。これは、円形水路を満水にする最後の段階では、潤辺長自体は増えるものの、水流の断面はほとんど増えないからである。

すべての条件に対応する断面の設計を技師が手がける際に指南するような一般論を著者は挙げることができず、またそのような一般論自体あるかも疑わしいので、実際既に完成しているか、たいへん有名な技師たちによって提案された大規模水路を示した一連の図版を提供することで満足せざるを得ない。これらを、図版XXXVI（図152-168）に示す。

図152は、グラスゴーに給水するためのカトリン湖（Loch Katrine）の水道施設で、不透水の岩石にトンネルを通した際の断面である。

図153は、上と同じ水道施設で、透水性の岩石部分に採用された断面を示す。

図154は、不透水の岩石での「オープンカット」工法のために採用された断面を示す。

図155及び図156は、アバーディーン（Aberdeen）水道施設で使用された

形式を示す。

　図155は、不透水の岩石にトンネルを通す際に採用された断面である。

　図156は、自然の地面の高さより高い位置に設けられ、土手で囲まれた暗渠を示す。

　図157及び図158は、およそ20年前に北ウェールズからロンドンに給水する大計画のために、ベイトマン氏（Bateman）が提案した断面である。

　図159、160、161は、カンバーランド（Cumberland）湖計画用に提案された暗渠である——土木学会員W・ヒーマンズ氏（W. Hemans）と同R・ハサード氏（R. Hassard）によって、上とほぼ同時期に同規模で計画されたもの。

　図162は、同計画に対して提案された、自然の地面高さより高い位置に設けられた暗渠である。

　図163、164、165は、ニューヨークに給水するニュークロトン（New Croton）の水道施設——近代、あるいは今までに実施されたこの種の施設としては最大である——の大規模な暗渠の断面を示す。

　図166は、上と同じ暗渠において、自然の地面高さより高い位置で支持する場合の断面を示す。

　図167及び図168は、既に触れた香港のタイタム（Tytam）水道施設に用いられた断面を示す。

　*暗渠建設に使用する材料*——一般的な材料にセメントモルタルで積み上げた組積造があり、これはふんだんに石材が得られる場所では最適であろうが、セメントモルタルと煉瓦の組み合わせもよく使われる。

　図版XXXVIの図から、コンクリートはかなり自由に使われていることがわかるのだが、多くの土木工事に見られるように、徐々にさらに自由にこの材料を用いる傾向にある。事実、近年の暗渠はコンクリートだけで造られるようになっていて、組積造に適した石材が容易に入手できない場合にはこの構造を推奨できる。このような暗渠の内側にはセメントモルタルで煉瓦を積むか、セメントだけで内張りをすることができる。

第17章　水路の水流──水道管と開渠

図版 XXXVI -1

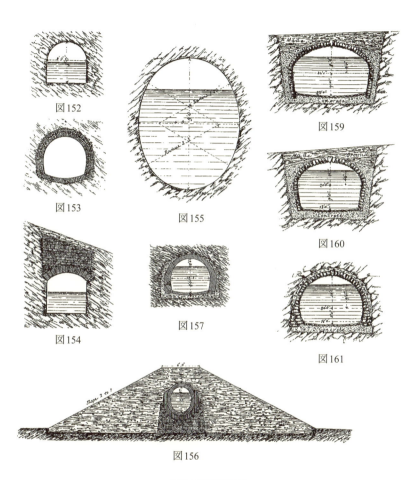

図152
図153
図154
図155
図157
図156
図159
図160
図161

多様な暗渠横断面

（訳注　図版の配置は原著に準ずる。）

都市への給水と水道施設の建設

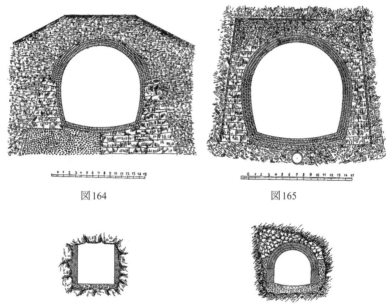

図164　　　　　　　　　　図165

図167　劣化した花崗岩中のトンネル　図168　粘土または軟質小断層中のトンネル

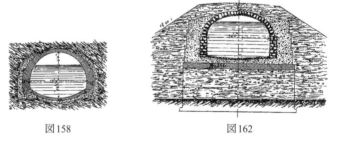

図158　　　　　　　　　　図162

多様な暗渠横断面

第17章　水路の水流——水道管と開渠

図版 XXXVI -2

図166

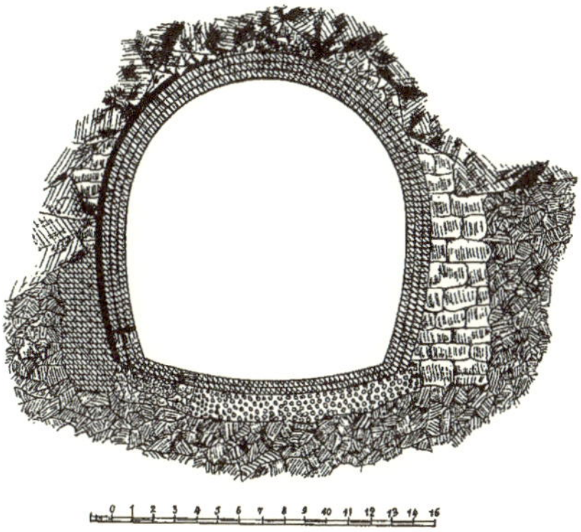

図163

**水道橋**——古代人が大水道施設の建設に当たって、谷を越えて送水する必要が生じた時に、彼らは組積造のアーチで支持する開渠で水を運び、動水勾配を延長した。これらの遺跡は、今日見られる古代の記念碑の中でも最も立派なものである。これらの巨大な水道橋の存在ゆえに、古代人たちは「水は自らの高さまでは上昇する」という水理学上の基本原理を知らなかったのだと、繰り返し言われてきた。これが正しい可能性は低い。古代人たちには、彼らの造った水道橋で運ばれる膨大な量の水を高圧下で扱うための「逆サイフォン（伏せ越し）」を造るのに必要な材料がなく、またこれらの扱いについても十分な知識を持ち合わせていなかっただけである。

今日谷を越えて水を運ぶ必要がある時には、給水に使用される範囲内であれば水量がどれほどであろうとも、たいがい単に地面の数フィート下に設置された水道管を用いて行われ、谷の片側で水が降下し、もう片方では上昇するようになっている。このような管は「逆サイフォン」という幾分的確でない名称で呼ばれている。このような水道管を仕組むことは難しいことでは全くない。水が流れてたどりつく方の端部は、管の中を水が運ばれるのに必要な「水頭」が十分得られるように、もう片方よりも低くなくてはならない。管の各部分での圧力をもちろん考慮しなくてはならず、管はこれに耐えられるだけ十分に厚くする必要がある。さらには、管の最も低い位置には「排砂弁」が必要となる。これを時々開くことで、水頭全量より得られる流速で水が放水され、管の中に溜まった沈泥を水と共に流し出すことができる。

今日水は一般にこのように谷を越えて運ばれるのであるが、場合によっては小さい谷間に水道橋を架ける方が管よりも安価で済むこともあるかもしれない。従って、かなり斜面が急な谷間に大規模な暗渠を設ける場合、橋を利用して暗渠をこのまま谷に渡す方が、水道管に必要な接続部を設けて、水道管を一方の急斜面から降ろし、もう片側で引き上げて、さらには鉄管と暗渠との間に再び接続するよりは恐らく安くできるだろう。特に、管の敷設のために硬い岩を掘らなければならない場合に当てはまる。

図版 XXXVII（図169-172）には、カトリン湖水道施設からグラスゴーに

第17章　水路の水流──水道管と開渠

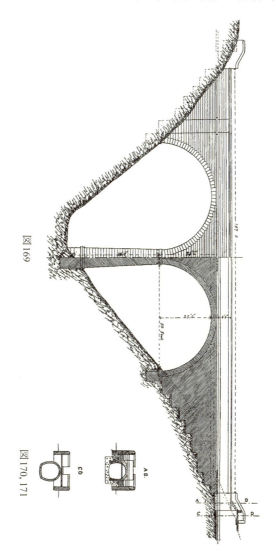

図169
図170, 171
図172
図版 XXXXVII

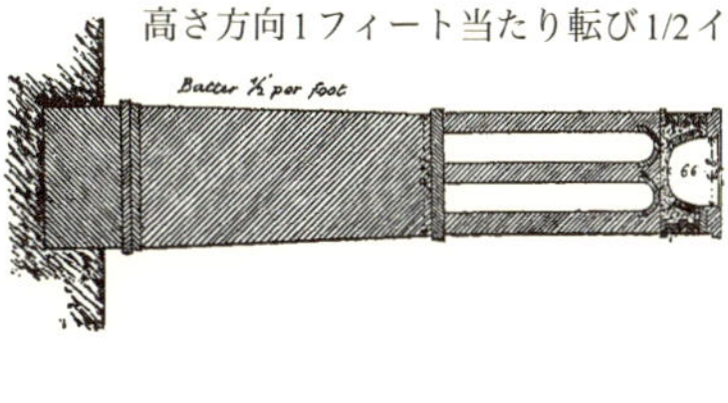

高さ方向1フィート当たり転び1/2インチ

カトリン湖水道施設の一環の水道橋（グラスゴー）

給水するまでの間で、谷に渡されたこのような短い橋を示す。

**水道管の中における水流**——一般に「暗渠」という言葉を水道の分野で用いた場合、水道管の中における水流は、暗渠の中の水流と異なる。水道施設では一般に、水道管全体が水で満たされることになっているのに対し、暗渠が満水になるのは希なこととされているからである。水道管の中で空気は面として表れず、水が加圧されていることもあろう。従って、すべての位置で管の底が自由に流れる水表面の一部と平行になる必要もない。すなわち管が「動水勾配」にぴったり合致する、ましてや近い値で沿うようにする必要はないのである。

動水勾配線とは、水の流れる管に対し接続された上端が開放の竪管において、水が上昇しうる高さである。これは図示すると、最もわかりやすい。図173で、Aを水の入った容器、また $bc$ を両端とも開放された均一な管径の水道管とすれば、当然 $c$ から管から水が流れ出る。この管 $bc$ に竪管 $d$、$e$、$f$、$g$ などが何本でも接続されれば、水はそれぞれの異なる高さまで上昇し、各管内の水位を繋げて線を引くと動水勾配線が得られる。ここで見るような障害物のない事例だと動水勾配線は、Aの水面すぐ下から管の開放端に引き通した直線となる。ここで、この線は実際にAの水面から始まると仮定し、$hc$ を動水勾配線と扱っても問題ないだろう。

しかし、$c$ の一部に障害物があるとするならば、動水勾配線は $h$ から始まりまっすぐ続くが、終わりは $c$ ではなく、$c$ と $i$ の間のどこかになる。なお、

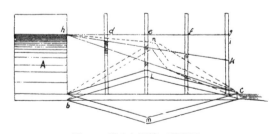

図173　導水勾配線の説明図

第17章　水路の水流——水道管と開渠

$i$ は水面と同じ高さである。この線は例えば $hk$ のようになる。

　管径が均一ならば、管自体が動水勾配線となる線より高くならない限り、動水勾配線は常に直線になる。従って、管 $blc$ 及び $bmc$ でも動水勾配線は、まっすぐな管 $bc$ と同じになる。

　しかしながら、もし管が $bc$ 間に点線で示すように高くなるならば、動水勾配線は同じく点線で示した $hnc$ となる。あるいは正確に言うならば、動水勾配線は2本となり、一本は $h$ から $n$ へ、もう一本は $n$ から $c$ への線となる。

　**管からの排水のための計算式**——水を管に通すために、重力は3つの抵抗力に打ち勝たなければならない。まず、水の塊自体の慣性力を乗り越えなければならない。落下物を動かし始めるように、まずは動かす必要がある。管の中で水が流速を得るためには、落下物が落下しなければならない高さに相当する量の「水頭」を消費することになり、これは一般的な重力計算で得られる——

　　$H = v^2 / 2g$

　ここで

　　$H =$ 水の慣性力を打ち消すために消費される水頭

　　$v =$ 管の中における水の速度

　　$g =$ 重力 $= 32.2$ フィート（とする）

　一例を挙げるならば、管の中における水流の速度が秒速4フィートであるとしよう。すると $H = 4^2/64.4 = 16/64.4 =$ ほとんど $0.25$（フィート）なので、3インチとしよう（訳注　$0.25$ フィート $= 0.25 \times 12$ インチ $= 3$ インチ）。すなわち、管の中における水流の速度を秒速4フィートとするならば——水道施設では一般的な値——管の中で水を動かすのに用いられる全水頭のうち3インチ分は慣性力を相殺するためだけに用いられ、これから述べる二つの抵抗値の相殺には使用できない。

　次に挙げる抵抗値は、水道管に入る時に発生するものである。水が貯水池から管への流入時には、粒子が多方向から管開口部に向かい、渦巻きの

ような動きが生じ、その結果水流に対してある抵抗がもたらされる。管端部をラッパ型にすれば、この現象を完全にあるいはほとんど完全に防止できる。しかし、管流入時の抵抗によって失われる水頭量はたいへん小さいので、実際にはこのような対処は希である。一般にこの抵抗を相殺するのに必要な水頭は、水の重量に対する慣性力を相殺するのに必要な分の半分として求められる。従って、上の例でこの値は1.5インチとなるので、ここで考慮すべき二つの抵抗値の相殺に必要な全水頭は4.5インチとなる。

次に克服しなければならない抵抗値は摩擦によるもので、非常に短い管の場合を除けばこの抵抗力は、他の二つを合計した値よりもかなり大きくなる。実際、比較するとあまりにも大きいので、ある程度長い他の管——例えば、長さが管径の500倍以上になるもの——については、摩擦以外のすべての抵抗値はたいへん小さくなるため、これらは考慮しなくても問題ない。

水の重量の慣性力に打ち勝つのに必要な水頭に加えて、管への流入時の抵抗をも考慮した計算式は、必然的にたいへん複雑になり、その適用も煩わしいものである。最も広く用いられている計算式では、これらの要素を全く考慮しないため、決して完全に正確な結果は得られず、そもそも短い管についてはたいがいたいへん不正確になるのである。しかし、これらの計算式でさえ、非常に単純な装置さえ用いれば、かなり正確な結果が得られるようになる[(4)]。

管の中における水流の問題が最も頻出するのは、以下のかたちにおいてである：一定の必要排水量及び水が管の中を流れるために使用できる一定の水頭に対して、必要な管径はどれほどであろうか？　既に述べたように、管が長いならば、慣性力による抵抗あるいは管への流入時の抵抗を相殺するための水頭は比較的小さい値となるので考慮する必要ないのだが、短い管の場合はこれを考えなければならない。このためにまずは管径のおおまかな値、これに伴い水流のおおまかな流速を見出すことから始めることになる。もちろんこの際の流速は、排水量÷管の断面積となる。こうなれば後は、水を流すのに使える全水頭から、水の重量の慣性力を相殺するの

第17章 水路の水流——水道管と開渠

に必要となる水頭分及び管への流入時の抵抗分を差し引けばよい。これで、この2回目の試算によって得られた値を真の直径として扱えば、さらに実際の値に近い結果が得られる。

例えば、比較的短い管の場合に得られる全水頭が7フィートであったとしよう。また、最初の計算からは、管を通る水流の速度が秒速8フィートになることがわかったとしよう：既に述べた方法によると、いわば水を動かし始めるために、水の慣性力を相殺するための水頭として、限りなく1フィートに近い値が必要であることがわかる。さらに、流入時の抵抗を打ち消すのに必要な水頭は、水を動かし始めるのに必要な分の半分になるので、これらの抵抗値相殺のために消費される全水頭は、1フィート6インチになる。7フィート−1フィート6インチ＝5フィート6インチとなる。従って、使用できる水頭として、7フィートではなく、5フィート6インチさえあればよいことになる(5)。

これは言い換えるならば、動水勾配線管の基点は取水する水位ではなく、この高さから水の慣性力による抵抗及び流入時の抵抗の相殺に必要な水頭を差し引いた位置になる。

下記するのが、管の摩擦抵抗のみを考慮する、最も広く用いられている計算式のひとつである。これはアイテルワイン（Eytelwein）公式として知られる：

$$D = 0.538 \sqrt[5]{LW^2 / H}$$

ここで

　　$D$ ＝ 管径、単位はインチ

　　$H$ ＝ 水頭、単位はフィート

　　$L$ ＝ 管の長さ、単位はフィート

　　$W$ ＝ 1秒当たり排出される水量、単位は立方フィート

**表と排水図**——管径と落差がわかっている場合、管内の排水量や、排出量と落差がわかっている時の管径、さらには管径と排水量がわかっている

時に必要とされる落差の確認のために用いる表と図は、今や一般的となり、これもたいへん信頼のおける便利なものなので、もはや実務上技師が公式に頼るのは希で、せいぜい一連の長くて要となる水道管の管径を確認する時ぐらいである。

　ここ数年著者はずっと、トーマス・ヘネル（Thomas Hennell）土木学会会員による『下水と給水のための水理工学表類聚（Hydraulic and Other Tables for Purposes of Sewerage and Water-Supply）』を使用してきており、この小さな本を十分安心して推奨できる。またここ一年ほど著者は、E・ブロー・テイラー（E. Brough Taylor）土木学会会員とG・ミッジリー・テイラー（G. Midgley Taylor）土木学会準会員の描画、編集による「水道管の管径、動水勾配、排水量それぞれの間の関係を示す水道管排水図：異なる加圧ごとの適切な水道管の重量と厚さを示す他の図も併せて（Water Pipe Discharge Diagrams, showing the relation between the Diameter, Gradients, and Discharges of Water Pipes: together with Other Diagrams giving the proper Weight and Thicknesses of Pipes for Various Pressures）」も使用してきた。これらの図からは、表では求められない管径の1インチ以内のどんな端数までの値、あるいは排水量の1フィート以内のどんな端数までの値なども得られるので、特に便利である。しかしこの利用には、多少の不便が伴う。5/1,000以上の勾配は含まれておらず、実際の水道施設ではもっと急な勾配を取り扱わなければならない。しかし、このような不都合があっても排水量は落差の平方根であることさえ覚えておけば、問題は容易に払拭できる。従って求める結果が得られたら、落差が5/1,000を越えるならば、排水量を2、落差を4で割ったり、必要ならば排水量を3で、落差を9で割ることさえしたりしてもよいのである。

　管内への水垢付着を見込んだゆとり——しばらく時間が経つと、水道で水を運ぶのに使用される主管、枝管や類似の用途に使用される管の内側表面には、ほとんどと言ってよいほど必ず最低でも付着物の薄い膜が発生する。これは2点から排水量の減少に影響を及ぼす。まず、実際の管径が縮小される。次いで、付着物のついた管の表面には、きれいな表面よりも

必ずざらつきがある。管に付着物が堆積するかどうかは、水の性質によって大きく異なる。水によっては付着が甚だしく、数年で管内がほとんど埋まってしまうこともあるのに対し、他では管内部の表面にはほとんど全く何も堆積しない。この点において、特定の水が深刻な影響を及ぼすか否かの予想は難しいように思える。ただ言えることは原則として、硬水では軟水よりも付着物が発生しやすいことである。従って、表や図から得られる管径に、付着物の発生を考慮してどれほどの余裕を含ませるのが妥当であるかを判断するのは、当然非常に困難となる。次のおおまかな規則は、直径約1フィートを越える管についてはかなり有効である：

　公式あるいは表や図より求められる管径の1インチ増しを実際の管径として、この値以上の最初の偶数のインチの値を採用する。[(6)]

　両端が開放で水が流れる管——動水勾配線の問題を配慮するに当たって、管の両端部及びその間に全く障害物となるものがなく水が流れる場合を考察した。これは断面図に示すように、水が管の端部から空中へと放出される状態は、水道施設ではそうあることではないのだが、これに相当する状態がある。取水口から貯水池へ、貯水池から濾過池の水溜、あるいは濾過池の水溜から別の貯水池へと水が流れる時である。このような場合の動水勾配は、必要ならば水の慣性力及び管への流入時における抵抗力を相殺するために、前述の分量を水頭から差し引いた上で、一方の水面高さからもう一方の水面高さへと引かれる。従って例えば、濾過池と浄水池間にかなりの距離がある場合、両者間の管径は、単に水がある流速で流れるようにではなく、使用できる水頭のもとで必要な水量を給水できるように決まる。動水勾配の高い方の端部は濾過池水溜の水面、低い方の端部は浄水池の水面高さとなる。その際には、結果に大きく影響しそうであれば、高さの違いに応じて前述の分量を差し引けばよい。

　しかしひとつ念頭に置いておかなければならないことがある。それは、実務上最悪の状態を想定することである。つまり、水面高さが変動する貯水池や水溜などからの排水では、水面が下がりうる最低の位置にあるとみなすべきである。反対に、水面が変動する貯水池、水溜などへの排水では、

差動時に水面が上がりうる最高の位置にあるとみなすべきである。

　下端が一部閉じられた管の中における水流——給水施設及び給水施設に至る主管に必ず見られる状態である。実際、このような部分的な妨げは、給水施設の仕組みには欠かせないものである。というのもこれなしでは、住宅上層部への給水時に各階異なる高さまで水を上昇させることもできないし、また消火栓から勢い良く放水させることもできない。

　ゆえに給水施設に至る主管においては、管径の算出に用いる「水頭」は、例えば浄水池と実際の給水施設の水面高さの違いではなく、浄水池水面と道路下の水道管水面高さの差に消費量が最大時に好ましい圧力を加えた分になる。

　従って最初に決めなければならないのが、道路下の水道管に求める水圧を常時いくらにするかである。この際、いくつかの事項を考慮する必要がある。水はもちろん最も高い住宅の上層まで達さなければならない。さらには、消火栓からはできる限りポンプを用いずに、直接最も高い建物の上まで放水できるのが望ましい。しかしもちろんすべての場合に、これらに対応できるわけではない：たった一棟のエッフェル塔、あるいはストラスブール大聖堂でさえそこにあったとしても、だからと言って給水施設全体にかかる圧力を2倍、3倍、あるいは10倍にもすることはできない。

　摩擦を無視するならば、噴出口から放たれた水は理論上、鉛直の水道管内で上昇する高さまで到達するはずなのだが、実際にはこれほど高くまで上がらない。それどころか、竪管で上昇する高さの半分さえ、放水で届かせる期待はできない；また実際、非常に高圧の場合も、それほど高くまで達することはない。高圧力の水が到達する高さは、低圧力の場合と比較して、静水頭のとても低い割合までしか噴出口を用いても到達させることができないのは、高圧によってもたらされる高い流速により、まるで塊のような放水は間もなく噴霧状になり、いったんこのようにばらばらになると空気自体が大きな抵抗をもたらす面になるからである。高水圧下での高いところまでの放水では、水圧が低い時と比べて相対的に効率が悪くなるのは、単に空気抵抗値が流速の自乗に比例して上昇するからである；一方、

第17章　水路の水流——水道管と開渠

噴出口から出る水の流速の変動は、圧力を別として、放水によって到達する高さの平方根の差でしかない、ということも念頭に置かなければならない。

これらをすべて考えると、高圧にする利点は明らかに多くある。同時に、限界もあるはずだ。水源の標高によって普通は決定されるのであるが、高圧になるにつれて無駄となる漏水を防止するのがますます困難となり、限界が発生する。道路下の主管よりも、むしろ住宅用水道設備で対処が難しい。これらも急速に改善され、高圧給水が可能となってきてはいるものの、どこかに限界は必ずある。これがどれくらいの圧力に相当するのか、さらには最も理想的な水頭がいくらであるのかさえ、言い当てるのはたいへん難しい。にも関わらず、水頭約300フィートに相当する圧力が、今日使われている設備で推奨できる最大値であると言っても、恐らくそれほど的外れではないだろう。住宅でいまだ幾分古い型の設備が使用されている多くのまちでは、すぐさまひどい漏水を起こさずに、ここまで圧力を上げるのはほとんど不可能に近い。

土地が甚だしく起伏しているまちでは、各地で圧力に大きな差が生じることは避けられず、給水が高地からと低地から、あるいは2箇所以上からある場合であっても、この差は発生する。その場合、圧力を300フィートの水頭相当以内に抑えるのは事実上不可能であろう。その場合、圧力が最大になるまちの部分での水道管や設備に最大の注意を払う必要がある。一方で、土地が平坦なまち——むしろ、給水の中心地から下る緩やかな斜面にあるまち——であれば、他のどのような地形にあるまちで必要な最大圧力よりも低い値で十分である。それでも主管の圧力を、100フィートの水頭相当を下回る値にすることは、決して推奨できることではない。[8]

図174では、給水施設に至る主管に求められる直径の算出に使用する水頭の値が何を意味するのかを図示する。Aを浄水池、太い線がBCの土地にあるまちに至る主管を表し、以下の情報が与えられていることとしよう：

　まちは基準線より60フィート高い位置にある；主管は、水頭250フィー

都市への給水と水道施設の建設

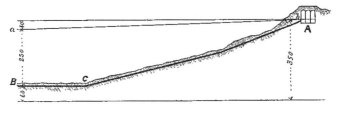

図174　導水勾配線計算の説明図

トを下回ることのない圧力にするのが望ましい；浄水池の水面は低水位時で、基準線より350フィート高い位置にある。

ここで、60 + 250 を h、350 を h' とすると H = h' - h = 350 - 310 = 40 となる。この時 H は主管直径の計算に用いる水頭になる。すなわち主管の直径は、水を動かし始めるために利用できる水頭が40フィートあれば、24時間中いつでも最大消費水量を運べる大きさにしなければならないことがわかる。

図中、a b が動水勾配線を表す。

注

1　ここで取り上げたような最も広く利用されている様々な数式の視点を確認したい者は、ファニングの論文『水理学と給水技術の実務（A Practical Treatise on Hydraulic and Water Supply Engineering）』中、該当する各章を参照されたい。かなりのページ数が割かれ、著者が判断できる限りでは鋭い洞察力で考察がなされている。

2　著者が知る唯一の例外は、炻器製配水管が使われている、土木技師 I・イワタ（訳注　神奈川県土木技師岩田武夫か）氏設計による日本の秦野村の小規模水道施設である。水道管接合部はイワタ氏の考案による工法からなり、管内圧力は水頭70フィートに相当する。

3　夏が過度に高温湿潤のため植生の繁茂が非常に速い日本では、雑草によって開渠の機能が妨害されるのを防ぐために、最低秒速3フィートの流速が必要である。

4　管の長さが管径に対して非常に大きい場合、一般に使用される各計算式

第17章　水路の水流——水道管と開渠

から得られる結果の比較については、ファニングの『水理学と給水技術の実務（A Practical Treatise on Hydraulic and Water Supply Engineering）』を参照。長い管については、ほとんどの結果が正確で、実験値とも合うのだが、短い管についてはずれが甚だしくなる。

　水道管の中における水流の理論に関心ある者は、この件に関してはファニングが実に徹底的に行った研究成果に目を通すのがよい。この研究結果より得られた一連の計算式は、場合によっては扱いが面倒であるが、著者は今までこれほど正確な結果の得られる計算式を見たことがない。これらをここでは引用しない。というのも、異なる管径に対応する係数の表があってのみ、この計算式を効果的に用いることができるものの、その表をここに掲載するのは適切でないからである。

5　著者は、計算式をこのように利用する場合には安全を見て、慣性力の相殺に使用される全水頭及び流入時の抵抗を、慣性力の相殺に必要な水頭の2倍の値とする。

6　補遺 II、覚書18参照。

7　著者は、直径3/8インチの吐水口から、1平方インチ当たり800ポンドの圧力——水頭に換算すると1,800フィート相当——のもとで放水されるのをよく目にしてきている。水は吐水口から放出されるや否や噴霧になり、約100フィートを越える高さまで達することはなかった。これらの小型消火ホースは、エジンバラのローズバンク製鉄所（Rosebank Ironworks）にあるブラウン兄弟社（訳注　バルトンが在籍した会社）が建設した水道施設に接続されたものである。これらは初期消火にはたいへん効果的である。驚くことに繋がれたゴムホースは、ここで述べた膨大な圧力に耐えるほど強い。

8　日本では——家々は低く、2階を越えることはほとんどない——望ましい最大水圧は約水頭200フィートであり、まちによっては100フィートの水頭でさえ必要ないところもある。

267

# 第18章　給水施設

　給水施設の計画を立てることは、水道施設において最も煩雑な問題である。しかしながら、ほとんどの教科書で全くと言ってよいほど触れられることがないうえ、普通はこの話題自体水道施設の実際を扱う論文にもほとんど取り上げられない。多くの技師たちはこれを施設における些事であると考えているようである。著者は、給水施設こそが他と比べて何よりも重要で、近代の水道施設では特に重要な機能——火災の鎮火——を考えると、最も重要であることを強調しておきたい。消火が水道の主たる機能のひとつとして理解されるようになったのは、確かに近年のことであるが、今日でさえこのありがたみが十分に理解されているのは、アメリカにおいてのみである。

　**連続給水と間歇給水**——給水施設について述べる前に、連続給水と間歇（かんけつ）給水に触れておきたいが、間歇給水は今となっては、完全に過去のものとなっているため、ほんの一言に留めておく。
　近年まで、連続給水がどのようなものであるかはほとんど知られていなかった。すべての水道施設では、家々の給水管に一日1時間あるいは数時間給水がされていた。この間に各家では、最低24時間分貯水できる容量の水槽が水で満たされるのだった。一日の残りの時間帯には、各家への給水も、通りの主管への給水も停止されていた。家々の所有者あるいは居住者たちには、住宅の給水設備では決して漏水させないことが常に求められた。というのも、漏水が続けば、水槽の水が24時間保たれないという単純な理由からである。
　間歇給水は、とても多くの点で不利になる。覆いがないか、あるいは覆いが不完全な水槽では水質が確実に劣化するので、最低24時間分貯水す

るまさにそのこと自体が、設備を機能不全にしかねないのである。しかし、さらにひどい状況もある。水槽はたいがい上階部屋の天井上、屋根裏のような近づきにくい場所に設置され、そこに住む世帯主はほとんど目にすることもない。この場合「目に見えぬ」ものは「日々に疎し」でもあり、年末に一度以外水槽は清掃しないまま放置され、飲料水も使用者が見たら気持ち悪くなるような水槽から引かれるようになる。[1]

さらに火災時にも、給水を開始する「鍵の解除」がなされるまで主管には圧力がかかっていないという不都合もあった。

連続給水の利点が最初に指摘された時には、そのような給水方法には無駄が非常に多く、実現不可能であるという異議の申し立てがあった。実際、初めて連続給水が試みられた時には、無駄があまりにも大きく、停止せざるを得なかった。しかしその後、住宅用設備の改善や設備の定期点検、そして場合によってはメーター計測による全面的な水への課金制度の導入により、無駄となる水は大幅に減少し、連続給水はほとんど普遍的なものとなった。近々この方法しか採用されなくなるだろうし、またこれしか許可されなくなることをも願う。

連続給水では、水は24時間全体を通して各家の給水管に導入される。水は便所での使用を除いて、給水管からまちへの給水の加圧下で直接引くようにするのがよい。しかし、ただ執拗な保守性だとしか言えない状況があり、少なくともイギリスでは、連続給水法が導入されている場所でも、そのまま害悪となる水槽を使い続けている例がかなり見られる。

以上述べた理由により、給水施設に関しては連続給水法を採用したいのである。


**給水体制と火災の消火**——最近まで給水施設は、単に人口一人当たり一定量の水が供給できるように設計するのが一般的であった；この際給水管の最小管径が決められるのだが、給水管はたいがい、通りに並ぶすべての住宅で消費される全水量を供給できる以上にかなり大きくされてきた。一方、火災の消火に都合良い水のあり方については、ほとんど配慮されずに

きた。水道施設全体の設計を通して、消火用の水としても望ましい状態となるように必ず配慮する必要があること、またこの点をすべての主管直径の決定要素とし、ことさら一定寸法以下の主管では、直径を火災消火用の給水能力のみに基づいて決定するべきであることを理解しておかなければならない。

　火災消火のために供給する水量としてどれほど必要であるかを決めるのは、そう簡単ではない。まちの規模にこの水量が比例するわけではないことも明らかである。小さな村での鎮火でも、ある程度までは大都会と同じぐらい大量の水が必要である。一方、まちの大小に関わらず、消火に必要な1秒当たりの絶対的水量を決めることはできない。というのは、大きな都市での火事は、小さなまちや村と比べてさらに広範囲へと延焼する可能性があるからである。さらには、大きな都市では小さなまちや村と比較して、一度に火災が多数の場所で発生する可能性も高い。

　確実に言えることは、小さなまちで消火用に供給が必要となる水量は、大きいまちと比較して相対的に大きくなることである。

　ファニングは著書の一部で、以下を述べている：――「小さなまちでさえ、同時に2、3の火事が発生する可能性があり、その場合少なくとも12箇所の消火栓からの放水、あるいはひとつの火災ごとに1秒当たり300立方フィートの水が必要である。」別の場所で彼は：――「消火用給水については、同時に2ヶ所における火災発生の可能性を考慮し、それぞれに10本のホースによる放水が必要となる。すなわち消火用給水として、それぞれで例えば1分当たり20立方フィートのホース放水が最低20本は必要で、全体で1分当たり400立方フィートになる。」また別の場所で彼は、アメリカの都市における消火用水の平均*消費量*は、一人当たり1日$\frac{1}{10}$ガロンの率であるとも述べている。しかしながら、1日当たり$\frac{1}{10}$ガロンとは、一年のうち数時間ですべて消費されてしまう分量なので、必要な供給とは全く異なるものである。

　給水施設は、どの場所において発生する火災に対しても、可能な限り水道施設の能力全体を集中させられるように設計するべきであると、フリー

マン（Freeman）氏が指摘している。彼はこの話題に特に注目してきたアメリカの技師で、アメリカはこの課題に対して十分な注目がほぼ得られる唯一の国である。また彼は、火災の一例に触れている。アメリカの都市で大火災発生時に消火栓だけから最大限の水が燃焼場所に数時間続けて放水されたのだが、その水の量は深さ12フィート相当を水没させるほどに達したのだった！

　施設の能力全体をどのひとつの火災にでも集中させることができるように給水施設を計画するのは一般に可能でなく、あるいは少なくとも実用的ではない；しかし施設の計画では、どの一箇所で火災が発生しても、数カ所の消火栓からこの場所への放水が得られ、それでも延焼するようであれば、場所の規模に応じて放水の数を増やせるようにできるし、またそのようにするべきである。

　さらにはまた、以上すべてがまちへの通常の給水を妨げることなく実施できることが求められる；但し、実際に火災が発生している場所では当然、水は「家庭生活」または生産用途のいずれにも使用されていないことを念頭に置いてもよいだろう。従って普段常時使用される水は、消火に用いることができるのである。火災の起きた敷地周囲の住宅で、生活や他の用途に当然使用される水の一部についても同じことが言える。これらの理由により、普段の消費がなされるとの仮定のもとで必要となる水量ほど、消火用水を特別に供給する必要はないのである。ゆえに、問題は判断によるところが大きくなる。

　著者は、上で述べたように最小限の水量としてこれほど大きい水量を設定することについて異論があるわけではないが、ここから外れてはならないものとして最小値を設定することに効果はあまり見出せないでいる。というのは、ヨーロッパのまちではいずれにしても守られないことを確信しているからである。これらは比較的大きなまちにおける普段の需要全体を満たす供給に相当する水量であるからだ。著者は妥協案として、1分当たり最低200立方フィートの値を提案したい。この水量は、水道では一般的な動水勾配のもとで、直径12から15インチの水道管で運べる水量である。

## 第18章　給水施設

しかし、勘違いしてはならない。ここで意味するのは、比較的大きいどんなまちの水道給水施設でも主要な主管は、絶対的な最大消費量に加えて、水を1分当たり200立方フィートの割合で運ぶことができる大きさにするべきであるということである。むしろ、これは最小値として推奨していることを理解しておく必要がある。これに加え、消火のために供給される水は多いほど好ましい。まちが費用を負担できるならば、消火用水としての供給は1分当たり400立方フィート、あるいは600立方フィートにさえなってもよいので、是非確保したい。後者の水量は、水道では一般的な動水勾配のもとで、直径約20から約24インチの水道管で運べる水量である。

「死端（行き止まり）」及び「織物状」（あるいは「格子状」）の給水施設——給水用の施設はこのように分類できる。前者は名称より自明で、それなりに有利な点もある。図示すれば、図175に示したような樹木のような水道管の配置になる。

この仕組みが有利なのは、管直径に必要な寸法が比較的容易に計算でき、さらには施設のどの部分も、例えば×で示した位置でのように、仕切弁1箇所を閉鎖することで隔離できることにある。一方、管の「行き止まり」ではかなり長時間水が淀みがちになり、その結果水質が劣化するような欠点もある。行き止まりに設けた栓からここに溜まった水を時折排水すればある程度防止できるが、水が無駄になるうえ、このような注意はおろそかになりがちでもある。さらには、仕切弁の数が少ないと、いずれかの管に

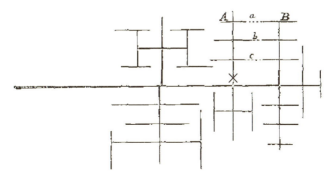

図175　給水方法の模式図

都市への給水と水道施設の建設

おいて修理が必要となった時には、かなり広範囲の区域での給水を停止せざるを得ない。これは不便であり、火災が発生しようものなら惨事を引き起こしかねない。

しかし例えばこの仕組みに、点線で示した分岐管 a、b 及び c を用いて A と B の部分の間に分岐点を設けたならば、水の淀みはかなり軽減できることが明らかであろう；というのは、A-B 間にある、いずれかの管より引水されることで、A と B との区域に共通のすべての管内で、水に動きが発生するからである。一方、ひとつの仕切弁 x を閉めても、施設の A、B いずれの区域のどの管をも閉鎖することはできず、少なくとも 2 箇所の仕切弁を閉めなければならないことが明らかである。

このように端部を分岐させて互いに繋げる方法が、ここで「織物状」または「格子状」と名付けた仕組みの始まりとなる。この仕組みが全体として実施されると、管は互いに交差し、完全な組織をなし、各交点でそれぞれが繋がるようになる。そのような仕組みは図176に図化してある。

異なる点から水を引けば水全体を常に動かし続けられるので、こうすれば確かに管内で水流がそう滞ることもないことがひと目でわかる。しかし、この仕組みの最大の利点は、例えば火災時のように、必要となった折には、

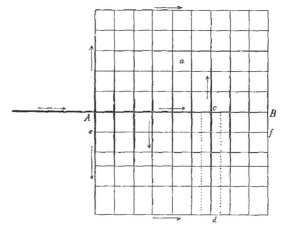

図176　給水方法の模式図

274

排水を施設全体のいずれの点にでも集中させることができることにある。例えば、aで火災が発生したとしよう。水はa周辺で開かれた消火栓に流れることは明らかである。「行き止まり」の施設であれば幹線主管からしか水は流れてこないのであるが、この場合は事実あらゆる方向から水は流れ込む。管に必要とされる直径は確かにそれほど正確に計算することはできないが、十分な直径であることを確かめることはできる。従って、例えば主管 AB から引水する際に、点線で囲んだまちの範囲に必要な水の供給に十分大きくなるように管 $cd$ を決めることができる。すべての平行する管の大きさは同様に決められ、$ef$のようにこれに直行する管は、必要となった時には施設のどの特定部分にも水を集中させることのできる単なる補助管とみなすことができる。さらには普段でさえも、管直径の調整上誤差があればこれらで対応できるし、まちのいずれかの範囲で予想外の過剰な消費があればこれに対応する補助管とみなすこともできる。

また、図177で図示を試みるが、この織物状の仕組みを計画するもうひとつの方法がある。この場合の仕組み──一般にまち全体のではなく、例えばその一部分の地区における仕組み──は、全体に両端から給水できる管で囲まれている。いわば全体を通して「環状」管の直径が、消火用の余裕も入れて、地区で必要な水量全体の半分を運ぶことができる大きさになっていることを意味する。ゆえに、例えば $ab$ を例とするいずれの管も、両端から給水されれば点線で囲まれた地区分の全需要を満たすことのでき

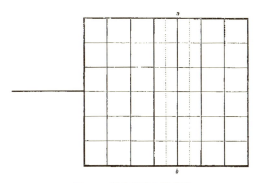

図177　給水方法の模式図

る直径とされるのである。すべての平行する管径は同様に大きさが決まり、直行する管は通り一本のみの給水に必要な直径にされる——すなわち、たいがいこれらは仕組み全体の中でも最小直径の管となる。[(2)]

しかしながら、水道管をどのように配置するのが最適であるかを正確に述べるのは非常に困難である。図示のように配置されるのは、「街」と「丁目」の通りが互いに直交する、典型的なアメリカの都会においてのみである。道が多かれ少なかれ不規則なまちでは、配置は判断に大きく左右されるものとなり、実務経験を重ねるにつれて徐々に簡単になるものだ。道が非常に不規則な場合、この織物状の施設を全く完全なかたちで採用することは、たいてい推奨できない：ただできる限り行き止まりの数を少なく抑え、織物方式と行き止まり方式との中庸案のようなものにすれば、たいがい済むだろう。

織物状の仕組みを完全に成功させることの真の難しさは、修理時に施設における任意の1箇所を閉鎖させるために必要な仕切弁が膨大な数必要になることにある。1本の水道管を停止させるには、少なくとも2箇所の仕切弁を閉じなければならない。このようになっているので、管が破裂すれば、たいへんな混乱になりやすい。一方、他に影響を及ぼすことなく、この仕組みの小さな部分を閉鎖することができるという点は、認められる。

図178を見れば、必然的に仕切弁を多数設けなければならないことが理解できるだろう。図右上に示す配置では、いずれの管も仕切弁を二つだけ閉じれば閉鎖できるかたちになっている。仕切弁は主管を横切る短い線で示してあり、管の各交点にこのような弁が4つあることがわかる。

図下方には、弁の数を半分に減らすことのできる配置を示す。しかしこの場合、仕組み全体からいずれかひとつの管を隔離するには、少なくとも4つの弁を閉める必要があることがわかる。加えて、いずれかひとつの管を隔離するには、比較的大きな範囲で給水を停止する必要が出てくる。

左手には、給水施設の*端部*で採用できる配置を示す。ここでは、ひとつの管を停止するために3つの仕切弁を閉じなければならない。

さらに織物状の施設に関連して困難が生じるのは、「地区ごとの水量計

第18章　給水施設

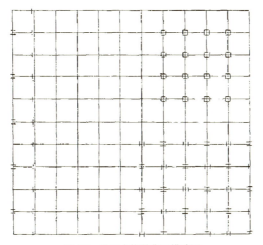

図178　仕切弁複数化の模式図

を設置するのが難しくなることである。この件については「水の浪費防止」に関する章で扱うこととする。

**給水施設の大きな主管の直径**——まちの大きな主管の直径を定めるには、まず地域全体をいくつかの地区に分割し——この数は多いほど良い——それぞれの地区の人口をおおまかに知ることが欠かせない。これをどのように始めるかは、特定の条件のもとでの具体例を挙げるとわかりやすいだろう；これを説明しながら、問題解決に着手しよう。例えば以下を条件とする：

給水対象となるまちまたはまちの一部が細長く——最も扱いやすい例である——、この範囲の中心にある主要な通りに沿って走る主管から給水することとする。人口は100,000人。給水は50％の人口増にも対応できるようにする。一日当たりの平均給水量は、一人当たり3立方フィートとし、火災時の消火用には1分当たり200立方フィートの流量を設定する。

まちは平地に位置し、主管内の圧力は水頭150フィート相当を決して下回ることがないようにする。もちろんこの最低値は、まちの中にある給水源から最も離れた場所での値となる。

277

都市への給水と水道施設の建設

　水の供給は、まちの一端からある程度距離の離れた浄水池よりなされる；この貯水池の低水位はまちの高さより200フィート高い位置にある。従って、水道管内の水を移動させるのに、水頭50フィート分を利用できる；浄水池からまちの最も遠い端部までは12,000フィートである。

　ゆえに動水勾配は厳密には50/12,000となる。安全を見るために、また水の慣性力及び管への流入時の抵抗値分の余裕を十分にとるために、48/12,000または4/1,000とするのがよい。

　図179では、11（訳注　原文10地区は誤り）地区にまちを区分けした輪郭を示す。それぞれの人口を図に示した通り、将来的にそれぞれ8,000、10,000、15,000、20,000、18,000、17,000、19,000、14,000、12,000、9,000、8,000になるとする。まちの人口増加は均一にまたは特定の方角に偏って見られるものであるので、今後の増加を見込んだ人口は現在の人口数に比例するかもしれないし、あるいはしないかもしれない。まちが均一にまたは特定の方角に偏って発展するかどうかを決定するには、適切な判断と地元についての知識が必要で、このことにおいては必ず推測に頼らざるをえない部分が含まれる。

　計画に当たって現在のではなく——将来の人口を採用するのは、本書で前述した理由による。そこでは、施設を徐々に拡張するのではなく、当初からかなり人口が増えた時のことを考慮して施設の特定部分を計画することの経済性について説明した。

　ここで生じる問題は、以下の水道管の直径を決めることである。$a$から$c$、

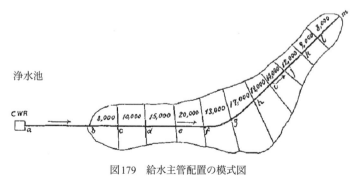

図179　給水主管配置の模式図

第18章　給水施設

$c$ から $d$、$d$ から $e$、$e$ から $f$、$f$ から $g$、$g$ から $h$、$h$ から $i$、$i$ から $j$、$j$ から $k$、$k$ から $l$、$l$ から $m$ への管が対象となる。

　理論からすれば、管は $b$ から窄(つぼ)まり始めるかもしれないが、実用上ではまちを分割した地区のうち、最初に行き着く地区の端まで主管の直径は変わらぬまま続くのである。

　この場合、絶対最大消費量を取り扱わなければならない。これは今まで見てきたように、平均消費量の少なくとも2倍以上にする必要がある。従って、この場合の値は24時間当たり6立方フィートになる。

　このように家庭用給水率は以下の計算式で表せることが明らかである：

$$D = \frac{150{,}000 \times 6}{24 \times 60}$$

ここで
　　　D = 1分当たりの排水量、単位は1立方フィート／分

　これにより625立方フィートとなり、消火用水を含めて供給が必要となる水量は625 + 200、すなわち825となる。

　管の必要直径を求めるのには公式を使うこともできるが、テイラーの『水道管排水図（Water-pipe Discharge Diagrams）』（p.262に前出）の図を参照したい。これによると、管の直径はできる限り23¾インチに近い大きさの直径とすることが必要であることが求められる。既に述べたように、管内への水垢付着分の余裕を考慮し、実際には管の直径を25インチとすることにしよう。

　次に、管 $cd$ の範囲を見る。ここでの計算式は、D = 142,000 × 6 /（24 × 60）となり、全給水量は消火用水の200立方フィートも加え、1分当たり792立方フィートになる。この量の給水のための管の直径は23.3インチ必要となることがわかるのだが、実際にはここでも25インチとするのが望ましい。

　さらには、管 $de$ の範囲を見る。ここに供給しなければならない水量は

1分当たり750立方フィートとなることがわかり、管の直径は22 $\frac{7}{8}$ インチ、水垢付着分を見て直径24インチ必要となる。

このように水道管を範囲ごとに取り扱うことにより、結果を下記の表にまとめることができる（訳註　原著の誤記、欠落のまま掲載）：

| | | | | |
|---|---|---|---|---|
| $a$ から $c$ の間で管の水量は1分当たり | | 825 立方フィート必要になる。 | |
| $c$ | $d$ | 〃 | 792 | 〃 |
| $d$ | $e$ | 〃 | 750 | 〃 |
| $d$ | $f$ | 〃 | 687 | 〃 |
| $f$ | $g$ | 〃 | 604 | 〃 |
| $h$ | $i$ | 〃 | 529 | 〃 |
| $i$ | $j$ | 〃 | 458 | 〃 |
| $j$ | $k$ | 〃 | 349 | 〃 |
| $k$ | $l$ | 〃 | 321 | 〃 |
| $l$ | $m$ | 〃 | 271 | 〃 |
| $m$ | $n$ | 〃 | 233 | 〃 |

さらに前述の図を参照し、下記が得られる。管の直径は、

$a$ から $c$ の間で23 $\frac{3}{4}$ インチ必要で、水垢付着分の余裕を入れて25インチとなる。

| | | | | | |
|---|---|---|---|---|---|
| $c$ | $d$ | 23.3 | 〃 | 25 | 〃 |
| $d$ | $e$ | 22 $\frac{7}{8}$ | 〃 | 24 | 〃 |
| $e$ | $f$ | 22 $\frac{1}{4}$ | 〃 | 24 | 〃 |
| $f$ | $g$ | 21 $\frac{1}{4}$ | 〃 | 23 | 〃 |
| $g$ | $h$ | 20 $\frac{1}{8}$ | 〃 | 22 | 〃 |
| $h$ | $i$ | 19 $\frac{1}{8}$ | 〃 | 21 | 〃 |
| $i$ | $j$ | 17 $\frac{3}{4}$ | 〃 | 19 | 〃 |
| $j$ | $k$ | 16 $\frac{3}{4}$ | 〃 | 18 | 〃 |
| $k$ | $l$ | 15 $\frac{3}{4}$ | 〃 | 17 | 〃 |
| $l$ | $m$ | 15 | 〃 | 16 | 〃 |

## 第18章　給水施設

　最後の列の値は、直径が1インチ単位で異なる管を用いることが適切であると判断された際に採用される管径である。少なくとも水道施設では、直径12インチ以上の管径は3インチ単位で違えるのが一般的である。従って12インチの次は15インチ、同様に15インチから18インチ、18インチから21インチ、21インチから24インチなどと値が飛ぶのが普通である。その上直径が3フィートを越えると、直径が6インチ単位で跳ぶのも広く見られる。

　ここでの問題は、単に費用に過ぎない。求められる異なる直径の管が全体でもたいして長くないならば、異なる直径の管を少量ずつ使用したら管の総重量は径が大きく異なる管を用いた場合よりも大きくなるにも関わらず、いくつかの直径に限って管を使用した方が、多数の異なる直径の管を少量ずつ揃えるよりも安く済むこともあるだろう。管製造者は全長が同じであれば、数多くの異なる直径を少量ずつよりはすべて同じ直径の管に対して、当然1トン当たり低い見積もりを出してくるだろう。またさらには多数の異なる管径があると、エルボや他の特殊な管も多数必要となり、破損に備えて予備に比較的多数の直管を保管しなければならなくなる。一方、技師は鋳造所あるいは納品された段階で管の費用だけでなく、管の敷設費をも念頭に置いておく必要がある。管径が必要以上に大きくなると、この扱いと敷設費、さらには原価が増すからである。

　著者は、少なくとも大規模な施設では、中ぐらいの大きさの管は今以上に自由に用いることができるのではないかと考える。このことについては、テイラー両氏の著作『水道管排水図』（p.262に前出）前書き一段落の内容より確信を得ている。この段落には、下記の記述がある：

　「直径10インチ以上の鋳鉄管では、他の直径が用いられることはほとんどなく、直径の違いがそれぞれ3、4、5インチ単位のものを採用することがかなり広く見られるようになっている。このことを具体的に言うならば、例えばある場合、直径が34インチの主管であれば必要とされる水量を運べることがわかっていたとしよう。しかしながら、長さ1マイル当たり100トン以上の金属が必要となるにも関わらず、直径36インチの主管が

採用されることだろう。」

**給水の中心地**——特にここで取り上げた事例では、まちへの水は外部の一端から導入されると仮定した。もうひとつよくある給水施設の主管配置を、図180に示す。このように配置すれば、他の条件が同じであれば、まちの中における主管の規模をかなり抑えることができる[3]。

まち中央の地形がもともと高く、浄水池の立地にふさわしい場合、優れた給水施設が得られる。小さいまちならば、まち全体に一様な給水ができるよう、この場所に高架水槽を建設すれば費用をかけただけの効果もあるだろう。天然の高地に主要貯水池が位置するまちの好例として、エジンバラが挙げられる。貯水池はキャッスル・ヒル上にあり、「近代のアテネ」と呼ばれるこの土地を知る者であれば、誰もがこれがまちのほぼ中心——正しくは近年まちが徐々に西方に拡張する前のことである——にあることに気づくだろう。

非常に大きなまちでは、給水の中心地が複数あるとたいへん有利である。この利点を図181、182に図示する。

ここでは完全な正方形のまちを仮定しており、最初の例では管がひとつの中心地から放射状に広がることを想像している。水道管はまちの最端部から中心に向けて太くする必要があり、中心近くでは非常に大きくなけれ

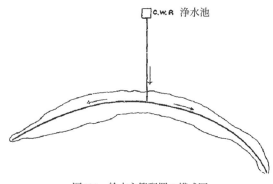

図180　給水主管配置の模式図

第18章　給水施設

ばならないことがわかるであろう。

　二つ目の例では、まちを4つの地区に分けると仮定し、それぞれに給水の中心地を設ける。このようにすれば管はずいぶんと短くなり、給水中心地がひとつの場合と比べると、4つの給水中心地に集中する場合はかなり小さい管で十分であることが、考えなくともわかる。

　ここには、よく図183のように表される下水施設によって採用されている「遮集管渠」とほとんど同じ長所が見られる。大きな三角形全体が1箇所から、斜線のかかった三角形は4箇所からの給水に必要な管の全重量を示す。もちろん、斜線のない部分が実際に管重量の節減される効果のほどを表すと言っているのではない。ただここではどれほどの節約が期待できるかを、図解しようとしているのである。

　4つの給水中心地があれば、実際の給水管の直径については節約になる

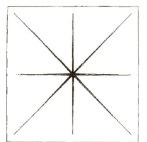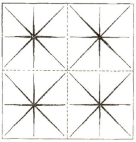

図181, 182　給水中心地配置方法の模式図

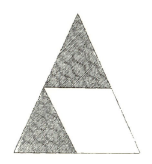

図183　給水中心地配置方法の模式図

ものの、中心地が1箇所の場合と比較して4つの中心地があれば、実際の水源からこれらに至る管はさらに長くなければならないので、この節約分はちょうど相殺されてしまうことを強調しておくのがよいだろう。しかしながらほとんどの場合、実際には節約となることがわかる。関連して中心地に至る管は、中心地がひとつであろうと複数であろうと一日の最大水量さえ運べば十分である。一方、中心地から出る水道管は絶対最大消費量をまかなえなければならないことを念頭に置いておく必要がある。

　24時間中の水消費量の変動に十分対応できるだけの貯水ができない主管、給水塔、あるいは高架水槽のいずれかに、機械で直接揚水する場合、ひとつあるいは複数の揚水場を給水の中心地とみなす必要があることはすぐにわかるであろう；また、このような場をまち中に配置できるならば他の条件が同じとして、中規模のまちでは揚水場をひとつまちの中心に、大きなまちの場合は複数──まちの形状と計画に応じて二つかそれ以上──の揚水場を置くのが最適である。

　**小規模な主管の直径**──比較的小さな主管に関連してまずするべきことは、給水施設で使用する水道管の最小直径を決めることである。多くの場合、最小値として3インチが許容されてきたが、今となってはこれでは小さ過ぎると普通は判断されている。水垢が早く付着しがちな水道管には、もちろんいくら何でも小さ過ぎる。イギリスの実務上では、一般に4インチが最小とされてきた。著者もすべての給水施設に導入される管について、これが確かに最小値であると考える；実際には、ヨーロッパの水道給水施設の主管の最小値として5インチの採用が好ましいと考えている[4]。アメリカでは給水施設の管の最小直径が6インチに定められることも珍しくはなく、ファニングは最小値として8インチを推奨している。

　いかなる値を最小値として決定しようとも、比較的小さな主管の直径は、同時使用が必要となる可能性のあるすべての消火栓で全開の放水に十分な給水ができることをもっぱら考慮して決定すべきである。

　このように述べるのはずいぶん簡単なのだが、ここで同時に二つの問題

第18章　給水施設

が発生する。まず、小さな主管は具体的にどの寸法の直径からとすればよいのか？　次いで、一時にいくつの消火栓が使用される可能性があるかは、どのようにして決めるのか？

　ひとつ目の問いについては、答えを得るためのデータがいくらかある——主に消火用水のための余裕に関するものである。これを最低1秒当たり200立方フィートとした。ならば、小さな主管は実用上必要な動水勾配を考慮したうえで、1秒当たり200立方フィート以内の給水をすると言える。しかしこの文脈では、もし織物状の施設を採用するならば、ほとんどあるいはすべての主管は両端から給水されることも忘れてはならない。すると両端が開放の主管は、各端部から100立方フィート以内の給水に対応できる場合にのみ、小さな主管として分類されるのである。従って、図179に図示した例では、ここで仮定したデータを用いれば、片方の端部からのみ給水される直径16インチ以下のすべての主管を小さな主管とみなすことができる；直径12インチ以下で両端から給水される管も、同じ分類に入る。

　一度にいくつの消火栓から放水が必要となる可能性があるかを決めるのは判断いかんに関わることなので、判断に頼らなければならない場合には他分野における工学上の事例と同様、万が一誤差が含まれていたとしても、結果が安全側にあるようにするのが望ましいとのこと以上は言えない。

　まずは、消火栓すべての位置を確認する必要がある。このことについては、次の章でさらに扱う。次いで、地区のどの部分で火事が起こった場合にでも、これらのうちいくつの消火栓が同時に使用される可能性があるかを単に給水管を配置しながら可能な限り判断することである。そしてこの際、すべての消火栓へ給水できるように水道管を設計するのである。

　次に挙げる表は、ファニングの表の改良版である。これはヨーロッパでの使用を想定しており、小さな主管の直径を決めるのに便利であろう：

都市への給水と水道施設の建設

| 消火栓の数 | 一端から給水される場合の主管直径（インチ） | 両端から給水される場合の主管直径（インチ） |
|---|---|---|
| 1 | 4" | 4" |
| 2 | 5" | 4" |
| 3 | 6" | 5" |
| 4 | 8" | 6" |
| 5 | 9" | 7" |
| 6 | 9" | 7" |
| 7 | 10" | 7" |
| 8 | 10" | 8" |
| 9 | 11" | 8" |
| 10 | 12" | 9" |
| 12 | 14" | 10" |

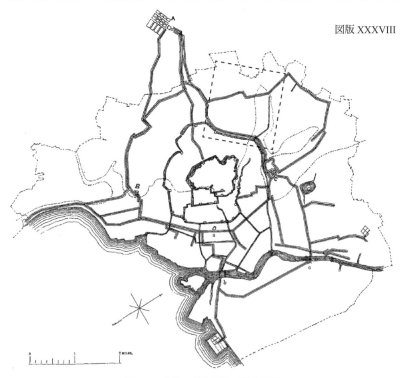

図版 XXXVIII

図184　東京の水道施設：給水組織
　　　（訳注　図185の範囲を点線の長方形で加筆した。）

# 第18章 給水施設

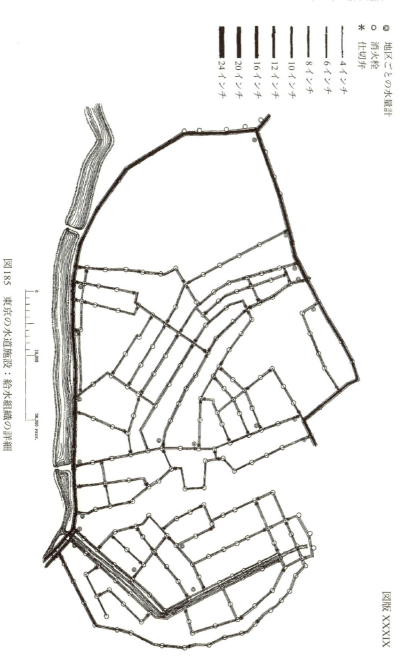

図版 XXXIX

図185 東京の水道施設:給水組織の詳細

◎ 地区ごとの水量計
○ 消火栓
* 仕切弁

—— 4インチ
—— 6インチ
—— 8インチ
—— 10インチ
—— 12インチ
—— 16インチ
—— 20インチ
—— 24インチ

**日本の給水施設**——多少長いこの章の結論として、本書執筆中に現在進行している、日本の首都東京の水道給水施設について簡単に説明しよう。現在の人口は、1,200,000人である。

図版XXXVIII（図184）に、施設全体の大主管を示す。まちはおおまかに、点線で示したように平地と台地に分けられ、図にABCで示した3箇所の給水中心地がある。

Aの印が付された淀橋（訳注　新宿区西新宿）の高地貯水池の海水位からの水面高さは124フィートである。この高さは重力による平地への給水をまかなうには不足するが、それぞれCとBの位置にある本郷と芝の給水池への給水には十分である。平地に給水できるよう、水はAで水頭116フィートまで揚水される。

芝と本郷の貯水池——すなわちBとC——の高水位は90フィートである。それぞれにポンプ場があり、水頭75フィート相当に抗して揚水できる。

台地の給水施設は、どちらかというと放射状になっている。平地の施設は主に2つの大きな環状の水道管からなり、BとCの二つの貯水池を結ぶ。これらの環はそれぞれBaC、BbcCと印してある。

AからBとCへの管及び台地の給水施設の主管は、それぞれ直径42インチである。それぞれの環状水道管もまた、直径42インチから始まるが、中央では20インチにまで小さくなる。

図版XXXIX（図185）には、給水施設の一部を示す（訳注　図184上方に点線で示した長方形。新宿区の東側。）。幾分人口密度の低い範囲を選んではいるが、ここでは道の配置が不規則なので、十分に細網化された施設を造り上げるのは非常に困難である。

弁を4箇所以上閉めることなく施設のいずれの部分も隔離できるように、管と仕切弁を配置するように試みた。同時に原則として、仕切弁を3箇所または2箇所のみ閉鎖することで、どの管をも隔離できるようにした。この地図では、線の太さの違いだけで主管の太さを正確に示すことはもちろん無理であるが、おおかたどのようであるかの想像はつくであろう。またいずれにしても、ここで示す直径は、ヨーロッパとアメリカでの実務に適

用できるものではないので、正確にわからなくても問題ではない。

注
1 著者がロンドン衛生検査協会の依頼でロンドンの住宅を検査中に見た状況を説明すれば、文明のある国々の住宅では決して水槽の使用は今後許可されなくなるのは確実であると思う。鼠の死骸は些細なことでしかない。ある住宅の検査では、飲料水を供給する水槽が寝室として利用されていた屋根裏部屋の下に位置していた。検査のまさにその日、口にするのもはばかられるある家庭用品が逆さにされ、その内容物が水槽へと間違いなく落とされていたことが、物証により明らかであった！　それもロンドンでは有名な内科医の家でのことだった！　このような位置に水槽が置かれるのも全く珍しくはなく、床掃除の際に掃除の水が水槽に入り込むことは避けられない状況にある。
2 補遺II、覚書19参照。
3 これが、日本の神戸と下関水道施設で提案した配置である。
4 これに関連して、水頭が同じであれば、4インチの管は3インチの管と比較して2倍よりかなり多くの水を運ぶことを覚えておくと都合良い。5インチの管になると4倍以上、6インチでは6倍をそれほど下回らない量の水を運べる。
5 16インチ直径では、水垢付着分の余裕として1インチもないが、1インチもの余裕が必要とされるのは、かなり大きな直径の管の場合だけである。
6 日本の家屋は2階以上がほとんどなく、規模も小さくて軽量な構造である。火災はけっこう発生するものの、消火に際しては中程度の直径を有する消火栓が多数あった方が、ヨーロッパや広くアメリカで使用される非常に大口径のものが数個あるより多分便利であろう。従って、小さな主管の直径は表から消火栓数ごとに求められる値の$\frac{3}{4}$以上にする必要はない。

# 第 19 章　消火用特種設備

　前章では、同時に作動が必要と考えられる消火栓すべてに対して十分な給水が行える主管の計画について、かなり説明をしてきた。しかし、火災の消火に関して、特に注意すべき事項をさらに付け加えなければならない。

　**消火のための予備貯水**——火災消火のための特別な貯水確保の必要性については既に触れてきた。この問題は、消火用に特定の流量を主管に供給することと、ほとんど同じであるように最初は思えるかもしれないが、実際はずいぶんと異なるものである。

　確かにある程度までは、まちが小さくとも大きなまちの場合と同じぐらい消火用水が必要となる傾向があるものの、ある限度を越えると大きなまちでの火災の鎮火には小さなまちよりも多くの水を要するようになる。ほとんどの大きなまちでは、先に説明した通り給水施設を計画する段階で必要な対応がほとんどなされる。というのは、大きなまちで火災が広がるにつれて、水がひとつ以上の主管から、場合によっては複数の給水中心地からさえ、ほどなく得られるようになるのが常であるからだ。

　加えて、火災は大きなまちでは小さなまちでより、たいがい長時間燃え続けることにも注目したい。従って、中ぐらいの大きさを越えるまちでは、火災予防として貯水される水量はまちの規模に応じて増加するものの、主管の送水能力を見ると個別の主管における水量はほとんど一定であるようだ。一方、この用途のために特別に備えられた貯水容量は、人口規模を基準とするまちの大きさに比例して増加させる必要のないことも明確にしておかなければならない。

　様々な規模のまちに対して、消火用にどれほどの貯水量を確保するのが適切であるか提示するのは困難で、恐らく不可能でさえあろう。従って、

遠慮がちにではあるものの、著者は消火のみに用いるために確保すべき最小限の貯水量をかなり正確に表すものとして、以下の計算式を提案したい。特に今までの方法ではせいぜい近似値しか得られなかったこともあり、観察や推論を重ねてこれを採用するに至ったのだが、その経緯は、読者の興味もたいして得られないだろうし、ここで説明するには長過ぎるので省略する。

$Q = 200\sqrt{P}$

ここで

Q = 特に消火用に貯水する最小水量、単位は立方フィート

P = 人口

すでに述べたように、この貯水容量は浄水池、沈澱池または貯水池のいずれかに確保できればよい。この際、沈澱池か貯水池の一方に火災時、開放される迂回路を設け、水が濾床を通過しなくても済むようにする。

浄水池に必要な貯水を確保できることに、利点がいくらかあることは明らかである。浄水池に貯水されていれば、水を迂回させるために弁を開くことなくすぐさま利用でき、さらには濾過されていない水の主管への導入という好ましくない行いも避けられる。一方で、この方法では比較的大量の水を浄水池に保つことを伴うゆえに反対意見もあり、濾過された水をかなり長い時間淀んだ状態に置けば水質が劣化しやすいので、推奨できないことをこれまでに確認してきた。1日単位の消費量を基準にすると、小さなまちで必要な貯水量は大きなまちよりかなり大きくなる。従って、10,000人程度の人口規模のまちでは、消火用だけの水量確保に16時間分の平均消費量相当の貯水量が必要となる。一方、1,000,000人程度の人口規模のまちでは、この貯水量は2時間分以下の平均消費量相当の貯水量で十分となる。

**消火用揚水力の備え**——揚水動力を用いて浄水池に送水する場合、浄水池の容量が消火用に加え、24時間における消費量の変動にも対応できる

貯水を十分まかなえる大きさに造られているならば、揚水設備には特別な配慮は必要ないことが明らかである。確かに火災鎮火後の貯水池は空になり、再び満水にしなければならないだろうが、揚水設備は多少効率が落ちる可能性もあるものの普段の能力を多少越えても機能するので、ゆっくり行えばよい。さらには、本来この予備動力に頼ることは勧められないものの、非常時には利用できる。

　火災用に必要な貯水が高地の貯水池または高架水槽では得られない場合は、いずれも各動力に消火に必要となる水量に対応できるよう、この追加分も揚水できることが求められるのは明らかである。この推奨値とされるのが1分当たり最低200立方フィートの給水であり、対象となるすべてのまちには普段の最大消費量に加えて、これだけの水量を揚水できる動力が備えられるべきであることは疑いない。この必要とされる追加分の揚水能力は、揚水の条件となる水頭100フィート当たり40実動馬力近く――実際に揚水された水で計った馬力に相当――になる。厳密に言うと、これは「予備」分とは別に確保しておく必要がある。著者の知る限り、実際そのような備えが用意されるのはたいへん希である。非常時の火災では「予備」に頼ることが広く行われるのだが、既に述べたように好ましくない。ある程度予備能力を備えておく理由はまさに、揚水動力のうちひとつが故障した時の備えのためであるからだ。いつ故障するかは、これが火災時となるか、また他の時となるかは全くわからない。

　消火用の給水は、以下の条件のもとで供給される。動力は通常の給水量を維持したまま、特定の「役割」を担う時には、石炭消費量に関する効率は問わずに――あるいは少なくとも効率に関する特記なく――一定の割合、例えば20％増の給水に対応できることが求められる。

　この方法に対する強い反対意見はないが、この場合ボイラーの予備能力を十分に確保するように注意しなければならない。というのも、通常の速度を一定量越えて、例えば20％増しで動力を作動させるのならば、恐らく通常よりも作動効率が落ちることが予想されるため、20％より多く蒸気を発生させなければならないからだ。

いずれにしても、どれほど予備ボイラー動力の備えが必要となろうとも、揚水された水の貯水がないとなると必ず揚水施設に問題が発生する。急に水の需要が増加すれば蒸気も急増させなければならないのであるが、この際に追加のボイラーを作動させてボイラー一式からの蒸気発生を増加させるには、多少の時間がかかるからである。このことより、各種ボイラーのうち熱する水量が非常に大きいランカシャーあるいはコーニッシュ形式と比べて、海洋及蒸気機関のボイラーあるいは「管式（tubulous）」または「水管式（water tube）」と呼ばれる種類では、とても速やかに蒸気が得られることを覚えておくとよい。

**消火栓の間隔と配置**——消火栓の配置間隔については、数が多いほど好ましい、すなわち間隔も狭い方が良いということも意味するのであるが、これ以上に何か決定的なことを述べるのは容易でない。費用の問題が唯一の制約条件となる。消火栓自体の実費は水道施設費の中ではけっこうな額になるので、消火栓を火災の発生する可能性のある建物の近くすべてに配しても、主管がこれに給水できる径でなければ、消火栓をばらまいてもしょうがない。人口密度が高いほど、また資産価値が高いほど、消火栓を密に配置する理由も重みを増す。

都市において人口密度の高い地区、特にビジネス街における消火栓の配置間隔は、これ以下でも問題ないものの、100ヤード以上にはするべきでなく、都市のどの部分においても150ヤードを越えてはならないと言えるだろう。

消火栓の位置については、交差点に配置すれば顕著な利点があることは明らかである。というのは交差点からは、2、3、4筋あるいはこれ以上の通りを見渡せ、消火ホースを角で曲げなくとも操作できるので、消火栓の操作者は常に火災現場を見ることができるためである。従って、すべての交差点に消火栓を設け、交差点間に150ヤード以上の間隔がある場合には、中間地に消火栓を設けることを推奨したい。

この話題についての見識者として既に取り上げている（p.271）フリーマ

ン氏は消火栓の位置について、まち全体の都市計画の中よりも、その地域における事情に配慮して決めることを強く勧めているが、その理由は数多くある。技師自身の判断だけに頼るよりも、消防隊の見識者に助言を求めることを勧めたい。著者はもちろん、配置方法の計画に当たって、消防隊の見識者に真っさらなまちの地図を手渡し、消火栓の位置を決めるように依頼することで、最も満足ゆく結果が得られると考える。そしてある程度の大きさまでの主管を消火栓への給水を主たる目的にして設計すれば、その後の状況に応じて位置をかなり柔軟に変更しながらも、すべての消火栓への十分な給水が得られるようになる。

**消火栓のかたちと大きさ**——どれほど多くの種類の消火栓が今まで発明されてきたかを知るには、いずれかの水道設備製造者の大きなカタログを見さえすれば十分である。すると、そのうちいくつかは、実際に便利なものとするためというよりは、何か新たに特許を取ろうとして造る考えに基づいていることに気づく。

優良な消火栓の条件を下記する：——(1) 漏水、詰まりなどの発生により故障しやすくてはならない。(2) 弁を開放すれば、十分に滞りなく水が流れるようでなければならない。(3) ホース接続上の問題を最小限に抑える形状でなければならない。(4) 冬期の寒さが厳しい国では、凍結しないように造る必要がある。(5) 消火栓の設置は水道施設の初期費用のうちかなりの部分を占めるので、適切な金額でなければならない。

消火栓は、*地上式*と*地下式*との2段階に分けることができる。地上式消火栓は、路面から数フィート立ち上がり、たいがい歩道の外側に設置される。図版XL (図186、187) に、イギリスでよく見る形式を示す。図188 (ファニングの本より) には、アメリカ式の地上式消火栓を示す。

地上式消火栓の利点は、目に見えるかたちで立つことにある。直立管を利用しなくとも、消火用ホースを接続できる。しかしこの形式が比較的小さなまち以外で用いられることが希であるのは、通行の邪魔になるように思えるからであろう。しかし、歩道の外側に置かれるのになぜそう邪魔になるのかは理解できない。この欠点は間違いなく、地下式消火栓よりも高

## 都市への給水と水道施設の建設

図版 XL

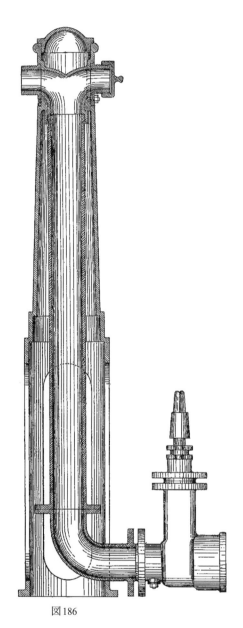

図186

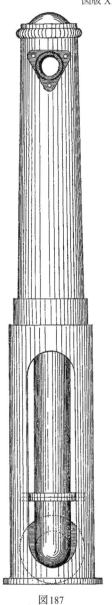

図187

柱型消火栓：イギリス型

第19章 消火用特種設備

価となることである。

地下式消火栓は完全に路面下に設置され、アクセスは蝶番の付いた小さな扉を開けて得られ、火災時には消火栓に消火ホースを、一般には銅製の短い立管をネジ、差し込み継手あるいは両者の組み合わせを用いて接続しなければならない。このような時に、地下式消火栓の不便な点が一度にあらわになる。鋳鉄製の覆いが泥や雪に埋もれていることも間違いなくあるだろうし、火災時に至急を要する時、特に夜間には、その位置がはっきり示されていても扉を見出して開けるのに遅れが発生することも多くある。地下式消火栓は、いかなる場合にもその位置を最寄りの壁にはっきりした文字でわかるように印を付けておかなければならない。ただ、この時使用する文字は必ずしも見た目が美しいわけでないのは確かである。

図189には、地上式と地下式両方の消火栓の利点を数多く有する、メリウェザー (Merryweather) 親子両氏が特許を取得した巧妙な消火栓を示す。管A、Aは、伸縮自在である。消火栓未使用時には、右図の位置——すなわち地下にある。しかしこれらは左図の定位置へと手動で、あるいは真鍮製の蓋を取り外す少し前にネジ締め式の弁を開放して引き上げることができる。

これからわかるように、この消火栓は自由放水を可能とする大きな直径の管で、よく見るような1本の2½インチ直径の枝管や立管に二つの2½インチの接合部を設けるような、馬鹿げたものでもない。この消火栓形式唯一の難点は、高価であることだ。

消火栓は、地上式消火栓または地下式消火栓とする分類の他に、球型弁

図188 柱型消火栓：
アメリカ式（ファニング）

都市への給水と水道施設の建設

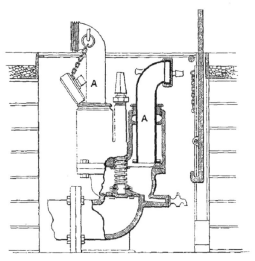

図189　メリウェザー式消火栓

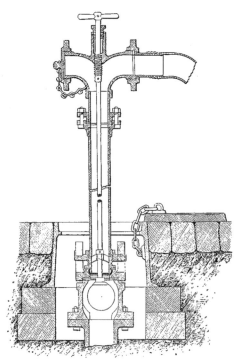

図190　球型弁消火栓と竪管

式消火栓、仕切弁式消火栓、またはネジ締め式消火栓にも分類できる。

　球型弁消火栓——消火栓のかたちとして考えられる最も単純なものである。共に用いる必要のある立管と併せて図190に示す。この作動は単純である。消火栓の二つの突起が立管下端における二つの突出部下に納まるように立管はネジ止めされ、また消火栓との間に水密な接合部が形成されるように、立管は消火栓の上に設置される。球型弁を開放するには、球が台座から離れるように立管の軸にあるネジを締め降ろせばよい。

　球型弁消火栓は、他の形式と比較して漏水が発生しやすい。球と台座との間に土が入りやすく、非常な高圧のもとではゴムで覆われた球の形が変形したり、溝跡が付いたりしがちである。それでも経済性を理由にこの種の消火栓は使用されており、実際は通常の加圧下——例えば水頭100または最大でも150フィート相当——ではまずまず満足な結果が得られる。

　図191、192には仕切弁式消火栓を示す。説明はほとんど必要ないだろう。この形式の弁は、濾過された水のみ使用するイギリスではほとんど標準と言ってよいだろう。この消火栓は、未濾過水の使用には適していない。水に含まれるわずかな砂であっても仕切弁の表面をざらつかせ、そうなれば完全な水密性は保たれなくなり、消火栓ではわずかな漏水であっても、特に凍結時、それも多少の凍結であっても、たいへんやっかいなことになるからである。

　図193には、消火ホース接続のために、この消火栓と共に用いる立管の形式を示す。

　ネジ締め式消火栓には、多様な設計がある。図194と195に好例を示す。これらは特に説明不要である。

　アメリカでは、ネジ締め式消火栓が仕切弁式消火栓よりも広く使用されている。イギリスで使用されるネジ締め式消火栓の弁が「真鍮対真鍮」で作動することもあるのに対して、アメリカでの弁は必ず「底革」または天然ゴムからなり、座金が真鍮である。これは、アメリカでは未濾過の水が広く使用されているためであろう。

　図196、197（ファニングによる）に、アメリカの地下式消火栓の形式を

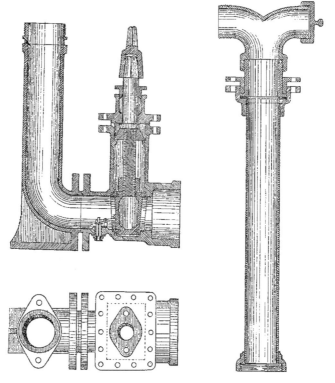

図191, 192　仕切弁式消火栓　　　図193 仕切弁式消火栓用竪管

図示する。これを勧めたくなる特徴がいくつかある。まず、この消火栓は3あるいは4方向からの流水を最大限利用できるように、「織物状」の水道施設における2本がなす管の十字路または交差点への設置が前提になっている。真鍮製の上方部分は持ち運び可能で、水圧に耐えることができる上、軽量である。消火栓を使用する必要が生じた時には下方にある鋳造物の部分へネジ止めされる。ここには、主たるネジ式弁を制御する中心軸があり、またそれぞれには消火ホースを取り付ける筒口をひとつずつ閉じる仕切弁を制御する小さな心棒がある。筒口の数は、2、3または4となる場合がある。

第19章　消火用特種設備

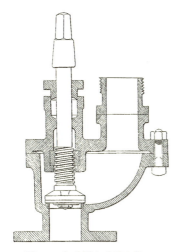

図194　ネジ締め式消火栓
（例その1）

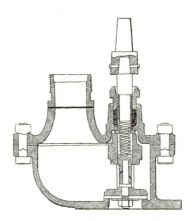

図195　ネジ締め式消火栓
（例その2）

**消火栓の大きさ**——近年まで最も一般的な消火栓の大きさは、内径$2\frac{1}{2}$インチのものであり——少なくともイギリスでは、今でもこの小さな消火栓が広く採用されている——すなわち、この直径で消火栓内部を貫通している。

このような消火栓では、直径1インチあるいは直径$1\frac{1}{8}$インチの吐水口1口分、または直径$\frac{5}{8}$あるいは直径$\frac{3}{4}$インチの吐水口であれば2口分の十分な放水が得られる。これら後者の管径は、主管からの給水に十分とされてきた経緯があり、残念ながら今でもそのように考えられている。

しかし今日となっては、特にアメリカでは、ますます大きな吐水口を用いる傾向にある。ホースの直径により吐水口の大きさの限度が決まるのであるが、これはまた扱う施設によって制約される。消火ホースの一般的な直径は$2\frac{1}{2}$インチである。アメリカでは直径3インチのホースも試されたが、扱いがやっかいであることが判明した。妥協案として直径$2\frac{3}{4}$インチが提案されたが、著者はこの大きさのホースが広く使用されるようになったとは、耳にしていない。従って直径$2\frac{1}{2}$インチを、標準ホース直径に採用して問題ないだろう。ホースの長さとして火災時に使用する最大値を想

都市への給水と水道施設の建設

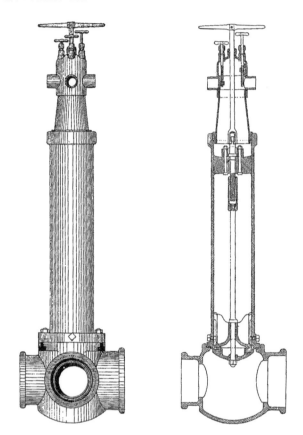

図196, 197　地下式消火栓：アメリカ式（ファニング）

定した場合、直径1インチの吐水口であればこのホースで満足ゆく放水が得られる；直径$1\frac{1}{8}$インチの吐水口ならばまずまずの放水、直径$1\frac{1}{4}$インチの吐水口では十分な放水は得られない。

　ひとつの消火栓に繋げて作動させるホースの数として、少なくともイギリスで最も広く見られるのは2本である。直径$3\frac{1}{2}$インチの消火栓では、二つの吐水口の直径それぞれが$\frac{7}{8}$インチまたは1インチであれば、満足ゆく放水が得られる；直径$1\frac{1}{8}$インチの吐水口ならばまあまあの放水、直径$1\frac{1}{8}$インチの吐水口であっても何らかの放水が得られる。ゆえに、$3\frac{1}{2}$イ

ンチを直径の最小標準値として推奨するのである。放水流の数が多ければ、例えば3つの放水には4インチ、4つであれば$4\frac{1}{2}$インチのように、さらに大きな寸法のものを採用してもよい。実際アメリカでは、最後に挙げた値よりも大きなものが広く使用されている。

直径$3\frac{1}{2}$インチの消火栓使用時には4インチの受け口を取り付け、消火栓への給水は少なくとも直径4インチとすることを推奨する。

**消火栓の凍結防止**——冬の冷え込みが非常に厳しい国々では——例えばアメリカ北部の州——消火栓、少なくとも地上式のものについては、かちかちに凍結しないように「凍結防止カバー」を取り付けなければならない。イギリスのような気候のもとでは必要ない。地上式消火栓でさえ、わずかな水流が消火栓の中を流れていれば凍結の恐れはない。しかし、時間の長さに関わらず、中央管の満水状態が続けば凍結しやすくなる。使用した消火栓の管は、空にする特別な装置がなければ当然水で満たされている。

イギリスのような気候では、通常の冬であれば路面下1フィートほどにある水は凍ることもないので、水が曲がり部や上向きの短い配管の中に残っていたとしても、地下式消火栓の凍結は希である。しかしながら冬によっては、水の入ったままでは地下式消火栓さえ凍ることがある。ゆえに、このような消火栓についても排水できる仕組みを設けることを推奨する。これは、主管を閉めたのち、手動で開放する小さな弁または栓でしかないこともよくある。このような手動による排水では忘れてしまう可能性も高いので、たいがい自動排水装置が導入される。

このような仕組みを図191、192（p.300）に示す。ここでは地下式消火栓に適用した例を示しているが、地上式消火栓でも明らかに同様の効果を発揮する。この原理をネジ式弁の消火栓、さらには仕切弁式消火栓に適用することは、技師ならば思いつくことだろう。図示したこの事例では、仕切弁を閉じると小さな「逆止め」弁が開かれ、水が排水されるようになっている。また、仕切弁を開けば逆止め弁は再び閉まるようになっている。

# 第20章　水道施設の配管

　**水道管の材質**——多くの国で最初に水道管の材料として用いられたのは木材であった。管は木の幹をくり抜いて作るか、あるいは桶板や板材を組み合わせて作られた。近年アメリカでは、特定の用途のために木製桶板を鉄のたがで巻いて作った管の使用への回帰が見られるようになっている。

　東方の国々では、直径の小さな水道管に多くの場合竹材が用いられる。枝や節内部の仕切りを鉄の道具で叩き落とすだけで、多少の内圧にも耐えうる軽量で便利な管が手に入る。

　少なくとも英国では、水道管材料への木材使用から最初の改良点は、鉛を使用するようになったことだろう。水道管は管のかたちに鋳造されるか、または比較的最近までは同様に鋳造で製造されていた鉛板から製作される。

　今日水道施設に使用される標準的な管の材料は、鋳鉄であると言って間違いないだろう。ここでは給水施設の管路及び主管や副主管を指しており、いまだ主に鉛製管からなる家庭への給水管を話題にしているのではない。鋳鉄は鉛と比較してずいぶん腐朽しやすいものの、かなり安価でかつ強度がある。むしろ、鋳鉄はあらゆる規模の水道施設の管製作に対して、正しくさえ扱えば、他のどの金属よりも耐久性は高くなるだろう。

　ここ数年は、鍛鉄とリベット打ちされた鋼管もかなり使用されるようになってきている。軽量なので扱いやすく、大きな管となればずいぶん有利である。直径が3フィートを越えると、鋳鉄管を扱うのも決して生やさしいことではない。

　アメリカまたフランスでは、「複合材料管」と呼ばれるものがいくらか採用されている。鍛鉄または鋼鉄からなる外殻が、セメントで内側をあるいは内外ともに覆われ、補強されたものである。この発想は、鍛鉄や鋼鉄管の軽さと鋳鉄管の堅牢さを得ながら、錆発生の防止も兼ねている。

炻器製または耐火粘土からなる管の利用については、第17章水路の水流——水道管と開渠で既に述べている。

**鋳鉄管**——鋳鉄管には、管同士の接続方法における性質の違いにより、フランジ（突縁）継手と印籠継手の2種類がある。

図198、199にフランジ継手を示す。フランジに糸を2、3巻埋め込み締め上げて、表面を鉛丹のパテ（鉛白と亜麻仁油に乾燥した鉛丹を加えてこねて作る）で覆うことで、水密性が得られる。あるいは、グッタペルカ（gutta-percha）（訳注　ゴムのような物質）または鉛または柔らかい銅線の輪を間に入れて締め上げてもよい。フランジ間にゴム環を入れることもできる。フランジ継手は、水道管を弁やその他特殊な装置に繋げるために広く使用されている。継手を外す可能性が高ければ、この採用が好ましい。フランジ継手は印籠継手と比べるとかなり容易に取り外し、組み立てることができるからである。フランジ継手は長距離敷設される直管には用いられない。というのはひとつに（それも明らかな理由では全くないのだが）、入れ子型となる印籠継手用の管よりもかなり高価だからだ。しかし、この採用に反対の声が挙がる主な理由は、温度変動があれば長い管では必ず発生する収縮と膨張に対応するゆとりが何らないからである。さらに、これらは入れ子式ほど効率良く詰め込めないので、運送に関しても反対意見が挙げられることとなる。

印籠継手もまた2種に分類される——主に、*旋盤加工継手*と*鉛接合継手*である。旋盤加工継手において管は金属対金属で繋がれ、それぞれ加工さ

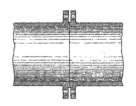

図198, 199 水道管用フランジ継手

## 第20章　水道施設の配管

れた挿し口が受け口にぴったり納まる。この種の継手によくある形式を図200、201、202に示す。もちろん旋盤加工には費用がかかるのだが、大量であれば高速で加工するように機械を設定できるので、たいした費用はかからない。鉛と労働力の節減もできるので、その結果鉛で継手を繋ぐよりも、旋盤加工継手の管を敷設する方が安価で済む。

　旋盤加工継手管の敷設は下記のように行う：──旋盤加工された管の部分を十分に洗浄したのち、ろ砂（塩化アンモニウム）の水溶液または獣脂と松ヤニの混合物を塗り付ける。次いで挿し口を受け口に差し込み、管を十分に打ち込む。これは、次に敷く管を滑車装置で叩き込み、槌の代わりに用いながら行う。その際には、木塊を間に入れて管の破損を防ぐ。ろ砂を使うのは、管を錆びさせることで密着させ、ほとんど一体化させるためである。獣脂と松ヤニはもちろん実際錆の発生を防止するのであるが、少なくとも継手が少しも「引き締まる」ことがないのであれば、これを使うことで水密性のある継手が形成される。

　ここでいう「引き締まり」には、旋盤加工継手におけるすべての問題が含まれている。膨張と収縮を見込んだゆとりは一切ない。管が非常に寒い

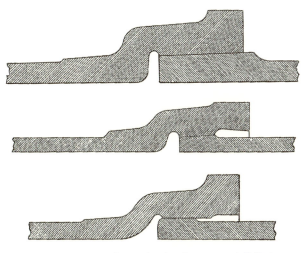

図200, 201, 202　旋盤及び穿孔加工継手による印籠継手

時期に敷設されたのであれば、気温の上昇に伴い、ずれが生じてくるか、実際破損する。気温が再び下がれば継手は「引き締まる」こととなる。管が暖かな時期に敷設されたのならば、寒い季節、あるいは管に初めて冷たい水が流れた時に管は「引き締まる」。このやっかいな点に対処するべく、数々の対策が立てられてきた。旋盤加工継手5から10本ごとに、鉛で接合する継手を入れるか、一定間隔にエキスパンションジョイント（膨張継手）を設けるかが行われてきたのだが、これは不細工な対処でしかなかった。従って、決して漏れがあってはならない直管を長く敷設する場合には、旋盤加工継手の採用は推奨できない。

鉛接合継手は、長くまっすぐな管に求められるすべての条件を満たす。実際、弁やその類の修理に際して継手を外す可能性がありそうな場所を除いては、どの場所にでも適切である。既に述べた通り、このような場合にはフランジ継手が最適である。鉛で繋げた継手は、ちゃんとできていればかなり水密性が高く、鉛自体の柔らかい性質により膨張と収縮分のゆとりも十分あり、「引き締まり」によって発生する漏水防止には効果的である。

鉛の継手は下記のように施工する：──挿し口を受け口に入れ、撚った毛糸の「詰め物」または鉛の環を受け口の底にコーキング止めする。こうすれば接合する管2本の中心位置を揃えておくことができ、「密閉」された継手となる。受け口の隙間を溶かした鉛で埋めても管内に漏れ入ることはない。撚った毛糸が最も広く使われる理由は、安価でかつとても扱いやすいからだ。鉛が好まれるのはもっともなことで、水と接触しても溶け出てくるようなものは一切ないからである。

次いで、受け口の外側端部を「密閉」するように閉じる。この際小さな管の場合は一般に十分こねた耐火粘土のみ使用されるのだが、大きな管ではよく鉄製環を半分にしたものが使われる。いずれにしても目的は、頂上の溶かした鉛を流し込むための穴ひとつを除いて、受け口外側全体を閉じることにある。

ここで受け口は溶かした鉛でいっぱいにされ、硬化時間が与えられる。そして環を取り除き、短くて太い専用工具を用いて鉛で十分に「コーキン

第20章　水道施設の配管

図203, 204　水道管接合部充填用道具

グ止めされる」または「固定される」。すなわち、受け口内側からは外側に、一方、挿し口の外側では内側に向かう力を受けるように、また双方の表面に割れ目があればこれを埋めるように、打ち叩いて圧迫するのである。図203、204には詰め物の輪や鉛をコーキングするための道具を示す。時には、鑿を一切使わずに継手全体を専用工具できれいに仕上げるよう指定されることもある。継手の荒れた端部を鑿で整えるよりも、この方がしっかり止め付けられるとされている。この際には、柔らかく青っぽい鉛地金を用いる。

挿し口と受け口の形状はかなり注目されており、多数の設計例が見られ、それぞれに利点があるとされている。しかし、ほとんどの場合、これらの特殊な長所は設計者が想像しているだけであると、著者は考えている。

挿し口と受け口からなる印籠継手の設計あるいは既存の数多くの設計の中からひとつ選ぶには、いくつかの条件を念頭に置いておく必要がある。ひとつは、必要以上の鉛を使用してはならないこと；また、受け口には、コーキング作業を通してたいへん大きな内圧がかかっても裂けないほどの強度がなければならない。効果的な継手にするために必要な鉛の最小量や、コーキング作業中の破裂防止に必要な受け口部分の金属厚さを計算するためのデータは存在しない。すなわち印籠継手の設計またこの選択は、判断の問題でしかないのである。

図205から208には、好評な挿し口と受け口数例の断面を示す。このうちのいずれもが他より優れていると、知っているふりはするまい。時に受け口の内側にはV型または半円形の溝が鋳造時に設けられる。これは、継手の脱落を防止するためである。このような溝を設ける効果のほどは、良くわからない。溝のない受け口でも適切にコーキングしてあれば、ほとん

## 都市への給水と水道施設の建設

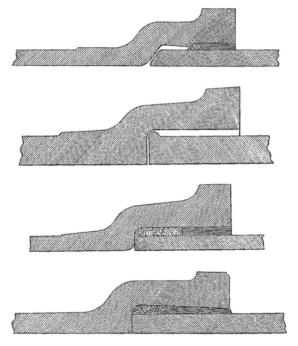

図205, 206, 207, 208　接合部に鉛を流した印籠継手

ど脱落することはないことが十分に証明されているので、実際、さらにこの部分に抵抗をもたらすのは誤りのように思える。というのは、鉛でコーキングした継手の利点は、気温変動による収縮と膨張分の十分なゆとりが得られるように「たわむ」ことにあるからである。さらにまた、溝に空気が入ったままになれば、溝がない受け口よりも劣る継手にしかならない可能性もある。この防止策として、溝に小さな穴を開けて、さらに穴が上方に向くように管を敷設することも試みられている。

　内部表面の形状を球の一部とする様々な受け口が設計されてきた。(ファニングによる) その一例を図209に示す。このようにする目的は、かなりの遊びを持たせた「玉継手」とすることにある。この種の継手は、既にある長さの継がれた管を不陸のある——例えば、川底のような——面に敷くような特殊な場合に採用されるが、一般の使い方では特段利点もない。継

第20章　水道施設の配管

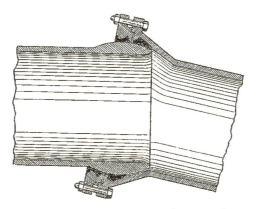

図209　印籠継手のある水道管（ファニング）

手が「引き締まる」までには至らない範囲の沈下量であれば、普通に鉛でコーキングした継手でも十分たわんで対応する。また管が引き締まるほどの沈下であれば、球状の継手より円筒形となる継手の方が、一般には水密性を保ちやすい。

**鋳鉄管の長さ**——かなりの長さになる場合には、まっすぐな鋳鉄管に利点があることは明らかである。個々の管が長ければ長いほど、主管のどの範囲においても継手は少なくて済むので、経費及び継手位置での漏水と、その可能性の両方が軽減される。管長さの制約は、全体を通してまっすぐに、均一な厚さで鋳造できるか否かに関わっている。

イギリスでは実務上、直径の小さな管は比較的最近まで長さ8または9フィートで鋳造され、より大きな管については10フィート、さらに例えば直径18インチ以上については長さ12フィートとされてきた。今では、直径4インチ以上については長さ10フィートで鋳造するのが一般的である。これよりも長いものはいくつかの管製造者、特にベルギーの鋳造所で採用されている。

**鋳鉄管の厚さ**——鋳鉄管が、水道施設の主管または副主管でさらされる

内圧に耐えうるだけの厚さにされたなら、——地面の「打ち固め」分の余裕も入れ、また十分に「安全を見て」例えば安全率を6としよう——管はあまりにも薄く、安全に取り扱いできないほどになり、さらには上方における土壌の打ち固めや地面のわずかな沈下によっても、ひび割れが入りやすくなる。管が受ける内圧によって求められる値よりも管を厚くしなければならないことは自明である。しかし、これとは別にもうひとつ理由がある。主に、管厚さがわずかにでも不均一であることへの対処が必要となることだ。管全長にわたってどの部分でも厚さを計算通り均一に鋳造することが不可能なのは明確であるからだ。

　ここで挙げたような、不測の事態を想定したゆとりを考慮しないならば、鋳造管の厚さを求める計算式は、以下だけでよい。

　　$t = prf/s$

ここで各値を以下の通りとする。

　　$t$ = 管の厚さ、単位はインチ
　　$P$ = 圧力、単位はポンド／平方インチ
　　$r$ = 管の内径、単位はインチ
　　$f$ = 採用安全率
　　$s$ = 金属の引張り強さ、単位は断面1平方インチ当たりのポンド

　この計算式を用いれば、——例えば直径4インチ、圧力1平方インチ当たり200ポンド、鉄の引張り力を1平方インチ当たり18,000ポンド、安全率を5とすると——厚さはたった$\frac{1}{8}$インチ以下になり、これは明らかに馬鹿げた結果である。

　一方、直径40インチの管を例に他の条件を同じとすると、計算式から求められる厚さは$1\frac{1}{8}$インチに近くなる。これは、4インチに管に対する厚さ$\frac{1}{8}$インチと比べれば、40インチの管としてはそれほど馬鹿げた値ではない。従って、実際には付加分をこれほど小さくする必要がないにしても、上で述べたような不測の事態にも対応できるように、付加する分量は大きな管では小さな管と比較して比率としてはずいぶんと小さくなること

が明らかである。

**管内で発生する水撃**──水がかなりの速度で長い管の中を流れており、流れ入る管端部の弁が閉じられて、流れが急に止められれば、「水撃」と呼ばれる現象が発生する。極めて短時間に水圧が増加するとこの水撃が発生し、この際の圧力変化はかなり大きくなることもある。水理学上の水撃を簡潔に述べるには、水撃を利用すれば、水全体が落下する高さの差よりもさらに高い位置まで水の一部を持ち上げられる点が説明されてきた。

現代の水道施設においては、高速度で流れる長い配管の下流に安全弁を設置したり、弁をゆっくりとしか閉じられないようにしたりして、水撃を最大限抑えるための配慮がなされている。それでもなお、管の強度に水撃を考慮することは無駄ではない。水撃によって追加される圧力は管の中における静圧ではなく、流速に関係するものであることを念頭に置いておく必要があり、他の条件が同じであれば、低圧方式であっても高圧方式と同じぐらい大きな値になる。ファニングは、十分水撃を防止できる余裕ある圧力として1平方インチ当たり100ポンドを挙げており、著者はこの値については上記の注意事項を守りさえすれば適切であると考える。

前述の事項を考慮しつつ、広く使われてきた様々な計算式について、いくつか言っておきたいことがある。

ランキンズ（Rankins）教授は管の最小厚さとして、以下の規則を示す：──「厚さは、内径と$\frac{1}{48}$インチとの間の比例中項より小さくなってはならない。」これを計算式として表すならば、下記の通りである：──

$$t = \sqrt{0.0208\,d}$$

ここで

$t$ ＝金属の厚さ、単位はインチ

$d$ ＝管の内径、単位はインチ

よく使われるモールズワース（Molesworth）による計算式は下記の通りである：

$$t = 0.00125\,\mathrm{P}\,d + x$$

ここで

 $t$ = 金属の厚さ、単位はインチ

 $P$ = 水の圧力、単位はポンド/平方インチ[1]

 $d$ = 管の内径、単位はインチ

 $x$ = 0.37、直径 12 インチ未満の管について

  = 0.5、直径 12 から 30 インチの管について

  = 0.6、直径 30 から 50 インチの管について

ファニングが提案する計算式を下記する：――

 $t$ = $(p + 100)\, d / 0.4\,S + 0.333\,(1 - d/100)$

ここで

 $t$ = 管の厚さ、単位はインチ

 $p$ = 水の圧力、単位はポンド/平方インチ

 $d$ = 管の内径、単位はインチ

 $S$ = 金属の引張り力、単位はポンド/平方インチ

　計算式の最初の部分に見られる値100は、水撃分の余裕である。従って、さらにゆとりを持たせる必要はない。

　後者二つの計算式――それぞれモールズワースとファニングによる――を検証するならば、両者間には明らかな矛盾があることに気づく。これによると、モールズワースは不測の事態に備える厚さの余裕を管径が大きい場合には小さい場合よりも多くとっている。反対に、ファニングは少なく見積もっている。実際ファニングの計算式では、管径が100インチになると余裕はゼロになる。――しかし、この直径にごく近い大きさの管も徐々に使われるようになってきている。

　このゆとり分が完全になくなる点がなぜありうるかについては、十分な説明がない――今は、直径100インチ以上の管に計算式を適用した結果得られるゆとり分が、マイナスの値になることについては、あえて問題としない。一方、なぜ管が大きい場合にこのゆとり分が増加するのかについても、たいして明らかな理由はない。というのも、大きい管では小さい管に

第20章　水道施設の配管

比べて、むしろ金属の厚みを均一にするのが容易になるからである。

いずれにしても、ここで取り上げた二人の見識者間に矛盾があるのならば、その間をとるのが安全であろう。著者は、すべての管径に対して一定のゆとりの値を採用することで対応してきた。下記に使用した計算式を示す：——

$$t = \frac{(p+100)\,rf + 0.3}{S}$$

ここで

　　$t$ = 管の厚さ、単位はインチ

　　$p$ = 圧力、単位はポンド／平方インチ

　　$r$ = 管の内径、単位はインチ

　　$f$ = 採用安全率

　　$S$ = 金属の引張り力、単位はポンド／平方インチ

この計算式に見られる値100は水撃分の余裕であるので、さらにゆとりを持たせる必要はない。0.3の値は、不測の事態に備えた金属の厚みの余裕分である。

管の鋳造に用いる鋳鉄の引張り力は1平方インチ当たり20,000ポンドあるのが望ましいが、約8トン、例えば18,000ポンド以上は期待できない（訳注　1英トン=2,240ポンド）。

水撃発生時の圧力分の追加や不測の事態に備えた金属厚さの増強などによる十分な余裕が既に確保されていなければ、安全率として約6を採用する必要があるだろう。しかしながら、この余裕分は見込まれているので、安全率として4あれば十分であろう。

著者自らが使用するためにまとめた下記表では、最大引張り力として1インチ当たり18,000ポンドと安全率4を想定している。厚さは、計算式より求められる値を1/32インチ単位で切り上げている。圧力としては、1インチ当たり50、100及び200ポンドを扱っている。圧力については、このうちいずれか二つの値の間、また直径については表中のいずれか二つの値に

| 直径（インチ） | 管の厚さ（インチ） | | |
|---|---|---|---|
| | 1インチ当たり圧力 50ポンド未満 | 1インチ当たり圧力 100ポンド未満 | 1インチ当たり圧力 200ポンド未満 |
| 4 | $3/8$ | $13/32$ | $7/16$ |
| 5 | $13/32$ | $7/16$ | $15/32$ |
| 6 | $13/32$ | $7/16$ | $1/2$ |
| 7 | $7/16$ | $15/32$ | $9/16$ |
| 8 | $7/16$ | $1/2$ | $19/32$ |
| 9 | $15/32$ | $1/2$ | $5/8$ |
| 10 | $15/32$ | $17/32$ | $11/16$ |
| 12 | $1/2$ | $19/32$ | $23/32$ |
| 15 | $9/16$ | $21/32$ | $13/16$ |
| 18 | $5/8$ | $23/32$ | $20/32$ |
| 21 | $21/32$ | $25/32$ | 1 |
| 24 | $23/32$ | $27/32$ | $1\ 1/8$ |
| 27 | $3/4$ | $29/32$ | $1\ 7/32$ |
| 30 | $13/16$ | $31/32$ | $1\ 5/16$ |
| 33 | $27/32$ | $1\ 1/16$ | $1\ 13/32$ |
| 36 | $29/32$ | $1\ 1/8$ | $1\ 1/2$ |
| 42 | 1 | $1\ 1/4$ | $1\ 23/32$ |
| 48 | $1\ 1/8$ | $1\ 3/8$ | $1\ 28/32$ |
| 54 | $1\ 7/32$ | $1\ 1/2$ | $2\ 1/8$ |
| 60 | $1\ 5/16$ | $1\ 5/8$ | $2\ 5/16$ |
| 66 | $1\ 13/32$ | $1\ 25/32$ | $2\ 1/2$ |
| 72 | $1\ 1/2$ | $1\ 29/32$ | $2\ 23/32$ |

ついて、この方法は厳密には正しくないものの、それ相応な厚さを採用すれば実用上十分に近い値が得られる。これらの圧力に対応する水頭は、それぞれ115、230及び460フィートである。

　ここに挙げる計算式と表は、今までしばらく使用してきたものであるので、修正しないままここに掲載することとする。

　しかし、多少の微調整によって改良できないとは、言い切れないだろう。下記を提案したい：

$$T(p+100) 5r/18,000 + 0.25$$

各記号は、前と同じである。

　ここでは安全率を5とし、不測の事態を考慮して付加する厚さは$1/3$イン

チ弱から$\frac{1}{4}$インチへと縮小されていることがわかるだろう。この式からは、低圧の小直径管については表から求められる厚さをやや小さめにし、特に高圧下で使用する大直径管については厚さをかなり増す結果が得られる。例えば、直径がそれぞれ4、30及び72インチの管の厚さは、上表中の異なる加圧下では、以下の値が得られる：

| 4インチ管 | $\frac{11}{32}$ | $\frac{3}{8}$ | 及び | $\frac{7}{16}$ |
| 30インチ管 | $\frac{7}{8}$ | $\frac{13}{32}$ | 及び | $1\frac{1}{4}$ |
| 72インチ管 | $1\frac{3}{4}$ | $2\frac{3}{4}$ | 及び | $3\frac{1}{4}$ |

　この計算式により表で使用した式の欠点が改良されると考える理由のひとつに、今日の優れた管鋳造の技術のもとでは、安全率4はやや小さく感じるが、不測の事態分として$\frac{1}{4}$インチもあれば十分という点が挙げられる。小さな管については、不測の事態分として$\frac{1}{3}$インチの追加は、管の厚み全体のうちあまりにも大きな比率を占めるので、たいしたことではない。しかし、大きな管については、その限りではない。$\frac{1}{3}$インチの追加は厚さ全体のわずかな部分にしかならず、安全率も低い。

　これに対して1平方インチ当たり100ポンドもの大きな水撃は、水道施設に使用される非常に大きな管ではほとんど発生し得ない。というのも、このような管に取り付く弁はゆっくりとしか閉めることができないので、大きな主管から出る小さな枝管への弁を急に閉じても、甚大な水撃を発生させるのに十分な水流となるほど、速度は緩められないからである。

　また反対に、大型主管の破裂に伴う危険は非常に深刻なため、この防止にはできる限りの対策が必要である。全体として見れば、各計算式の中からひとつだけを選び出すことはできない。

**特殊な管**——実は特殊な管である既に触れたフランジ付管以外に、弁やその類の装置以外にも、水道施設に必要な特殊鋳造物がたくさんある。これらは主にT型、ベンド、Y型などの部材である。これら一式を図版XLI（図210-215）に示すが、説明もほとんど必要ないだろう。図215の「スリーブ

管」は、二つの挿し口端部を繋げるのに使用する。既に管が敷設されている場合、この方法が便利である；あるいは管を撤去し、新たな管に取り替える際にも便利である。普通の印籠継手では、新たな管は他のいくつかを取り外さなければ設置できないのだが、両端に挿し口のある管を用いれば、他の管を触らずに済む。スリーブ管を新たな管にかぶせ、管敷設後2本の挿し口の連結部にこれを滑らせ、鉛を流し入れて隙間を埋めればよい。このスリーブ管は、実は二重の受け口として機能するのである。

**管の鋳造**——ここで管の鋳造の詳細について説明し始めるわけにはいかない。このことについては、鋳鉄所を扱う本より多くの情報が得られるものの、この業務に長いこと携わってきた者のみが知る実務上の詳細もかなりある。水道関係の技師が鋳造作業のすべての詳細に通じていることが求められているわけではないが、適切な管に求められる条件を知っていなければならず、製造業者に対して仕様書通りに管を製作するように指示でき、また様々な検査方法を用いて実際に管が条件を満たすことを確認できるようでなければならない。

従って一般には、いくつかの条件が仕様として挙げられ、これらすべてに製造業者が応じることが求められる。主要な仕様を下記する。鉄の強度試験のように、いくつかは選択肢として考えられるものも含まれる。一方、技師全員がこれらすべての条件を求めるわけでもないのも、確かである。

使用する鉄は、割った時に緻密で滑らかな粒子が見えて、色は灰色で固いが、鑿を用いたはつりやヤスリ掛けが容易にできることが求められる。鉱滓や他のより劣る材質が混合されていてはならない。

検査官は管の鋳造者に対していつでも、横強度検査用に棒状の地金を鋳造するように指示できる。この棒は、長さ3フィート6インチ、厚み2インチ、幅1インチにすると扱いやすい。棒は3フィート間隔で設置された支点で支持し、中央部に割れが生じるまで、またはある一定の荷重に耐えることが確認できるまで、荷重をかける。水道管に適切な鉄は、この試験で約2トンの荷重に耐えられる必要がある。

第20章　水道施設の配管

図版 XLI

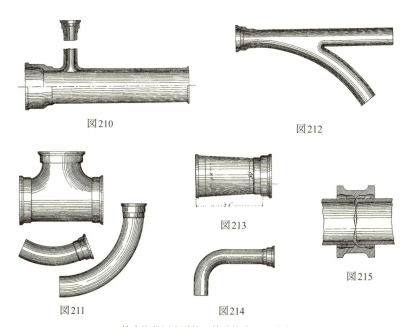

図210

図212

図211

図213

図214

図215

給水施設用水道管：特殊鋳造品の形式

　一定数の管のうち1本には、長さ8インチ、直径1$\frac{1}{4}$インチの棒を鋳込むのが好ましい。後にこの棒を管から切り離し、断面$\frac{1}{2}$平方インチの面積になるまで旋盤加工し、引張り力の検査をする。棒は約3$\frac{3}{4}$トン以下ではいかなる場合でも割れてはならず、割れの発生する荷重の平均値は約4トンを下回ってもならない。

　管の受け口と挿し口の詳細図の提供が慣習となっており、併せて管の厚みと重量を指示するのが慣習となっているが、重量を計算通りの厚さに鋳造することは不可能なので、2、3％前後の誤差を許容することとする。管が指定の重量から許容誤差を差し引いた値よりも軽い場合には、これらを使用してはならず、反対に管が指定の重量に許容誤差を加えた値よりも重い場合には、この余分な重量分の費用は支払わなくてよい。

　管が受けると予想される作動時の圧力と試験圧力のみを指定し、管の鋳

造者に厚みと重さの判断を任せることについて、言っておかなければならないことがある。管鋳造者の中には他社よりも引張り強度の高い鉄の仕様を好み、これに応じて管の厚みを薄くする者がいるからである。このような場合に技師は入札を念頭に置き、この厚さで安全が十分に確保できることに、また悪質な入札者が管の厚みを危険なほどまでに薄くすることによって値下げをしてまで受注を狙っていないかにも、注意しなければならない。

　業者が造り慣れている形式の継手に対して入札させる場合であっても、言うべきことはたくさんある。管鋳造者は継手の優れた形式と粗悪な形式の違いについては、技師と同じぐらい知っているはずだ。管鋳造所で今までの製造手順を変更する場合は、必ず費用負担が伴う。従って、求められる数量が非常に大きくない限り、どんな管鋳造者であっても、造り慣れている形式の管に対しては、新たな形式の管と比べて低い値段を見積もることができるのである。

　多くの場合管の長さは指定され、受け口なしのものは一般に直径3インチの管では9フィート、直径18インチ以上では12フィートと広がりがある。しかし実情とはやや異なり、必要な各直径の管ごとの長さについても各入札者に決めさせているので、管長さの指定に関しても言うべきことはたくさんある。鋳造所によっては、他よりも長めの管を製造する傾向がある。ことさらベルギーの鋳造所では、特に長い管を好む。長い管の利点はもちろん継手の数が少なくなるため、鉛と労務の両方の費用が抑えられることにある。もし継手にかかる手間の軽減を考慮することで短い管よりも1ヤード当たりの費用が安くなるのであれば、長い管の長所を取り入れないで仕様書を書くのはもったいないようにも思える。また同時に、長い管を鋳造できないか、または今まで製造したことのない者たちが入札から閉め出されてしまうような仕様書を書くのもよろしくない。短い管と比較して、長い管の納品段階での価格が長さ1ヤード当たり高いのならば、技師は継手で節約できる分でこの余分な費用を相殺できるか否か、容易に計算できる。

管はすべて乾燥型砂型を用い、鉛直方向で中子押さえや中子固定釘など、いかなる代用品をも用いずに鋳造するのが望ましい。受け口側の端部を下向きにし、また実際の管挿し口側の端部に粒子が確実に詰まるように、この上方に十分な深さの溶金があるようにする。1から2フィートあれば十分であろう。金属を流し込んでからしばらくの間型枠を動かさずに置き、半分固まった鉄をゆっくり冷ますことで、できる限り不均一な収縮を避けるようにすることが肝心である。

　すべての管は、気泡、溶湯の境目である湯境、ひび割れを含む目に見えるいかなる欠陥もあってはならず、内部外部とも滑らかでなければならない。管の金属は全体を通して断面が均一、横断面は完全な円形で、管はほとんどまっすぐでなければならない。

　たいがい特定の文字、一般には水道施設名称の頭文字を、管受け口に鋳込むように指示される。文字の高さは管の大きさに応じて1インチから2または3インチあると見やすく、陽刻の厚みは$\frac{1}{8}$から$\frac{3}{16}$インチにするとよい。

　すべての管は鋳型から外してできるだけ早いうちに――できれば冷える前に――仕上げ、砂、埃などをすべて落とし、アンガス－スミス（Angus-Smith）博士考案の調合物で処置する必要がある。これは、コルタール、松ヤニと油からなるワニスである。ワニスは、最大の管さえも華氏約400度まで温度を上げられる大きさの槽で熱する必要がある。時には冷めたままの管を入れ、鉄用ワニスと同じ温度になるまで溶液に浸しておくように指定されることもある。しかし、管を華氏約400度まで熱してから、溶液に5分ほど浸けるようにするのが恐らく最良の方法であろう。その後管を引き上げて一端を下にし、仕上げの溶液が流れ切るようにする。仕上げ膜は黒みが強く、つややかであるのがよい。この塗膜を物理的に剥がそうとすれば、同時に鉄も剥がれてしまうほど強く表面に密着するようでなければならない。

　鋳造直後に管へ塗膜を施すのは、混合物のワニスが錆の上に密着しないため、錆びの発生を懸念してのことである。管の寿命はほとんどの場合、

塗膜の効果にまったく左右されるため、塗膜の状態はたいへん重要である。とても効果的な塗膜であれば、管の寿命は永遠ともなりうる。塗膜が不完全であれば、土壌によっては数年で穴が開いてしまう。

**管の試験**――管は必ずある一定の圧力まで水圧試験を行うように指定されるが、これは非常に大切なことである。管は静的作動圧力の少なくとも2倍――すなわち排水されない状態の2倍の水頭――まで試験をするべきである。この水頭に対して2倍相当の圧力に加え、さらに100ポンドの力がかかるほど大きな水撃発生の危険性がある場合は、必ず試験を行うことが望ましい。水道施設の管がいかなる用途に用いられようとも、それが動水勾配線なりに敷かれ、ほとんど圧力がかからないような場合であっても、1インチ当たり100ポンドの圧力までは試験する必要がある。

試験するには、まず管を水で満たすのであるが、この際水を十分に入れることが大切である。空気がなければ、管が破裂しても水は比較的圧縮されにくい状態にあるため、かなり穏やかな破裂で済むからである。管に空気が入っていれば、破裂が起こると爆発が生じ、被害を引き起こしかねない。管を水で満たしてポンプを用いて圧力をかけ、圧力計で計測するのである。指定圧力に達したら、数分その状態を保ち、その間に検査者は管の異なる場所を繰り返し手槌で叩く。漏水はもちろん、金属のどの部分からも水の「汗かき」や「浸み出し」さえあってはならない。

もちろん試験に当たっては、管の端部を閉じなければならない。数本の管に対して試験を実施するならば、2本の一般的な閉止フランジを用いればよい。管のうち1本には、手押しポンプからの管を受ける穴が開けられている。管外側では長いボルトでフランジを締め付け、継手には厚手のゴム板を使い、水は手押しポンプで導入する。この際には、ボルト端部からは離れて立ちたい。管試験の最中にボルト端部からはじけ跳んだ大きなナットが脚に当たり、骨折した男を見たことがあるからだ。

管を数多く試験するならば、図216、217に示すような装置があるとたいへん便利である。ほとんど説明も必要ないだろう。大きな管を経て水は

第20章 水道施設の配管

重力により流入し、空気抜きのために空気弁が設けられている。管が満水になると進入弁は閉鎖される。その後に水が手押しポンプで導入されるのだが、圧力を大きく上げるのにもたいした水の量は必要ない。場合によっては、同じ水を繰り返し使用できるように軸系装置で作動するポンプが設けられる。圧力を示す圧力計があり、大量の管に対して試験をする前にこの圧力計が実際の圧力を表示していることを、検査者は確認するべきであることは言うまでもない。圧力計の示す値は、低過ぎたり高過ぎたりすることがままあるからだ。圧力計が故障し、低過ぎる値を示していたことに気づくのが遅れ、かなりの損をしたある管鋳造者の例が著者の記憶にある。

技師によっては、管の試験に油の使用を指定する。この方法における明らかな利点がどこにあるのか理解に苦しみ、またこれはどちらかとい言えば高価な方法

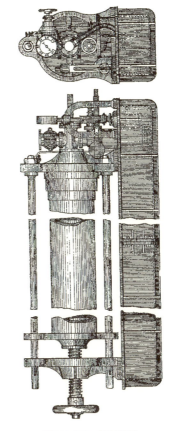

図216, 217　管試験機

でもあるので、できる限り油を使い回したとしても無駄は避けられないだろう。この試験方法は、非常に「やっかいで汚い」やり方でもある。

水道施設によって指名された検査者が、営業時間中はいつでも鋳造所に自由に出入りできることを、たいがい指定される。さらには試験に際して、あるいは全体的に管の製造が適切に行われていることを確認するために、必要な支援を受けられることが求められる。

条件を満たさない管については、合格した製品の中にこの管を忍び込ませるようなことがないように破砕し、製品の区別のために受け金に入れた

323

文字を削り落とすように、さらには合格した管にははっきり見えるように連続する番号をペンキ塗で付けるように指示するのも一般的である。検査者はこのような場合における管の破砕、文字の削り落とし、また管への番号付けの作業をすべて見届ける、さもなければ見届けるべきである。

**リベット打ち鉄管と鋼管**——水道施設における管の材質として鋳鉄が標準であることについては既に触れてきたが、他の幾種類かが使用されるのも希ではない。例えばそう遠くない昔にアメリカでは、縦長の板材をたがで締めて製作された木製管も使われた。このような管を採用することはやや後ろ向きな姿勢であるように思えるので、ここでは詳細に検証しない。少なくともしばらくの間は、鋳鉄管と競合しうる性能を持つ管の種類は実際リベット打ちされた鍛鉄管及び鉄管である。ここで詳細に説明するのはこれらだけである。

　これらが鋳鉄管と比べて有利な点は明らかである。ずいぶん軽く、一般に初期投資においてやや少なく、運搬費も安く、他より扱いやすいことにある。

　おおざっぱに言うなら、鍛鉄の引張り力は鋳鉄の2から3倍あり、良質の軟鋼では3から4倍となる。しかし同じ加圧下で使用する管では、同径鋳鉄管の重さと比較して$\frac{1}{2}$から$\frac{1}{4}$を下回るほど軽量にすることができる。この理由は、鋳鉄管の場合に必要な管の厚さに応じた、安全性を考慮して一定割合設けられる余裕分が必要ないからである。この理由としてさらには、鋳鉄の場合ある程度均一な厚みにしようとすれば、一定寸法以下での製造は不可能であるのに対し、鋼鉄では希望に応じていくらでも管を薄くすることにおいては実務上全く問題ないからである。鍛鉄管と鋼管は、ほぼ均一な厚みの延べ板から製作される。確かにリベット打ち用の穴を開ける際に除かれる鉄の余裕は必要であるが、特に中程度となる直径の管については、この余裕さえ比率としては鋳鉄管の場合と比べてたいへん小さくなる。

　安全率を十分に考慮し、管を製作する板厚みにおける不均一分の誤差を

含み、さらにリベット穴を開けることによる耐力の減少分を十分に見込むと、軟鉄管の重量は鋳鉄管の$\frac{1}{3}$から$\frac{1}{7}$の間で変動する。

　しかし運送に当たっては、管は鋳鉄管と比べて「入れ子」にしやすいために、これよりも高い比率で有利になる。管は現地で加工するようリベット打ち前の状態で運送されることが多いのであるが、このような時には特にこの効果が発揮される。この場合、金属板はただかたちに曲げられているだけなので、同じ直径の管に用いる板さえも、多少「割り込ませれば」互いに入れ子にすることができる。破損——鋳鉄管の運送時には常に配慮しなればならないこと——は時には全体のかなりの比率に及ぶこととなるのであるが——鍛鉄管と鋼管の場合には全く発生することがないと言ってもよいだろう。

　実際、次の一点——主に管の寿命は鋳鉄と同じであろうこと——が確かであれば、これらを使用することの推奨に関しては、皆が同一の意見であろう。しかし現時点においては、この点の十分な確証が得られていない。鍛鉄は鋳鉄と比べて錆びやすく、軟鉄は鍛鉄よりも錆びやすく、鋼管または鍛鉄管に錆が発生したら鋳鉄管と比べて材料の厚みは数分の一しかない[2]。保護膜が完全であると仮定するならば、鋳鉄、鍛鉄、または鋼鉄性の管は永遠に残るはずであるが、保護膜の完全性は望めるものではない。アメリカで30年またはこれよりいくらか長い年月鍛鉄管を使用した水道施設がいくつかあり、劣化の前兆も見られずに使われ続けているものの、鍛鉄管や鋼管の寿命が鋳鉄管と同じだけ長いと立証するには不十分である。

　しかしこれは著者の個人的見解に過ぎず、それほど重要視できる意見ではない。リベット打ちの鍛鉄管ましてや軟鉄管は、ここ数年間技師たちの間で急速に好まれるようになってきており、水道施設として長い距離が敷設されてきていることに間違いはない。むしろ、問題の両側面からの意見を聞くことが大切である。以下に、この種の水道管製造者としてはイギリスでも有数の会社から来た手紙の引用を掲載する：——

　「私たちは、これら」(リベット打ち鍛鉄管)「には鋳鉄管と同じぐらいの寿命があり、状況が良ければさらに長持ちすると信じている。鋳鉄管は時

には海綿状になり、非常に速く劣化するが、鋼鉄にこの種の老朽化は発生しにくい。私たちの製品である汚水を運ぶ直径24インチ×厚さ$\frac{1}{8}$インチの管は、たいへん良好に機能している。1887年に鋼鉄管が長さ2マイルにわたり敷設されたが摩耗の兆候は全く見られない。アメリカでの経験によると、鋳鉄の代わりに鋼鉄または鍛鉄管を使用することに何ら危険性もないことが証明され、場合によっては33年またはそれ以上の使用に耐えている。私たちのアスファルト塗を使用すれば錆に対する最適の保護が得られるので、水道施設の定位置に管を敷設する前に、適切に塗装さえすればよい。」

鍛鉄または鋼鉄の管を繋ぐためには様々な方法があるが、これこそ管の持つ最も有利な点のひとつとして触れるべきであった。軟鉄管は受け口部を除いて長さ12フィートまでが製造できるので、鋳鉄管と比べて継手の数は約半分で済む。さらには受け口継手とする場合、鉛溜めを狭くできるので、鋳鉄管と比較して鉛の量は75％で十分である。図218には、型押しで製作したフランジ継手を示すが、説明は必要ないだろう。

図219には、いくつかの特許発明のうちひとつを示す。これはダンカン特許継手として知られ、以下のようにD・J・ラッセル・ダンカン（D. J. Russell Duncan）氏によって説明されている：──

「ダンカン特許継手は、前身型を改良したものである。」（前の製品では、管の端部自体が受け口として広げられたので、比較的薄くする必要があった。）「受け口を管よりも厚い鋼鉄から延ばして製作できるので、必要あれば強度を上げることができる。受け口は管に縮め付けるか、またはリベット打ちにて接続され、場合によってはボイラー管を管板へと広げるのと同じ方法と同じ工程に従って、管を広げて受け口内部に密着させることもできる。」

「この継手の特徴は、受け口底部と挿し口との接触面の形状である。接触面が球をなしているので、管挿し口側の端部が受け口側最端部に触れる上限値までは水平及び垂直方向の直角な偏位があっても、これを打ち消すゆとりを持って設計されている。円は球の一部であり、受け口での挿し口

第20章　水道施設の配管

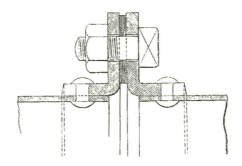

図218　刻印入鋼鉄製フランジ継手

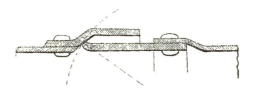

図219　ダンカン式特許水道管用継手

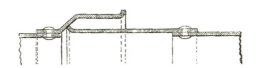

図220　ライリー式特許水道管用継手

との接触面がこの円上にあることがわかるだろう。」

「ライリー（Riley）の特許発明型押し鋼鉄受け口と溶接挿し口」（図220）についてダンカン氏は、「入れ子式継手の原理に基づく最良の継手は、受け口を発展させたものであり」（これは既に説明してあり、これはそれよりも劣るとしている。）、「ライリー特許発明型押し鋼鉄受け口として知られる。この継手最大の利点は、受け口の縁部が硬くしっかりしていることで、鉛で埋めるのに都合が良い。型押しした受け口も同様に円筒形に非常に近く、溶接した継ぎ目がないため強度も高い。」としている。

## 注

1 ここで言うPに水撃分の余裕が含まれているか否かについては触れられていない。しかし、$x$を考慮外とした際の計算式に関連する安全率は、Pに水撃分の余裕が含まれているほどの値となっている。すなわち、管内における実際の最大静圧値が$p$の時、Pは$p+r$とするのが適切である。$r$は水撃分の余裕として含める圧力——例えば1インチ当たり100ポンド——である。

2 補遺II、覚書20参照。

3 汚水に対する金属管の耐食性を純水またはこれに近い水への耐食性の大きさの指標としてはならない。汚水には管内面に短時間で油っぽい膜を張る効果があり、腐食防止の効果が得られる。管の腐食に関しては内側からよりも外側からの作用の方が恐れるべきことなので、汚水を運ぶことは重要な影響を及ぼすものではない。

4 軟鉄管について多くの有用な情報が得られる、アメリカ水道協会第11回年次総会（ペンシルバニア州フィラデルフィア、1891年4月16-19日）で発表された、D・J・ラッセル・ダンカン土木学会準会員、機械工学学会会員、鋼管有限会社（Steel Pipe Company, Ltd.）経営者、カーコーディー（Kirkcaldy）、スコットランドによる「リベット打ち鋼管（Riveted Steel Pipes）」を参照。

## 第 21 章　水の浪費対策

　既存の水道施設の管理において最も厄介なのは、浪費の防止策である。あるいは、無駄になる分は必ずあるのだから、浪費を最小限に抑えることと言った方が正しいかもしれない。事実、水道施設管理の主たる業務は、この潜んでいる悪との戦いなのである。

　**浪費の原因**——公共の水における浪費は、様々な原因により発生する。ひとつは、家庭の下水へ継続的に細く水流を流し続けることで、家の衛生状態が改善されるという誤解によるものである。これは誤りである。断続的に流される急な水流は短ければ下水を洗い流すのに有効であるが、継続的にだらだらと流しても効果は全くない。従って、細い水流を常に水洗便所や他の衛生器具で流し続けても、何の役にも立たない。一方、規制のうちいくつか——例えば水洗便所の利用に関連して——は衛生面からして危険であることを言っておく必要がある。水洗便所や他の水洗器具のかたちを改良することにより、後者は2ガロンの水量があれば、またはこれよりかなり少なくても、十分に洗い流すことができるようになっているので、水洗に使用する水量はたいがい2ガロン以下に制限され、器具もこれ以上は流せないようになっている。このような規制を定める人たちは、水に求められる機能は便所を洗い流すだけでなく、下水管がいくら遠くにあろうと、家庭の下水から洗い流すことであることを完全に忘れてしまっているようだ。十分な落差があり直径も小さい、良好に敷設されているとても短い下水管でない限り、2ガロンの水ではこの効果は求められず、衛生面を考えればこの規制では水量を2ガロンに制約するよりはむしろ、これよりもかなり多い量にすることを要求するべきである。

　しかしこのように言うのも適切ではない。というのは、発生する浪費の

大部分は消費者側における全くの不注意によるからである。それも、水道施設によって供給される水の意図的な浪費は単なる盗みに過ぎないことを念頭に置けば、こんな不注意は過失としてしか考えられない。施設が地方自治体の所有であれば、水は事実公共の資産である。またある企業の所有であろうとも、個人が会社に支払わなければならない費用は、浪費分も含めて消費量全体に大部分依拠して決まるという意味からすれば、公共の資産である。ヨーロッパの多くのまちでは、状況が改善されてきた近年に至るまで、浪費された水が正当に使用された水量を上回っていたことは間違いない。アメリカのまちにおいて無駄になった水量は、正当に利用された水をたいがい越えていただろうことが想像される。

　後述するように、使用水量を水量計の示す値に応じて支払う必要がなければ、平均的な世帯主が自分の家で発生する水の浪費に無関心なことを理解するのはそう難しくはない。彼個人がどれほど無駄使いをしても、消費水量全体に及ぼす影響はわずかなので、水の値段に及ぼす影響もほとんどない。従って、例えば水道の水を一晩出しっ放しにするかしないかは、彼にとってはどうでもよいことなのだ。しかし、実際にはこれ以上の問題が背後にはある。この家の居住者に対しては何の不都合もない漏水が水道管や関連設備に生じれば、この修理費用は家主が負担することになるものの、漏水修理という有徳な行為を行ったという満足感以上には、何のご褒美ももらえないのだから！　家主が修理に無関心であったとしても不思議ではない。漏水をそのままにすることは、明らかに彼にとっては有利となる。アメリカ北部の州では、冬期に水道管凍結防止のために水を出しっ放しにすることはよく見られる。実際には無駄とまでは言わなくとも、水は多くのかたちで潤沢に使用されている。

　しかしこれ以外にも、かなりの漏水が起こるのは、単に24時間、明らかに少量の漏水が継続しているためで、しかも多くの水が失われていることを認識しにくいからである。単に水栓あるいは漏れがちな水道管から水がぽたぽたと落ちるのを見た人が、この24時間中の損失は3から4立方フィート、1人当たりの平均消費水量にも及ぶことを知らされれば、誰も

第21章　水の浪費対策

が驚くであろう。しかし、計量器を用いれば、水滴としてだけでも1分当たり2から3オンスに達し、24時間となると1人分の消費量の中では大きな割合を占めるのがわかる。24時間で20立方フィート、すなわち平均的な家庭の消費量の水を排出するには、とても小さな「したたり」さえあれば十分なのである。

継続的な漏水によって大量に失われる可能性のある水の問題については、土木技師W・ホープ（W. Hope）氏の図を見ると良く理解できる。この付録として付けられた図解（図221）は、氏による水の浪費に関する論文[1]から引用したもので、彼自身の言葉では以下のように説明している：――

図は、「様々な大きさの穴をドリルで開けた鉛の水道管を示す。内側の

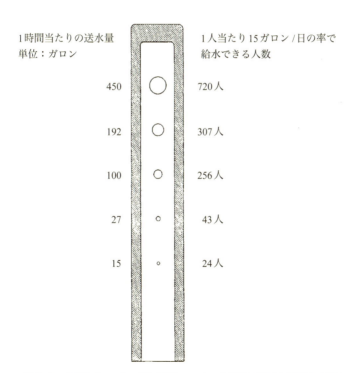

図221　1平方インチ当たり45ポンド加圧下で½インチ鉛管に開けた円形穴を通る水流を用いた実験結果。数値は異なる大きさの開口部からの送水によって給水の対象となり得る人数を示す。

バリは取り除いていない。1平方インチ当たり45ポンドの圧力のもとで、1日当たり各穴を実際に通過する水のガロン数を、1日1人当たり15ガロンという非常に多い水量に設定した場合、何人分の供給に対応できるかが図に表記されている。」

浪費の防止によって消費量を減少させようとする最近の努力によって得られた満足ゆく成果を考慮したとしても、1日当たり15ガロン（すなわち2½立方フィート）は消費量としては「特別に高い率」であるとするホープ氏の意見に同意できない者もいるだろうが、だからと言って氏の図に見る目覚ましさが減じるわけではない。

家庭における水浪費の問題は、水道施設の主管での浪費よりもさらに大きい。これらの主管の敷設も、またその管理も、明らかにこれからの漏水を防ぐことに関心ある者たちによって手がけられているので、この種の漏水はそう困難なく、小さい範囲に留められている。

**浪費防止の手段**——家庭設備からの漏水をある適度に抑えるために採用されてきた手段は、もはや過去のものとなってはいるものの、間歇式給水方法を考慮外として、3つに分類することができる。間歇式給水方法のもとでの給水施設は、24時間継続して家庭の給水施設が加圧されたままになることがなく、給水のある各家々の貯水槽が満たされる——たいがい1、2時間に限られた——比較的短時間だけ利用可能とされたので、どちらかというと給水施設は保護されていたことになる。家庭の給水施設は比較的低い加圧下に保たれただけでなく、貯水槽の中の水がすべて漏れて空になり、次の給水が開始されるまで水が利用できなくなる状態を目の当たりにしたくなければ、世帯主には漏水をほどほどに抑えることが求められた。連続式給水方法が最初にイギリスで試された時には、漏水があまりにも多量であったことが判明したため、取りやめなければならなくなった。しかし、話を浪費防止手段の分類に移そう：——

(1) 良質な家庭用設備や数多くの漏水防止器具の採用及びこれらの定期検査を強制すること。(2) 水道局役員の管理のもとで、すべての家の外部

に過度な漏水の有無を確認する手段を導入する。漏水があるならば、これを狭い範囲に抑えるための手段を導入する。その後には漏水を止めるための処置——ほとんどの場合使われるようになっている「地域水量計制」と呼ばれる——をすぐにとれるようにする。(3) 実際に水を水量計の読み取りによって売る慣習がある。——すなわち、ガス供給において広く行われているのと全く同じ方法で、利用水量に応じた額を各世帯主に請求するのである。

有識者による指導のもと、以上に挙げた手法それぞれには漏水を減少させる効果が見られ、最良の例では完全に漏水をなくすことができたと言えるほどの効果があった。以来、この3つの方法のうちいずれが最も推奨できるものであるかについては、終わりのない議論が続けられている。この件について意見するのに最もふさわしいと思われる人たちによって挙げられた意見の簡潔な要約を述べる前に、この3つの方法を手短に説明するのがよいだろう。

*特定の住宅用水道設備の採用及び定期点検の施行*——新しい住宅の場合、ある基準に達した設備しか採用できないように規制をかけるのが一般的である。従って例えば、管に用いることのできる材質や管の直径ごとの厚みが規定されるのである。ボール弁や蛇口は、造りの良くない蛇口のように連続的な漏水をしてはならず、水密性が保たれるのが当たり前でなければならない。さらには、蛇口に手を掛けておかなければすぐに水流が止まる仕組みにすることも多く見られる。蛇口によっては、一回の開栓で決まった水量しか出ないように造られており、もっと水が必要であればもう一度開かなければならない。

便所に関連しては、無駄の防止または低減のために無数の発明がなされてきた。最も広く見られるのが、「水浪費防止水槽」である。この小さな水槽は——たいがい2ガロンの容量であるが、既に述べたように著者はこれでは小さ過ぎると考える——ボール弁を通じて非常にゆっくりと水で満たされ、ハンドルを、一瞬引くのであろうと、すべての水が流されるまで引き続けるのであろうと、水の全量が速やかに排水される。その後水槽は、

数分かけて再びゆっくり水で満たされ、良い設計の水槽であれば満水になるまでにもう一度流すことはできないようになっている。

　高圧管から直接給水される場合であっても、便所を一回流す際に一定量以上の水を使用できないような様々な器具が設計されているが、この中に満足な成功例があるかどうか著者は知らない。「加減弁」として知られる器具の使用によって、便所で流す量を多くても少なくても一定量とするように調整ができる。

　絶え間なく漏水があるようならば外からでも発見できたり、またははっきり目に見えるように、オーバーフロー管や排水管を配置することにより、対策はかなりなされてきた。特に貯水槽では、非常に大きな改良が見られる。水槽の排水管が直接下水または汚水管及び恒常的に漏水する古くさい玉栓に繋がれた旧式の配管では、知らぬ間に、どれほどか分からない量の水が無駄になるかもしれない。実際、下水のように見えないところでの漏水が、高圧連続式給水方法による初期の試みを中断させる主な原因となった。

　連続式給水方法が広まる以前ほどに貯水槽は使用されなくなっているが、使用の際には排水管またはオーバーフロー管が家の外壁を貫通して突出するようにされる。玉栓からの漏水により水が無駄になるようなことがあればひと目でわかるか、または不都合が生じるので、すぐに対処されやすくなる。

　流し、風呂、洗面器等からの排水管は今述べたような「警告管」ほどはっきり見えるようにはできないが、水流を見えるかたちで防臭弁付きの小水路へと排水させるのが一般的になっている。こうすれば、弁の緩みによって生じる継続的な漏水がこのいずれかを経由して常にあるならば、少なくともこれらの器具の排水管を下水や汚水管に直接接続するのが一般的であった時よりは、目視により気づきやすくなったことは確かである。

　連続式給水方法が完全に敷設されれば、便所は上で説明したような漏水防止水槽あるいは便所からのガスが管内に引き込まれないようにする何らかの配管を通して給水される。後者を修理または他の理由のため空にする

第21章　水の浪費対策

必要があれば、他すべての器具への給水は主管を通して直接給水管から行われる。この場合に、管の破裂による漏水があれば、かなり大きな損失となることが明らかである。管が破裂する最大の要因は、管内部における水の凍結である。水が凍ると約10％膨張するので、水の入った閉鎖された容器は、側面が非常にしなやかでない限り、全量を保つことができずに破裂する。この破裂の作用には、鉄管も鉛管も耐えることができない。[(2)]

　配管は凍結しないよう十分に留意しなければならない。冬が穏やかなイギリスのような国ではたいへん容易である。アメリカ北部のような非常に厳しい気候の地方では、水道管の凍結を防ぐことはたいへん難しく、凍らないように水を常に流し続けて無駄にしてしまうのが普通になっている。比較的緩やかな速度であっても、水流として管を通る水は非常に低い温度になるまで凍らない。

　管が破裂する別の原因として、突然閉じる弁の使用が挙げられる。これらによって発生する衝撃すなわち「水撃」は時には管を破裂させるのに十分である。ゆえにこの種の弁は、作動圧力がすでにある程度大きい場合には避けるべきである。

　管が破裂した時にはすぐに水道を止めることができるように、主管から家全体への給水を止める給水管の弁を、住宅内の目立たずに手の届く位置に設ける利点は容易にわかるだろう。

　特にイギリスのいくつかの地方では、連続式給水にたいへん近いかたちの給水方法が広く見られる。但し、水が主管から直接引かれるわけではないため、この方法の利点を完全に活かしきれていない。それは、通常のように大型でほとんど近づくことのできない場所にある水槽を用いるのではなく、屋根裏に設置した中型水槽2基のみを使用するものである。ひとつは便所への給水用で、もうひとつは家の中における他すべての器具用である。給水は連続して行われるか、あるいは時々短時間ずつ給水が止められる。主管の圧力が高い場合、このような方法を採用すれば漏水は防げる。水槽によってもたらされる圧力は主管からの圧力と比べて小さいからである。さらには、過度な漏水防止のためにできることがある。立ち上がる主

管内に小さな穴を開けた膜を設けるか、または24時間の間に家で必要となる水を給水するのに十分ではあるが、無駄とならない程度に流量を制限すればよい。この場合水槽は、例えば風呂に水を貯める時のように、短時間にかなりの水を供給できるだけの大きさが必要である。

　この方式は全体として、設備の施工と精度の改良及び注意深い指導のもとで施工される優れた配管方式の採用とともに、漏水防止のために、また少なくとも漏水防止を可能とすることに関しては、何よりも役割を果たしていることだろう。

　家中の設備がある一定の基準を満たすように規制したとしても、十分ではない。さらには、そのような状態にあること、またそのような状態であり続けることを、検査を通して確認しなければならない。これらの理由により、水の漏れや無駄を検出する手段が家の外に全くない場合には、いかなる給水方法であろうとも、「各戸検査」の仕組みを作ることが欠かせない。これが一般にはこの体制の最も反論されそうな点であると考えられている。「イギリス紳士にとっての家は、彼の城である」という流行語はさておいて、検査官によって敷地内のあらゆる場所へ鼻を突っ込まれるのは時には不都合となる。しかしこれよりもさらに深刻なのは、漏水を見出すのは必ずしも簡単ではなく、大きなまちで任務をしっかりなし遂げるには、完璧な一隊をなす検査官が必要となる。求められる検査を十分に効率良く実施するには、400または500件の家に対して1人必要となり、実際一般に雇用されているのはこの程度の人数である。但し、真に効率的な検査を行うには、この何倍もの人数が必要である。

　家の外から漏水を感知する――水道施設に関連して、各日に供給された水の総量のみならず、24時間中の各時間帯の供給率についても記録する手段は、必ずあるいは、ほぼ必ずと言ってよいほど存在する。水が揚水される場合、24時間中のポンプのストローク数からは揚水された総水量の計測値が得られ、ポンプが良好な状態に保たれているならば、比較的正確な結果が得られるはずだ。しかしよくあるように、動力が着々と貯水池へと揚水するならば、24時間中における消費量の変動については全く知り

第21章　水の浪費対策

得ない。直接主管へと揚水するならば、一定時間内の総回転数だけでなく、24時間中の揚水率をも記録する計測器を動力自体に設置するのは容易である。そうすれば、変動する消費量を継続して確認するのに他の何よりもふさわしい仕組みとなる。

　配水池が間に入ることなく水源から重力に頼って直接供給される施設の場合、さらには配水池から水が供給されるすべての場合には、水が貯水池、取水口、または配水池から出る段階で計測するのが望ましい。

　水を加圧下で計る必要がなく、開渠でいくらかの距離を流せる場合、計測は比較的容易である。単にp.44, 45に図示及び説明した目盛板を用いればよい。目盛を越えた水の高さを自動的に記録するためにどのように器具を設計すればよいかは、技師にとって自明である。戸外で水を計測するためのたいへん巧妙な仕組みに関する以下の説明は、理学士ジョン・ヘンリー・タッズベリー・ターナー（John Henry Tudsbery Turner）[3]土木学会準会員による横浜水道施設の建設に関する論文からの引用である。沈澱槽から貯水槽に至る間に水が通るゲージは、水面下に鎮められた垂直な長方形の噴出口で、長さ2フィート、高さ6インチ、口金は厚さ$\frac{1}{4}$インチの真鍮製角型、水槽の水面から2フィート6インチ下の位置に据えられている。噴出口上方の水頭は、それぞれ噴出口上端と下端の位置で水中に沈められた二つの銅製浮きからなる自動装置によって計測される。これらは水槽脇のゲージ室に設置された作動記録計と排出（実測）水量計を作動させる。噴出口からの排水量は、ゲージの上下両側における水深の差により生じる水頭で決まり、この差は浮きを利用して記録される。

　「浮きの相対的な動きは、回転盤方式[4]の作動記録計では$\frac{1}{3}$まで減少する。」

　「実際の水位に関係なく、噴出口両側の相対的水位のみによって記録用鉛筆を作動させる滑車の仕組みを図222に示す。固定された軸上で二つの滑車が回転する二重滑車Aの直径比は、4対1である；Aから吊り下げられた軸上で回転する二重滑車Bの直径比は、3対1である。CとDは、固定された誘導滑車である。Wは、CとAとに巻かれた上方の浮きから続

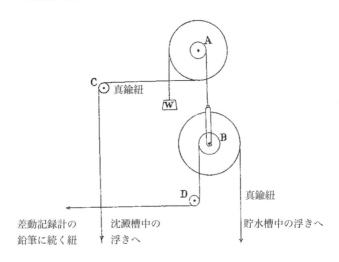

図222　漏水計器内滑車の仕組み

く紐の端に下がる錘である。」

「実働時の噴出口からの排水は実験を通して確認され、下記の計算式によってたいへん正確に得られることが判明している。

$Q = 2,000 \sqrt{h}$

ここで Q は1分当たりの排水量はガロンを単位として表し、h は水頭をフィートで表す。水頭は主として、計測器の取水側と排水側の水面高さの違いである。

水を加圧下で測定しなければならない時には、測定にはこれから説明する種類の流量計を必要な台数用いて行う必要がある。p.97には、3つの流量計からなる一式を図解してあり、このうちどの二つを用いても、通過する水の最大量を計ることができる。

もちろん24時間中に使用される水の総量からも無駄が発生していたことがわかるかもしれないが、24時間の各時間帯における消費率を把握することで、より確実な無駄の存在を示す方法となる。その理由には、特定の産業都市を除いては、深夜から人々が朝起き始めるまでの間、実際の消費量はほとんどゼロに近いところまで下がるからである。産業都市の場合

第21章　水の浪費対策

には、かなり正確に真夜中過ぎの深夜でさえもおおまかな消費量の見当がつく。朝早くの一時(いっとき)には、実際の消費量は普通平均消費量の数分の一にまで下がる。実際、小さなまちでは、少なくとも短時間ごとには、確実にゼロまで下がる。ここで見てきた産業都市では、常時の使用量をほんのわずか上回る程度まで下がり、既に述べたように、少なくともおおまかな見当をつけることができる。いずれの場合にも、過剰分があまりにも大きければ、それは漏水または水栓などを開けっ放しにしたことによる浪費とみなすことができる。こうなれば問題は、この漏水の範囲を絞り込むことである。

　地区計測方法——この名称で知られる方法は、特に漏水による無駄の位置を突き止めるのにたいへん有効であることが、経験的に明らかになっている。この方法ではまちをいくつかの地区に分割し、各地区には特定の種類の流量計を通して水が導入される。この目的に最もよく使用される流量計は、常時水の消費率を記録するものであり、24時間中における任意の時間帯における水の消費量を記録する——すなわち排出水量計——とは対照的である。一方、消費量記録のためにもともと設計された後者の流量計は、地区ごとの計測にも適応できるようにされており、消費率だけではなく、推定型の水量計では読み取りが幾分難しい、一定時間内に消費された水の総量を読み取ることが容易であるとの利点も強調されている。

　地区計測方法の概念を生み出した土木学会会員G・F・ディーコン氏には、お世話になった。さらにはこれ以上のものはあり得ないほど、たいへん単純で効果的に設計された流量計を完成させたことにも感謝する。[5]この流量計を、次のページ（図223）に図示する。

　AからB、C、Dを経る水流を矢印で示す。流量計設計の際直面した唯一の実務上の困難は、水の「渦巻き」による撹乱作用を取り除くことであった。図示したかたちの流量計では、この問題は克服されており、それはB、Cにある一連の「血管」も一助となっている。

　曲がるワイヤF、J、Hをぴんと張るために設置された円盤Eは、釣合錘Gがあるものの、重力によって下がる傾向にある。水流がなければ円

都市への給水と水道施設の建設

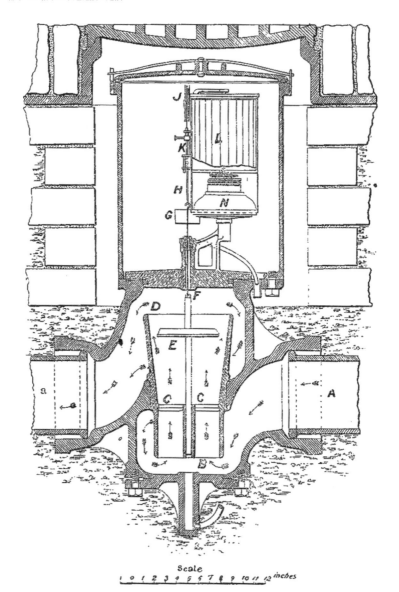

図223　G・F・ディーコン氏の「地区」漏水計器

## 第21章 水の浪費対策

盤はC、Cまで落ちるが、水が通過すれば円盤は上方に押し上げられ、通過する水が多いほど円盤は高く上昇し、錘Gは鉛筆Kとともに低い位置まで移動する。排水の増加量——例えば1時間当たり100立方フィート——に対応する時間の間隔が実験により見出されており、ドラムに合うように作られた用紙には、この間隔を縦方向の目盛として刻んである。ドラムは時計Nによって回転させられ、鉛筆は曲線を描く。この際縦座標は水の消費率、横座標は時間の間隔である。このことは、図版XLIIとXLIIIの図224-231の図を見ればわかるだろう。これらの図は、1882年5月17日に土木学会会員ジョージ・F・ディーコン氏が芸術協会で口頭発表した論文「水の常時供給と浪費（The Constant Supply and Waste of Water）」から引用した。

　地区計測方法を実際に運用する手法の説明には、ディーコン氏自身の言葉を借りるのがよいだろう：——

　「排水量計測法が実務上どのように用いられているかをここで説明する。そのために、人口100,000人を有するまちを事例として取り上げる。まちを便宜的にいくつの排水計測地区に分割するかは、全面的に水道主管の配置によるが、50または60ほどになるだろう。各地区に主管から水を供給するのに当たって、この地区に供給される水全量がこの流量計を通過するように排水流量計を設置する。そのようなまちに何らかの検査体制が確立されていたとしても、検査官は3人以上いるだろう。彼らがそれなりに有能ならば、彼らに駐在してもらえばよく、さらに人は必要ない。」

　「住宅への給水管に流量計と、既存の外部元栓がなければこれも設置して、通常の検査設備はいったん停止させる。検査官のひとりは、1日当たり30枚ほどのグラフ用紙を流量計に設置し、1日から7日前に設置された用紙に描かれた図をできる限り多く事務所へと持ち帰る。この図の例を図224、225、226に薄い線で示す。濃い線で示す図は、同じ地区でほとんど浪費がないように対策をとった後の測定を示す。作業開始数日後に管理者は、1時間当たりの浪費がひと目でわかる60枚の完成図を手にしている。図227に示すように、専用の記入枠に検査官または事務員が記入した、一

# 都市への給水と水道施設の建設

図224 1,933人からなる地区に見る24時間中各時点における給水率の図示

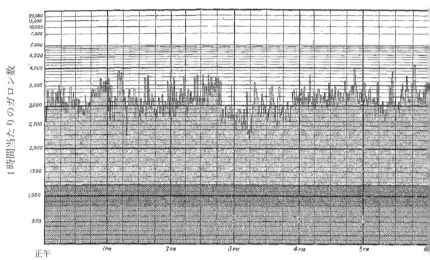

図228 リバプール
5,500人からなる地区に見る漏水水量を示すグラフの例
細線の図（上方）は漏水計器システムを用いた1882年1月の夜間検針
太線の図（下方）は午前0:50に記録された漏水の修理後の2日間、他の欠陥は未修理

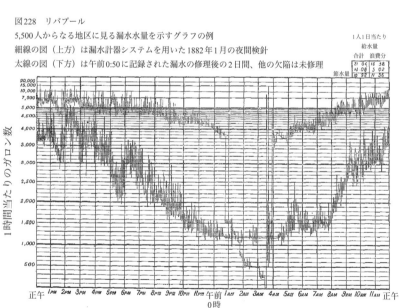

水の供給と浪費を示す図（ディーコン）

第21章　水の浪費対策

図版 XLII - 1

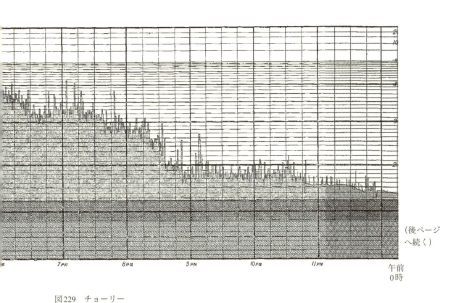

図229　チョーリー
4,095人からなる地区に見る漏水水量を示すグラフの例
細線の図（上方）は漏水計器システムを用いた1881年12月の夜間検針
太線の図（下方）は一晩のうちに検出された漏水修理後、1882年1月

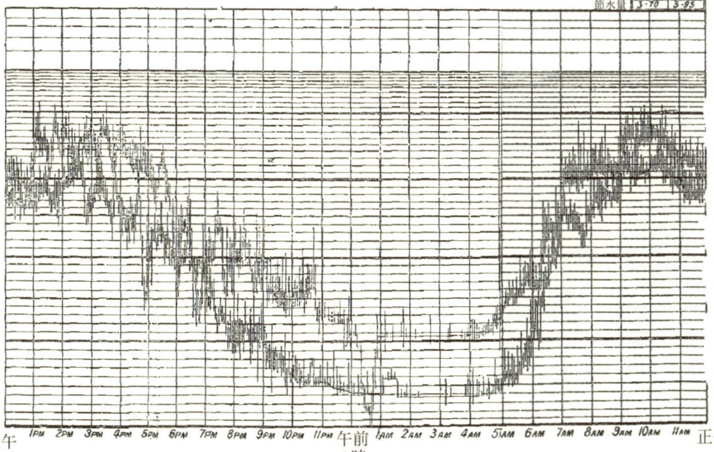

水の供給と浪費を示す図（ディーコン）

# 都市への給水と水道施設の建設

図224（続き）

潜在的な欠陥により浪費された水 1人1日当たり 9.9ガロン
明らかな欠陥により浪費された水 1人1日当たり 5.0ガロン
使用または浪費された水 1人1日当たり 14.8ガロン

合計＝1人1日当たり 29.7ガロン

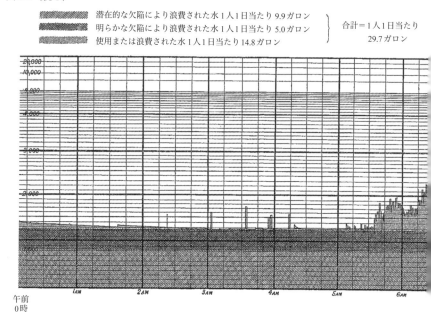

図227　ロンドン（ランベス水道会社）
2,774人からなる地区に見る漏水水量を示すグラフの例
細線の図（上方）は漏水計器システム採用前、1881年9月
太線の図（下方）は漏水計器システム採用後、1881年11月

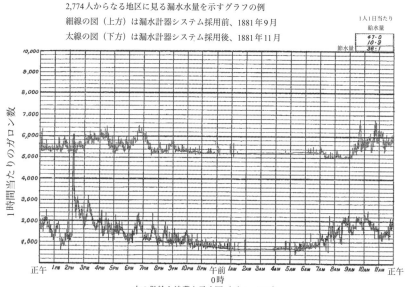

水の供給と浪費を示す図（ディーコン）

第21章　水の浪費対策

図版 XLII - 2

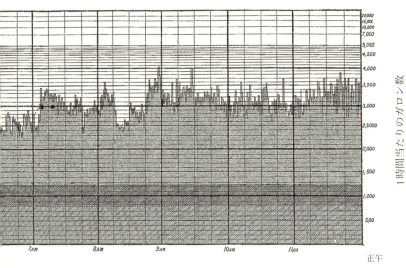

図230　米国ボストン
2,810人からなる地区に見る漏水水量を示すグラフの例
細線の図（上方）は漏水計器システム採用前、1881年5月
太線の図（下方）は漏水計器システム採用後、1881年12月

| | 1人1日当たり給水量 | |
|---|---|---|
| | 合計 | 浪費分 |
| | 53.5 | 39.1 |
| | 26.4 | 10.6 |
| 節水量 | 27.1 | 28.5 |

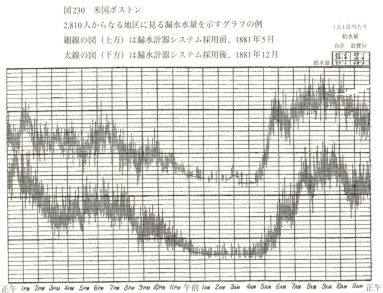

水の供給と浪費を示す図（ディーコン）

都市への給水と水道施設の建設

図版 XLIII - 1

図225

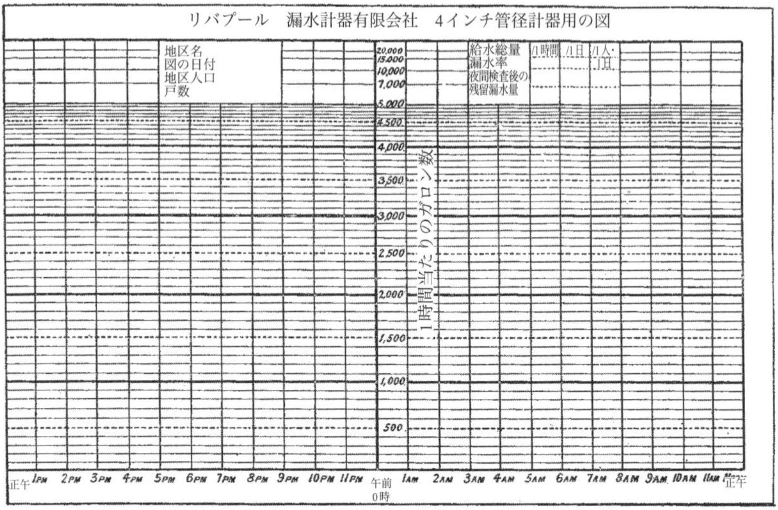

リバプール　漏水計器有限会社　4インチ管径計器用の図

図226　ロンドン（ランベス水道会社）
1,256人からなる地区に見る漏水水量を示すグラフの例、1882年4月
計器修理後初めての検針、午前6:25に開始した断片的な夜間検査を示す

浪費　　　　　ガロン
1時間当たり合計　4350
1人1日当たり合計　83

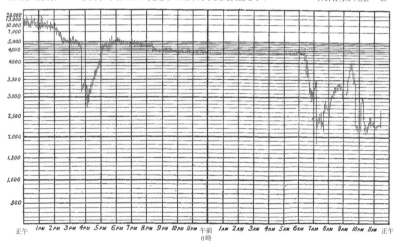

水の供給と浪費を示す図（ディーコン）

第21章 水の浪費対策

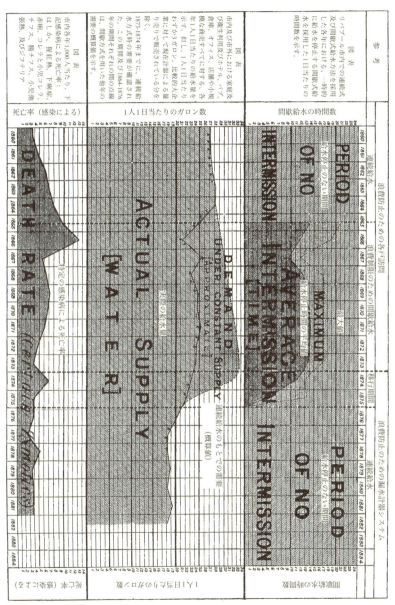

図231 リバプールの連続式及び間歇式給水

図版 XLIII-2

水の供給と浪費を示す図（ディーコン）

人当たりの浪費水量がガロンを単位として記されている。60地区のうち10地区では1人当たりの浪費が他の10地区と比較して5倍もあり、このような差が発生する理由も全く見当たらないことに、彼は驚くだろう。実際、1人当たりの浪費率の差は、歴史を共にし、外部条件も似通う隣接した地区であっても、多くの場合5対1以上に大きくなる。」

「すべての地区を順番に検査して使用人の労力を無駄にするよりは、管理者は浪費が大きい10地区に限って注意を向ける。そして中でも最悪の地区については、対策を立て始める。検査官2人がこの地区を夜間訪問するよう指示を受け、該当する住宅街区が限定できて、かつひとつも見逃すことがないように、——少なくともリバプールでは——問題とされる流量計を経由して給水される住宅を示す、地区の小さな計画図を与えられる。その地区に夜11時か12時にたどり着き、二つの方法のいずれかを採用する。」

「最初の、そして最も一般的な方法では、元栓を順番に打診する。普通の元栓用の鍵を聴診器代わりに用い、水が流れているのが聞こえる元栓はすべて閉め、検査管はその時間と数とを控える。栓を閉めたこととその時刻は同時に主管に取り付けられた流量計に記録されるが、検査官はこれらに近づくことはできない。このようにして閉めた元栓上方の舗道に、検査官はチョークで×印を付ける。元栓を閉めても音が続くならば、主管から、または元栓と主管との間での漏水によって生じているのは明らかである。通常その後、いくつかの元栓での音を確認し、それぞれの相対的な音の大きさに基づき、その位置をおおまかに割り出す。次いで、舗道と車道の舗装を、音が最大になる点がみつかるまで打診する。ここで再びチョークで印が付けられ、翌日この地区に昼間担当の検査官が作業員を伴い訪れると、必ずと言ってよいほどここに、破裂した管または管の口金を見つけるのである。2時間から4時間かけて地区全体を回り、再び流量計近くまで戻ってくる。次に彼らは流量計近くの主止水栓を閉め、1、2分そのままにする。この弁から始め、つけられたチョーク印によってその位置がすぐにわかる閉めた元栓をすべて再び開き、夜の事務所に戻り、ここで各検

## 第21章　水の浪費対策

査官は検査の詳細について帳簿の左欄に複写用インキを用いて書き込むのである。二つ目の方法では——浪費が既にほぼ解消されている場合以外はほとんど必要ないが——元栓すべてを事前に打診することなくまず閉じる。帰路で、ひとつずつ元栓を開き、打診する；目的は、ボール弁を用いた貯水槽によって給水される小さな漏れから生じる音を拡大するためであることが明らかである。」

「同日朝9時に昼間担当となる検査官は、プレス機で複写した夜間検査官の報告の写しを渡される。彼は実際に浪費がその場でまたはその下で発生していると報告された敷地を訪れる。こうすれば今まで何日もかけて行ってきた家一軒一軒回っての非効率な検査業務を、一日で効果的に実施できるのである。たいがい彼は同日の夕方、夜間検査管による報告の反対側に、検査結果を赤インキで書き込むことになる。この時、修理や更新が必要あれば、このことも追記する。」

「同じ日に、管理者あるいは彼の事務員は、問題とされる地区の流量計計測図を受け取り記録する。夜間検査の後で作成されたこのような図を、図228、229中に細線で示す。彼は図を通して、夜間の検査官たちがどの時間帯に継続して作業していたか、またこの間効果ある仕事がどれほどの量なされたかをも正確に確認できる。たとえ検査官たちが流量計に近づくことができたとしても、この情報を操作することはできない。むしろ管理者は、検知された浪費分の全量に関心があり、それからひと月も経てば、別の図より昼間担当の検査官がいかにして浪費を止めようと努力したかがわかるだろう。」

「個別訪問による検査と比べて、この方法の成功の秘密はまず、検査官たちは常に浪費が最大の地区で作業し、次いで検査に要する時間が大幅に短縮され、三つ目に目に見えない浪費と表だった浪費の両方が検出されることにあるのは、容易に理解できることであろう。」

「検査官たちが常に最も浪費の多い地区で作業していることは、既に説明した。検査に要する時間の大幅な短縮は、以下のように説明できる：——」

「一般的な個別訪問による方法では、1日で1人がこなせるのは、平均し

て約180人の住居である。一方、排水流量計を用いればたいがい1人分の給料で、1,000人以上が住まう敷地を入念に検査する費用をまかなえる。」

「目に見えない浪費と見える浪費の両方が検出できることは、説明済みである。この目に見えない浪費が多くの場合平均して、浪費分全体の半量を占める。丁寧な個別訪問では、一定人数の検査官が一定の時間をかけて、一定量の浪費を検出して、その後排水量を計測する方法で検査する。これと比べて、同じ人数をかければ、$1/5$の時間で2、3倍の浪費を見つけ出すことが可能であろう。この事実だけでなく、後者の方法では検査官が常に最も浪費の多い地区で作業をしているという利点があることを考慮すれば、この方法の効率が比較的高いことは十分自明であろう。」

「他のいかなる方法で得られたどのような結果であろうとも、私が推奨する方法を用いれば、水道事業者と世帯主両者にとって、さらに安価で、加えて関係者の手間と煩わしさは格段に少なく、同じ結果が得られる。過去9年間、1,500,000人以上が居住する数々の地区でこの方法が採用されている。」[6]

「浪費が検出された時の防止策は、どのように検出されたかには関係ない。設備や水道管を更新すると決めたならば、この設備や管は、新たな敷地で採用するものと同様に、最良の種類とし、最良の方法で設置し調整しなければならないことについては誰からも異論はないだろう。時間と経験を重ねて効果の立証された設備類をここで説明していては、この論文は倍の長さになってしまう。ゆえに水道設備の健全性と効率については、個々の部品をばらばらにして丁寧に検査し、最終的に全体を加圧下で試験することによってしか判断できない、としか私には言えない。このように調査をすれば、最も相応に評判の高い企業によって製造される設備であっても、一定の割合で欠陥が見つけられる。この方法はリバプールで採用され、成果を上げている。」

「そこで使用される設備は水の浪費を抑えながらも正しい使用方法を妨げることなく、むしろ推奨するものとなっている。豆粒のように小さな口金あるいは他のものが、水の流れを邪魔してはならない。屋外の配水塔を

第21章 水の浪費対策

除いて、水を流し続けるのを制限する水栓を設ける必要はない。また、便所には2ガロン以下で水洗するような水槽を新たに設けてはならない。」

「地元で受け入れられている水道業者は水道局の定めた水道関係規制に従う協定に署名するために招かれた。彼らが従うのは、水の浪費を知らせるちらしの裏面に広告が載せられるからである。規制に従わなければ、業者の名前はいつでも消されてしまう。実際工事を担うのは、一覧に表れる者以外にはほとんどなく、検査され、水道局正規の役人が承認した設備以外の製品は販売されないことになる。」

主管が「織物状」に入り組んだ範囲で、今説明した地区計測方法をなしとげるのは、やや困難である。しかし少し頭さえひねれば、この困難は乗り越えられる。流量計が水量を計るのは夜間だけであり、他の時間帯には作動させる必要がないことがわかるだろう。「織物状」の給水主管が採用されているところでは、一箇所の取水口のみによって給水される地区にまちを分割することはできない。このことは第18章で丁寧に説明してある。しかしながら、地区の流量計の測定値を読み取る必要があるのは夜間だけなので、どの地区においてもひとつを除いてすべての取水口を閉じても差し支えない。開けたままにする取水口には地区の流量計が取り付く。この配置に異論があるとすれば、火災時についてだろう。「計測されている」地区で火災が発生すれば、地区を分離するために閉めた仕切弁を開くのに遅れが発生し、その結果消火のために給水される水は、片方の端部が行き止まりになっている給水方法同様の流速でしか得られないからである。

計量による水の販売——この方法では、すべての家で使用される水は、ガスと同様に一定の率で請求される。その値段は原則として、1,000ガロン当たり数ペンスからになる。

少なくとも結果に関して言うなら、この方法と地区計測方法との間にたいした違いはないように一見思えるかもしれない。しかし、実際には大きな違いがある。地区計測方法を確実に実施すれば、漏水は検出でき、止めることができるのだが、まちに住む誰もが水を好き放題乱用するのは自由で、全く確認されなければ贅沢に水を使う者も必ず多くいるものだ。家庭

351

ごとの流量計を用いる方法では、各世帯主はここで使用及び乱用されるすべての水について支払わなければならず、自然と乱用を防止するためにできる限りをしようとする。

　計量による水の販売は、とてつもなく大量の水を使用する工場や他の組織では長いこと慣習とされてきたので、一見すると、この方法をまちのすべての家々にも適用することはいとも簡単なことであり、またそうすることには明らかな利点があるかのように思えるかもしれない。しかし当初考えるほどそう簡単でなく、この利点も幾分疑わしい。計量による水の販売に反対する者は、この慣習では水の*乱用*を大きく減らすだけでなく、まっとうな水の利用についても、けちけちすることを促し兼ねないと懸念する。伝染病が広がるのはたいがい貧しい人たちの間からであるため、特に彼らに対しては十分な水の利用をことさら勧めなければならない状況にある。これに対して家庭にも完全な計量方法を推す者たちは、ガスと同様に使用した水量に対して支払わなければならなくなっても、悪影響のあるような節約は生じないことが経験によりわかっていると答える。計量による水販売が導入されたところでは、不衛生な環境によって多々発生する疫病が、統計的にも減少していることが挙げられる。しかしだからと言って、計量方法の導入によって生じた家庭での水使用量の減少が、実際に市民の健康増進をもたらしたと主張することはできない。むしろこのことが、まちの衛生環境全般の明らかな改善があって進んだ改善を阻みはしない、としか言えないのである。

　家庭での計測方法の採用を非常に困難とする明らかな理由は、初期費用の大きさにある。一軒当たり平均居住者数がたいへん多い大陸のまちのいくつかでは──後で注目すべき事例を述べるが──流量計の初期投資はそれほど大きくないかもしれない。しかし一軒に普通で6から8人いる場合には、流量計設置の初期投資は水道施設の初期投資全体の中でたいへん大きな比率を占めることとなる。施設の総費用を50％増しとするほどになることもあるだろう。計測方法についてまとめた最近の議論では、水の節約を試みた特定の事例でも、老朽化と減価償却も重なったことがあり、節

約分では流量計の初期投資の利子さえも負担できなかったことが報告されている。

次いでもうひとつの困難がやってくる。このことにずいぶんと創意——それもたいした創意である——を働かせたにも関わらず完璧な流量計が発明されたとはまだ決していえない——すなわち、少なくとも特定の条件下での使用時、何らの問題も起こさぬ流量計は存在しない。流量計製造者自身の言葉を引用するならば、完璧に近づいている流量計さえもない。各製造者は、たいがい彼自身の考えを裏づける数値を持ち出して、自社以外の製品を惜しげもなく非難するのだ！

比較的高圧下で使用する水量測定用計器の設計は、水深1、2インチに相当する圧力のもとで石炭ガスのように非常に軽い液体を計量する流量計の設計よりも、最初は容易であるかのように見えるだろうが、実際にはそうでないことがわかっている。

流量計は、*実測型*（positive）と*推定型*（inferential）とに分類できる。実測型の流量計では、容量が不明でたいがいは円筒型の容器を水が通過しながらいったん満杯になり、空になる。この満水になって空になる状態について記録がとられる。実測型の計器は実際のところストローク数または回転数を記録するカウンター付きの水力発動機である。一方、推定型計器では羽根またはファンが水流の速さによって回転させられる。推定型計器は、回転数記録用カウンターの取り付いた、スクリュープロペラの反対のようなものであると言ってよいだろう。事実、タービンの一種である。

最適に設計された*実測型*計器は、流れの速さに関わらず、計測値が非常に正確である。しかし計器自体は比較的大きく、高価であり、中には——実測型計器のいくつか、但し最良品は含まれない——水にかなりの「背圧」を返すものもある。すなわち、圧力をけっこう低く抑え込み、場合によっては水が完全に停止すると、止まってしまうことさえある。

一方、最適に設計された*推定型*計器は、水の流れがそれほど小さくない限り、十分な精度で水量を計測できる。（ここで必要な精度と言うのは、他には測定しないという選択肢以外ない場合に、水量計の記録にこの上ない精度

を求めることは、馬鹿げていると考えるからである。記録の誤差が実際の消費量の5％、またはたとえ10％以内であれば、十分に近い値である。）

　推定型計器の問題は、ある大きさの流れ以下では感知せず、記録しないことにある。また、流量計をかろうじて作動させる値を多少上回る程度の流れに対しては非常に不正確で、流れは常に実際の流れより小さく表示される。

　推定型計器を用いれば、家庭の小さな水栓から出る水の流れをも、必要とされる精度で計測できる。従って、連続式給水方法が完全に採用され、家には水槽がひとつもなく、水が給水管からまずは「したたら」ないように設計された水栓を通して直接引かれていることを条件とすれば、推定型計器を用いて実際に使われた水をすべて計ることができる。しかし、わずかで継続的な漏水──たいへん大量の水を無駄にする──は、推定型計器では見逃されたままであるかもしれない。さらには、水槽への水流すべてを記録しないという問題もある。量としては中ぐらいの水しか水槽から引かれなければ、ボール弁は落ちるもののたいへん短い距離でしかなく、水槽はしたたりの水のみで満たされるのである。もちろんいくら水が引かれようとも、水槽を最後に満水にするのはしたたりである。水槽については、水位がかなり低くなるまでボール弁が作動しないような仕組みが考案されている。十分に水が低くなれば、急に「全開にされ」、水槽が満水になるまで全開で排水される。しかしこれらの器具がどこかで広く採用されているとは、著者は聞いたことがない。これらの器具すべてに、水が水槽に停滞する平均時間を当然短縮することもなく、水槽の有効貯水容量を減少させるという欠点がある。また連続式で給水される家庭の水槽での貯水について弁明するならば、非常時にあると都合のよい水が一定量確保できることが挙げられる。

　推定型計器はたいがい小型であるうえ比較的安価で、能力を越えてさえ作動させなければ水に問題となるほどの背圧がもたらされることもない。しかしこの関係から流量計製造業者の中には、実際にはかなり圧力を下げなければできないながらも、この大きさの製品で水量が計測できると宣伝

第21章 水の浪費対策

する者もいる。これは製品価格を他のより実直な製造者の製品と比較して良く見せようとするがためである。

図232に示すケネディー（Kennedy）による特許製品の水量計は、実測型計器の代表例と言える。この流量計は基本的に円筒とピストンからなることがわかるだろう。ピストンは水によって作動させられ、動力機のカウンターと全く同様に、ストローク数を記録するダイヤルや針のついた一連の円盤がある。個々のストローク数に円筒の容量を掛けて、余裕分を差し引くと、ピストンの体積容量はもちろん任意の時間における消費水量となる。

推定型計器の最初あるいは初期の発明者に、シーメンス（Siemens）とハルスク（Halske）両氏がいる。彼らの最新型計器を図233と234に示す。矢印は水流の向きを示す。開口部B、Bは正接しており、ここを通る水は、非常に少量の排水でない限り、恐らく必ず排水量に比例する速度で羽根を回転させる。羽根は心棒Cを作動させ、今度はこれがDにある一連の円盤を動かして針を移動させ、一定時間内に流量計を通過した水量をダイヤル上に示すのである。図は現物の$\frac{2}{5}$の縮尺で描かれていることを考えると、流量計がいかにコンパクトであるかがわかるだろう。[7]

この多くが、家庭への水量計適用に関連して生じる困難に対処するための手法として生み出された

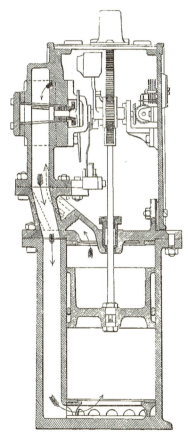

図232　ケネディーの特許水量計、断面

都市への給水と水道施設の建設

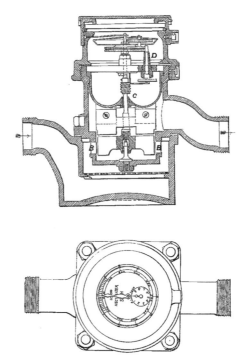

図233, 234　シーメンスとハルスクの特許水量計、断面

ものであり、またこれらに対して出された反対意見である。従って、水量を測定して販売することにより正当な水使用においても節約を強要することになりかねないという主張に対しては、健康上必要不可欠であると考えられる水量まですべての居住者に比較的低額で販売し、これを越える分についてはより高い額で販売することが提案されている。この提案はたいへん理にかなっていると思う。

　さらに流量計の初期投資費用の高さについては、水を供給する行政や会社は流量計を用いた測定により給水する権限と、使用量に応じて請求する権限を持つべきであるとの提言がなされている。しかし、まち全体に対して流量計を用いた「計測」をするのではなく、消費量が平均値をかなり上回ることが疑われるまたは確実である場合においてのみ計測により水を販

売する方法を採用するのである。水を過剰に使用した場合には、流量計を取り付けられ、べらぼうな値段で消費量に応じて請求されることを消費者が皆知っていたならば、もちろん水浪費について監視の役割を果たすことにもなる。

　ベルリンで1865年から1885年にかけて徐々に家庭に流量計を導入した結果、たいへん成功を納め、差がはっきり出るほど水の販売量に大きな影響をもたらした(8)。しかし、ベルリンで非常に成功したからと言って、他でも必ず成功すると結論づけてはならない。ベルリンの場合、住宅が「フラット」形式をとることが、特に効果をもたらす条件となったからである。原則として、家族が使用人と別の家に住むことはなく、大きな住宅のフラット、またはフラットの一部にそれぞれ住んでいる。その結果、平均してひとつの住宅にほとんど70人いることとなる。ということは、普通の約10倍の人数いることとなり、流量計の数は$1/10$で済むので、たいがいの場合と比べても、初期投資は$1/10$をそう越えない程度に納まる。

　ああだこうだ言われながらも、家庭用流量計を用いた水の販売方法の広域にわたる導入は、ここ数年間でヨーロッパ大陸においてたいへん増えたことは、事実である。技術分野の機関誌に見る広告から判断しても、アメリカでの使用も急速に増加していることがわかる。イギリスでは、他の国と比べて家庭用流量計はそれほど好まれていないようだ。

　特定の状況によっては、家庭用流量計の採用が好ましくなる。ひとつは既に述べたように各住宅に平均して非常に大勢の居住者がいる場合である。

　さらには、水道施設の多大なる初期投資または運用にかかる高い費用を考えると、何らかの方法で、人口1人当たり比較的大きな額を回収しなければならなくなる——すなわち、水がたいへん高価ならば——水が安価な場所と比較して、流量計を用いる方法が採用されやすいことが明らかである。

　家庭での全般的な流量計採用を明らかに推奨すべき場合もある。そこで、限られた給水しか得られないまちがあると仮定しよう。消費量は人口増加に伴い部分的に増加するのであるが、水の浪費あるいは乱用が原因となっ

て増加している分もあることは間違いない。もちろん漏水もある。さらに、給水量を増加させる費用は、まちで水量を「計測する」費用よりもかなり高くなると仮定しよう——あるいは、すべて手が出せないほどに高額であるとしたらどうだろうか：家庭用流量計の全面的な導入が最良の対処法であることは間違いない。その理由は、この方法にすれば他のいかなる手段を用いるよりも、消費量を最小値まで減少させることができるからである。

注

1 ウィリアム・ホープ土木学会会員「公共の水供給事業における水の浪費とその対策（The Waste of Water in Public Supplies, and Its Prevention）」土木学会論文集 vol. XC., セッション 1891-2, iv 部より。この興味深い論文はパンフレット形式で発刊されているので、水の浪費対策に関心あるものは目を通すとよい。

2 管を破裂させるのは融解であるという古い考えが誤りであることを、ここで指摘する必要はないであろう。水が流出するのは、管内の氷が解けてからのことなので、管内における水の凍結による破裂で生じたわずかなひびはほとんど検出されず、氷が解けた水が出てきて、やっと世帯主は家の管が破裂したことに気づくのである。

3 土木学会論文集 vol. C., p.277。

4 補遺 II、覚書 21 参照。

5 補遺 II、覚書 22 参照。

6 この引用元としたディーコン氏の論文が発表された 1882 年以降、この方法はここで挙げた人数の何倍もいる地区にも適用されている。

7 著者はここに図示し、概略を述べた流量計を、他を差し置いて推奨するわけではないことを、はっきりと述べておきたい。この領域においてこの種の最初の例であったと考えたため、著者はこの二つを典型として選んだ。

8 土木学会会員ヘンリー・ギル（Henry Gill）「ベルリンでの計測による水の販売（The Sale of Water by Meter in Berlin）」土木学会論文集 vol. CVII。図 223、224 はこの論文から引用した。ここに刊行された議論と質疑応答からは、水の販売は流量の計測によるか、または経験的基準に準じるかとい

う、当時たいへん議論が交わされた問題について、執筆の情報が最大限得られる。

# 第 22 章　水道に関連して使用される多様な装置

　水道に関連して使用される特に重要な装置——すなわち消火栓、水量流量計、その他——の多くについては、既にその都度十分に説明してきたが、他にも触れただけのみ、あるいは全く触れていないものもある。その中でも最も重要なものについては、ここで説明しておく必要があろう。

　**仕切弁**——数量と初期投資費用から判断するならば、仕切弁——あるいはアメリカで呼ばれるように「水門」——は、水道施設に関連して使用される最も重要で副次的な設備として考えなければならない。但し、すべての住宅に家庭用水量計器設備が導入されている場所では、これらが数量と費用の両方において最大を誇るので除外する。施設が織物状になっている時に、仕切弁の数が特に多くなる。
　仕切弁を用いるおおまかな目的は、「給水施設」を扱った第18章でかなり詳細に説明してあり、仕切弁のかたちは設計者や製造者が異なっても、そう大差ないまでに実務を通して改良が重ねられてきた。
　特定の条件を満たしているならば、仕切弁はその目的に適合している。条件とは、これは開放された時に、水流を妨げるようなことがあってはならないこと。すなわち開放時には、管内全体に妨げるものがなく利用できる状態とするべきである。これだけでなく、鋭角も避けなければならない。但し著者は、この悪影響は過大に扱われ過ぎていると考える。こうなると、ネジ式止水栓は論外となる。現在広く採用されているのは文字通りの仕切弁で、水の通る開口部全面にかかる仕切りによって弁が閉じられ、また弁が開放されると水門が完全に引き込まれて管開口部が開かれるかたちのものである。
　仕切弁は閉めた時に完全に水密でなければならず、無期限に開けたま

ま、あるいは閉めたままにした時に「つっかえてしまう」ことがあっても
ならない。このためには、互いに擦り合う部分の少なくともひとつを真鍮
または砲金製にする必要がある。すなわち、擦れ合う部品はすべて「真鍮
対真鍮」あるいは「真鍮対鉄」の組み合わせでなければならない。「鉄対
鉄」では錆ついて恐らく早晩、動かなくなってしまうので、使用してはな
らない。弁の使用面及びこれらを受ける台座は、両方とも砲金であること
が望ましい。軸についてはたまに鉄製も見られるが、これも砲金製にした
い。いずれの場合でも、砲金の施された内筒や内張りの中で作動させるの
が望ましい。

　図235と236（図版XLIV）に、仕切弁の好例を示す。

　非常に大きな仕切弁を開けるのは、実際に「くっつく」ことを全く除外
しても、たいがい労を要することである。特に枠両面の圧力差がほとんど
均等になるほど高圧の場合には労力を要し、枠の裏側にかかる圧力によっ
て生じる摩擦抵抗が大きいので、弁を開けるのにとても大きな力が必要と

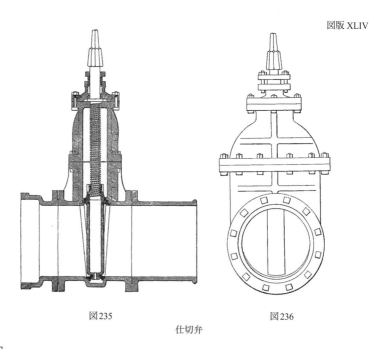

図版XLIV

図235　　　　図236
仕切弁

## 第22章　水道に関連して使用される多様な装置

なる。

　この問題の克服するために、いくつかの方法が発明されている。最も整然とした方法のひとつに、大きな枠の裏側で小さな枠が作動するものがある。小さな枠の直径は、例えば管のたった$\frac{1}{3}$であってもよい。これは以下のように作動する：――弁の軸を右――時計回り――へねじると、まずは小さな弁が開かれる。水はこのようにしてできた開口部を速い速度で流れるのだが、この速度にするには多くても水頭がほんの数ポンドあれば十分である。大きな弁の両面に見られる数ポンドの圧力差はそれほどの摩擦抵抗が発生するほど大きくはなく、軸をねじり続けると大きな弁が開放される。

　これほど整然としていないが、同等に効果的な方法がある。例えば大きな弁の直径に対して$\frac{1}{3}$の仕切弁を持つ迂回路を設ける計画である。小さな仕切弁を先に開き、大きな方は後に開くようにする。

　この両者よりも広く使用されている方法は、歯車装置を用いて大きな弁を開くのに必要な力を加えるもので、裏面に大きな圧力がかかっていても、人が動かせるように手助けするものがある。このような装置を図237と238に示す。水圧が無視できるほどわずかでなければ、直径約2フィートを越えるすべての大きさの仕切弁に関しては、このような装置の採用を

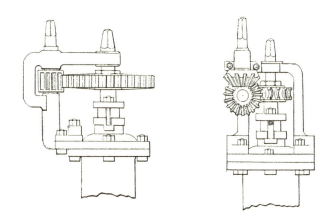

図237, 238　仕切弁を開くための装置

都市への給水と水道施設の建設

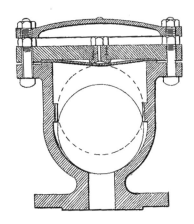

図239　水道管用空気弁

推奨したい。特別大きな弁、あるいは特に大きくなくとも高加圧下で作動させる弁については、図示したものよりもさらに強力な装置も必要であろう。

**空気弁**——管が高所を越える場所では、高くなるのがいくらわずかであろうとも必ず空気がたまり、水の流れに深刻な影響が及びやすい。特にそのような隆起のありがちな長距離にわたる管については、空気弁——たまった空気を逃すための単純な自動装置——を設けるのが一般的である。

すべての空気弁は、同じ原理で作動する。先に図示（図239）したものは、ほとんど説明不要であろう。全体の構成は、鋳鉄製の外枠に球が入ったかたちになっている。球は水よりも軽い材料からなり、管に空気がなければ（点線で示すように）浮いて、上方のゴム板または環を押しつけることで、断面図ではほとんど見えない小さい穴を塞ぐ。管内に空気がたまるとたどり着ける最高位——すなわち球を支持する外枠——まで上昇する。すると、穴の面積は小さく空気圧では球を維持できないため、球はもはや支持されなくなり落下する。球が落下すれば、水が上昇し球を再び浮かせて穴を塞ぐまで、小さな穴から空気が送りこまれるようになっている。

第22章　水道に関連して使用される多様な装置

**安全弁**──管内における水の流れに発生する危険性としての「水撃」については、既に述べている（p.313）。特に水が速く流れる長い管で流速が急に遅くなるようなことがあると、この現象が発生しやすい。水撃による事故予防のために、水撃という不都合が発生する可能性のある管下端に安全弁の設置が推奨される。

「全量」式安全弁では自重の慣性力によって、安全弁のない場合と全く同じ程度になる激しい水撃の生じる可能性もあるので好ましくないことが知られている。一方、バネについてはこのような異論はなく、ネジ式の仕組みとなったバネが広く使われている（図240、241、242）。しかし、人によっては錘の持つ「実証性」に裏づけられる発想を好み、その場合にはバネと

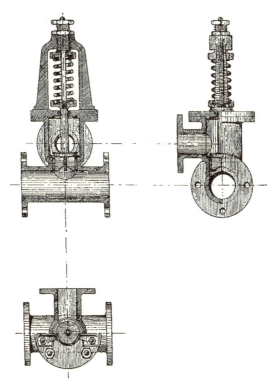

図240, 241, 242　バネとネジ式安全弁　縮尺　1$\frac{1}{2}$インチ：1フィート
（訳注　1：8に相当する）

錘とで加圧することで、両者の利点を利用できる。水撃が発生すればバネはまず圧縮され、次いで錘が持ち上げられる。（この種の弁を図243に示す。）実際に使用する安全弁は大きい必要があり、ここで示す弁では、特に高圧になっても対応できるようにバネが非常に強くなくてはならない、という困難が伴う。

図243には、著者とハセガワ氏の設計した、このような問題を解決した大型安全弁を示す。流速がかなり速くなる管径20インチ、長さ数マイルの主管端部への設置用で、日本の神戸における水道施設関連に導入されるものである。この仕組みは、各弁の半分よりもかなり面積の小さいピストンに繋がる釣合弁からなり、図示した錘を持ち上げるほど水圧が高くなれば釣合弁が作動させられる。

恐らくこのような弁では、それほど高い水密性は得られないだろう。これを設置する位置、すなわち常時濾過井へと排水し続ける長い管の下端においては、いくらかの漏水があってもたいしたことではない。そのような漏水は単に濾過井へと運ばれれば済むからだ。

**給水栓や水飲み場**——公共の場にある人及び家畜用の水飲み場は誰にとっても身近なものなので、ここで説明するまでもない。

給水栓または引水栓はたいがい、各戸に水道を引けない人のいる、まちの貧しい地区で使用されることが多い。ここの居住者たちは、必要なだけ水を利用する権利のために、わずかな額を課せられるのが一般的である。水は給水栓から人力で運ばれているので、無駄になったとしてもたいした量ではないだろう。多くの場合、柱型の消火栓に小さな弁を取り付けて引水栓として使用される。またはむしろ、給水栓が柱型消火栓と引水栓両方の役割を果たすと言った方がよいかもしれない。どの水道設備製造業者のカタログにも、多くの型の引水栓が掲載されている。

図244に示す給水栓は、ロンドンのJ・ブレイクボロー・アンド・サンズ社（J. Blakeborough and Sons）のカタログからである。これはたいへん安価であることが利点である。しかし、さらに高価な給水栓のように「自動

第22章　水道に関連して使用される多様な装置

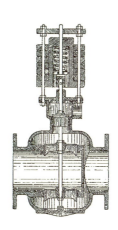

図243　水道主管用大型安全弁　　図244　ブレイクボローの柱型給水栓

閉鎖」弁は設けられていない。この自動閉鎖弁の目的はもちろん、引水後に弁を開けたままにして水が流れ続けることによる浪費の防止である。このような自動閉鎖弁はもちろん有利となるが、一般に給水栓は比較的人目につく場所に置かれ、水が流れ続けばすぐさま気づかれるだろうから、当初思うほど重要でないことも明らかになるだろう。

　給水管と主管との連結——最も広く見られる給水管——水道施設の主管から各家庭へと導水する管——は、鉛管の使用には鉛中毒の恐れがあると多分に説かれているにも関わらず鉛製である。

　確かに水の状態によっては——非常に軟水で、他の観点からも概してたいへん純粋な場合——鉛を溶かし続ける作用(1)があるので、この種の水では鉛管や鉛で内引きされた水槽の使用は危険である。しかしそのような水は非常に例外的である。著者は該当する例に出くわしたことがない。ほとんどの場合鉛は、水の作用によって即座に不溶性塩化物となった鉛の薄い膜で覆われるので、その後は一切反応しなくなる。

　鍛鉄もある程度（著者が思うに）——アメリカでは他の国よりも多く——使用されているものの、鉛の高い耐久性、その扱いやすさ、また特に管については冷えた状態で曲げやすいことが、給水管での使用に広く好ま

## 都市への給水と水道施設の建設

れている。

　鋳鉄製の主管と鉛製の給水管を繋げるには、真鍮の金環を使用する。鋳鉄管に穴を開けるのだが、使用する継手の種類によってこの穴は「先細」あるいはネジにされる。図245、246に先細型の継手を示す。これらは単に鋳鉄管の円錐状の穴に打ち込まれる。

　図247、248にネジ式の継手を示す。これらは先細型よりも、ずいぶんと好まれる。先細の継手を管に打ち込むと、特に管が薄い場合には、管を割り開いてしまう可能性が必ず伴う。さらにはもし水圧が高ければ、継手が押し出される可能性も考えられる。しかし、水圧以外にも何らか他の力がかからなければ、このようなことはめったに起きないことも付け加えておく必要がある。一方、軽い小槌でわずか叩いただけでも、先細の継手が緩み、水圧を受けて外れることも時には起こりうる。場合によっては、上方の大きな交通量のもたらす振動も同様に作用することが考えられる。いずれにしても、ネジ式継手の方が望ましく、価格の差もそう大きくはない。

　図示した継手は一般に、拭い継ぎ（訳注　wiped joint、ハンダを流し込み、継手を布または小さなヘラで拭ってかたちづくる継手方法）で鉛管をすぐに繋げられるように「錫メッキ」されたかたちで出荷される。

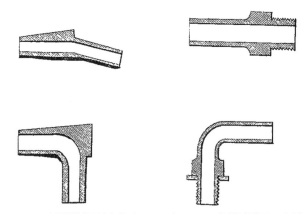

図245, 246　水道管接続用先細継手　　図247, 248　水道管接続用ネジ式継手

第22章　水道に関連して使用される多様な装置

ハンダ溶接を使用しない継手には利点もある。熟練配管工がいないため施工ができない遠隔の国々では、特にこれらの利点が発揮される。図249には、そのような継手を示す。説明もほとんど必要ないだろう。鉛管の端部をラッパ口となるように円錐型に多少削り取り、ナットを締め込めば、すぐに水密な継手が完成する。時には、「ネジ締め型」または「栓型」継手も使用される。実際これらは、継手と元栓との組み合わせからなる。数多くあるかたちのひとつを、次ページにネジ加工用道具と併せて図示する。

鍛鉄管が鋳鉄管に取り付く一端には真鍮製継手をねじ込み、もう一端で管の継手、接管またはネジの切られた水道管端部を受けるようにする方が望ましいが、直接主管にねじ込むこともできる。

**加圧下での管の穿孔及びねじ立て**──水道施設が完成間近になると、圧力をかける前に当然ながら、将来給水管の増設が求められる位置には継手を確実に挿入しておこうとする。しかしよくあることに、時間が経つにつれて、主管にさらに給水管を繋げる必要が出てくる。間歇式の給水が行われているならば全く問題ない。水が「停止」されている時間帯に、管に穴を開けてネジを切り、継手を挿入すればよいからだ。連続式給水の場合でも、朝方早い時間に管を継ぐために特定の地区で断水することはよくあることだが、火災発生の可能性を考慮すれば決して勧めるべき慣習ではないことは理解できる。

一戸の住宅用配管を接続するために地区全体の給水を停止することは好

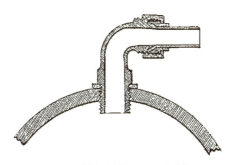

図249　水道管に接続されたネジ式継手

ましくないので、加圧された管に穴を開けてネジ立てし、継手のねじ込みを可能とする巧妙な機械がいろいろと発明されている。そのうちひとつを図示するが（図250、251、252）、説明は非常に短くても十分であろう。鎖、ボルト及びナットさえ用いれば、どのようにして装置全体を、継手を設ける必要のある主管に取り付けられるかが明らかである。パッキン部品Ａは、管の直径によって交換しなければならない。装置の他の部分は、どんな直径の管に対しても同様の効果を発揮する。

　枠Ｂは実際のところ仕切弁となり、穴を開けた後には装置上方への水流入を止められるようになる。

　軸ＣはＤ位置のつめ車装置（ラチェット）を用いて作動させるドリルとねじ立て機が一体化された道具を支持する。Ｕパッキンがこの軸側面への

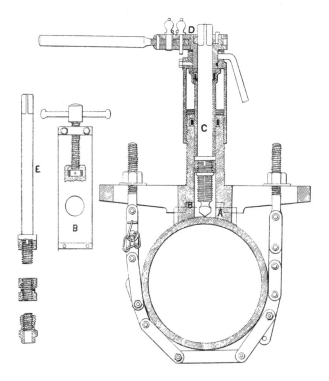

図250, 251, 252　水道管を主管に繋ぐ装置

第22章 水道に関連して使用される多様な装置

漏水を防ぐ。もちろん管にはまず穴が通され、それからネジが切られる。その後にドリルとねじ立て機は枠Bを閉じる高さまで挙げられ、その際これらを支持する軸が引き抜かれる。そして軸Eに取り替えられ、これを用いることで、特許品の停止弁下方半分を鋳鉄管にねじ込むことができるようになる。

この継手を図253と254に図示する。栓Aがねじ込まれると、BからCへの経路が閉鎖される。これを上げると、この経路は開かれる。継手下方が管にねじ込まれる時に、栓Aはもとの位置にネジを回して戻される。これで装置全体を外せるようになり、継手上半分を下半分にねじ込むことができる。

その後鉛製管はCに繋げられるのだが、主管から給水管までの経路が空であれば常に左図に見られる位置まで栓Aをねじ上げることができるようになる。蓋Dは栓のネジからわずかな水漏れが続く可能性を防止する。給水管からの水を停止する必要があればいつでも栓をねじ下げることができる。

ここで説明した装置はロンドンのJ・ストーン会社（J. Stone & Co.）の製造するモリス装置として知られている。この用途の装置としていくつかある中でも、実に最良のものである。ひとつ異論があるとすれば、穴開けとネジ切り用の複合機は非常に高価なうえ、丁寧に取り扱わなければ栓のすぐ下の位置で壊れやすい。また、これを描いた著者手持ちの図はないものの、別の装置として3つの軸を持ち、ひとつにはドリル、もうひとつには

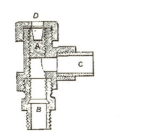 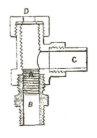

図253, 254　停止弁継手、特許品

ネジ立て、3つ目には継手が取り付くものがある。装置全体が台座に載り、主管の軸方向に滑り、同一点の上にまずはドリル、次いでネジ立て、最後に継手が移動され、それぞれ専用の軸を用いて作動させられる。このようにして複合機に伴う困難は解消されるのだが、当然装置の持ち運びやすさを犠牲にして成り立っている。

　この章では、水道施設に関連して特別に設計された数え切れないほどある設備のうちほんのいくつかしか説明していない。これらは（著者が考えるに）最も重要なものである。すべてを説明するのは、終わりのない作業である。水道業務に携わる技師であれば当然誰もが、水道施設用設備の供給を専門とする有名製造業者のカタログを手元に用意することと思われる。これらを見れば、数多くある副次的な設備についてもたいへん良くわかるだろう。

注

1　補遺II、覚書2参照。
2　軸CとDの直径が異なるように描かれているのは、図上の誤りである。両者はもちろん同じ直径である。

# 補 遺 I

## 地震が水道施設に及ぼしうる影響に関連する考察及び地震国にてとるべき特別な予防策

ジョン・ミルン教授、王立協会フェロー 著

　まえがき――本書の各部分、特に注において、地震による水道施設への影響に関する簡潔な言及が見られるが、最小限の参考情報でしかない。一方、著者はこの件を特に扱う本や論文の存在を知らない。地震の揺れやその影響について今日科学的に判明している事柄のおおかたは、日本で得られたものであると言っても過言ではない。この国は急速に近代的な水道施設を採用しているので、地震による水道施設への影響を明らかにする実例が、そう遠くないうちに現れることは間違いないだろう。これらの例からは、地震の衝撃を受けやすい国々にふさわしい水道施設建設に関連して、多くが得られることだろう。しかしそれまでは、理論として一般の土木構造物に対する地震の影響から推測するしかない。

　この種の推論については、該当分野において誰よりも知識を有するジョン・ミルン教授以上の適役はないということは、言うまでもないだろう。従って私の依頼に応じて、すべての技師にとって興味深く、学ぶことの多いこの補遺をミルン氏に執筆していただけるのは、誠に幸いである。

W・K・バルトン

　管の敷設、貯水池の築造、または配水塔の建設に当たる水道施設の技師は、自らの職務のうちでは特異な作業を行うこととなるのであるが、地震による影響を最大限抑えるための原理は、土木工事全般に対して設けられている指針とほとんど変わらない。

　技師が最初に注意すべき点、それも決して強調し過ぎることはないほど

大切な点であるが、経験上または実験上揺れが最小であることが明らかな工事用敷地の選定である。

　すべての巨大地震――例えば1755年にリスボンで起きた地震――の歴史を振り返ると、特定の地区が甚だしい被害を受けながらも、隣接地では部分的な被害で済んだような例がある。ひとつ一般論として言えることに、概して高地となる硬い地面上に建てられた建物は、低地となる柔らかい地面に立地する建物と比較して被害が少ない。柔らかい地面と硬い地面との揺れの違いは、地震計によって絶対値で計測されてきているので、地震調査をすれば成果が得られるだろう。小さな地区内でさえ目視では均一な性質に見える地面でも、その一部は他よりも揺れが大きく被害も起こりやすいことが重ねて立証されている。

　湿った沼地のような土地では、揺れの周期は長いかもしれないが、たいがい振幅が非常に大きいので、この土地は危険である。急斜面も好ましくなく、揺れれば柔らかい土壌が滑り落ちることが多い。崖の際、急斜面、川護岸の地表はそれぞれ自由に動き、多くの場合外殻が下地から完全に離れてしまうほど、行ったり来たりあまりにも大きく揺れるので、同様に危険な場所となる。

　例えば、急傾斜となる護岸の川岸近くで川に平行して建物を建てたり、一連の管を敷設したりするのは無分別である。反対に、これらの護岸から100ヤード離れた位置であれば、比較的安全である。

　同じことが、貯水池についても言える。面積の大きな貯水池でアーチ状の屋根のないもの――例えば沈澱池――では地震時に、特に貯水池がほとんど空か水位が低い場合、擁壁または斜面をなす側面は自由に動く地表と化すことを念頭に置いておく必要がある。

　適切な敷地さえ選べばかなり有利になることは、以下の例により明らかである。地震が頻繁に起こる地域――例えばマニラや地中海のイスキア島――の建築規制では、軟弱地盤に基礎を造る方法について特別に言及されており、同時にたいがいどのような種類の建物であっても建築には不適格であると区分けされる地区が発生するのである。

補遺 I

　基礎の建設に当たっては、周囲に地面から隔離するように空地を設けた地下構造から建物を立ち上げればたいへん有利になることが、実験と経験を通して明らかにされている。水の波と同じように、地震による振幅は表面よりもその下の方が小さいので、このようにすれば地面の動きから距離を置き、撹乱の原因から逃れられる。

　建物に関連するイタリアの特定地方における規制では、軟弱地盤に建設する際の基礎は、建物足元から全方向に3フィート2インチから4フィート9インチ伸びる組積造またはコンクリート造の基壇とし、基壇自体は1階建の建物であれば厚さ2.3フィート、2階建については厚さ3.91フィートにすることが求められる。

　日本では、「自由基礎（free foundation）」と呼ばれるものの上に建設された建物の実例がいくつかある。建物が砲丸または鉄球の層に支持されるのである（訳注　ミルンが考案した建築基礎の工法。）。強風時に見舞われる動きや他の理由により、このような建設方法は推奨できるものではない。

　高層建物の設計に当たって見逃してはならないもうひとつのとても重要な原理は、抗するべき地震の揺れから発生する力は主に水平方向にかかるということである。これに応じて例えばイタリアやマニラのように地震が頻繁に起こる場所では、普通のアーチ構造が危険であるという理由で禁止されている。一方イスキアでは、地表と比べて揺れの小さい地下では許可されているが、アーチの高さはスパンの$\frac{1}{3}$とし、頂点の最小厚さは0.82フィート（煉瓦1個分）とするように指定されている。これらの値を、アーチ屋根を持つ貯水池の建設に際して適用することの意味合いは、容易に理解できるであろう。

　貯水池用のダム建設に当たっては、横揺れにさらされる可能性があることを忘れてはならない。そうなった時にばらばらの材料で造られていたならば、揺れるテーブル上の砂一山とほとんど同じように崩れてしまうだろう。それゆえ地震国での貯水池用ダムの設計では、アメリカよりもイギリスの慣習に倣う方が好ましい。ダムに関連しては、地震の揺れによって発生する波がダムを越える可能性があることも念頭に置いておく必要がある。

地震国でダムの上端に沿って小壁を「防波堤」として設置することについては、激しい議論がなされている。ダム上端及び斜面下方だけでなく、斜面上方をも石を入れたピッチで固めることを、さらに勧める必要があるだろう。単に数波続いて越えるだけならば地業が破断される恐れはないが、ピッチで固めなければ破断の可能性もある。

建物であろうと配水塔であろうと壁の建設では、壁を軽くかつ強くすることを覚えておかなければならない。壁の自重が建物をいわば抑え付け、実際は強度をもたらす、という意見も時には聞かれるが完全な妄想である。この全く反対が真実である。重量または重さ自体は、建物を弱める原因でしかない。軽さは中空煉瓦、強さは良質のセメントモルタルの使用によって実現できる。セメント目地であれば例えば1平方インチ当たり100ポンドあるいはこれ以上の引張り強度が得られるのに対して、不良な石灰モルタルを用いた目地では1平方インチ当たり4または5ポンド以上もの引張り強度は得られないかもしれない。

イスキア島で許可される2階建の建物における最大壁高さは、32.8フィートである。高さ13フィートとなる単純な組積造の壁では、壁厚を2.3フィート以上にする必要がある。

十分な厚みのある普通の壁を安全に立ち上げることのできる最大高さは、建築材料と壁にかかる荷重の大きさによる。均一な断面を持つ普通の壁を、かなりの速度で前後に揺れば、足元で折れる。従って、壁強度は足元から上方に向かうにつれて減らすのが適切であろう。

日本で実施した実験結果より、以下の計算式を用いることで、断面が四角い柱の輪郭寸法が得られる：——

$$y^2 = (10\,g\,F/a\,w)\,x$$

$x =$ 上端からの距離が$y$となる任意断面の水平方向の寸法の半分、単位はインチ

$w =$ 建築材料の1立方インチ当たりの重量、単位はポンド（材質が煉瓦であれば、この値は0.0608となる。）

$F =$ 結束力、あるいは急に負荷した場合に割れが発生する1平方イン

補 遺 I

　　チ当たりの力（すなわち、急に力が加えられた時の1平方インチ当たりの引張り力）

　$g$ = 重力加速度、単位はミリメートル、9,660 を採用してよい

　$a$ = 構造物が抗さなければならない可能性のある最大加速度、単位はミリメートル毎秒毎秒

一例として例えば、以下の値とする。

　$a$ = 1,000 ミリメートル毎秒毎秒

　F = 1 平方インチ当たり 5 ポンド

そして単位をインチとすれば、$y^2 = 8,100\,x$ となる。この値の輪郭寸法は付随の図（図255）に示す。

　中には高さが110フィートにも達するものもあるこのかたちの煉瓦造橋脚は、日本の碓氷峠を越える鉄道のために土木学会会員 C・A・W・パウネル（Pownell）氏によって建設されている。

　断面が長方形であり、壁のように揺れの方向に直角な寸法を一定とするならば——

　$y^2 = (4\,g\,F/a\,w)\,x$

となる。

　この計算式によると、壁頂上の厚さは0となる——もちろん実務上はあり得ない状態である。この原理に基づく壁の実際の設計では、平均厚さ——例えば煉瓦1枚長手方向の寸法——を計算式で得られる仮想の断面に加えることができるし、あるいは計算式で得られる断面のうち、非現実的に薄い頂上部分を単に十分な高さだけ切り落とすこともできる。いずれの場合でも、断面は実用上問題にならない範囲で、理論上正確なかたちに十分近くなる。

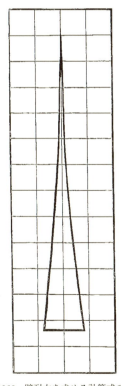

図255　壁耐力を求める計算式の図

## 都市への給水と水道施設の建設

　1891年10月28日に日本で発生し、鉄道橋や構造物一般を倒壊させた大地震（訳注　濃尾地震）の際、最大加速度は4,000ミリメートル毎秒毎秒、すなわち13フィート毎秒毎秒——ほとんどは5から10フィート毎秒毎秒の間であった——にまで達する。このような加速度の意味するところは、建物がトラックの上に載せられ、上の加速度で動き始めた時に発生する、ぐいと引く力である。または、このような加速度で移動中に、急に止められた時に受ける力である。

　三つ目に忘れてはならない原理は、できるだけ低い位置に重心を置くことである。例えば、壁上方が受ける荷重は非常に軽量な屋根のみとするか、あるいは屋根が壁上端で自由に動くようにするべきである。中でも配水塔は地震国で建てられる最悪の構造物である。日本で起きた1891年の地震では、駅にある鉄道の蒸気機関用給水塔は小さなものでさえ、上方の慣性力を受けて完全に破壊された。

　屋根と床に関しては、つなぎ梁はすべて少なくとも壁厚の$2/3$まで入り込むように伸ばす必要がある。

　どんな構造物でも建設に当たって、覚えておかなければならないことがある。十分強固に緊結されていない異なる部材は異なる周期で振動するので、全体として同一の周期で振動しようとする力が働くことで互いに破壊し合うこととなる。例えば、煉瓦の煙突と木造の建物が互いに完全に独立していれば安全な状態で立っていられるが、両者が直接接していれば、必ずと言ってよいほど木造の建物は煙突を真っ二つに破断させ、倒壊させる。

　建物の建設に当たっては、二つの基本原理のいずれかに従いたい。ひとつは構造物を揺らしても壊れないように、籠の様に軽量で柔軟にすること。もうひとつは、強固で硬いながらもできる限り軽くすることである。ここで、破損せずにかなりの揺れに耐えられる鉄製の箱に例えてみよう。ひとつは安価であるがもろく崩壊しやすく火災による破損を受けやすいが、もうひとつは高価であるが長持ちするものである。

　恐らく最も重要な点は、良質な材料のみ、特に良質なセメントを使用することである。[1]

注

1 土木構造物全般に対する地震の影響及びこれらの影響を最小限に抑えるための手法の問題は、著者（ジョン・ミルン）が日本地震学会論文集第 XIV 巻及び土木学会論文集 vol. LXXIII., pp.278- で扱っている。

# 補　遺　II

# 覚　書

　これらの覚書に含まれるE・ダイヴァーズ博士による批評と意見は、私宛の私信に書かれたもので、刊行を意図したものではない。しかし私はこれらを非常に大事であると考えたので——内容のすべてに同意するわけではないが——本著で発表できるようにダイヴァーズ博士にお願いし、許可を得ている。

W・K・バルトン

　覚書1、p.29
　鉛製の水道管や貯水槽を利用した水の供給。このことについてダイヴァーズ博士からは以下の言葉を得ている。
　「ロンドンとパリの盆地を離れた土地において、本来良質な水を通して一帯に毒を広める可能性があることは、担当水道技師が考慮しなければならないたいへん重大な問題である。このことについては幾分不確かな点があるものの、思い切って以下の事柄を伝えれば、読者たちの役に立てる。
　(1) 硬質の天然水が鉛製給水管に作用することはほとんどない。
　(2) 軟質で飲料用に適した天然水が活性化するのは、明らかに微量な酸の存在による。従って軟水が酸と接触することがなければほとんど活性化しない。
　(3) 微量の炭酸ナトリウムを水に加えれば、活性を抑えることができる。
　(4) いくらかのナトリウムか水酸化カリウムを用いて、水を過分に石灰処理すれば活性になるか、既に活性化されているならばその状態が保たれる。」

## 覚書2、p.32

最近著者が読んだ論文によると、泥炭水に含まれるフミン酸のせいで、水によっては鉛を溶かす性質がもたらされるので、そのような水については鉛管や鉛で内張りされた水槽の使用は危険であるとのことだ。残念ながらこの論文についてのメモ書きを紛失してしまったので、読者に紹介することも、著者の名前を挙げることもできない。水によっては鉛を溶かす性質があるのに、なぜ他にはないのかは長いこと謎であり、もし泥炭が含まれない水にはこの性質がないことが確認できたなら、給水の実務上、実に有益である。

## 覚書3、p.56

おおまかに見ても、これらの値はまちへの給水に用いられる可能性のある比較的小さな集水流域においてのみ有効である。水量の大きな小川や河川での集水の場合には、さらにずいぶん小さな割合しかあてにならない。

## 覚書4、p.56

また、一年のうち数ヶ月は根雪が見られる谷間の場合、そのような期間の終わりに川の流れはほとんどなくなり、雪が解け始めた春の一時期だったら、川の流れは集水流域全体の「降水」全量の何倍にもなる可能性がある。実際、集水流域の降水量からは小川と河川の流量分を差し引かなければならず、十分な注意と判断のもとで利用する必要がある。しかし、長時間にわたる降水量の実測記録のない中で利用する場合、非常に価値があるという点については著者が保証する。このような実測値がいかに不正確であるかを考えると、特に有効である。

## 覚書5、p.125

ダイヴァーズ博士によるこれらの主張に対する評価は、ここに再現するスケッチ（図256）を用いて以下の通り説明する。「濾過の原理についてはもちろんどこまでも理にかなっているのであるが、真の理論における本質

を見落としている。しかし p.112 にある石灰を用いた濾過方法の説明における最後の段落では、濾過器にかける方法と比較しつつ、砂または他のどの濾過方法においても当てはまる実際の理論における本質が述べられている。図示した器の中で12時間の間に物質がようやく沈澱するのであれば、11の棚板を備えた容器ではこの量が1時間で沈澱することになる。棚板を濾過器の砂に取り替えても、この事実に変わりはない。水を濾過器の中を急速に通せば、ご指摘の通り沈澱物は運び去られる。これがいわゆる「上向流濾過」、あるいは未濾過水の水面とほとんど同じ高さで排水が行われる時に実際見られる現象である（副管を参照）。」

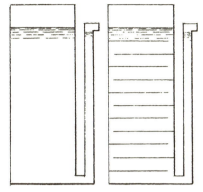

図256　ダイヴァーズ博士による砂濾過理論の図

覚書6、p.126

ダイヴァーズ博士は、この段落について以下の所見を述べている。「獣炭が有機物を完全に酸化させることが立証されたことは今までになく、また経験則からしてもそうであるとは言えない。獣炭を用いた水の浄化は化学者にとっては身近なもので、不思議で説明のつかないことであるものの、この現象が全くの「吸収」または炭への一時的な物質の吸着であることはもちろん知られており、ゆえに溶剤で洗浄すればこの物質は後で回収できる。従ってあなた自身も話題にしているように、長期間使用された活性炭濾過器に、他の水を濾過した後によりきれいな水を通せば、炭に吸着した物質が溶け出す、まさにその理由となるのだ。」

覚書7、p.127

ダイヴァーズ博士は、この段落について以下の所見を述べている。「*海*

綿鉄——あなた自身の行いを述べたとしても、その意見は正当化されるものではない。海綿鉄または他のどの金属鉄であっても、化学的にしか作用しないので、これ自体消費されるし、反応も量に応じて見られる。水が流れていればその場における錆の沈澱はわずかで、いずれの場合も鉄と水との相互作用を妨げはしない。後者に炭酸が含まれれば鉄に対して作用するし、含まれなければたぶん作用はしないだろう。しかし、もともと非常に錆びた鉄であれば、使用するにつれてさらにひどくなるのだが、流水中で錆びが進行するのではなく、石灰質の物質がこびりつくことによるのだ。炉から出てきたきれいな海綿鉄をないがしろにして、釘や（ドリルによって油と汚れまみれの）錐屑を賞賛するのは理にかなっているとは言えない。海綿鉄は詰まるので、すぐに使えなくなる。」

（※　鋳鉄の旋盤屑や錐屑は、鉄と水とを一緒にかき混ぜて水を浄化するには、実用上海綿鉄よりも優れていることは立証されたと信じている。ゆえにここで旋盤屑や錐屑を賞賛するのも理にかなっていると考える。油と他の汚れは、容易に取り除くことができる。—W.K.B.）


覚書8、p.149

必要なければ、砂濾過は利用しないに越したことはない。濾床は、砂の組成がほとんど二酸化ケイ素だけからなるのでなければ、黴菌の温床となりやすい。但し、長いこと手の入っていない濾床についてのことであり、定期的に清掃されている濾床に関しては当てはまらない。


覚書9、p.155

これに関してダイヴァーズ博士は、以下の意見を述べている。「ここで言う'清浄'という表現は、この項で強調すべき点、すなわち砂を不活性にするため、できる限り純粋な二酸化ケイ素としなければならない、ということに言及していない。不活性とは、植物性生物体の糧となる鉱物質の提供に関することである。」

補遺 II

覚書10、p.172
　ダイヴァーズ博士は、以下のように言っている。「その魚臭い臭いは、間違いなくバクテリアの作用によって可溶性タンパク質から発生するトリメチルアミンであろう……できることならば、砂の洗浄に加え、砂を曝気し、太陽にさらすことを私は勧めたい。」

覚書11、p.177
　鉄の磁気酸化物の使用に関する以下の意見は、ダイヴァーズ博士による。「磁鉄鉱の価値を確認したり、菱鉄鉱（りょうてっこう）や他の鉄鉱石の煆焼（かしょう）によって得られる多孔質の破片（「分割されて細かくなった」のではない）が家庭用濾過器や水道施設の濾過池に導入されるようになったりしたのは、ひとえに（故人となって久しい）トーマス・スペンサー（Spencer）のおかげである。氏の調合方法では炭が含まれることもあったため、残念ながらも彼自身この調合を「磁気カーバイド」と呼んでいた。一方、フランクランド（Frankland）は人造磁気酸化物を試したのだが、これはもちろん水と反応するため使用できず、それゆえスペンサーの酸化物と理論を彼は疑うようになった。しかし私がランセット誌（Lancet）のために実施した総合実験の結果、スペンサーの方法で調合した磁気酸化物には、最高品質の石炭に勝るとも劣らない力があること、また時々通気すれば、かなり目覚ましい復元作用も見られることが立証された。しかしこのような通気の必要ゆえに、鉄の磁気酸化物の使用に対して反対意見も聞かれるのである。溶解有機物を除去するためには澄んだ水に作用させなければならず、その後には空気を含む水または空気そのものによって通気する必要がある。この作業は、濾床自体をかなりかき乱すことをも意味する。全面的に多孔質の磁気酸化物からなる濾床を造り、砂と同様に扱うことができるならば、みごとな結果が得られるだろうが、費用及び材料の密度が高く重量があるので、そうはできない……私が衛生委員に就いていた折、'silicated carbon' の濾床を解体したのだが、内部は '磁気酸化物' または '炭化カルシウム' でいっぱいだった。このことについては、当時刊行されている。」

覚書12、p.185

ダイヴァーズ博士は、以下の意見である。「私は硝酸銀試験を好まない。なぜリトマス試験紙ではいけないのか。赤または紫が、際だった青となってはならない。硝酸銀は、水酸化カルシウムのアルカリ性を検出することができる。しかし、石灰が十分に加えられていなければ、淡く黄色っぽい混濁液によって炭化カルシウムが検出できるのは、塩化物が全く存在しない非常に希な場合においてのみである。」

覚書13、p.185

ダイヴァーズ博士は、さらに以下のように述べている。「この事例は、空間だけに支配されるのではなく、もうひとつ条件がある。普通、石灰水は十分沈澱する。しかし沈澱しないか、あるいは他の何らかの理由で水が数時間炭酸塩の上にまたは炭酸塩とともに放置されれば、炭酸が空気中より吸収され、その一部は再び溶液へと戻ってゆく。しかしこのためには、沈澱槽さえあれば十分である。」

覚書14、p.188

エンジニアリング誌（*Engineering*）1892年3月11日号、p.318を参照のこと。ここには、サウサンプトンで採用された大規模水質軟化装置に関するたいへん興味深い説明がある。この施設では、水と石灰が比較的大きな水槽または屋外貯水池で混ぜ合わせられ、その後ここで説明する形式である、一連の大型濾過器によって炭酸石灰が除去される。

覚書15、p.190

ダイヴァーズ博士はパースのこの事例について、以下のように述べている。「あなたのパースに関する説明は、全体として誤った解釈であると思う。すなわち事実や以前あなたが正しく述べたように、水は必ずしも下流に流れるのではなく、上流に遡ることもあるという見識に反するものである。従って、あなたが自然の営みについて説いても、そのような説教じみ

た話がたいがいそうであるように、説得力がない。その伏流水は川底を下流に流れることによって浄化されるのでは決してない。それは下方から流入した純粋な水によるのである。」


覚書16、p.198
アーチを支持する列柱の代わりに連続する仕切りを造るならば——それぞれの仕切りの一端にはアーチ状の開口部があり、このアーチ状の開口部を貯水池の両端部に配置すれば——水はうまい具合に動き続け、いかなる淀みも避けることができる。


覚書17、p.215
非常に大きな水道施設の場合、濾過池までの送水については、管の代わりに開渠を用いると経済的である。このような目的に日本では、東京と大阪の両地で著者の助言により開渠が採用されている。


覚書18、p.263
ここでは管に、アンガス−スミス考案の水道管用防錆剤またはこれに類似する混合物が塗布されることを想定している。覆いがなく表面塗布もされていない管については、水抵抗を大きく増加させる頭状突起のある不確定厚の「錆こぶ」がこびりつく。一方で、適切な表面塗布がなされていれば、こびりつきが全く起きないこともよくある。しかし、こびりつき分の余裕を考慮せずに管の直径を定めるのは安全ではない。


覚書19、p.276
この計画を少々改良したものを下記する：一方向に走る管を主管だけにして——直交する管は単に補助的なものとする——これらがすべての仕事を担う代わりに、直交する両方向の管を同じ直径にすれば、各管を主管とみなすことができる。この配置を図257に示す。この場合、どの管も——例えば $ab$ ——両端から給水されるとさえ考え、点線で境界を示した地区

都市への給水と水道施設の建設

の半分に給水できる直径で造られる。この「環」で給水される地区の大きさにもよるのだが、これらの改良のどちらか一方が、経済的には最大に有利となる。小さい地区であれば、この注に示す改良が最も経済的な配管方法であろう。そうすれば、使用される管径は仕組みの中でも最小にできる可能性が非常に高い。一方、大きい地区では図177（p.258）に示す仕組みが最も経済的な給水方法となる。

覚書20、p.325

鋳鉄管とリベット打ちで製作された鋼鉄管の厚みの違いは、管が大きいほど比較的小さくなるので、後者が薄かろうとも、直径の大きな管では小さな管と比べて甚大な被害は発生しにくい。また非常に大きな直径では鋼鉄管を採用することの利便性はたいへん大きいので、著者はそのような大きさの管についてはあらゆる場合にこれらを躊躇なく勧める。

ただひとつ疑問がある。非常に大きな管とはどの直径からを指すのだろうか？　これに答えることはもちろん難しいのだが、鋳鉄管と比較した場合、鋼管では管径4フィート以上になると利便性が特に高くなると暫定的にではあるが言えるので、直径4フィート以上の管が必要とされる場合に、著者は間違いなく鋼管を採用したくなるだろう。また圧力の増加につれて鋼管では鋳鉄管と比べてさらに急激に厚くなり、外殻の薄さに起因する危

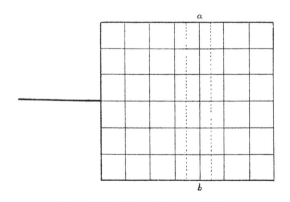

図257　小さな地区での給水方法を示す図

険性があるとすれば高圧下では低圧下より安全になるので、4フィートを
かなり下回る直径であっても、少なくとも水道施設の実務上高圧と考えら
れる値——例えば1平方インチ当たり100ポンド以上——については、施
設のすべての部分に鋼管を使用しても有利であるのは明らかである。


覚書21、p.337
　著者であるターナー氏は、この計測機器が設置されている横浜水道施設
の取水口にある揚水場をよく訪れている。著者自身、円盤をさらに大型に
して動作も大きくすれば計測精度はもっと高まると考えている。現状にお
ける流量計の作動状況では回転動作の小ささと比較すると、鉛筆、鉛筆支
持部及び他部分の「揺れ」があまりにも大きいので、かなりの誤差が入り
込むこととなる。


覚書22、p.339
　長年空気の流速のおおまかな値を知るために用いられてきた「ヴェン
チュリ管」は、最近水の計測にも用いられるようになっている。ヴェン
チュリ管は、単に縮流（Vena contracta）を利用したものである。長手方向
の断面をある一定のかたちになるように注意深く造れば、窄まる位置での
圧力低下には管のこの部分を通過する水の流速と相関関係があることによ
り、この計器は作動する。この単純さ——最初は信じ難いのであるが、水
流はほとんど妨げられない——及び（著者が知りうる限りの）この計器の信
頼性は、灌漑や用水のような用途に使用する水の計測に推奨できるほど高
い。しかし残念ながら、地区全体を計測する計器としては適切でない。地
区ごとの水量計に最も必要とされる機能は、通過する水が少量であっても、
かなりの精度で測れることにある。現在、ヴェンチュリ計器は管の断面全
長にわたって秒速約6インチ以下の流速あるいは例えば平均流速の$\frac{1}{4}$から
$\frac{1}{10}$では十分正確に記録することができない。
　現時点における大型主管に対する強い要望は、（このように表現するこ
とが許されるならば）「分岐型」地区水量計の採用である——すなわち、水

の全量ではなくその一部でも通過すれば機能する計器である。これには、ヴェンチュリ計器と同様の難しさがある。このような「分岐型」計器の設計は、比較的あるいはかなり大きな水流用であれば容易にできるが、小さな流速にも対応できるこの種の計器について著者は知らないし、また少しでも期待できるようなものを設計するにも至っていない。

解説　バルトンによる上下水道・衛生調査の全容

解説　バルトンによる上下水道・衛生調査の全容　目次

1　はじめに ……………………………………………… 399

2　来日まで ……………………………………………… 401

　　生　誕 ……………………………………………… 401
　　学業と職歴 ………………………………………… 402
　　来日の経緯 ………………………………………… 402

3　来日から渡台まで …………………………………… 405

　明治20（1887）年 ……………………………………… 405
　　東北地方衛生上巡視 ……………………………… 405
　　　函　館 ………………………………………… 406
　　　青　森 ………………………………………… 408
　　　秋　田 ………………………………………… 409
　　　水沢へ ………………………………………… 410
　　　仙台と日蝕観測 ……………………………… 411
　　　日　光 ………………………………………… 412
　　大学にて …………………………………………… 414
　　沼田調査 …………………………………………… 414

　明治21（1888）年 ……………………………………… 416
　　大学にて …………………………………………… 416
　　磐梯山噴火 ………………………………………… 416
　　東京市上水道設計 ………………………………… 416

内務省との関係 ……………………………………………… 417

## 明治22（1889）年 …………………………………………… 418
　大学にて ………………………………………………………… 418
　長　崎 …………………………………………………………… 418
　　長崎調査の背景 ……………………………………………… 418
　　長崎へのバルトン派遣の日程 ……………………………… 419
　柳　川 …………………………………………………………… 421
　久留米 …………………………………………………………… 423
　福　岡 …………………………………………………………… 423
　神　戸 …………………………………………………………… 424
　　神戸へバルトンが派遣された背景と日程 ………………… 424
　　バルトンによる明治22（1889）年の神戸調査内容 ……… 424
　衛生工事調査へバルトンの派遣 ……………………………… 426
　日本写真会の創立 ……………………………………………… 428

## 明治23（1890）年 …………………………………………… 428
　大学にて ………………………………………………………… 428
　日本写真会での活動 …………………………………………… 428
　凌雲閣 …………………………………………………………… 430
　岡　山 …………………………………………………………… 430
　　バルトンの岡山調査の日程 ………………………………… 430
　　水源の調査地点について …………………………………… 431

## 明治24（1891）年 …………………………………………… 433
　大　阪 …………………………………………………………… 433
　　バルトンによる明治24（1891）年の大阪市上水道敷設調査に

至る経緯‥‥‥‥‥‥‥‥‥‥‥‥‥‥‥‥‥‥‥‥‥‥‥‥ 433
　　　バルトンによる明治24（1891）年の大阪市上水道敷設調査の
　　　日程‥‥‥‥‥‥‥‥‥‥‥‥‥‥‥‥‥‥‥‥‥‥‥‥‥‥ 434
　　　『大阪水道誌』に見るバルトンによる明治24（1891）年の大阪市
　　　上水道敷設調査‥‥‥‥‥‥‥‥‥‥‥‥‥‥‥‥‥‥‥‥‥ 437
　濃尾地震調査‥‥‥‥‥‥‥‥‥‥‥‥‥‥‥‥‥‥‥‥‥‥‥‥ 440
　　　濃尾地震調査の日程‥‥‥‥‥‥‥‥‥‥‥‥‥‥‥‥‥‥‥ 440
　　　調査後の講演と写真集発刊‥‥‥‥‥‥‥‥‥‥‥‥‥‥‥‥ 441
　横　浜‥‥‥‥‥‥‥‥‥‥‥‥‥‥‥‥‥‥‥‥‥‥‥‥‥‥‥ 441
　下　関（馬関/赤間関）‥‥‥‥‥‥‥‥‥‥‥‥‥‥‥‥‥‥‥ 443

# 明治25（1892）年‥‥‥‥‥‥‥‥‥‥‥‥‥‥‥‥‥‥‥‥‥ 444
　大　阪‥‥‥‥‥‥‥‥‥‥‥‥‥‥‥‥‥‥‥‥‥‥‥‥‥‥‥ 445
　　　バルトンによる明治25（1892）年上水道調査に至る経緯‥‥‥ 445
　　　バルトンによる明治25（1892）年大阪市上水道調査の日程‥‥‥ 445
　神　戸‥‥‥‥‥‥‥‥‥‥‥‥‥‥‥‥‥‥‥‥‥‥‥‥‥‥‥ 448
　　　バルトンによる明治25（1892）年の神戸調査に至る経緯‥‥‥ 448
　　　バルトンによる明治25（1892）年神戸調査の『神戸市水道誌』による
　　　日程‥‥‥‥‥‥‥‥‥‥‥‥‥‥‥‥‥‥‥‥‥‥‥‥‥‥ 448
　　　バルトンによる明治25（1892）年神戸調査の新聞報道による日程
　　　‥‥‥‥‥‥‥‥‥‥‥‥‥‥‥‥‥‥‥‥‥‥‥‥‥‥‥‥ 449
　　　バルトンによる明治25（1892）年の神戸における調査の日程‥‥‥ 454
　門　司‥‥‥‥‥‥‥‥‥‥‥‥‥‥‥‥‥‥‥‥‥‥‥‥‥‥‥ 456
　　　バルトンによる明治25（1892）年福岡県調査までの過程‥‥‥ 456
　　　バルトンによる明治25（1892）年の門司の衛生調査日程‥‥‥ 457
　大牟田‥‥‥‥‥‥‥‥‥‥‥‥‥‥‥‥‥‥‥‥‥‥‥‥‥‥‥ 457
　福　岡‥‥‥‥‥‥‥‥‥‥‥‥‥‥‥‥‥‥‥‥‥‥‥‥‥‥‥ 458

正倉院 ································································· 459
　　バルトンの明治25(1892)年正倉院訪問に至る経緯 ············· 459
　　バルトンによる正倉院拝観日 ··································· 461
　　バルトンが正倉院を拝観することができた根拠 ················ 462

# 明治26(1893)年 ····················································· 465

仙　台 ································································· 465
　　バルトンの明治26(1893)年仙台調査までの過程 ················ 465
　　バルトンによる明治26(1893)年仙台調査の日程 ················ 465
　　バルトンによる水源の調査地点 ··································· 466

甲　府 ································································· 467

名古屋 ································································· 470

富　山 ································································· 473

# 明治27(1894)年 ····················································· 477

新　潟 ································································· 477
　　バルトンの新潟への招聘目的 ····································· 477
　　バルトンによる明治27(1894)年新潟の調査日程 ················ 478

三　条 ································································· 478
　　バルトンによる明治27(1894)年三条の調査日程 ················ 478
　　バルトンによる三条町上水道計画案 ······························ 479

福　井 ································································· 482

広　島 ································································· 484
　　バルトンの明治27(1894)年8月調査へ至る経緯 ················ 484
　　バルトンの福井から広島への移動 ································ 485
　　バルトンの明治27(1894)年8月の広島調査の日程 ············· 486
　　バルトン帰京後の動向 ············································· 487

大学にて ······························································· 488

明治28（1895）年 …………………………………………… 488
　広　島 ……………………………………………………… 488
　松　江 ……………………………………………………… 489
　　バルトンによる明治28（1895）年松江調査に至る過程 ……… 489
　　バルトンによる明治28（1895）年松江調査の日程 …………… 491
　　バルトンによる大日本私立衛生会島根支会総集会における講演 … 494
　　バルトンが松江を離れてからの動向……………………… 498
　京　都 ……………………………………………………… 500
　　バルトンによる明治28（1895）年京都市下水道調査に至る過程 … 500
　　バルトンによる明治28（1895）年京都市下水道調査の日程 …… 500
　大阪、神戸 ………………………………………………… 502
　　バルトンによる明治28（1895）年大阪市下水道調査に至る過程 … 502
　　バルトンによる明治28（1895）年大阪市下水道調査、神戸訪問の
　　日程………………………………………………………… 504
　　バルトンによる明治28（1895）年大阪市下水道調査以後の動向 … 509
明治29（1896）年 …………………………………………… 510

4　渡台以後 ………………………………………………… 535

明治29（1896）年 …………………………………………… 535
　明治29（1896）年におけるバルトン渡台とその後の動向 ………… 535
　　バルトンの渡台……………………………………………… 535
　　明治29（1896）年のバルトンによる台湾における衛生調査 …… 537
　明治29（1896）年9月におけるバルトンの広島行 ………………… 539
　明治29（1896）年9月におけるバルトンの神戸、大阪行………… 541
　バルトンの上海、香港、シンガポールにおける衛生調査 ……… 543

明治30（1897）年 …………………………………………… 544

明治30（1897）年におけるバルトンらの渡台 …………………… 544
　　　明治30（1897）年のバルトンらによる台湾における衛生調査 …… 546
　　　　　基隆水道調査 ………………………………………………… 546
　　　　　台北などの衛生調査 …………………………………………… 548
　　　　　台湾南部の調査 ………………………………………………… 548
　　　　　淡水上水道工事への復命書 …………………………………… 550
　　　明治30（1897）年9月におけるバルトンらの東京行 …………… 550

## 明治31（1898）年 ……………………………………………………… 551
　　高　松 ……………………………………………………………… 551
　　坂　出 ……………………………………………………………… 555
　　明治31（1898）年におけるバルトンらの渡台 …………………… 556

## 明治32（1899）年 ……………………………………………………… 557
　　明治31〜32（1898〜1899）年のバルトンらによる台湾における
　　衛生調査 …………………………………………………………… 557
　　明治32（1899）年5月におけるバルトンの東京行 ……………… 558
　　バルトンの逝去 …………………………………………………… 559

# 5　バルトンの日本及び台湾における衛生調査の概要 … 567

## 1　はじめに

　本書は、W・K・バルトン（William Kinninmond Burton）によって明治27（1894）年に記された The Water Supply of Towns and the Construction of Waterworks の翻訳である『都市への給水』と、バルトンがこの書を記すに至った背景をまとめたものである。

　バルトンは安政3（1856）年5月11日、スコットランドのエディンバラに生まれ、明治時代に日本へ招聘されたいわゆるお雇い外国人である。
　31才のバルトンは明治20（1887）年5月26日に横浜の地を踏み、以後は東京帝国大学において衛生工学を教授する傍ら、当時の東京市を始め各地における衛生調査、上下水道工事計画に当たった。大学での職が満期となった明治29（1896）年以後、バルトンは台湾総督府衛生工事顧問技師嘱託となり台湾へ渡ったが、バルトンはここで疫病を患い、イギリスへの休暇帰国を願い出て日本へ戻った折り、マラリア赤痢から肝臓障害を起こし明治32（1899）年8月5日、43才で東京にて死没した。
　なお、バルトンの日本における寄与は上下水道事業に留まらず、写真工学、浅草十二階凌雲閣の設計者、磐梯山噴火調査、濃尾地震の写真記録集をミルンとともに出版した事績などにおいても著名で、日本人荒川満津と明治27（1894）年5月19日に結婚し一女、多満子をもうけた。

　一方、『都市への給水』は明治27（1894）年に出版された。
　本書は、水質、供給水量から筆を起こし、水源、貯水量、水道施設全般に留まらず、消火施設、配管、浪費対策、更には地震が水道に及ぼす影響までを述べる点が特色の1つと言える。記載内容は書名にあるように、都市への給水について技師と学生へ実務手引として記されたものであり、極

めて実務的なものといえる。

　以下では本書『都市への給水』を記すに至った、バルトンの来歴を見て行きたい。

## 2　来日まで

### 生　誕

　W・K・バルトン（William Kinninmond Burton）は1856年5月11日、イギリスのエディンバラに生まれた。父親のJ・H・バルトン（John Hill Burton、1809-81）は、アバディーン大学を卒業後に弁護士を開業し、作家としても活躍している。後に福沢諭吉が『西洋事情』として翻訳した『政治経済学』の著者としてもJ・H・バルトンは著名である。母親のキャサリン・イネス（Katherine Innes、1827-1898）は先妻のイザベラ・ローダー（Isabella Lauder、1810-1849）の病没後に父と結婚した後妻であった。なお、J・H・バルトンの妹（W・K・バルトンの叔母）はエディンバラのリバートンバンクに母親（W・K・バルトンの祖母）と住んだが、この地にシャーロック・ホームズの生みの親であるコナン・ドイルが幼き日々に一時預けられ、W・K・バルトンと深い交流を持ったとされる。

　バルトンの幼少時における逸話は、訃報を伝える『台湾新報』に次のようなものが挙げられる。

　　氏の幼時は椀白にして乱暴を極めしが天稟の学才ありて一を聞き十を知るの明あり父曽て氏を誡めて曰く父の保護を受けて学を修むるは二十歳までを限りとすべし二十歳にして尚ほ修養足らずんば其後は自力にて修学すべしと然るに氏は十八歳の時早く已に予期の学問を卒業したりしと▲氏が十二歳の頃或る教師に就て学事を修めしに学ぶこと三年にして早くも其学力教師を凌駕し十五歳の時或る日のこと氏は突然教師の席に着き教師をして自己の席に着かしめ徐ろに謂つて曰く吾が学は已に教師を凌駕す今日より其地に替えて吾れ吾が師に教へんと教師一驚を吃したれども平生敬服し居る学童のことなれば其言ふに

任せて為す処に放任したるが是れよりバルトン氏は日々教師席に着き諄々として教授すること三年に及びしと蓋し己れ三年間其教えを受けたるを以てこれに報ゆるに復た三年の教授を以てせしならん其教師今に尚ほ生存し時々書をバルトン氏に寄せて旧時を云ひ越すことありと[5]

## 学業と職歴

バルトンは1871年、シャーロット・スクエア（Charlotte Square）に所在し[6]、1867年に設立されエディンバラ工業専門学校[7]（Edinburgh Collegiate Institution）に入学した。卒業は2年後の1873年となり、以後は1871（明治4）年に設立され、船舶機械などの製作を行っていたブラウン兄弟社[8]（Brown Brother Inc.）に入った。5年の修行後、バルトンはロンドンに出て、母方の叔父に当たるコスモ・イネス[9]（Cosmo Innes）が設立したイネス・ブラウン会社[10]（Innes & Burton Consulting Engineers/ Innes & Burton Civil Engineers）において衛生工学の仕事に従事し、衛生保護会主任技師となった[11]。なお、バルトンは1881年にキングス・カレッジ・ロンドンにて化学分析のコースに1ヶ月間在籍している[12]。

## 来日の経緯

バルトンが来日した経緯については長与専斎の回想録である『松香私志』に、

「バルトン」は英国の工学士にして倫敦市の水道事務局に勤務し衛生工事には熟練の人なりしを、先年倫敦に万国衛生会を開かれたとき衛生局より永井久一郎出張して其会に参列しけるが、この時より「バルトン」と知るに至り、帰京の後推薦する所ありき、後遂に吾政府に傭聘せられて文部内務両省の事に力を致し……[13]

とされるように、明治17（1884）年5月から1年半に渡って行われた万国衛生会における永井久一郎とバルトンの交流を記録している。バルトンの最終的な選考については、当時の川瀬真孝駐英特命全権公使がイギリスにおいて東京帝国大学総長から依頼された土木技術者レーサムの推薦したブ

ルージスと、セントバルト・トーマス病院長ブリストウが推薦したバルトンを面接の上、選考したとされている[14]。

バルトンは明治20(1887)年5月5日にサンフランシスコを発ったシティー・オブ・シドニー号により5月26日[15]、横浜に上陸している[16]が、既に英国で写真技術において名を成していたバルトンに対し、長年に渡り寄稿を続けていたブリテッシュ・ジャーナル・オブ・ホォトグラム社が英国を去るに際し盛大な送別会を催したという[17]。


注

1 青山墓地に立つW・K・バルトン墓碑に生没の年月日が刻まれる。なお、生まれた翌日の『The Daily Scotsman』の出生欄に記事が掲載されるという。石井貴志：『御雇外国人バルトン』メディアに浮かぶ肖像 日本に眠るコナン・ドイルの親友について、『優雅に楽しむ新シャーロック・ホームズ読本』、305頁、フットワーク出版、平成12(2000).5

2 台湾新報社：台湾新報、明治32(1899).8/10、2頁。"氏が父は法律学士、法学博士ジョン、ヒル、バルトンと称して夙に法律に精通し兼ねて歴史学の大家なり其所著歴史伝記法律等の書世に伝はるもの多く英国政府は其功を賞して年金を贈りし程"とある。

3 オリーヴ・チェックランド、加藤詔士・宮田学訳：日本の近代化とスコットランド、119〜135、194〜196頁、玉川大学出版部、平成16(2004).4

4 石井貴志：W・K・バルトン氏と周辺の人々、下水道文化研究13, 96〜118頁、平成14(2002).3

5 台湾新報社：台湾新報、明治32(1899).8/10、2頁

6 稲場紀久雄：The life of professor William K. Burton、W・K・バルトン生誕150年記念誌、37〜38頁、平成18(2006).12
バルトン先生来日経路の疑問、下水道文化研究6、105〜114頁、平成6(1994).8

7 藤田賢二：バルトン先生のこと 英国での足跡を訪ねて、水道公論25-5、

    82〜85頁、平成元(1989).5

    藤田賢二：バルトン先生の生い立ちと実績、水道公論35-7、26頁、平成11(1999).7

8   稲場紀久雄：The life of professor William K. Burton、W・K・バルトン生誕150年記念誌、38〜40頁、前掲

9   日本下水文化研究会畝居委員会：下水文化研究13、125頁、平成14(2002).3

10  稲場紀久雄：The life of professor William K. Burton、W・K・バルトン生誕150年記念誌、40〜41頁、前掲

11  ブラウン兄弟社の水道施設における小型消火施設についての逸話が、バルトンによる『都市への給水』17章に引用される。

12  藤田賢二：バルトン先生の生い立ちと実績、水道公論35-7、26頁、前掲

13  長与専斎：松香私志、41頁、明治35(1903).12

14  谷口清治：W. K. Burton先生 来日の経緯、水道協会雑誌534、58〜61頁、昭和54(1979).3

15  稲場紀久雄：バルトン先生来日経路の疑問、下水道文化研究6、105〜114頁、前掲

16  但し、バルトンの工科大学への雇用は明治20(1887)年5月20日と記録される。

17  鎌田弥寿治：写真発達史、286頁、昭和31(1956).4

## 3　来日から渡台まで

　これまで日本招聘後、バルトンによる日本国内及び台湾等における衛生調査箇所は訃報などを用いて度々まとめられているものの、その全容は決して明らかとは言えない。以下では、バルトンによる衛生調査を中心に大学や写真関係者との出来事を年ごとに日付単位で追い、バルトンの著作である『都市への給水』との関連を考察する材料としたい。

## 明治20（1887）年

　5月に日本の土を踏んだバルトンは、夏の蒸し暑さを避けることも含め、初めての日本の夏は東北地方衛生上巡視として7月末から、北海道、東北へ旅立っている。大学の授業は9月からで、11月には沼田における衛生調査も行っている。

### 東北地方衛生上巡視

　明治20（1887）年5月26日に来日したバルトンは、同月付で工科大学の雇教師とされたが、授業開始は9月11日の新学期からであった。このため、バルトンは先ずこの年の夏休みに"衛生工事衛生工事其他衛生上ノ状況視察ノタメ"[(1)]、函館、青森、秋田、仙台に及ぶ"東北地方衛生上巡視"を行った。同道者は当時、大日本私立衛生会会頭も務めていた後藤新平、通訳としてその年の7月に帝国大学を卒業したばかりの長崎豊十郎[(2)]を伴った。
　まずはその様子を当時の新聞や巡視後、バルトンによって記された『東北地方衛生上巡視報告書』[(3)]、『THROUGH JAPAN WITH A CAMERA』[(4)]などを通して見て行きたい。

解説　バルトンによる上下水道・衛生調査の全容

**函館**

　バルトンらは先ず、明治20（1887）年7月28日正午12時に横浜港を出帆した相模丸にて石巻の荻ノ浜経由で函館へ向かい、函館への到着は31日の早朝と考えられる。函館に到着した31日は山脊泊消毒所、避難院病院、水道水溜などを巡視し、大森浜の壮成亭にて海水浴を1時間半ほど楽しみ、町会所へ投宿した。翌8月1日は9時から市の有志者と湯ノ川温泉へ赴いて視察を行い、16時から町会所においてバルトン及び後藤新平による衛生演説が行われ、バルトンの演説は長崎が通訳に当たった。8月2日は赤川上水を平田兵五郎の案内で視察を行い、18時からはバルトンらへの饗応が町会所にて実施された。3日は蓴菜沼へ赴き一泊し、翌4日18時頃に戻っている。5日は市街の下水の流口、東川西川付近における便所設置を視察し、七面山へ昇り、加えて派出所において火の見櫓へも登ったという。そして、8月6日夜半12時出発の矯龍丸にて青森へ向かった。余談ではあるがバルトンは7月31日の到着時は酷い頭痛に悩まされたため、額を床にこすりつけるような和式の挨拶を辞退したと後に述べている。また、8月6日の青森出発まで、8月3日は蓴菜沼の訪問で1泊したため、函館市内での宿泊は5泊となるが、その内、少なくとも初日となる7月31日の宿泊は、バルトンにとっては初めての経験となる和風旅館におけるもので、ここでは翌朝、部屋に忍び込んだ蛙がバルトンの持ち込んだ写真機材上に鎮座したと述べている。なお、以後の函館における宿泊は洋式の会所を用いたものであったようだ。

　バルトンは『東北地方衛生上巡視報告書』において、巡視で訪れた病院検疫所、温泉場、湯ノ川温泉場を挙げ、湯ノ川温泉場における排水法は別紙に示すとする。次いで現在における上水供給方法の不備を述べながらも、既に計画がありアメリカ人クラフオルドのものを人口増加に伴いパーマーが改めた計画は妥当なものと評価する。また濾過池の問題は将来に譲り、赤川の導水を提案し、一日でも早い上水の竣工を希求する。なお、赤川における取水は人家を避けること、また開発に伴い上流への移動も提案する。更に、今回の函館における土管による下水道敷設は費用が大きいため、区

域を分けて将来的には全域に拡大させることを提言する。ところで、函館における下水は地形に則って海へ流すべきとするが、将来的に船舶の航行に対して問題とならないよう、港内の¼を汚泥などにより埋め立てることを示し、住宅地ではなく田畑に用いることを推奨する。そして、下水工事の仕様書は基礎調査が必要で、ここでは概要を述べるに留めるとする。(14)

既に述べたように、バルトンらは巡視に際して、函館に到着した翌日の8月1日、町会所において衛生演説を行っているが、その大要が8月12日付『函館新聞』に掲載されている。(15)演説の内容を要約すると以下の8項目となる。

　①衛生工学のねらいは社会一般の健康保持で、欧米では30年来の歴史があり、日本でもその必要性から自分が招聘された
　②函館を訪れたのは当地の実況を観察するため
　③衛生工学の目的は新鮮なる空気と水を得ること
　④函館における排水法には問題がある
　⑤欧米でも排水法の改良で伝染病が激減した
　⑥下水からの蒸発、汚泥が人身を害する
　⑦函館の下水改良法は調査後、報告する
　⑧自分は日本在留中、場所を問わず相談にのり、衛生工学のため尽力をする

演説の内容は、①はバルトンの専門である衛生工学の説明と、自分が来日した経緯を含めた自己紹介と言え、②は今回、函館を訪れた目的、③は衛生工学という学問と技術の社会的な目的を簡潔に示したものといえよう。④は前日および当日に巡見した函館における排水法の状況に基づいた報告、⑤⑥は欧米諸国における下水道普及前後における伝染病発生状況を示したものである。ところで、この記述内容は、『東北地方衛生上巡視報告書』前半、5〜6頁における汚水排除法及び給水法に関する状況の記載に重複する。そして⑦において函館における下水改良法とは、正に本調査後に提出された『東北地方衛生上巡視報告書』の17、18頁におけるもので、土管による排水法の施工と函館湾への汚水放流と埋立を示すものであろう。

加えて⑧はバルトン自身が当時抱いた衛生工学の日本における普及に賭けた意気込みの所信表明と言え、来日2ヶ月余における熱い志と見ることもできる。つまりこの演説では衛生工学の概要を述べ、函館における調査の端緒を挙げるが、『東北地方衛生上巡視報告書』に重複する内容も含まれる。この点から考えると、バルトンによる『東北地方衛生上巡視報告書』が調査終了から日を置かず同年9月には執筆され、翌10月には翻訳されたという背景には、このような現地における講演録をも使いながら報告書をまとめたためと見てよい。

### 青森

次に向かった青森への到着は8月6日の朝8時頃であった。この地での業務は

　　先年給水法ノ計画アリテ既ニ其筋ノ許可ヲ経タルモ今日中止[16]

となっている上水道計画の視察、到着当日に行われた日本式の劇場で催される講演会と地元による和式の歓待行事に費やされたとする[17]。

『東北地方衛生上巡視報告書』を見るとバルトンは先ず青森市街における上水給水源である浅井戸及び下水道の不良を述べ、その劣悪さを指摘する。特に海へ流す下水排水口は水田からの排水も流し、沿岸潮流による運搬もあり河口には土砂が溢れた現状を示す。しかし青森は数年後における鉄道の開通が予定されているため、改良に着手する必要があること、上水道については計画があるが中止となっているのは残念であるとする。下水道の改良案は堤川支流から導水して汚水を流す計画であるが、自然除去は無理であろうとし、下水溝を海へ直接掘り切る方法を推奨し、疑問があれば、図面を東京へ送るよう指示をしている。青森は干満の差が2尺程度と極めて小さいため、これを利用しての排水も困難であることを指摘している[18]。なお"先年給水法ノ計画アリテ既ニ其筋ノ許可ヲ経タルモ今日中止ノ姿トナリ"とするのは、明治7（1874）年頃から青森において計画され、明治9（1876）年以後中断していた小牧野山からの引水計画を指すものと考えられる[19]。

## 秋田

　青森の出発は8月7日で、以後の旅程は大半が人力車によるものであった[20]。秋田到着後、一行は予てから計画のある水道の水源調査のため12日に秋田県庁の西宮属、南秋田郡役所の吉村郡書記、上水道布設を訴える富樫清[22]などと同道し、旭川水源[23]の仁別村の男女石へ向かった[24]。一行は流路の高低、水量、水質等を調査した[25][26]。翌13日19時からは後藤、バルトンによる衛生談が西根小屋の旧郡役所跡で開催され[27]、後日、『秋田日日新聞』に「衛生工学の話」[28]、「衛生工学専門博士バルトン氏談話」として内容が掲載されている[29]。そして一行は8月14日に秋田を出立し[30]、8月16日に仙台へ到着した[31]。

　『東北地方衛生上巡視報告書』を見るとバルトンは秋田市街と先ず旭川東西両岸における給水方法を概観し、西岸における不良と排水法の不適切なことを述べている。秋田市街へ対する上水道の水源候補については、烏沼と旭川上流を挙げるが、前者は水質が不良である上に、水量の少ないことも指摘する。一方、旭川は水質、水量ともに条件を満たすとする。特に水量は小雨の後、灌漑に用いたとしても量的な問題はないとする。なお、旭川から土管を用いて導水する計画について、管径は9寸で幹線末端を開放すれば、水圧の問題も生じないとする。なお、木管は漏水が多く、土管には及ばないことを指摘する。また、土管は通常より長くして継目を少なくし、セメントによる接続を推奨し、鉄管の使用、取水口を人家などの上流に設けることも希望する。そして、将来的に下水は下流の田地の灌漑に用い、海中へ流出させるべきとする[32]。

　ところでバルトンは、『東北地方衛生上巡視報告書』おいて秋田市街における上水の現況として旭川両岸、水源地として旭川上流と烏沼を挙げるものの、この内、バルトンらが実際に訪れたのが確認されるのは旭川だけである。なお、『東北地方衛生上巡視報告書』に記される旭川から土管を用いて導水する計画とは、佐伯孫三郎、佐伯貞治らにより明治17（1884）年以来出されたもので、最終的には内務省等の技師に設計を依頼し、東京、横浜の実地視察も行い、土管の製造は愛知県より工夫を雇用するなどした

ものをバルトンに意見照会したとするが、実現はかなわなかったという[33]。

バルトンらはこの秋田においても8月13日、旧郡役所跡において衛生演説を行い、大要は後日の『秋田日日新聞』に掲載された。内容は要約すると以下の7項目となる。

①衛生工学のねらいは社会一般の健康保持で、欧米では50年来の歴史があり、日本でもその必要性から自分が招聘された
②秋田を訪れたのは清潔な水源を探査するため
③秋田の排水法には問題がある
④下水からの蒸発、汚泥が人身を害する
⑤欧米でも排水法の改良で伝染病が激減した
⑥帰京後、排水法に問題があるという巡視の内容は強く訴えたい
⑦日本でも数年後には鉄管などを用いる整備された下水道が整備され、伝染病も撲滅されるだろう[34]

秋田における演説は記者による要約から知ることができるものの、これは既に述べた8月1日に実施された函館のものに多くの部分が重複することに気付く。

具体的には①、③〜⑤は順番、数字などにやや相違はあるもののほぼ函館と同内容と見て差支えない。なお、②の巡視の目的は前述した、秋田における佐伯孫三郎らによる計画の妥当性を見る面が大きいとするが、函館で『東北地方衛生上巡視報告書』においてクラフォルドによる既存の計画についての妥当性を検討していることから、バルトンらの巡視が単に地域の実情を見るだけではなく、当時進んでいた各地における上下水道の妥当性を検討する側面もあったことが覗える。また、講演の内容は、翌月、バルトンから提出された『東北地方衛生上巡視報告書』の内容ともかなりの部分が重複するものとなっており、バルトンは巡視中に各地の実情をまとめながら最終的に報告書をまとめたと見ることができる。

## 水沢へ

ところでこれまで秋田から仙台に至るバルトンらの経路は明らかで

はなく、以後、同道した後藤新平は山形に向かったとされた$^{(35)}$。しかし、『THROUGH JAPAN WITH A CAMERA』の記載を読み進むと、一行は後藤新平の出身地である水沢に8月15日に1泊し、その後、バルトンと長崎の2人が仙台へ向かったことが判明する。バルトンらが宿泊したのは天皇の行在所ともなった住宅で、バルトンにとってはこの巡視で日本の民家に止宿した最初で唯一の機会であったという$^{(36)}$。

### 仙台と日蝕観測

　そして、8月16日に仙台に向かい県庁に出頭したのはバルトンと長崎のみで、しかも2人は明治20（1887）年8月19日、東日本であった皆既日食を観測するため、好適地とされた福島県白河の地へ翌17日に出向き$^{(37)}$、8月19日の日蝕観測に臨んでいる$^{(38)}$。なお、バルトンらの日蝕観測は、この旅行の当初から計画されていたもので、白河へは後藤も訪れ、ここでバルトンらとは別れ$^{(39)}$、再び仙台に戻ったのはバルトンと長崎の2人であった$^{(40)}$。ところで仙台−白河の移動は、東北本線が明治20（1887）年7月16日の段階でようやく上野−郡山間の開通があり$^{(41)}$、以北は未通の状態であった$^{(42)}$。この日蝕に際して8月19日当日は、仙台から福島方面への仮通列車の運転も行われたものの$^{(43)}$、バルトンらは8月17日の移動であったため往きは人力車と列車を用いたと考えられる。ところで8月19日、白河における日蝕観測は悪天候のために叶わず、その日の心持ちをバルトンは"嘆かわしくも（lamentable）"と表現し、仙台への戻りも列車と人力車を用いて移動している$^{(44)}$。

　仙台における衛生調査の内容は新聞報道等から知ることはできないが、『東北地方衛生上巡視報告書』における仙台市に対する記載は、明治17（1884）年に仙台区長が企画した排水改良計画の検討に大半が宛てられ$^{(45)}$、補足的に井戸水の水質について述べていることから$^{(46)}$、排水計画の検討が中心になったものと考えられる。バルトンと長崎の2人は仙台においては茶屋である榴ヶ岡の梅林亭に止宿し$^{(47)}$、同家の養女に歓待を受け$^{(48)}$、バルトンはこの地で始めて地震に遭遇したことを記録に残している$^{(49)}$。また、バル

トンは調査後、松島にも足を伸ばし、その帰途には仙台の七夕飾りに遭遇しているため、これは旧暦7月7日、新暦の8月25日の出来事と判断することができる。つまり逆算すると、バルトンらは8月21日夜に仙台へ戻り、翌22日から24日の間は衛生調査に従事し、25日は松島へ赴いたと見ることができるのである。

『東北地方衛生上巡視報告書』においてバルトンは仙台市街については先ず排水改良計画の是非について述べている。地中埋設する排水溝に2種の断面があり、1つは下部が平らなこと、もう1つがV字形であることを問題視する。配水管は土管を用い、分流式にする利点をバルトンは説いている。また、低地における排水では専用の管もしくは分流式の下水溝へ一時的に流すことで対応すべきとする。また、市街における井戸は過半が不良であるものの、下水の整備を行えば水質も好転するものと予想している。なお、バルトンが『東北地方衛生上巡視報告書』で述べる排水改良計画とは、明治17（1884）年に仙台区長が企画した以下のようなものであると判断される。即ち、明治17（1884）年に区長は市内に溝渠を開削して排水の改善を企画し、同年10月に臨時区会を招集している。区会では同年度から5カ年の継続事業として北二番丁から勾当台通に至る溝渠と四ッ谷堰を修築する計画を立て、これに要する費用7,000円支出の議案を可決した。しかし、宮城県令松平正直などは、わずか7,000円程度の予算で、このような重要工事は不可能との意見であった。このため、さらに調査検討することにしたが、その後区長の交代が続き、この工事は実現しなかった。つまり、仙台では既に明治17（1884）年の段階で溝渠による排水路の改良計画があったものの、実現には至っておらず、バルトンはこの計画における排水路の断面形状について問題視したものと見ることができる。

## 日光

仙台からの帰途、バルトンらは8月26日日の出前の朝4時に起床し、未通の仙台－郡山間をバラスト列車に便乗したようで、郡山からは13時50分発の列車に乗り換えたものと考えられる。この列車の宇都宮到着は18

時03分、終着駅となる上野着は21時35分で、長崎の帰京報告が翌8月27日にあり、これが官報に記載されている。一方、バルトンは宇都宮から人力車により日光へ向かったと考えられ、未だ残された10〜12日間の休暇を日光で過ごしたとする。

　日光におけるバルトンは『東北地方衛生上巡視報告書』の作成に取りかかるとともに、当時、内務省の衛生局長を務め、日光を8月28日から9月2日の間に訪れた長与専斎と面談した可能性を指摘することができる。その一方、バルトンはこの夏最後の休暇を日光の地で満喫したようで、東照宮を初めとする日光の社寺や神橋、更には中禅寺湖、華厳滝、湯本などにも足を伸ばしている。最終的にバルトンは9月初旬には東京に戻り、9月11日からの新学期を迎え、9月20日頃、『THROUGH JAPAN WITH A CAMERA』の連載第一回の稿を起こした。

　なお、バルトンは『東北地方衛生上巡視報告書』において本報告書を作成した日光の地についても衛生計画を記している。バルトンは、通訳役の長崎を同伴しないため衛生事情の探求はできないものの、当地における給水法、排水法施工の容易性を述べている。つまり日光は一本の同じ勾配の街路であるため、ここに鋳鉄製の配水管を配すればよいとする。また、汚水は土管により川へ流し、将来は田野へ灌漑すべきとし、以下は謝辞とする。

　このようにバルトンはこの日光において上水道と下水道両者の設計を試みている。つまり、この地はほぼ同一の勾配を有する一本の街路を主軸として大谷川に沿って形成されるため、給水は鋳鉄管を用い、排水は下流から川へ放出すればよいものとする。そして原文で"以上ハ主トシテ日光市街下部ニ就キ"とする部分が神橋より下流の出町、"亦上部ニ適用スヘシ"とする部分が神橋より上流部分の入町を指すものと考えられる。なお、報告書の27頁の"日光ハ近世ノ給水法配水法ヲ実施スルニ尤モ容易ナリトス"とする部分において、"近世"とは、恐らく"modern"の和訳であり、"近代における給水法配水法を実施するには最も容易と考える。"とすることが妥当である。

## 大学にて

さて、東京に戻ったバルトンが、9月11日から12月24日までの新学期、則ち第1学期において担当した授業は、土木工学科2年生に毎週5時間、下水掃除法、家屋排水法及給水工事に関する講義、年が明けて1月8日から3月31日までの第2学期は土木工学科2年生に毎週2時間、室内空気更換法及室内温煖法、3年生に毎週3時間、下水掃除法及家屋排水法、4月8日から7月10日までの第3学期は第2学年に給水工事であった。(62)

## 沼田調査

授業の始まったバルトンではあったが、その一方、各地における衛生調査もこの年秋から開始している。バルトンが初めて個別の調査に赴いたのは群馬県沼田町(当時)であった。沼田における近代水道敷設の試みは明治20(1887)年、利根北勢多郡長の利根川孫六が上水道の敷設を内務省へ具申したことに端を発する。調査で内務省は群馬県の曽我部を派遣し、バルトンが紹介されたとする。(63)(64) 官報では、

　○水道工事計画　群馬県利根郡沼田町水道工事視察トシテ大日本私立衛生会員帝国大学教師<u>バルトン</u>、同林茂香、工科大学助教授山口準之助等去ル十八日該町ヘ出張同十九日水源ニ至リ泉質其他ヲ巡検シ二十日帰京ノ途ニ就ケリ抑モ沼田町飲用水ハ其源ニアリ共ニ該町ヲ距ル四里許、泉質極メテ清冽ナリト雖モ経過スル所多クハ道路ニ沿ヒ又ハ田圃ヲ遮断スルヲ以テ春季融雪ノ交及夏秋降雨ニ際シ肥料ノ余汁牛馬ノ屎尿等ヲ混流ス衛生上其害甚シ然レトモ因襲ノ久シキ恬トシテ顧ミルモノナシ郡長利根川孫六之カ改良ノ必要ヲ感シ乃チ市民ニ謀リ終ニ水道ヲ布設シテ飲用ニ供スルノ計画アルニ至レリ(群馬県)(65)

と記される通り、バルトンは林茂香、工科大学助教授の山口準之助、(66)群馬県衛生課長の槙田一郎などを伴い明治20(1887)年11月18〜20日の3日(67)間調査を行った。(68)調査では水源地、衛生状況の視察が行われ、沼田衛生影況報告及給水改良意見が提出された。(69)その原本は未見であるが、この概要

は大正14（1925）年の上水道敷設に際して刊行された『沼田市水道誌』第二章水道企画起源に"最初ノ水道計画"と題し以下の22項目があげられる。[70]

　一、沼田町が現在引用する水源は純良であること
　二、水路は開渠で下水による汚染の可能性のあること
　三、当時の用水は健康上有害であること
　四、各戸における濾過は頻繁な清掃が必要であること
　五、夏期における水不足のため夜間における水の貯蔵
　六、汚染された水を浄化する方法のないこと
　七、清潔な源水を引用すべきこと
　八、町が準備する水道改良予算4,000円余は水路の構成費にも満たないこと
　九、水源地近くに取水路を暗渠もしくは管で設けること
　十、導水管の勾配は1/100程度とすること
　十一、一人一日の所要量は15ガロンとすること
　十二、沼田の気候は英国に近似し、特別な防寒施設は無用のこと
　十三、管類に陶管を用いて良いこと
　十四、源水に対して濾過が必要であること
　十五、井戸が夏期において水量不足になること
　十六、鋳鉄管は加圧が可能で消火用に用いることができるが、経費のかかること
　十七、この場合、配水池は市街地から約100尺の高さに必要なこと
　十八、沈澱池は容量を平均取水量の一日分とすること
　十九、濾過池の濾過速度を10吋とすること
　二十、濾過池の砂厚は2尺以上とすること
　二十一、配水池の大きさについて
　二十二、沈澱池（貯水池）、濾過池の構造のこと

そして、このように詳細な報告があったが実現には至らなかったとする。

# 明治 21（1888）年

　この年からバルトンによる大学での授業も本格化し、東京市において上下水設計委員の嘱託、内務省兼務ともなり、翌年以後各地の衛生調査に赴くこととなった。

## 大学にて

　明治21（1888）年9月からの1学期にバルトンは土木工学科2年生に給水工事、造家学科学生に家屋排水、明治22（1889）年1月からの2学期は土木工学科2年生下水掃除法と築港及船渠の講義、3学期は土木工学科2年生及び造家学科学生に家屋排水法室内温度法及室内空気更換法を行った[71]。
　また、バルトンは土木工学科3年生を引率し2月20日に横浜、10月22日には土木工学科2年生とともに横浜水道工事場、11月29日には往復3日をかけ神奈川県下水道工事場の見学を行ったことが記録に残っている[72]。
　なお7月には『大日本衛生会雑誌』に、「前年中海外衛生上ノ景況」と題して、明治20（1887）年の海外における衛生事業と衛生学の進歩についての情況を、永井久一郎の訳で報告している[73]。

## 磐梯山噴火

　夏休みにバルトンは7月20日頃から北海道へ向かう予定としていたが[74]、7月15日に磐梯山が噴火したことを受けて急遽、関谷清景とともに磐梯山へ向かい、現地の写真撮影を行っている。なお、関谷の磐梯山派遣は7月18日から8月7日に及んでいる[75]。

## 東京市上水道設計

　バルトンはこの年、10月12日付で東京市区改正委員会より、上水下水設計の委員主任として嘱託を受けた[76]。これを受けて、バルトンは倉田吉嗣、小林柏次郎などとともに10月28日から5日をかけて羽村水門から多摩川

最上流となる河内村（現在の奥多摩町河内）及び水門から府内に至る経路の実地検査を行い、その報告書を12月には早くもまとめている[77]。

なお、バルトンによって12月にまとめられた報告書は翌明治22（1889）年3月5日に実施された第28回東京市区改正委員会において「上水道設計第一報告書」として提出された。この案は内務省長与専斎によって説明がなされ、既にあったパーマー案との比較も示され、また渡欧中の古市公威にこの案を送付し、意見照会をするという長与の提案が了承されている[78]。以後、この案についてベルリン市の水道部長ヘンリー・ギルによる回答が「東京給水工報告書」として明治22（1889）年3月5日の第28回東京市区改正委員会において古市から説明があり、更に古市はこれらの案をベルギーから来日中のアドルフ・クロースにも意見を求めたいとして、これが了承された[79]。結局、以上の意見を勘案しつつも、バルトン案を中心として明治23（1890）年4月18日の第43回東京市区改正委員会において「上水第二報告書」が承認され[80]、7月5日付で内務省の認可の下りたことが明治23（1890）年7月31日の第51回東京市区改正委員会において報告されている[81]。

## 内務省との関係

このような東京市における上水道事業は内務省衛生局においても当時、"最重ノ要務"と位置付けられ、年の押し迫った12月24日付でバルトンは内務省兼雇とされ、更に年が明けた明治22（1889）年1月1日から明治23（1890）年5月25日までの任期でバルトンは内務省衛生工事の顧問技師を兼務することとなる。バルトンの年俸は500円で、更に補助の技官、雑費を合計すると3,160円と概算される[82]。なお、ここでバルトンを補助する技官は堀勇良の指摘によれば小林柏次郎とされている[83]。実際、小林はこの後、バルトンが赴いた岡山などの衛生調査に補助員として随行していることが確認できる。

# 明治22（1889）年

　内務省兼務となったバルトンは、この年から長期休暇を中心に、全国の衛生調査に広く取り組んでいる。手始めとして、この年は『都市への給水』においても引用される長崎へ向っている。また、この年頃からバルトンは日本写真会における活動にも深く関わっている。

## 大学にて

　明治22（1889）年9月からの年度において、バルトンは1学期に土木工学科2年生に給水工事を講義し、後述するように学生を横浜水道工事線路の見学に引率した。そして造家学科2年生には家屋排水法を講義している。2学期は土木工学科2年生に下水并に下水掃除法を講義し、見学に赴いたと言う。また、造家学科2年生には室内温煖法及室内空気更換法を授業した。3学期は土木工学科2年生に家屋排水法、室内空気更換法及び室内温煖法の講義を行った。[84]

　また、バルトンはこの年3月8日に土木工学科2年生を引率し横浜水道工事へ、4月26日には2日をかけ土木工学科2年生を横浜造船所へ、11月3日には往復3日をかけ土木工学科2年生とともに神奈川県下水道工事へ派遣されている。[85]

## 長　崎

**長崎調査の背景**

　大学の夏期休暇の少し前となる6月25日、バルトンは東京を発ち長崎を始め、柳川、久留米、福岡を訪問している。長崎は吉村長策による上水道計画の設計に基づいて上水道工事は進んでいたものの、設計において水質、水量、工事行程、工事費について疑問が生じたためである。[86] バルトンの長崎派遣が最も早く報道されたのは、

　　斯く多数人民が喋々して止まざることなれば打棄て置くも穏かならず

とて其筋にて審議の末先づ技師ワルトン氏を当地に派遣することになりにしか<sup>(87)</sup>

とあるように明治22（1889）年6月21日のことであった。ここでは上水道工事に対して多くの反対があり、これを見過ごすこともできないため、バルトンの派遣が決まったという。なお、バルトンについては、

> 長崎水道検分として工科大学雇教員英人ダブルユー、ケー、ワルトン氏が来崎する旨を記せしが尚ほその筋の人に就て聞く所に依れば全氏は中央衛生会名誉会員にして是れまで処々の水道工事を巡覧せしこと尠からざれば必ず経験に富み居るならんとて曾て長崎県庁より中央衛生会へ照会したることありしゆゑ今度全会より差遣することになりたるならんと云ふ<sup>(88)</sup>

と経歴が紹介されている。長崎県庁からの中央衛生会へ照会があったと言うが、これは大日本私立衛生会を指すもので、ここから内務省を経てバルトンの派遣につながったといえる。

**長崎へのバルトン派遣の日程**

バルトンが長崎へ到着したのは下記のように6月29日であった。

> ●バルトン氏の一行　工学士英人ダブルユウ、ケー、バルトン氏は内務属加藤尚志氏と共に昨廿九日午前六時東京丸にて着崎すると同時に長崎県五等技師吉村長策氏と共に本河内郷水道工事場に赴き一通り検分を遂げたる後ち大浜十四番コツクホテルに投宿し加藤属ハ今町緑屋へ投宿せり抑もバルトン氏が着崎の件に付きてハ嘗て長崎県庁より大日本私立衛生会へ宛て全氏の検分を受けたく請求せしに依り今回着崎することゝなりたる旨を本紙上に記載せしが今聞くところに拠ればバルトン氏は衛生工学士にして曩きに帝国工科大学より内務省に転じ専ら衛生工事上の顧問となり居りしが今度本省よりの命令に依りて着崎し壱週間余滞在して水道に関し綿密なる調査を為す筈なりしも昨日福岡県知事より電報を以て申越したる件もあれば当地の用件を取急ぎて福岡へ赴くよしまた長崎水道事件に就きてハ官民ともにその意見を洩

らさすと言ひ囙るよし左れば長崎県庁の請求により来崎したるものにハあらざるべし(89)

バルトンには内務属の加藤尚志が同行し、到着早々に一行は吉村長策の案内で本河貯水池を訪れている。以後の動向について、詳細は伝わらないが、断片的にバルトンらの動きを見ることができる。7月4日の報道によると、

> 随伴の内務属加藤尚志氏ハ一昨日女神消毒所を巡視しバルトン氏は滞在中終日旅館にありて長崎水道に関する衛生工学上の件を詳細に調査し了りたるよし(90)

とする。さて、バルトンによる長崎における水道調査は以下に記すように7月6日までとなる。

> バルトン氏加藤属の一行は本日午後七時木戸福岡県衛生課長と共に福岡へ到り福岡、久留米、柳川等の下水工事に関する取調べを為し帰京のうゑ之れに関する材料を収拾して図を製し了りて右三所とも起工する趣きなるがまた兵庫県知事よりも水質検査の請求ありたるを以てこれに応せしする直ちに帰京するよし(91)

このようにバルトンが長崎の地を離れたのは7月6日であり、6月29日に到着して以来8日間の滞在であった。

ところで、バルトンによる長崎訪問と前後して、7月1日になって、長崎における上水道工事には突然、内務大臣から工事の施工、契約の中止令が出されている(92)。これは数日後に撤回されることとなるが、時期がバルトンによる長崎の上水道工事調査と重なったため、

> 今長崎水道工事中止ノ理由ヲ吾人カ聞知スル所ニ依レハバルトン氏カ水量不充分ナリトノ意見ヲ出シタルモノナリト(93)

との記事も出されるに至った。そして更には以下のような言説も乱れ飛んだのである。

> ●長崎水道中止に関する言掛け《中略》肥筑日報が記載せるバルトン氏演説の冒頭とか云ふ幽霊（すなハち飲料水の悪しき所に住む者ハ地獄に住むも同様にて何時悪疫の為めに生命を奪ゝやも知るべからず実に恐

るべきの至りなり長崎は飲料水善良ならず故に水道を造らざるべからずと記載し訳者此点を陳べずと云へる分を謂ふ此数言ハ訳者が陳べぬ処か本人のバルトン氏が云ふたることなし全く肥筑日報の通信者が図出せる幽霊なり）バルトン氏の実験上水量の不足なるを鑑定し其筋へ電報せしと云ふ虚説（此説に就てハ我社員がバ氏と同行の加藤属に親しく聞質せし処同氏答へて全く虚説なりと断言せり且つバルトン氏は水源より流出る水量を前予算より多く見込みたりと聞く）《中略》等は開明世界に不必要の幽霊又は妄説なる故掲載せざりしなり<sup>(94)</sup>

これに対して、バルトンは横浜ジャパン・ガゼット新聞に反論を載せ、長崎ライジングサンは後に訂正記事をあげたという<sup>(95)</sup>。

なお、長崎調査を終えたバルトンの一行は次いで佐賀県を経て福岡県に向かい、柳川、久留米、福岡において衛生調査を実施し、更に馬関（下関）を経由して神戸に向かって帰京することとなる。

## 柳　川

バルトンら一行が福岡県へ向かったことを示す『福岡日日新聞』明治22（1889）年7月3日付の紙面は、その模様を以下のように伝えている。

○工学士バルトン氏　帝国大学雇教師工学士英人ダブルユウ、ケー、バルトン氏は内務属加藤尚志氏と共に去る廿九日より長崎に滞在中なるを以て同日本県庁より来県の事を電報を以て申越されたる由にて同一行は長崎の御用了り次第来県し福岡久留米の両市並に柳河市街の下水溝設計実地の踏査を依頼さるゝ由にて木戸衛生課長は同一行出迎ひとして昨日長崎に赴かれたり<sup>(96)</sup>

バルトンの長崎滞在は既に述べたように長崎における創設水道に関して諮問を受けたためで、この時点では記事より内務属加藤尚志氏と同道しており、これを福岡県の木戸衛生課長が同日出迎えに行ったことが分かる。

さて、福岡へ向かったバルトン一行の足跡を追うと、『福岡日日新聞』明治22（1889）年7月5日付紙面にそれを確認することができる。

○英人バルトン氏　帝国大学雇なる同氏か来博のことは曾て本紙上に

掲け置きしか同氏は今五日長崎より出発肥前武雄に一泊し夫れより久留米柳河に至り孰れも下水溝設計を検査したる上当地に来らるゝ由右に付大嶋衛生課属は本日より出張を命せられたり[97]

　バルトンらの長崎出発は7月5日のことで、肥前武雄に1泊の後、久留米地方に向かう予定で、大島課長に出張の命令が下ったとする。ところが翌6日の紙面によると、

　○バルトン氏　帝国大学雇衛生工学士バルトン氏は本日肥前武雄宿にて明日本県柳河に着さるゝ筈に付衛生課長大島属には準備の為め昨日出張されしも洪水の為め通行出来す途中より引返されたり依りて天気となり次第出発の筈なり[98]

とする。つまりバルトン一行は6日には肥前武雄に宿泊し、7日には柳川へ着く手筈であったが、大雨の影響で、出迎えに当たった福岡県の大島課長が引き返したという。確かに同日の紙面には、北九州地方における豪雨の惨状が大きく報道されている。

　結局、バルトン一行が柳川へ到着したのは7月8日のことであった。7月10日付の紙面に以下のように記されている。

　○工学士バルトン氏　帝国大学雇工学士英人バルトン氏が長崎より来県の事は既に記載したるが一昨日柳河に到着し新宮の海月楼に投宿せりと[99]

　このようにバルトンは長崎から肥前武雄を経由し、明治22（1889）年7月5日の出発以来、大雨での足止めもあり3日を掛けて柳川へ着き、この日は新宮の海月楼に投宿した[100]。翌9日には郡長、郡書記、工藤技師、衛生課長らとともにバルトンは実地視察を行い、柳川へ引水する水源となる矢部川支流に小舟で赴いている。そして、この日の夕方には町会議員、郡長、その他有力者ら数十人からの饗応があり、酒宴に先立ち代表からの礼に対し、バルトンは謝辞を述べ、これを工藤技師が通訳した。なお、途中では花火の打ち上げもあり、バルトンはこれに応えて演説を行ったという。10日は柳川高等小学校に立ち寄って女生徒の歌を聴き、郡長、議員有志に見送られ、舟小屋の鉱泉場から久留米へ向かった[101]。

## 久留米

　久留米へ至ったバルトンは7月10日、偕楽園に着き、市長、市会議員、警察署長などと会食し、11日には久留米市街を巡視し、12日には上水の水源視察を行い、13日には福岡へ向かった。なお、本来の予定でバルトンの福岡訪問は7月12日とされていたものの、大雨の影響で翌日に延期されたという。

## 福　岡

　バルトンの福岡着は7月13日午後7時頃で、山中市長、市参事会員、市会議員はこれを竪粕橋まで迎え、東公園の一方亭において饗応が設けられ、県庁からは高等官、衛生課員、併せて私立衛生会員もこれに臨んだ。バルトンの宿は東公園の皆松館で、2階を居間、1階に寝室が設けられた。なお、居間の床、テーブル廻りには日本美術品が備えられ、寝室には蚊帳を始めとして外来品が備え付けられた。また、滞在中の食事は呉服町喜望亭が担当し、通訳として喜望亭の娘が当たったとされる。さて、翌14日早朝からバルトンは下水道整備のため掛員との打合せを行い、午後1時からは山中市長、木戸衛生課長、同課属、市書記などとともに市街の実地視察のため西公園から全市の眺望を行った。夕方は、喜望亭での宴が予定されていたが、昨日同様、一方亭にて知事代理からの饗応があった。15日は雨天であったが、午前10時から上水道水源視察のため、山中市長、木戸衛生課長、工藤技師、衛生課属などとともに徒歩で那珂郡井尻橋周辺まで徒歩で往復し、午後3時頃、皆松館へ戻った。そして16日にバルトンらは午前から早良郡室見川の筋石釜までの視察行った。17日は午後5時から衛生演説会が共進館で行われたが、バルトンの演説は工藤技師により翻訳され、榎本医学士の演説がこの後にあり、午後6時に閉会した。そしてバルトンは18日正午出港の金竜丸に乗船したが、これに際し、衛生課員、工藤技師などは海岸まで見送り、大島衛生課属は馬関（下関）まで同行したという。

# 神　戸

## 神戸へバルトンが派遣された背景と日程

　この後、バルトンは更に『鎮西日報』の報道によれば、

> バルトン氏加藤属の一行は本日午後七時木戸福岡県衛生課長と共に福岡へ到り福岡、久留米、柳川等の下水工事に関する取調べを為し帰京のうゑ之れに関する材料を収拾して図を製し了りて右三所とも起工する趣きなるがまた兵庫県知事よりも水質換査の請求ありたるを以てこれに応せしする直ちに帰京するよし<sup>(109)</sup>

とあるように、兵庫県知事から水質換査の請求があったため、馬関（下関）を経由して神戸に立ち寄る予定であったという。この点については続報があり、

> ○バルトン氏　一昨日当港を抜錨されしバルトン氏は馬関に暫時上陸し神戸に着の上は同地の用向済み次第帰京さるゝよし<sup>(110)</sup>

と、明治22（1889）年7月20日付の『福岡日日新聞』に記されることから、バルトンは神戸に向かって7月18日に福岡を出立したことが判明する。

　一方、神戸におけるバルトンの動向は7月23日付の『神戸又新日報』紙面に、

> ●バルトン氏　長崎水道事件調査をして同地へ出張中なりし内務省御雇バルトン氏は金竜丸にて帰京の途次来神宇治川畔の自由亭に止宿中なり<sup>(111)</sup>

と報道される。これよりバルトンの神戸訪問が確認されるが、神戸からの帰途は7月25日<sup>(112)</sup>であるため、バルトンの神戸滞在は比較的短期間のものであったと言える。

## バルトンによる明治22（1889）年の神戸調査内容

　このようにバルトンは兵庫県知事の要請に基づいて、明治22（1889）年7月下旬になって神戸の地を訪れたが、その目的をバルトンが神戸に滞在した前後の新聞記事を参照することにより考えてみたい。先ず、明治22

(1889) 年7月26日付の『神戸又新日報』紙面には、

●水道工事　神戸飲用水の不良にして衛生に害あるは皆人の知る所にして之が為め船舶の寄港するも飲用水の欠乏を神戸市水にて補ふ能はざるにつき外国船の如きも着港後は一入出港を急くの傾あり其他飲用水の不良より神戸市前途の繁栄を害し、損害を与ふるは蓋し至大なる事なるべしとて知事始め紳士紳商は飲料水の改良を計らんとて已に先年中より此計画に着手し或は会社を設けて此工事を興さんとするあり斯くては飲料水の改良は出来得べきもその利益を占むるは一部分に留まり全市民の不平を造り出すに至るべく就ては此の工事を市の事業となし市債を起して之に着手し供給を受くる各戸よりは需要高に応じて相当の代価を払はしめ（一ヶ年平均一円位ならん）又会社、船舶、等非常に水量を要する分は特約を結びて此等の需用に応ずることとせば多分の市債も忽ちに消却して全市民は善良なる飲料水を得るの外全市に幾分の収入利益あるに至るべしとて今回知事より斯く水道工事を市会へ諮問せられたるものなるが此工事は水源も余り遠からざるにつき十分の工事を興すも之に要する市債は五十万円を過ぎすと云ふ其設計方法は日外の紙上に詳報せし事ありしが異動を生じたる個所もあれば一両日中に掲載する事とすべし<sup>(113)</sup>

とあるように、明治21（1888）年に提出されたパーマーの上水道計画に基づき、兵庫県知事から神戸市会へ諮問された水道工事及びその設計方法の内容がこの段階で明らかとなり、知事から市会へ諮問されたと報道されている。そして、これらを受け、明治22（1889）年7月28日には水道工事の設計方法<sup>(114)</sup>、7月30日には工事の諮問案<sup>(115)</sup>が詳細に報道されているのである。

実際、神戸市では新聞紙面に掲載された神戸市水道布設ノ件<sup>(116)</sup>に加え、神戸市給水工費収支計算書、明治廿七年以降廿二ケ年間人口八万ノ増加ニ対スル収支計算、収支市民負擔額計算表、収支及市民負擔額計算表が市会に諮問され、これを明治22（1889）年8月26日に開会された市会において知事は粕谷属に命じて経営上の説明を行った上で、5議員がこれらについて質問を行っている。

中でも以下、"水源水量ニ関スル問答"として直木政之介議員の質問に対する粕谷属(117)の回答は目を引くものとなっている。

　問　該工事ノ取調ハ総テ夫ノパーマー氏ガ擔当シ内国人ハ之ガ取調ハナササリシカ

　答　該工事ノ計画及予算等ハスベテパーマー氏ニ委嘱セラレ夫ヨリ諸種ノ取調ヲ経今日ニ至リテ完結セルモノナリ又内務省顧問衛生工学士バルトン氏ニ本工事得失如何ノ調査方ヲ依頼サレタルコトモアリシガ結局計画通リ差支無キ見込ナリシ又内国人ハ主トシテ此取調ニ与リシ者ハナカリシガ其取調中一二ノ向ニ就キ県庁ニ於テ補翼シタルコトアリ(118)

資料によれば、議員から水量の問題としてパーマーの原計画に対して内国人、則ち日本人が取調を行ったのか、との問に対して、粕谷は、バルトンに意見を聞いたと答えている。また、日本人については適当な者がいないため、1、2の事項についてのみ補足的に意見を聞いたと回答をしている。則ち、バルトンによる調査は、この質疑が行われた前月に当たる明治22（1889）年7月、県庁からの依頼で行われたものであり、これらは粕谷が答えるバルトンに対する"本工事得失如何ノ調査方ヲ依頼"を指すものと考えることができるのである。

## 衛生工事調査へバルトンの派遣

明治21（1888）年の項目で述べたように、明治22（1889）年1月からバルトンは内務省雇いを兼務したが、上述した長崎における既設上水道工事計画に対する検証や、柳川、久留米、福岡などにおける衛生調査についての依頼など複数件がバルトンに対して寄せられたことなども考慮してであろうか、10月10日に内務省は各府県長官に対し、下記のような訓令を出している。

　昨年（明治22・1889年：著者注）十月十日庁府県長官ニ訓令シ各地方ニ於テ将来上水下水ノ改良工事ヲ起スニ当リ衛生工学上ノ調査ヲ為シ深ク其利害ヲ講究スルハ当然ナリト雖モ尚ホ当省衛生工学技師ノ意見

## 3 来日から渡台まで

ヲ聞カンコトヲ必要トスルトキハ事務ノ都合ニ依リ其設計方法ヲ詳記シ当省ニ申立ツレハ其請求ニ応セシムヘキヲ以テセリ夫ノ虎列刺病流行以来各地方ニ於テ漸ク衛生工事ノ必要ヲ感シタルノ際恰モ市町村制ノ発布アルニ会シ一層其度ヲ高カメ遂次之カ起工ヲ図ルノ傾キヲ生シ已ニ福岡県ノ如キハ福岡市久留米市及ヒ柳川町ニ於テ上下水改良工事ヲ企画シ特ニ衛生工学師<u>バルトン</u>ノ派出ヲ請求シ市会並ニ町会ノ決議ヲ以テ右ノ設計ニ係ル一切ノ費用ヲ支出セリ又山梨函館群馬宮城青森等諸県ノ如キハ先年本省ニ未タ専門技師ヲ置カサルノ際大日本私立衛生会会員<u>バルトン</u>ノ派出ヲ依頼シ上水改良工事ノ設計ヲ遂ケ其方法ニ由リ既ニ著手スルニ至レリ尚ホ今後此類ノ計画ヲ為スモノ続出スヘキノ景況アルモ其方法ニ関シ殆ト諮詢ノ途ニ窮シ或ハ外人ニ依頼シ未タ工事ノ著手ニモ至ラサルニ際シ之カ設計ノ為メ業已ニ少ナカラサル費用ヲ散シ或ハ杜選ノ計画ニ出テ竣功ノ後ニ至リテ其不完全ヲ歎スル等ノ前例ナキニアラス故ニ総テ各地方ニテ之ヲ計画スルニ当リテハ先ツ本省ニ於テ一々調査ヲ遂ケ此等ノ弊害ヲ除キ其便利ヲ得セシメントノ趣旨ヲ以テ昨年一月中帝國大学雇衛生工学専門教師<u>バルトン</u>ニ本省技師ノ職務ヲ兼掌セシメ長崎福岡ノ二県ヘハ同人ヲシテ実地ニ就キテ調査ヲ遂ケシメ其稗益ヲ与ヘタルコト少ナカラサリシ依テ他ノ地方ニ向テモ之カ起工ニ先タチ其設計ノ方法ヲ審査シ必要ノ場合ニ於テ之ヲ指示センカタメ前述ノ如ク訓令ヲ発セシナリ[(119)]

　上の報文によると各府県に対し上下水の改良工事を計画するに際し当省衛生工学技師、即ちバルトンの意見を求める場合は設計書を内務省に提出すれば請求に応じるとしている。それらの背景として、この年における長崎を始め、久留米、柳川、福岡からの調査依頼や、前年における函館及び東北地方における調査、沼田の調査を挙げている。

　つまり、以上を受けて、バルトンはこの訓令以後、各地における衛生調査に赴くこととなったのである。

## 日本写真会の創立

　バルトンはこの年頃から日本における写真家である小川一真、鹿島清兵衛らとの交流を始め、日本写真会の創立にも関わり、その機関誌といえる『写真新報』に多数の記事を発表している。因みに2月25日発刊の第1号巻頭もバルトンによる「バルトン氏近世写真法」とするもので、以後には2号に「近世乾板写真法」[121]、4号に「景色取のレンズを人物取に用うる事」[122]など同年中に11本の関連著作を同誌に寄せている。[120]

　また、バルトンは後年、写真集の発刊も数々手掛けている。中でも濃尾地震の被害を伝える『THE GREAT EARTHQUAKE IN JAPAN, 1891.』は著名であるが、この他にもミルンとともに『THE VOLCANOES OF JAPAN』や明治23（1890）年に『AYAME-SAN, A JAPANESE ROMANCE OF THE 23RD YEAR OF MEIJI.』、明治26（1893）年頃に『SCENES FROM OPEN AIR LIFE IN JAPAN』[123]、明治28（1895）年には『WRESTLERS AND WRESTLING IN JAPAN』などを出版している。

# 明治23（1890）年

　この年の5月にマグネシウムの爆発により負傷したバルトンであったが、11月には設計に関わった凌雲閣の竣功があり、年末には岡山へ調査のため向った。

## 大学にて

　この年バルトンは他の教員とともに2月21日には土木工学科2年生を横浜へ、10月28日から3日間、土木工学科2年生を神奈川県水道工事へ引率した。[124]

## 日本写真会での活動

　バルトンの日本写真会における活躍は前年に引き続き活発である。『写

表3-1 『写真新報』におけるバルトン関連の記事

| 号数 | 発刊年.月 | 記事名 |
|---|---|---|
| 1 | 明治22(1889).2 | バルトン氏近世写真法 |
| | | 乾湿二法の比較 |
| 2 | 明治22(1889).3 | 近世乾板写真法 |
| | | 乾板を用ふる時出来る難義 |
| 4 | 明治22(1889).6 | 景色取のレンズを人物取に用うる事 |
| 5 | 明治22(1889).7 | 塗銀紙を貯ふる良法 |
| 7 | 明治22(1889).8 | 画学紙写真法 |
| 9 | 明治22(1889).10 | 新現象液アイコノゼン |
| 10 | 明治22(1889).11 | アイコノゼン実際の功用 |
| 11 | 明治22(1889).12 | アイコノゼン実際の功用（続き） |
| | | ブロマイド紙、硝子等の現象過きたるを修整するの方法 |
| 12 | 明治23(1890).1 | 感じ遅き甲板と感じの早き乾板 |
| 14 | 明治23(1890).3 | 酸性定着バット |
| 15 | 明治23(1890).4 | 精製アイコノゼン |
| | | 写真亜鉛版 |
| 16 | 明治23(1890).5 | 欧羅巴に於ける写真印画法進歩の事 |
| 17 | 明治23(1890).6 | 焼込印画法 |
| 18 | 明治23(1890).7 | 乾板使用に関する注意 |
| 19 | 明治23(1890).8 | 写真中にマグネシウムの危険なる爆発 |
| 21 | 明治23(1890).10 | 写真印の復写 |
| 22 | 明治23(1890).11 | 写真学の問題に就て |
| 24 | 明治24(1891).1 | 写真学試験問題に就て |
| 25 | 明治24(1891).3 | 重ねてアイコノゼンを論す |
| 26 | 明治24(1891).4 | 蓚酸鉄を以て規則正しく現象を行ふこと |
| 28 | 明治24(1891).6 | 混合現象液と各種の現象液を併用することに就て |
| 29 | 明治24(1891).7 | 傷みたる白金印画用紙を使用することに就て |
| 31 | 明治24(1891).9 | 景色を写すときの光線に就て并景色の写真に雲を写し込むことに就て |
| 33 | 明治24(1891).10 | シヤターの速度を検定する法 |
| 44 | 明治26(1893).1 | 山岳を写す方法に就て |
| 59 | 明治27(1894).6 | 膠塩紙の鍍金 |
| 65 | 明治28(1895).1 | 長く貯蔵する為めに并に空気の作用に因り乾板の廃物となること |
| 66 | 明治28(1895).2 | 強力の現像液 |
| 67 | 明治28(1895).3 | 日本に於ける写真版事業 |
| 71 | 明治28(1895).7 | 写真の大さ |
| 76 | 明治28(1895).12 | 暗室内を照す光を透過せしむるに用ふる硝子并に其他のものを試験する方法に就て |

真新報』における掲載記事は10通を数え、次項に挙げる凌雲閣の運営に関しても写真家の関与が認められている。但し、この年の5月、バルトンは怪我により入院をしているが、原因は写真撮影に用いるマグネシウムの爆発事故によるものであった。

## 凌雲閣

　この年11月には東京浅草に凌雲閣が建設された。凌雲閣は前年の12月から建設に取りかかったもので、当初は明治23（1890）8月頃の完成を目指していたものの、再三の延期があり、竣工式は11月11日にずれ込んだ。この日の開業式においては起案者主任である長岡出身の福原庄七による開業主旨報告、バルトンによる設計報告、工事監督である伊沢雄司による報告などが行われた。

## 岡　山

### バルトンの岡山調査の日程

　明治23（1890）年のバルトンによる衛生調査は、年末の岡山におけるものが挙げられる。バルトンは12月20日付『山陽新報』の報道によれば、

　　工科大学教授バルトン氏と内務省技師試補小林柏次郎氏は昨日神戸へ着し汽車に乗込む都合にて本日着岡し石関町大黒屋へ止宿する由

とされるように岡山へは神戸からの鉄道で赴いている。翌21日の報道によると、

　　●着岡　予記せしバルトン小林狗次郎の両氏にはいよゝ着岡し出石町大黒屋に投ず

とされることから、20日の岡山着と考えるべきであろう。なお、バルトンは12月17日、薩摩丸にて横浜を出港しているが、神戸へは翌18日の着港となり、以後は列車にて岡山へ向ったと言える。一方、岡山に着いたバルトンの動向は、

　　●バルトン技師の巡行　当水道布設の件に関し目下来岡中なるバルトン技師は谷井鋼三郎河合綱太郎の両氏と共に一昨日は上房郡の水原を

又た昨日は津高郡の笹ケ瀬川日応寺等を巡視せり<sup>(132)</sup>

とあるように、12月21日は上房郡の水原、12月22日は津高郡笹ケ瀬川日応寺などにおいて調査を実施している。谷井鋼三郎は岡山県衛生課長心得、河合綱太郎は県の土木事務嘱託・内務技師試補である<sup>(133)</sup>。更に12月25日の紙面によれば、

●技師の登庁　水道設計の件に就きバルトン小林の両技師は昨日県庁へ出頭して千阪知事に面会せり<sup>(134)</sup>

とあり、続く26日の紙面では、

●バルトン氏　兼て滞岡中なり大学教師ハルトン氏内務技師小林狛次郎氏共に昨日帰京したり<sup>(135)</sup>

との報道があるように、バルトンは明治23（1890）年12月25日に岡山を離れ、東京に向かっている。則ち、明治23（1890）年のバルトンによる岡山の衛生調査は、12月20日から25日に実施されたと言える。

なお、上記した新聞記事の内、バルトンと共に内務省から派遣された技師名を12月20日付の紙面では"小林柏次郎"、21日付紙面では"小林狗次郎"、12月26日付の紙面では"小林狛次郎"といずれも異なるものを掲載するが、これは『職員録』によると技師試補小林柏次郎と確認することができる<sup>(136)</sup>。また、宿所とされた大黒屋を12月20日付紙面では"石関町大黒屋"、12月21日付では"出石町大黒屋"と記す。石関町と出石町は隣接し、市内の旭川西岸で後楽園対岸の地となる。諸資料に旅館として大黒屋の名前を見ることはできないが、料理屋として石関町に大黒屋の名前を確認でき<sup>(137)</sup>、これがバルトンの宿所と考えられる。

## 水源の調査地点について

バルトンが調査を行なった岡山市における水源地については、栗田彰が紹介するバルトンによる『岡山市給水工設計報告書』においては雄町における泉の他についても言及がある。この泉は、

我々が実測をして、その量は極めて僅少であることを発見した。この泉の水は実際に給水源として使用することは出来ないものである。<sup>(138)</sup>

と記すに留まる。続いて

　　　岡山市の近辺に散在する丘陵を実際に見て<sup>(139)</sup>

とあるが、これも、具体的な地名は知ることができないものの、これ等が新聞報道にある上房郡の水原、津高郡笹ケ瀬川日応寺等の地域と見てよいであろう。日応寺は現在の岡山市北区日応寺と考えられるが、岡山市近辺において水原の地名は管見の限りは確認できなかった<sup>(140)</sup>。但し、『岡山市水道通史』に掲載されるバルトンによる設計の概要では、

　　　水源地を「牟佐渡シの下、旭川右岸」御津郡牧石村玉柏「管理用水」取水口の下流に、旭川の水を基点上九十二尺六寸の処に於て幅六呎の新設溝渠に導く」に設け<sup>(141)</sup>

とある。"牟佐渡シの下、旭川右岸"とは現在の岡山市北区玉柏で、旭川の下流右岸には「大原」の地名が残る。栗田が示すバルトンによる報告書では、

　　　両水源は共に実際使用し難いとするならば、谷井氏の考案による方法、すなわち、市外のおよそ五マイル（約八キロ）の所で河川より引水するほか、他に良い方法はない<sup>(142)</sup>。

とあり、玉柏は岡山市中心部からは直線距離で8km程のため、この条件も満たすと言える。また、ここで云う"谷井氏"とは新聞報道で既に見た、岡山県衛生課長心得の谷井鋼三郎とすることができる。

　以上より、バルトンは岡山市の調査において水源地として雄町の湧泉の他、笹ケ瀬川水系の日応寺、旭川水系の牟佐渡し付近において調査を実施したとみることができる。


　なお、明治28（1895）年8月、バルトンが衛生調査のため、岡山に滞在した可能性がある。それは、

　　　●バルトン氏と高橋技師　内務大臣の命に依り岡山、鳥取、広島等の水道工事設計調査の為め出張中<sup>(143)</sup>

とする『日出新聞』の報道によるものである。但し、鳥取、広島における足取りは確認されるものの、岡山についての裏付けを取ることはできておらず、真偽の程は明らかでない。

## 明治24（1891）年

　年明け早々、大阪市における上水道調査へバルトンは向かったが、バルトンにとって、この年最も重要な調査は、10月28日に発生した濃尾地震被災地におけるものであったろう。バルトンは写真機を携え、被災地において72枚の写真撮影を行った。なお、この年5月にバルトンはイギリス土木技師協会の準会員となっている。

### 大　阪

　岡山から前年末になって東京へ戻ったバルトンであるが、年明け早々ともいえる1月6日からは早くも大阪における上水道敷設調査へ赴いている。

**バルトンによる明治24（1891）年の大阪市上水道敷設調査に至る経緯**

　大阪市では明治19（1886）年におけるコレラ流行を機に、神奈川県の雇技師であったパーマーに上水道敷設設計の依頼をした。パーマーは明治19（1886）年10月から8ヶ月で設計を実施し、明治20（1887）年5月6日付で報告書を大阪府知事宛へ提出した。しかし、大阪市は明治18（1885）年の水害や疫病の流行により経済的には疲弊しており、工事総額を250万円とする計画を即座に実施することはできなかった。ところが、明治23（1890）年になって再びコレラが国内で猛威を振るうと、私立衛生会会頭西村捨三（大阪府知事）は大阪市参事会に対して上下水道改良の建議書を同年9月16日付で提出した。9月24日に上水道新設に関する初めての市会が開かれ、翌日には議案が可決されて内務大臣へ稟請があり、10月3日に水道敷設が認可され、10月11日に国庫補助金下付の通達があった。11月17日に市参事会は関連する諸議案を市会に提案し、市会では水道調査委員を選任し、委員は11月19日から翌明治24（1891）年3月5日に調査報告を行った。議案は償還資金に変更が生じ、更に数量的、技術的な側面などから既に立案から4年を経ているパーマーの計画に対して、バルトンから

意見の聴取を行い、計画の変更を行ったのであった。<sup>(153)</sup>

## バルトンによる明治24（1891）年の大阪市上水道敷設調査の日程

バルトンは、

> 氏の先頃設計せし大坂水道工事は兎角反対者のあるにつき尚実地を確めんと府知事は更に氏を聘したり氏も之を諾し再び小林内務技師と共に去る五日大阪に赴きたり<sup>(154)</sup>

と『郵便報知新聞』の記事にあるように内務省属の小林技師とともに大阪に向かったが、この段階でバルトンは未だ上水道工事の設計について携わってはおらず、大阪市の上水道設計はパーマーによるものであった。またこの時期、大阪において上水道工事について反対は生じていない。恐らくこの記事は2年前の明治22（1889）年における長崎へのバルトン派遣を想定してのものであろう。一方、大阪市に対する水道調査は年末年始以来の課題で、明治24（1891）年1月6日付の『大阪朝日新聞』紙面では文部大臣秘書官永井久一、帝国大学の中島某等の派遣が記されるが、翌1月7日紙面においてバルトンの派遣が次のように報じられている。<sup>(155)</sup>

> バルトン氏は衛生局に帝国大学に夫々服務する人にて衛生上の一緊要事業たる水道布設にも経験多きに依り一応同氏に設計案に対する実地調査を乞はんかとの議會て当局者間に起りしが之には亦少なからざる費金を要し其調査を乞はんといふ設計案は夫々専門家の手に成りて最早疑点なければ先々見合すべしとて其儘になりしに内務省にては当大阪水道布設の事に種々力を添ゆる中にも長与衛生局長、同局員柳下士興氏等は設計案の調査に殊に配慮し大日本私立衛生会の協賛を得右バルトン氏及び同局員技師試補小林柏次郎氏をして特に当地に来らしめ両氏の旅費并に調査に要する費用は総べて同会にて支弁する事となし即ち両氏とも昨夕来着する筈なりき<sup>(156)</sup>

つまり、この段になり、文部省と衛生局の両方に関係し、従来から衛生工事において見識の深いバルトンに実地検査を依頼し、昨夕、即ち1月6日には大阪に到着の筈とする。そして、翌1月8日の紙面には、

●バルトン氏　内務文部両省傭英国人バルトン氏は内務省技師補小林柏次郎氏を伴ひ前号予報の如く一昨夕着りて中の島の自由亭に投宿せり因りて昨日は朝より西村大阪府知事及び右小林技師と共に夫の水道布設の事に就き桜の宮なる同水源と定めし淀川の模様、貯水池を置くため借用せんとする大阪城内の地形、其他上町辺及び市中各所の現状等を実見し畢り午後は二時より大阪府庁に於て市参事会員、市会の水道設計調査委員等と会し水道布設の設計に関する質問に対して説明をなしたる由(157)

とある通り、バルトン一行は1月6日に大阪へ入り、中之島自由亭に宿を取っている。バルトンらは翌1月7日には朝から西村府知事らとともに淀川、大阪城などを調査し、午後2時からは市参事会員、市水道委員等と懇談を行っている。なお、1月9日の紙面によると、

●バルトン氏の水道談　バルトン氏は已に前号に記載せし如く一昨日午後三時より大阪府庁に於て水道事業関係の人々と会合し一場の水道談をなし質問に応ぜしが今其概況を伝聞するに当日の会合者は西村知事、永峰書記官、鈴木板原両参事官、市参事会員六人、市会水道設計案調査委員十五人にて(158)

とあるように1月7日の会合は午後3時からの開始と伝えている。1月7日当日は、

西村知事先づ起立しバルトン氏は是より水道談をなすべし設計案に就き質問を欲する向は談畢りし後追々質問せよ何分の応答あるべしとの事を述べ次にバルトン氏起立し同行の小林技師の訳に依り英語を以て談ずること一時間余の長きに渉り其要略は欧州にて布設せる水道の例を引き其効用は第一に火防に顕著にして衛生上虎列拉病其他悪疫の防禦に於ては殊に顕著なり已に当大阪にては客歳大火災ありて為に消費したる金額鉅大なりしと聞く此時若し水道にして布設せられ居らんには箇程までの延焼に至らしめ随つて鉅額の金を費すを要せざりしなり今日の費金が鉅額なりとも他時顕著なる効用を呈して今日の多費復言ふに足らざるに至るは疑を容れざる所なりといふにあり談已に畢り調

査委員中佐野与兵衛氏より此度引用せんとする淀川の水質に就き問を
　　起し尋いで同委員亀岡徳太郎、近藤徳兵衛両氏も之に関して問ふ所あ
　　り結局人の飲料に供するため引用する水は山間などに湧出づるものを
　　撰擇するを善しとすれども当大阪に於て然せんことは費用の都合もあ
　　りて言ふべくして行はれざるなり欧州にても淀川の如き流を飲料に引
　　用する水道多し夫の沈澱濾過等の方法宜しきを得ば淀川の水を供する
　　も亦不可なるなしとの応答を聴き夫より水道管は陶造鉄造の中何れが
　　善きかとの問も起り之には今日に於て水道管の材料を取らんには決し
　　て鉄に勝るものなし夫の蒸気力にて低所の水を高所に騰すに就きては
　　猶更の事なりとの応答をなし当日は是にて退散を告げしが時恰も午後
　　五時ごろなりし趣なり<sup>(159)</sup>

とあるように、先ず西村府知事から当日の日程として、バルトンによる上水道についての講演があり、以後質問を受け付ける旨の話があった。これを受けてバルトンによる講演が小林技師の翻訳により行われた。その内容は後述するように、水道敷設の効用についてのもので、講演後の質疑では取水として淀川の妥当性、水道管として陶管鉄管の妥当性に対するものが寄せられた。これに対しバルトンは前者に対し、欧州における事例を引用し、沈澱濾過を行えば、淀川からの取水も可能であること、後者に関しては高圧式おける場合の鉄管の優位性を力説し、会は午後5時に終了したと伝える。なお、以後の日程は、

　　因にいふバルトン氏は昨日も亦一昨日の如く市中各所の摸様を視察せ
　　しが今日は午後三時より北浜の花外楼にて小林技師と共に市参事会員、
　　市会の調査委員諸氏が来阪慰労の饗応を受くる筈なりと<sup>(160)</sup>

とあるように、1月8日にバルトンは大阪市内における各所の調査を実施し、1月9日には午後3時から北浜の花外楼において市参事会員、市会の調査委員による慰労会が行われたとする。なお、この慰労会については、

　　●バルトン氏饗応の事　市参事会員、市会の水道案調査委員が此度大
　　日本私立衛生会の嘱託に応じ水道案調査のため特に来阪せし労を慰せ
　　んとて昨日午後三時より北浜の花外楼に同氏を饗応する事は前号に記

載せしが其後聞ける所に拠れば右饗応者中には市会議長も在りて其は全く市に対する義務として加はりたる訳なりといふ又此饗応の通報は調査委員長亀岡徳太郎氏が為したるが其書面にては饗応者は皆袴羽織着用料理もすべて日本式のものとする筈はりしとぞ<sup>(161)</sup>

とある通り、市参事会員、水道調査委員、市会議長などが羽織袴にて参加したという。そしてバルトンらの帰京は、

●バルトン氏帰途に上る　内務文部両省傭英国人バルトン氏は用向已に終りしに就き昨日二番の汽車にて小林内務技師と共に神戸に出で同日出港の汽船にて帰途に上れり同氏が此度来阪の労は水道事業に与る者皆謝する所にて已に一昨日は市参事会員、市会議員、同会の水道調査の委員等の特に之を饗応するに至りしがバルトン氏も此厚待に満足して去りたりとぞ又西村知事は七宝焼花瓶一対を同氏に贈り謝労の意を表したる由<sup>(162)</sup>

とされるように、1月10日2番の下り東海道線にて神戸へ向かい、汽船にて神戸から帰京したという。なお、同日に神戸から横浜方面へ向かった汽船は正午出帆の長門丸<sup>(163)</sup>となり、バルトンは翌11日、横浜へ帰着している<sup>(164)</sup>。

即ち一連の新聞報道によれば、明治24（1891）年、バルトンは1月6日に大阪へ入り、1月7日は午前中に桜の宮、大阪城などを実地調査し、午後3時から大阪府庁において水道事業関係の人々と会合し水道講演を実施した。そして、1月8日は大阪市内における各所の調査を実施し、1月9日には午後3時から北浜の花外楼において市参事会員、市会の調査委員等による慰労会があり、1月10日に汽車で神戸へ向かい、汽船にて横浜経由で帰京したとすることができる。

**『大阪水道誌』に見るバルトンによる明治24（1891）年の大阪市上水道敷設調査**

ところで『大阪水道誌』には、明治20（1887）年代における上水道敷設の経緯が記されるが、上記した明治24（1891）年年初以後における記述を

見ると、同年3月5日に市会水道議案調査委員会から提出された報告書において、鏡文、別紙、意見に加え明治23（1890）年11月17日に提案された各議案の修正案が示され、加えて、別冊として第1号から第16号が掲載される（表3-2参照）。これら一連の書類は、明治23（1890）年11月提案の各議案が調査の結果、別紙により検討内容が付され、修正を加えた議案があり、意見が市会に報告された形式をとっている。ここで注目すべき点はバルトンが関わった項目が3点見られることである。何れも別冊であるが、第三号に"内務省衛生局雇バルトン氏報告"[165]、第六号に"内務省衛生局傭バルトン氏演説　廿四年一月七日"[166]、第七号に"内務省衛生局雇バルトン氏書簡"[167]とある。この内、第六号における"廿四年一月七日"とする日付は、既に新聞報道でも挙げた明治24（1891）年1月7日におけるバルトンによる水道講演と合致する。講演の概要は『大阪朝日新聞』明治24（1891）年1月10日号に、

　　●バルトン氏演説の筆記　同氏が一昨々七日大阪府庁に於て当大阪水道布設の計画に就き演説をなしたる模様は已に前号に概録せしが、右の演説を筆記したるものを得て之を見るに斯案件に於て太だ緊要なるを覚ゆるに就き左に之に掲ぐ
　　　内務省衛生局傭バルトン氏演説
《以下略》[168]

として掲載され、更にはこれが『新演説一千題』に転載があり[169]、これらの内容は『大阪市水道誌』のものと基本的には同じものであることがわかる。但し、『大阪市水道誌』のみバルトンの演説に続き、

　　以上申シタル所ノ外猶御尋ネモアラハ及フ限リ御話シ致ス積リナリ
　　佐野氏ハ起テバルトン氏カ今回来阪ノ労ヲ謝シタル末左ノ問答ヲナセリ
《以下略》
　　以上質問ヲ終へ退散ス于時午後五時[170]

とするように、バルトンの講演後の質疑も所収している。質疑の内容は水源とする淀川の水質、使用が予定される鉄管の品質について集中している。

3 来日から渡台まで

表3-2 『大阪市水道誌』「水道敷設ニ関スル調査委員報告」の内容

| 『大阪市水道誌』の頁 | 項目 | | 細目 |
|---|---|---|---|
| 146-150 | ［鏡文］ | | |
| 150-152 | 別紙 | | 工事設計ニ関スル事 |
| 152-154 | | | 陶管ニ関スル事 |
| 154 | | | 水道敷設ト虎列拉病ニ関スル事 |
| 154- | | | 淀川水質及市内下水ニ関スル事 |
| 156 | | | 鉄管腐蝕ニ関スル事 |
| 157 | | | 鉄管鋳造ニ関スル事 |
| 157-158 | | | 大阪城内ニ貯水池ヲ設クル事 |
| 158- | | | 市公債募集及償還方法ニ関スル事 |
| 158-159 | | | 公債条例ニ関スル事 |
| 159 | | | 給水料ニ関スル事 |
| 159 | | | 接続町村需要水供給ニ関スル事 |
| 160 | | | 測量費等繰替ニ関スル事 |
| 160 | 意見 | | |
| 160-167 | 第53号第63号議案大阪市公債募集及償還方法修正 | | |
| 167-173 | 第64号議案修正　大阪市公債条例 | | |
| 173- | 第65号議案修正　大阪市水道給水規則 | | |
| 183 | 第66号議案修正　大阪府大阪市自明治二十四年度至明治二十六年度水道敷設ニ関スル臨時費歳入出総計予算更正 | | |
| 187 | （別冊） | 第一号 | 略之 |
| 187 | | 第二号 | 略之 |
| 187-189 | | 第三号 | 内務省衛生局雇バルトン氏報告 |
| 189 | | 第四号 | 略之 |
| 189-197 | | 第五号 | ［東京衛生試験所中浜東一郎らからの質疑返答 明治24（1891）年1月14日付］ |
| 197-203 | | 第六号 | 内務省衛生局傭バルトン氏演説　廿四年一月七日 |
| 203-205 | | 第七号 | 内務省衛生局雇バルトン氏書簡［日付欠］ |
| 206 | | 第八号 | 第三　高等中学校員回答書［明治24（1891）年1月16日］ |
| 206 | | 第九号 | 略之 |
| 206-208 | | 第十号 | 鉄管ノ試験 |
| 209-212 | | 第十一号 | 大阪城内ニ貯水池設置ニ就キ利害調 |
| 212 | | 第十二号 | 略之 |
| 212 | | 第十三号 | 略之 |
| 212 | | 第十四号 | 略之 |
| 212 | | 第十五号 | 略之 |
| 212 | | 第十六号 | 略之 |

凡例［　］：本文に記載がなく著者が補ったもの

一方、第七号の"内務省衛生局雇バルトン氏書簡"では欧州の7都市における取水の状況を示すもので、これは内容的に上記の質問を補うものである。残念ながら日付は欠くが、1月7日の水道講演を終え、帰京後、西村知事宛に送付されたと考えるのが妥当であろう。また、第三号"内務省衛生局雇バルトン氏報告"は鉄管の妥当性を記すが、その冒頭に、

　　余ハ陶管ニ就キ給水工用トシテ其利害得失ヲ左ニ陳述スヘシ

とあるように、バルトンの陳述を筆記したものとなる。これは報告書の別紙"鉄管腐蝕に関する事"の項目に、

　　又曾テ欧州各国ニ於テ水道工事ニ経歴アル内務省衛生局雇バルトン氏
　　ニ面接シタル際外国ニ於テ鉄管ハ凡ソ何年ヲ保チタルモノアルカ其実
　　歴上ノ質問ヲ為シタル[171]

とあるものに対応する。

　なお、バルトンに対しての面接とは何時行われたものか日時は欠くものの、調査日程等を見返すと、明治24（1891）年1月7日午後に実施されたとするのが妥当であろう。

## 濃尾地震調査

### 濃尾地震調査の日程

　さてこの年、バルトンにとって最も重要な調査の1つは、濃尾地震被災地におけるものといえる。

　明治24（1891）年10月28日朝に発生した地震の揺れを、東京で感じたバルトンは、大学から派出の命が下った10月31日[172]以前、地震発生当日中に名古屋へ向けて汽車に乗り、地震後2回目の夜とする翌29日夜には名古屋の秋琴楼に止宿している。10月30日には枇杷島方面における写真撮影を行い[173]、以後バルトンは11月2日までに尾張紡績を始め、名古屋近傍の被災地における写真撮影を実施した後、11月3日には黒田を経由して岐阜市の津国屋に宿泊した[174]。以後、バルトンは根尾谷へ11月4〜6日の日程で向かい、7日に長良川鉄橋、8日に大垣の撮影を行い、9日に神戸から山城丸[175]に乗船し、10日に横浜へ帰着した[176]。

**調査後の講演と写真集発刊**

　そしてこれらの成果に基づき11月25日17時30分から、京橋区西紺屋町に所在した地学協会会館にて工学会の通常会としてミルン、バルトンらにより講演会が実施され、バルトンは被災地で撮影した数々の写真を投写し説明を加えた。また、地震1ヶ月後となる11月28日20時30分からは、地震学会による救恤幻燈講談会が帝国ホテルにおいて行われた。ここでもバルトンは60枚程の写真投写と解説を実施したが、その内容は後日発刊された濃尾地震被災地の惨状をまとめた写真集である『THE GREAT EARTHQUAKE IN JAPAN, 1891.』によく重複する。以後、この写真集は翌年1月初旬頃に発刊がなり、2版も一部の写真の追加・入れ替えが行われ、明治25（1892）年4月からさほど下らぬ時期には出版されたと考えられる。

## 横　浜

　さて、この年の年末は『THE GREAT EARTHQUAKE IN JAPAN, 1891.』の発刊に追いまくられたと考えられるバルトンであるが、12月の末には横浜、更には下関（馬関）における上水道調査を実施している。

　バルトンらが横浜市において衛生調査を実施したことは、内務省の『衛生局年報』に、

　　二十四年中横浜市長ヨリ該市水道工事拡張及改良ノ件ヲ神奈川県ニ申出タルニヨリ更ニ同県知事ヨリ実地調査ノ為メ本省技師ノ派出ヲ稟請セリ即チ技師石黒五十二及衛生工学技士バルトン両人ヲ出張セシメラル抑ゝ該市水道ノ設計タルヤ十六年ニ於テ同市ノ人口七万余人ヲ基礎トシ他日十万人ニ至ルモ之ニ応シ得ルノ計画ナリシニ爾来人口意外ニ増加シ二十年工事落成ノ際ハ既ニ十万人以上ニ上リ二十四年ニ至テハ更ニ増加シテ十二万人以上ニ達シ最初ノ目的爰ニ齟齬シ給水ニ不足ヲ告ケタルヲ以テ工事拡張及改良ノ必要ニ迫リタルニ因ルナリ

とされることから明らかである。年報によれば、明治24（1891）年になって横浜市長が人口増加に対する上水道の拡張及び改良計画について実地調査のため内務省技師の派遣を要請したのに対して、衛生局では石黒

解説　バルトンによる上下水道・衛生調査の全容

五十二(183)とバルトンを派遣している。引用からバルトンらの派遣された時期は明らかではない。一方、この点については横浜市側の資料である『水道改良並拡張ニ関スル第一願』では、

　　水道改良並拡張ニ関シ計画ヲ始メシハ、明治二十三年四月水道引受以来ノコトニシテ翌二十四年十月二十一日初メテ左ノ趣旨ニ由リ政府ニ出願シタリ(184)

とあるように、横浜市から政府への出願は明治24（1891）年10月21日であることが分かる。

横浜市から提出された申請に基づき、内務省からは石黒とバルトンが横浜市に派遣され、更にこの調査に基づいて『石黒内務省技師及「バルトン」教師両名ノ意見書』が内務大臣宛として提出されている。これによると、

　　前記出願ニ対シ政府ハ土木監督署技師石黒五十二及工科大学教師「バルトン」ノ両氏ヲシテ設計調査トシテ実地臨検セシメラレ、両氏ハ二十五年一月十八日附ヲ以テ左ノ意見書ヲ内務大臣ニ復命シタリ(185)

とあるように、翌明治25（1892）年1月18日付で石黒とバルトンから復命書が提出されたことから、明治24（1891）年10月21日の申請出願から明治25（1892）年1月18日の復命書提出の間にバルトンと石黒らによる横浜水道に対する実地調査が行われたと考えることができるのである。

なお、この計画は予算の関係もあり、横浜市から明治25（1892）年8月に第二案が提出されたが実現に至らず、更に第三案は途中で日清戦争などを挟み、最終的に変更工事が許可されたのは明治28（1895）年4月、拡張に関する計画の指令は明治30（1897）年1月に及んだ。(186)

則ち、この年末の横浜における調査はバルトンと石黒により実施されたのであるが、それは以下の、『郵便報知新聞』と『時事新報』の記事にも見られる。

　　●石黒氏とベルタン氏の水道巡視
　　曾て前号の紙上に記せし如く横浜市会の議決を以て同地水道資金年賦返還の延期を内務省に請願中なりしが右につき内務省より石黒工学博士、雇外国人ベルタンの二氏を派遣して実地を調査する事となし昨

442

十八日両氏は横浜に赴き水道所長朝田又七氏と共に其の水源へ出張せ
(187)
り

◎横浜水道の調査　予て前号の紙上に記せし如く横浜市会の議決を以
て横浜水道資本年賦償還延期を内務省に請願せしが右に付我が政府は
実地水道経済を調査する為め内務省の石黒工学博士及ひ雇外国人ベル
トンの二氏を派遣し水道全体を調査する事となりたれば昨十八日右両
氏は横浜に赴き水道所長朝田又七氏と共に午後一時其水源へ向け出張
せりといふ
(188)

上の『郵便報知新聞』が"ベルタン"、下の『時事新報』が"ベルトン"
とするが、記事の内容からこれらがバルトンと石黒による横浜調査を報じ
るものと判断できる。続報は見当たらないため調査が何日まで続いたか明
らかではないが、横浜市水道における調査は両紙が記す明治24（1891）年
12月18日に始まり、後述する下関の調査へバルトンは12月22日には出発
しているため、少なくともバルトンによる調査は前日の12月21日までと
することができよう。

なお、年明けの1月18日には復命書が提出されたが、バルトンは横浜調
査直後、下関の調査にも臨んでいるため、復命書の執筆は石黒によると見
るのが妥当である。

## 下関（馬関/赤間関）

下関における調査概要はバルトンによる『赤間関市ノ衛生上ノ景況ニ関
スル報告書並ニ其改良法案』に記される。同書は復命書とともに明治25
(189)
（1892）年5月14日にバルトンから内務省衛生局長宛に提出されたが、報
告書の冒頭に、

　昨年ノ末余ハ赤間関市ノ下水改良法及ヒ其給水法ニ付キ意見ヲ述フル
　ノ目的ヲ以テ該市ノ衛生ノ現況ヲ視察センカ為メ数日間該市ニ滞在セ
(190)
リ

とあり、報告書を提出した明治25（1892）年の前年暮れに当たる明治24
（1891）年12月に調査が実施されたと考えることができる。この件は『内

務省年報・報告書』の内、明治24（1891）年度功程報告、衛生事務の項目に、

> 同年十二月下旬山口県赤間ケ関市下水工事ノ設計調査ノ為メバルトンヲ同地ニ派出セシム<sup>(191)</sup>

とあり、同年の『衛生局年報』でも、

> 同年十二月下旬山口県赤間ケ関市下水工事ノ設計調査ノ為メバルトンヲ同地ニ派出セシメラル<sup>(192)</sup>

として、両書ともバルトンを赤間ケ関へ明治24（1891）年12月末に派遣したと記述する。さて、調査の日程は、『毎日新聞』の明治24（1891）年12月25日号に、

> ●下水改良設計　山口県にては同市の下水改良を同市会に於て可決せしを以て其設計を帝国大学雇バルトン氏へ原知事より依頼なし来りたるに付同氏は去る廿二日全県へ向け出発せり<sup>(193)</sup>

とされる。記事では"山口県にては同市の下水改良"とあるが、前後関係から、これが赤間ケ関における調査と見てよいであろう。バルトンの出発は12月22日横浜正午12時発の横浜丸であり<sup>(194)</sup>、馬関着は12月26日以後<sup>(195)</sup>となる。具体的な調査については、『防長新聞』明治25（1892）年1月6日号に、

> ○バルトン氏　過般赤間関市下水工事調査の為め来関せしバルトン氏及び山田寅之助氏の一行は去月廿九日赤間関測候所に行参考の為め同所各月平均及び年平均雨量を問合せたりと<sup>(196)</sup>

とあることから少なくともバルトンは明治24（1891）年12月29日には測候所に赴いて、雨量を問い合わせたことが判明する。

帰途は翌明治25（1892）年1月8日横浜へ、横浜丸にて寄港しているため<sup>(197)</sup>、下関の出港は1月5日と考えられる。

# 明治25（1892）年

明治25（1892）年、バルトンには長女多満（子）が生まれている<sup>(198)</sup>。但し、多満の母親ウメ子は出産後、間もなく死没したという<sup>(199)</sup>。

一方、この年以後、バルトンが衛生調査のために訪れた都市の数が急増

しており、8月には神戸の調査後、正倉院の見学も行っている。

## 大　阪

**バルトンによる明治25（1892）年上水道調査に至る経緯**

　先ず、バルトンはこの年6月下旬に大阪を訪れた。大阪市においては明治20（1887）年5月6日付のパーマーによる上水道敷設設計があったが、即時実施に移すことができず、明治23（1890）年になって国の認可を受けたものの、人口増加などのためパーカー案には既に修正が必要であった。そこで、大阪市会では同年11月に水道調査委員を選任し、翌明治24（1891）年3月5日に調査報告を行い、その過程で明治24（1891）年1月6日から10日の日程でバルトンによりパーマー案を修正するための調査が先ず実施された。これらを受け明治24（1891）年7月28日、大阪府庁に水道敷設事務所が開設され、明治25（1892）年8月1日、大阪城趾における工事に着手したが、バルトンの大阪における2回目の上水道調査はこれに先立ち、明治25（1892）年6月に実施されたのである。

**バルトンによる明治25（1892）年大阪市上水道調査の日程**

　『大阪市水道誌』において明治25（1892）年6月におけるバルトンの動向は触れられていない。なお、大阪市では5月7日にそれ以前の設計に携わった工事長野尻武助が死没し、6月16日付で内務省技師沖野忠雄を工事長に、大阪市技師吉村長策を副工事長に任命している。

　さて、バルトンの大阪訪問は『大阪朝日新聞』に、

　　●衛生局顧問の来阪　兼々大阪水道布設の設計に意見を致し居れる夫の衛生局顧問英国人バルトン氏は已に東京水道布設工事にも顧問たる人なるが内務大臣の命令に依り大阪水道工事に於ける諸件を視察せんが為来る二十一日横浜出港の船にて来阪する趣なり

とあるように明治25（1892）年6月21日正午に横浜出港の船により神戸経由で大阪へ向かう予定であったが、

　　●バルトン工師　衛生局顧問たる土木局工師バルトン氏は愈一昨日横

解説　バルトンによる上下水道・衛生調査の全容

浜港出港の西京丸にて上途せし趣なれば昨日午後は最早神戸に着し夫より当地に来りて中の島の自由亭に投宿せん筈なりしが滞留は凡一週日許にて其間水道の水源地及び貯水池等施工上重要なる部分に就きて視察する所あらん都合なりといふ又同氏は水道布設の計画に就き当初パーマー氏の作れる工事設計書を修正して完全のものとなし今日計画を実行するに至れるも亦夫等に由ることなれば之が酬労の一端として明後二十五日午後山田知事及び高崎水道事務所長、沖野水道工事長、吉村水道工事副長、市参事会員、水道布設委員等より同氏を曾根崎新地裏町静観楼に招き饗宴を張らん筈なりとぞ同氏は久しく我国に留まり我風俗を悦び常々酒も料理も皆我国のものを用ひ居るを以て先年来りし時之を饗するに当り西洋料理西洋酒を用ひず参会者羽織袴を着せしが今回も其時と同様にせん考案なりと聞きぬ(206)

とあるが、この段階でもバルトンは大阪に到着していない。これは、

●バルトン工師　は前号にも記載せし如く西京丸にて横浜を発し一昨日正午神戸に入るべき筈なりしに海上風波甚だしかりしが為午後七時に至りて漸く着し居留地のホテルに投宿し昨日午前八時二十八分汽車にて当地に来り取りあへず其旅館と定まり居る中の島の自由亭に入り九時過ぐる頃大阪府庁に赴きぬ府庁にては山田知事高崎書記官に面談したる後水道工事部に就きて直ちに水道絵図等の取調に着手したりといふ(207)

とあるように、遠州灘沖の海上における風波が強く、更に熊野沖では難破船の救助を行うなどしたため(208)、バルトンの乗った西京丸の神戸着港は当初の22日正午の予定から午後7時にずれ込んだ。バルトンは神戸到着後、取り敢えず22日に神戸居留地のホテルへ入った。そして23日の朝、バルトンは汽車にて大阪に入り、中之島の自由亭に荷物を置くと9時過ぎには大阪府庁にて知事などと面会を行い、工事部において調査を実施したのである。

翌日以後の日程は26日の紙面に、

●バルトン工師　の大阪府庁水道工事部に於ける絵図の調査は一昨日

午前限りにて終りたれば同日午後より愈夫の東成郡都島村の水源地幷に大阪城内なる貯水池の位置其他の巡視に取掛り昨日も亦同様の巡視をなしぬ<sup>(209)</sup>

とあり、更に29日の紙面では、

●バルトン工師　は昨日高崎水道事務委員長吉村水道工事副長幷に市参事会員水道布設委員事務委員等打揃ひ東成郡都島村なる水源地を視察せり<sup>(210)</sup>

とされる。

バルトンによる調査は、28日における委員を伴う現地視察で終わったようで、30日の紙面においては、

●バルトン工師の取調全く畢る　バルトン工師は一昨日水源地視察にて今回の大阪水道設計取調は全く畢り昨日は大阪府庁にて山田知事及び高崎書記官に面接し告別をなしたる由斯くて昨日神戸に赴き海路帰京の途に就けり又工師が此取調に於ける所見の大要なりとて伝ふるものを聞くに設計書を取調べ水源地貯水地其他の要処を視察するに不都合と認むべき廉は一もあることなし現在の実地に就きて現在の設計を行はんには完全なる水道を造得べしと信ず一日も早く成功せんことを希望すといふに在り<sup>(211)</sup>

とあるように6月28日で実地調査は終了し、29日には府庁に赴いて府知事や書記官に面接の後、神戸に向かい船にて帰京している。神戸からは翌30日出帆の横浜丸に乗船し、横浜へ、7月1日に帰着しているため<sup>(212)</sup>、バルトンらは面談後、神戸へ汽車で向かったものと考えられる。なお、6月23日付紙面で予告されたバルトンに対する饗応について紙面では触れられないが、これまでの例からすると帰京前日に行われたと考えるのが妥当であろう。

即ち、バルトンによる明治25（1892）年におけるバルトンの大阪市上水道布設調査における大阪滞在は6月23日から29日までの7日間で、バルトンによる調査は図面検討と水源地、貯水池等の実見であったと見ることができる。

さて、一度東京へ戻ったバルトンであるが、この年の夏期休暇においては神戸、門司、大牟田、福岡における衛生調査、大阪における施設見学、更には奈良東大寺、正倉院の見学も行っている。

神　戸

**バルトンによる明治25（1892）年の神戸調査に至る経緯**

神戸市では既に明治21（1888）年の段階でパーマーに上水道の設計を依頼していたが、市勢の発展などにより計画は実情と合致しなくなっていた。そのため、明治22（1889）年の内務大臣訓令に基づきバルトンによる調査依頼を明治25（1892）年6月24日の市会において議決し、この稟請を県知事から内務省へ提出した。そして、明治25（1892）年7月5日にはバルトンの福岡県への出張の折り、神戸への出張が回答されたのであった。[213]

**バルトンによる明治25（1892）年神戸調査の『神戸市水道誌』による日程**

バルトンは夏期休暇開始後、神戸へ向かった。神戸におけるバルトンの日程は『神戸市水道誌』を始め、幾つかの資料に記録される。ここでは先ず『神戸市水道誌』の記載を通覧し、後述する新聞報道と比較する材料としたい。

バルトンが神戸港に着いたのは『神戸市水道誌』では明治25（1892）年7月13日午後4時とされ、内務属坂部録三が同行した。[214] 翌14日9時30分からは上記2名と周布公平知事、吉本亀三郎兵庫県技師及び神戸市参事会員、[215] 水道調査委員一同が神戸商工会議所に集い、鳴滝幸恭神戸市長からこれまでの来歴、バルトンに設計を依頼することについての挨拶があり、バルトン[216]からも返礼があったという。但し、バルトンはこれから門司港における下水工事の視察が先約としてあるために事後の調査を約束した。この日バルトンは12時に旅館へ戻り、翌15日午前4時出帆の船で門司へ向かった。[217]

バルトンが再び神戸港の地を踏んだのは7月27日、午前7時20分のことであった。翌28日に、バルトンは坂部属とともに来庁し、県の粕谷属が

既に調査済である神戸市における水源溜池水質分析、雨量などの説明を行った。29日は午前8時からバルトンは坂部内務省属、粕谷兵庫県属、4人の水道委員とともに再度谷水量試験所から猩々池、深谷池、塩ケ原池を巡って昼食とし、午後は長谷、抜ケ谷を踏査して夕方18時30分に戻ったという。30日は午前9時からバルトン、坂部内務省属が来庁し調査を行い、13時からは粕谷兵庫県属、水道委員1名が合流し、山本通1丁目を経て奥平野、石井、夢野などの村落における調査をなし、16時に帰庁し続けて調査を実施したという。なお、バルトン滞在中は生田神社内の清気館を水道調査仮事務所にしたという。月が改まり8月1日はバルトン、坂部内務省属、粕谷兵庫県属は布引滝、雌雄滝の水源調査へ向かい、山本通を経て、諏訪山の井垣池を終日調査したという。8月3日は、生田神社の清気館に市参事会、水道委員が集い、バルトンによる調査によって生じた問題などについて協議し、更にバルトンは9時30分から11時30分の2時間、粕谷属及び坂部属の2人を通訳として水道計画上の利害に関する演説を一同に対して行ったという。以後、バルトンは数日間、ホテルに滞在し、更なる調査を実施して、設計上において必要となる事項を粕谷属に託して神戸を後にしたという。[218]

以上『神戸市水道誌』の記載より、明治25(1892)年におけるバルトンの神戸滞在は、7月13日から15日及び7月27日から8月3日以後の数日間に及んだものと判断できるのである。

## バルトンによる明治25(1892)年神戸調査の新聞報道による日程

一方、新聞報道を見ると、明治25(1892)年当時における神戸の状況を詳しく伝える新聞には『神戸又新日報』があるものの、同紙では同年7月分が7月29日分以後しか現存しないため、先ずは『大阪朝日新聞』の報道に沿いながらバルトンの調査行程を見て行きたい。

バルトンの神戸到着は明治25(1892)年7月13日であるが、この点は、
　●バルトン工師　は神戸水道敷設の事に就き一昨日東京より同地に着せん筈なりしが都合ありて今日午後西京丸にて来るべく船入港せば市

長、市参事会員、市会の水道調査委員は埠頭(はとば)に出迎へ工師は直ちに兵庫ホテルに投じ明日右の面々の招にて神戸商業会議所に到り説話を聴聞せん予定なりき又工師は福岡に赴くの途次立寄るものなれば神戸の用向済みし上は更に其海路に上るべしといふ(219)

とある通り、本来は7月11日到着の予定であったものが、7月13日にずれ込んだという。なお、バルトンは7月13日の神戸港到着に際し、市長等の出迎えを受け、兵庫ホテルへ投宿後、神戸商業会議所にて打合せを行っている。

●バルトン工師　神戸の水道設計の事に就き同地に来ることゝなりし内務省雇工師バルトン氏は予記の如く一昨日午後西京丸にて阪部内務属と同伴神戸に着し兵庫ホテルに入れり昨朝は神戸市参事会員等と共に兵庫県庁に抵り周布知事に面談し夫より商業会議所に赴き市長、市参事会員、水道調査委員、技師、市吏員等と会し水道布設の件に付き当初よりの計画及び今日の模様等を逐一聞取りし上工師は一先づ旅館に帰れり尤も此席には周布知事、吉本技師等も来りて傍聴したる由又水道調査委員加藤、為田、高徳、友成の四氏及び粕谷技師等は長崎水道の実況視察の為め今朝神戸を発する西京丸にて同地へ出張することゝなれり右に就てはバルトン工師も同船にて福岡県へ赴く都合なりと(220)

そして翌7月14日、バルトンは兵庫県庁において周布知事に面談し、その後は商業会議所へ赴き市長、市参事会員、水道調査委員、技師、市吏員等とともに上水道敷設の計画について聞き取りを行い宿へ戻り、7月15日に再び西京丸にて福岡県へ向かったという。そしてバルトンが再び神戸の地へ戻ったのは7月27日午前のことであった。報道では、

●バルトン工師　此程より福岡県に赴き居たる内務省雇技師バルトン氏は夫の神戸市水道敷設の件に関し実地調査の為嚮に長崎地方へ出張せし兵庫県技師粕谷素直氏の一行と共に昨廿七日午前西京丸にて神戸港に着しバルトン氏は直に兵庫ホテルに投宿したり又今廿八日は同市水道敷設委員、市参事会員等の発起にてバルトン氏を饗応せん都合な

## 3　来日から渡台まで

りと又明廿九日は同氏幷に神戸の水道敷設に関係ある諸氏一同打揃ふて水源の視察をなし爾後一週間を期して右敷設工事の設計書をバルトン工師に調製せしめ出来の上は直に之を市会に付して諮問会を開かん予期なるが是等の事了りし後水道敷設委員はバルトン工師と同伴して横浜に抵り同地水道の模様を実見する趣きなり<sup>(221)</sup>

とあるように、バルトンは粕谷素直らとともに西京丸にて神戸に到着し、兵庫ホテルへ投宿した。翌7月28日には神戸市水道敷設委員、市参事会員等の発起でバルトンに対する饗応が予定されたとする。そして7月29日以後、水源の視察などが1週間程度を目処とされた。なお、バルトンによる視察後は水道敷設委員らによる横浜への視察予定が報道されている。

さて、バルトンによる神戸における調査は、

●バルトン工師
目下神戸の水道敷設に係る用向にて同地に滞留し居る内務省雇バルトン氏は昨朝同市の水道調査委員及び技師、市吏員等と同伴し布引なる水源地を実検したり尤も同氏は尚ほ数日間滞在の見込なりと<sup>(222)</sup>

と、7月30日に水源地の視察などが報じられる。

●バルトン工師と神戸水道調査委員　此程より水道設計の事に就き神戸に滞在し居たる内務省雇工師バルトン氏は最早用済となりたるを以て今十一日正午神戸出帆の横浜丸にて帰京の途に上る都合なり又神戸水道調査委員の一行は横浜の水道視察のため予記の如く昨十日午前八時五十六分神戸発の汽車にて同地に向ひ出発したり其視察をなす日数は凡三週間の見込なる由<sup>(223)</sup>

そして、バルトンは一連の調査を終えて、明治25（1892）年8月11日正午に神戸港出帆の横浜丸にて帰京した。また、水道委員等はこれとは別に8月10日の列車にて横浜へ向かったことが分かる。

一方、明治25（1892）年7月29日以後は『神戸又新日報』の紙面が残るため、九州から神戸への再訪以後におけるバルトンの行動については同紙により詳しく見ることができる。

●バルトン氏と委員の会合　当神戸市水道調査委員及び市参事会員

> は昨日午前九時より市役所楼上に於て内務省御雇工師バルトン氏と会合し調査委員より予て取調べたる設計の書類及び図面を示し従来の成蹟を詳述しがバルトン氏は右成蹟に基きて今二十九日より布引、再度の二水源を実地見分する事とし一同退散したり聞くバルトン氏は右設計取調の為め向ふ一週間滞在の上帰京する都合なるが予て選定せる横浜及び東京の水道実地取調べ出張員諸氏も同時に出発する都合なりと[224]
> ●バルトン氏の水源視察と設計　内務省御雇工師バルトン氏は当市水道調査委員及び粕谷技師宮内市書記と同伴にて一昨廿九日早朝より再度山及び布引滝の二水源を実地見分したり其順序は再度山の猩々池より深谷池、塩原池、長谷池、祓谷池を経て午後六時頃布引滝奥より帰神せしが尚中一里山の河獺池のみ見残したるに付き引続き見分するの都合なりと又昨日午前十時頃より市役所楼上に於て右バルトン氏は粕谷技師宮内市書記と会合し一昨日の実地見分により設計に着手したり[225]

とあるように、まずは7月28日に『神戸市水道誌』にもあるように午前9時に水道調査委員、市参事会員は市役所楼上に集い、バルトンらとともに会合を持ち、調査が進んでいた設計書類、図面類の説明を行った。続く29日、バルトンは早朝から水道調査委員、粕谷技師、市書記を同伴して再度山の猩々池、深谷池、塩原池、長谷池、祓谷池を巡り布引滝から午後6時に戻ったという。30日は午前10時から市役所において粕谷技師、宮内市書記と会合し、29日における調査に基づいて設計に着手したという。

　7月31日におけるバルトンの動向は明らかではないが、8月1日の行動は翌日8月2日の紙面によると、

> ●バルトン氏　当市水道布設工事を嘱託せられ過日来滞神中なる内務省御雇工師バルトン氏は学術研究のため其筋の許可を得奈良県奈良正倉院の秘蔵品を拝観の為め昨朝出発同地へ赴きしが今朝までには帰神の筈にて引続き神戸市の水道設計に着手する都合なりと云ふ[226]

とあるように、8月1日朝からは1泊2日の行程で奈良正倉院へ赴き見学を行ったとされる。

3 来日から渡台まで

●バルトン氏の取調　　当神戸市水道工事設計の為め滞在中の内務省雇工師バルトン氏は昨日午前八時より市内生田神社境内の倶楽部に於て神戸市技師粕谷素直、市書記宮内二朔両氏と会合し濾水池及び配水池の位置其他設計上に係る取調をなしたる由(227)

●バルトン氏と水道工事　　当市水道工事設計の為め過日来滞在中の内務省御雇工師バルトン氏は実地に就き大体の取調べを結了せしに付き一昨日は生田神社境内の倶楽部に於て水道調査委員及市参事会員等に向ひ水道布設上将来の方針を談話せしが尚ほ両三日間は市内の各名所を遊覧し来る八九日頃を以て一先づ帰京する由尤も帰京の上は実地の取調べに基づき細密の設計を立て差廻はす都合なりと(228)

●バルトン氏の設計と調査委員　　当市水道工事の設計に嘱託され居る内務省御雇工師バルトン氏は明八日若くは九日頃を以て一先づ帰京の途に就くよしなるが右に付き横浜及び東京水道工事方案取調べの為め出張する調査委員上田栄次郎、村上五郎兵衛、山本繁造（滝本甚右衛門氏は差支へあり見合せとなる）の三氏及び粕谷技師、宮内市書記等には来る十日午前八時三十分発の汽車にて横浜へ向け出発する事に確定せり就ては明八日市役所楼上に於て調査委員会を開き出張員との打合せをなすとの事因に記す右バルトン氏が実地に就き取調べたる報告の大要を聞くに水源は完全にして在来の溜池は給水事業の給水池となすに適当なる位置なるも其構造疎なるを以て将来工学的に適する様改造せざるを得ず加之目下規定しある処の水量は今少し人家の増加したらんには十七ガロンを給するの契約より三四ガロン増加するを必要□□□今下の□□□□将来□溜池を修□□□□□□□とするも将来人家の増加するに於ては今少し溜池を増築せざる可からず又横浜、長崎両港の水道には沈澱池の設けなきも一朝大雨の為め泥水に化したるときは濾水池及び配水池の外は沈澱池を設け置くは必要なるに付き之れを計画すべし而して濾水、配水池の位置は種々取調べたるに其位置は成るべく高き処に設けざるを得ざる次第なるが予て定めある諏訪山麓なる井垣池とするときは夫れより高き場処即ち諏訪山の料理屋及び北野

解説　バルトンによる上下水道・衛生調査の全容

天神社近傍の住民へ給水の出来ざるに付き之れには水源より別管を布設するか或は他に何か給水をなすの方案を設けざるべからざる次第なり云々又バルトン氏は曩きに設計したる海軍少将パーマー氏の編案に基かず全く同氏一己の考案を以て設計をなしたるものなりと云へり[229]

●バルトン氏等の慰労会　　内務省御雇工師バルトン氏は当市水道工事の設計に係る大体の調査だけは既に結了せしを以て予記の通り一先づ帰京するに付き一昨夜兵庫和楽園内魚善楼に於て右バルトン氏及び坂部内務属を招き慰労会を催ほしたり[230]

●バルトン氏　　過日来滞神中なりし内務省御雇工師バルトン氏は昨日正午横浜へ向かひて、横浜丸にて帰京せしが鳴滝市長及び、当市水道調査委員、市参事会員等は海岸迄見送りたりと[231]

　そして、紙面によれば8月3日、バルトンは午前8時から生田神社境内の倶楽部において粕谷神戸市技師、宮内神戸市書記と濾過池、配水池の位置などの打合せを行っている。更に同日、調査がほぼ終了したため、同所にて水道調査員、市参事会員等に対してバルトンは水道布設上、将来の方針を講演したという。以後数日、バルトンは市内各所を遊覧の予定し、バルトンに対する慰労会が8月7日、兵庫和楽園内の魚善楼にて、坂部内務省属も招かれて行われた。そしてバルトンは8月11日正午、神戸港発横浜港行の横浜丸にて帰京したという。[232]

## バルトンによる明治25（1892）年の神戸における調査の日程

　以上、『神戸市水道誌』、『大阪朝日新聞』及び『神戸又新日報』の記事から、バルトンによる明治25（1892）年の神戸における水道調査の内容を見たが、何点かにおいて資料間で相違が見られた。これによると、7月13日から15日及び7月28日の動向では、『神戸又新日報』が現存しないため、『神戸市水道誌』『大阪朝日新聞』の情報に頼らざるを得ない。一方、以後、『神戸市水道誌』では7月30日午後における調査行程が記されるが、『神戸又新日報』ではその記載がない。更に、8月1日から2日にかけての記載は大きく異なる。『神戸市水道誌』において8月1日は午前8時からバルトン

ら一行は布引滝、雌雄滝などの水源調査へ向かい山本通をへて諏訪山の井垣池を終日調査とするものの、『神戸又新日報』においてバルトンは8月1日から翌日にかけて奈良正倉院へ宝物の見学へ赴いたとされ、後々の日程も妥当性を欠く。特に8月2日のバルトンの動向については『神戸市水道誌』、『大阪朝日新聞』とも明示しないが、『大阪毎日新聞』8月4日付の記事によれば、

　●水道工事視察　　内務省御雇工師バルトン氏は去一日兵庫県非職技師樫谷氏等と共に来阪一昨日は大阪水道事務所員及び技師等の案内にて中野村水源池及び城内貯水池工事等を視察したり右は目下設計中なる神戸水道工事の参考に供する為めなりと云ふ[234]

とあるように、8月1日に、恐らく『神戸市水道誌』が記す一連の調査終了後、バルトンらは大阪へ赴き、翌8月2日には水源地及び貯水池の工事が進む大阪城周辺の視察を行ったのである。

　一方、神戸からの帰京について、『神戸市水道誌』は8月3日の講演後、バルトンは数日間、兵庫ホテルにおいて種々の調査を遂げ、設計上の必要事項を粕谷技師に託したとするが、『神戸又新日報』では、8月4日以後、バルトンは2、3日市内を遊覧して8月7日には和楽園内の魚善楼にて慰労会が催されたことを伝え、バルトンの帰京は実際のところ8月11日正午の横浜丸であったと報道する。特に帰京の日程は、汽船の情報とも合致することから、この点については『神戸又新日報』による情報の方が信憑性は高いものと判断できよう。

　つまり、後述する正倉院見学の日程も考慮すると、バルトンによる明治25（1892）年の神戸における衛生調査日程は、7月13日から15日及び7月28日から8月11日で、神戸における本格的な上水道調査は明治25（1892）年7月28日からであったこと、また、8月1日から2日にかけて兵庫県の樫谷氏技師等とともに大阪市において施工の進む大阪市上水道工事を視察したことが明らかとなる。

解説　バルトンによる上下水道・衛生調査の全容

# 門　司

**バルトンによる明治25（1892）年福岡県調査までの過程**

　さて次に、神戸の訪問を挟んでバルトンにより実施された門司、大牟田、福岡における調査日程についてみて行きたい。門司の調査日程については資料不足のため、バルトンの報告書に記載される明治25（1892）年7月と(235)してしか従来は判明していなかったが、明治25（1892）年7月におけるバルトンの神戸出張前後の動きを見ると、先ずは神戸市からバルトンの出張を要請する稟請が6月24日付で神戸市長から兵庫県知事へ出され、これが内務省に容れられ、その回答には、

　　水道設計調査ノ為メ内務省御雇工師バルトン氏出張之儀御稟請ニ依リ其筋ヘ稟申相成候処今般聴許之上来十一日頃福岡県ヘ出張ノ途次当県ヘモ出張セシメラレ候様通牒有之候間右様御了知相成度此段及御通牒候也

　　　明治二十五年七月五日

　　　　　　　　　　　　　　　　　　　　内務部長　徳久恒範
(236)
　神戸市長　鳴滝幸恭殿

ともたらされている。即ち、バルトンには当時、本来は福岡県への出張予定が先行してあり、その折に神戸での調査が組み込まれたと言えよう。つまりバルトンは上述の命を受け、明治25（1892）年7月13日に先ずは神戸に赴き、更に7月15日午前4時に神戸出帆する船で門司へ向かい、福岡県内における調査を終えて7月27日に神戸へ戻ったのであった。

　ところで『内務省年報』の明治25年度功程報告には、

　　同年（明治25／1892年：著者注）七月中兵庫県神戸市福岡県門司港給水工設計及福岡県大牟田町下水工設計ノ為メ衛生工学技師バルトンヲ
(237)
　　同地ニ出張セシム

とあることから、この福岡県への出張には門司に加え、大牟田における下水工事調査も同期間に行われたと考えることができる。なお、神戸における
(238)
調査報告は明治25（1892）年9月13日付、門司における調査報告は同年

456

9月20日付(239)でバルトンから提出されている。

## バルトンによる明治25（1892）年の門司の衛生調査日程

バルトンの門司への訪問が最初に報道されたのは明治25（1892）年7月16日付の『福陵新報』による記事であった。

●大学雇教師バルトン氏　は門司港上水工事設計の為め昨日門司港に着する由右に付き衛生係箕浦属は昨日全地へ出張せり(240)

バルトンの門司港着は7月15日の予定であるため、県の衛生係箕浦属が同地へ出張したというものである。

●バルトン氏来る　兼て門司出張を命せられ居たる帝国大学雇教師バルトン氏は去十六日を以て門司に着し石田組に投宿の上同日午前十時より箕浦県属、工藤技師其他数名と共に清滝の水源其他を換分したりといふ因に云ふ昨日は大牟田町下水溝設計の為め全地に赴けり(241)

但し、続報によるとバルトンの門司港着は7月16日であり、この日は10時から箕浦県属、工藤技師など数名と共に清滝の水源地などを調査したという。そして、7月19日にバルトンは大牟田へ向かったという。

## 大牟田

バルトンの大牟田への移動は、既に前年となる明治24（1891）年の段階で九州鉄道が熊本まで開業しているため、鉄道での移動と考えられる。大牟田における調査の詳細は、

●大学雇教師バルトン　は大牟田下水溝の設計に付き実地視察として予て全地に赴きたるが昨日出発太宰府に立寄り午後六時来博、中島町の松島屋に投宿せり本日門司に赴き両三日滞在の上、帰京する由(242)

とあるように、下水溝についてのものと考えることができる。

そして、バルトンが大牟田を離れたのは7月21日のことで、太宰府を経由して同日午後6時に博多へ着き、中島町の松島屋へ投宿したという。

## 福　岡

　明治25（1892）年7月21日に福岡へ到着したバルトンであったが、報道によれば、7月22日にバルトンは再度、門司へ向かい、そこに2、3日滞在するとされる。なお、紙面でバルトンは帰京とするが、バルトンがこの後向かったのは神戸である。また、

　　●工藤技師、バルトン氏を招待す　本県雇技師工藤謙氏は昨日午后六時よりバルトン氏を福村楼に招き慰労の宴を開く、山崎書記官、中原警部長、八重野第三課長、山中市長、熊谷、榎本、池田、戸田の四医学士、大島衛生係、及ひ坂辺内務係属も列席したり<sup>(243)</sup>

とあるように、7月21日午後6時から、福村楼にバルトンは招かれ、慰労会が催された。

　バルトンが写真技術にも精通したことは有名な話であるが、

　　●写真術練習　バルトン氏は最も写真術に精しきを以て当地の写真師三苫氏は技術練習の為め氏を大牟田に訪ふて其秘伝を受けたる由<sup>(244)</sup>

　　●バルトン氏　兼て来博中なる同氏は一昨日門司に向て出発せしか古門戸の写真師三苫利三郎氏ハ氏を博多停車場に送り互に撮影して別たり<sup>(245)</sup>

とあるように、福岡の写真師である三苫利三郎は大牟田にわざわざバルトンを訪ね、技術指導を受けている。さらに三苫は7月22日にバルトンが門司へ移動する際には博多駅でバルトンを見送り、互いに写真撮影を行ったとされる。なお、この記事よりバルトンの門司への移動は列車によるものであったことが判明する。

　ところでバルトンは明治22（1889）年の段階で福岡市上水道調査を行い、報告書を提出していたが、これは実現に移されないままであった。この点について、今回の訪問では以下のような問い合わせがあったという。<sup>(246)</sup>

　　●福岡市不水溝設置の件〔ママ〕　は曾つて其取調方をバルトン氏に嘱託したるが其の当時氏より送付せられたる設計図の如きは極めて精密にして直に設置に着手するも容易になし難きより荏苒今日に及へり然る

に今回氏の来県ありしを以て丹市書記親しく氏に就て質問する所ありしがさして太した事もあらざれば不日市の一問題となるべしと思はる[247]

なお、バルトンの門司出発日時は明らかでないが、次に訪れた神戸における資料では、明治25（1892）年7月27日午前7時20分に神戸港へ着いていることから門司港発は前日の7月26日と判断される。[248]

また、後日談ではあるが、明治26（1893）年2月19日付の『東京朝日新聞』には以下の記事を見ることができる。

●バルトン氏の落し胤　降るアメリカに袖は濡さじとツンとひねつた喜遊をして之を聴しめなバ地下に切歯をなして怒るべし長門国馬関裏町の妓楼長保楼の遊び女溥柳ハ内務省の御雇工師たる独逸人バルトン氏が同市下水溝渠改良工事調査の為め昨年六月同地に滞在中深くも同氏の愛顧を受け毎日毎夜氏の旅宿に詰切をして《以下略》[249]

ここではバルトンが明治26（1893）年の前年に当たる明治25（1892）年6月、下関市において下水道調査を行ったと伝えるが、記事ではバルトンを"独逸人"とするなどやや信頼性は欠けるものとなっている。この時期にバルトンは下関市における衛生調査は実施をしておらず、当てはまるとすれば上述した門司における調査となる。[250] 記事の信憑性は判断し難いものの、可能性として門司におけるバルトンの調査を挙げることができる。

## 正倉院

九州での調査を終え、バルトンが神戸へ舞い戻ったことは既に述べた通りであるが、神戸での調査が一段落した後、バルトンは正倉院を訪れている。しかし、諸資料の間で記載に異同があり、それらを通読しただけではバルトンによる見学日時が明らかとはならない。先ずは各資料の紹介を行い、バルトンによる正倉院参観日を示したい。

### バルトンの明治25（1892）年正倉院訪問に至る経緯

『神戸又新日報』により、明治25（1892）年7月の調査におけるバルトンの動向を先ずは見直しておきたい。九州から戻って以後、バルトンは7

月28日に市役所で書類の説明を受け、29日は実地調査、30日は午前に市役所で設計打合、31日は記載がなく、以後は、

> ●バルトン氏　当市水道布設工事を嘱託せられ過日来滞神中なる内務省御雇工師バルトン氏は学術研究のため其筋の許可を得奈良県奈良正倉院の秘蔵品を拝観の為め昨朝出発同地へ赴きしが今朝までには帰神の筈にて引続き神戸市の水道設計に着手する都合なりと云ふ<sup>(251)</sup>

とあるように、8月1日にバルトンは正倉院拝観のため奈良へ赴き、翌2日に神戸へ戻ったと伝える。そして8月3日は、午前8時から生田神社の事務所において打合せ後、水道調査員、市参事会員へ対して水道布設上将来の方針について談話を行ったとする<sup>(252)</sup>。以後、バルトンは、<sup>(253)</sup>

> 両三日間は市内の各名所を遊覧し来る八九日頃を以て一先帰京する由<sup>(254)</sup>

とされ、8月7日にも同様の報道があったが<sup>(255)</sup>、7日夜に慰労会があった<sup>(256)</sup>。そしてバルトンの帰京は、8月11日の正午12時出港<sup>(257)</sup>の横浜丸であったとする<sup>(258)</sup>。つまり、『神戸又新日報』の報道によると、バルトンは明治25（1892）年8月1日から2日にかけて正倉院を訪れたこととなる。

ところで、『神戸市水道誌』には既に述べたように明治25（1892）年におけるバルトンによる一連の調査行程が記録される。同誌によりバルトンの動向を再確認すると、7月27日の神戸港着後、28日は市役所にて書類図面類の説明を受け、29日は実地調査、30日午前は市役所において打合せで午後は実地調査、31日は記載がなく、8月1日は実地調査、2日も記載がなく、3日は生田神社に設けた事務所において設計などについて打合せ後、バルトンによる演説があり、

> 夫ヨリ数日間旅館ナル海岸居留地兵庫ホテルニ滞在シ種々調査ヲ遂ゲ設計上ニ要スル事項左ノ通リ粕谷技師ニ託セリ<sup>(259)</sup>

とあるように、8月3日以後数日間、バルトンは兵庫ホテルにおいて書類の作成に当たり、必要事項をまとめて以後は粕谷兵庫県属に託したとする。このように『神戸市水道誌』の記載によれば、バルトンは8月1日に実地調査を行い、同日の正倉院訪問は記録されない。

一方、『大阪朝日新聞』では7月11日おけるバルトンの神戸到着を伝える<sup>(260)</sup>。

3　来日から渡台まで

そして、同紙は7月28日におけるバルトンの神戸再訪を伝え、28日における水道敷設委員、市参事会員等の発起によるバルトン氏饗応の予定を記す。更に29日にバルトンは現地調査を行い、以後一週間程で計画がなされ、調査委員らの横浜水道見学予定も報道される[261]。なお、バルトンの動向は、30日に布引などの水源地を実検したとするが、バルトンらによる布引地域の調査は『神戸市水道誌』では8月1日[263]、『神戸又新日報』では7月29日とする[264]。

そしてバルトンの正倉院訪問は8月6日付の『大阪朝日新聞』紙面においては

　●バルトン工師　爾来神戸に在りしバルトン工師は予て正倉院御物の拝観を願ひ置きしに許可せられしを以て昨朝奈良に赴きたる由又工師の神戸水道に関する取調は一応之を終へしに就き今回奈良より神戸へ還りし上来る八日か九日ごろ帰京せん心算なりとぞ[265]

と伝える。なお、バルトンの帰京は、8月11日に神戸港からの出帆を伝える[266]。

以上より、『大阪朝日新聞』によればバルトンは8月5日朝に奈良へ向かったと伝える。

## バルトンによる正倉院拝観日

このように『神戸又新日報』ではバルトンによる正倉院訪問のため神戸を離れた期間を明治25（1892）年8月1日朝から2日朝とするが、8月1日におけるバルトンの動向は別稿に記したように昼間は『神戸市水道誌』に記録があり、布引滝、雌雄滝などの水源地へ向かい終日調査に宛てた後、大阪へ向かい、翌日は大阪で水源地などの視察をしたとするのが妥当である[267]。一方、『大阪朝日新聞』では正倉院訪問のためバルトンは8月5日朝、奈良へ向かったとする。8月3日以後の日程は『神戸又新日報』でも同日以後"両三日間は市内の各名所を遊覧し"とあり[268]、この期間にバルトンが正倉院訪問のため神戸を離れる点に矛盾はない。但し、以上の情報でも8月4日におけるバルトンの動向は不明である。この点は8月5日付『大阪毎日新聞』によれば、

461

●バルトン氏水道工事設計　同市水道工事は設計方を嘱託されたる内務省御雇技師バルトン氏は其以前神戸に在りしがパアーマアー氏の考案を基礎として設計し傍ら水源地等を巡見し居りしが一昨三日は午前十時より同市の参事会員及び水道調査委員を水道調査事務所に集めて設計方に関し大体の意見を演説したり《中略》同氏は此打合を了りて後昨朝奈良へ向け行き一両日を歴て再び神戸へ来り夫より東京へ引き返す由(269)

とあり、8月4日からの奈良への移動を伝える。また、バルトンの奈良からの神戸帰着は、8月7日に夜に慰労会が行われていることから、前日の6日までには神戸へ戻っていたと考えるのが自然である。

以上、『大阪毎日新聞』の記載に従えば、バルトンは8月4日に奈良へ向かい、5日に正倉院を拝観、6日に神戸帰着とする日程が無理のない最も自然な行程と判断できる。なお、参観日と目される8月5日の天気予報は晴れとされる。(270)

## バルトンが正倉院を拝観することができた根拠

ところでバルトンの正倉院拝観について『神戸又新日報』では、
　　其筋の許可を得(271)
とし、『大阪朝日新聞』でも同様に、
　　バルトン工師は予て正倉院御物の拝観を願ひ置きしに許可せられ(272)
と"許可"が必要であったとするが、それはどのようなものであったのだろうか。この点についてはやや遡る『大阪朝日新聞』の7月24日紙面には次のような記事を見ることができる。

●正倉院御物拝観　宮内省にては例年の如く来月一日より同三十一日迄奈良正倉院曝涼中高等官、有爵者、有位華族、従六位勲六等以上及博士、学士、歴史、美術、工芸専門篤志者、外国人の諸官庁に雇はれたるもの若くは各国公使より紹介ありたる者は拝観を許さゝに付本月二十五日迄に願書を出すべしと官報にて広告せり但し奏任官は本属長官有爵有位者は爵位局長若くは地方長官、有勲者、博士、学士及専

門家、篤志者等は地方長官若くは奈良県知事雇外国人は所轄庁長官、勅任官は直接に宮内省内事課長へ宛願出べしとの事なり[273]

つまり、正倉院では例年、夏の曝涼に併せ高等官を始め有爵者、有位華族、従六位、勲六等以上の者、博士、学士、歴史、美術、工芸専門篤志者、加えて外国人であっても諸官庁に雇用された者や各国公使より紹介のあったものに8月1日から31日の間、拝観が許されていた。これに対応する官報は、明治25（1892）年7月12日付2711号で、

　〇正倉院御物拝観

本年八月一日ヨリ同三十一日マテ正倉院曝涼中高等官有爵者有位華族従六位勲六等以上及博士学士歴史美術工芸専門篤志者及外国人ノ諸官庁ニ雇ハレタル者若クハ各国公使ヨリ紹介アリタル者ハ拝観ヲ許サル、ニ附キ本月二十五日マテニ願書ヲ差出スヘシ　但シ奏任官ハ本属長官有爵有位者ハ爵位局長若クハ地方長官有勲者博士学士及専門家篤志者ハ地方長官若クハ奈良県知事雇外国人ハ所轄庁長官勅任官ハ直接ニ宮内省内事課長へ宛願出ツヘシ

　　明治二十五年七月十一日　宮内省[274]

とされる。ところで、曝涼中における正倉院拝観は明治22（1889）年から開始されたものであった。明治22（1889）年7月11日付官報1809号では、

　〇正倉院宝庫拝観手続　正倉院宝庫自今毎年定時曝晾ノ儀仰出タサレ曝晾中御物拝観差許サルヘキニ附キ拝観手続左ノ通相定メタル旨一昨九日宮内大臣ヨリ図書寮へ達シタリ

　　　拝観手続

第一項　定時曝晾ハ八月一日ヨリ同月三十一日マテトス

　但シ風雨ノ節ハ開扉セス

第二項 一日二十人ヲ限リ御物拝観ヲ差許ス

第三項　左ニ記列シタル者ニ限リ拝観ヲ願出ツルコトヲ得

一　高等諸官員　一　有爵者有位華族　一　勲六等以上　一　従六位以上　一 諸博士諸学士　一 歴史、美術、工芸、専門篤志者　一　第六項ノ手続ニ依リタル外国人

第四項　拝観ヲ乞フ者ハ七月二十一日マテニ図書頭ヘ願出ツヘシ
第五項　拝観ヲ得ル者ハ図書頭ノ許可証ヲ有スル者ニ限ル
第六項　拝観ヲ願フ者勅人官以上ハ直ニ、奏任官ハ当該長官、有位有爵者ハ爵位局長官若クハ地方長官、有勲者及其他ハ地方長官ヲ経テ図書頭ニ願出テ又ハ便宜ニヨリ奈良県知事ヲ経テ図書頭ニ願出テ外国人ニ在リテハ各国公使館員及一時来航ノ者ハ公使、各庁備員ハ当該長官ヲ経由シテ図書頭ニ願出テ図書頭ニ於テ之ヲ許否シ其許可セル者ニハ許可証ヲ与ヘ同時奈良県知事ニ通牒スヘシ
第七項　拝観願書ハ左ノ書式ニ依ルヘシ
但シ歴史、美術、工芸、専門篤志者ハ履歴書ヲ添附スヘシ

```
　　　　正倉院御物拝観願
　　正倉院御物拝観之儀奉願候也
　　　年号月日
　　　　官（位）（勲）（爵）  其他受有ノ公称
　　　　　　　　　　　　　　　若クハ職業等
　　　　　　　氏　　　名 印
　　　　　　　　住　　居
　　図書頭宛
```

第八項　天気模様ニヨリ認可証所持ノ者ト雖モ入覧ヲ許サヽルコトアルヘシ
第九項　前条拝観ニ附キ勅封ノ開緘ハ奈良県知事ヲ取扱ヒ開封ノ節ハ東京ヨリ勅使ヲ派遣セラルヘシ
第十項　開緘中御物取扱ハ図書寮員出張シ奈良県属員之ヲ補助スヘシ
第十一項　開封中奈良県ニ於テ一層厳重ニ警備スヘシ
第十二項　定時曝晾ノ外ハ勅旨ニアラサレハ開封スルコトナシ[275]

として手続は12項目あった。これによれば拝観は一日20人で、風雨時は行わない場合があり、手続に願を必要とした。この書式は明治23（1890）年に一部改変され[276]、明治25（1892）年にはその改変された書式が要求されたのであろう。なお、明治25（1892）年における拝観者数は明治25（1892）年8月24日付の官報2748号に、

○正倉院御物拝観出願人員　本年八月正倉院曝涼中御物拝観出願人員
ハ総数四百六人内内国人三百九十五人外国人十一人ナリ[277]

とされ、外国人11人にバルトンが含まれるとみてよい。
　即ち、バルトンは神戸市における水道調査に併せ、所轄庁長官へ"願書"を事前に提出して拝観に臨んだわけである。

## 明治26（1893）年

　この年、バルトンは夏期休業の時期に合わせる形で仙台と甲府、名古屋、富山を廻る衛生調査を実施し、濾過流量調整弁について、『Regulating the Rate of Filtration through Sand』と題する論文を発表している。[278]

### 仙　台

**バルトンの明治26（1893）年仙台調査までの過程**

　バルトンは明治26（1893）年以前、明治20（1887）年の東北地方衛生調査に際し、仙台については衛生調査を実施して下水道の改良にも助言を与えているが[279]、これらに対し仙台市からの反応はない[280]。一方、仙台市における上下水道の布設は明治22（1889）年の仙台市制以来の懸案とされていた[281]。市参事会は溝渠開削、修繕の基礎調査として、市内の測量調査が必要と認め、そのための議案を市会に提案後可決した。これを受けて市長は明治24（1891）年10月に「仙台市内溝渠測量事務規定」を定めて11月には測量事務所が開設された。事務所では県技手佐藤琢を測量監督として全市の測量が開始され、明治26（1893）年3月にまでに作業を完了させたという。更に、市参事会では広瀬川の引水も検討して、同年5月に測量を始めることとなった。これが6月5日に市会に提案後に議決され、宮城県を通して国へ技術者を依頼することとなり、内務省からバルトンの派遣につながった[282]。

**バルトンによる明治26（1893）年仙台調査の日程**

　バルトンによる明治26（1893）年における仙台市衛生調査については上

解説　バルトンによる上下水道・衛生調査の全容

のような流れを受け、市長であった遠藤庸治が直接内務省に赴いて技術者、則ちバルトンの調査を要請した。バルトンの仙台到着は明治26（1893）年7月5日の最終列車により18時45分で、バルトンには内務省の技師である岡田義行が同行し、2人はともに安藤旅館へ投宿した。

　バルトンらは翌7月6日から早速調査に取りかかり、この日は宮城郡四ッ谷地方から同郡下愛子村近辺を調査し、7月7日は小泉郡司宮城県技師も同行し、仙台市内の支倉から広瀬川筋青葉城の付近及び三居沢方面を測量して、午後4時からは六郷近辺を巡視したという。7月8日は、岡田内務省技師、遠藤旧市長、佐藤宮城県技師らと共に、バルトンは四谷堰及び郷六地方を調査し、午後には遠藤がバルトンと岡田らを当時の東二番町にあったとされる自宅に招いて饗応している。以後の詳細な日程は明らかではないが、7月15日付の紙面においては既に上水道計画の概要が掲載されるに至っている。そしてバルトンと岡田技師は翌7月16日の仙台発6時10分の第一列車にて塩竈へ向かい、荻の浜から午後に出港した横浜行の高砂丸に乗船し帰還した。

## バルトンによる水源の調査地点

　バルトンによる調査内容を詳細に見ると、明治26（1893）年7月6日における調査地点である宮城郡四ッ谷とは前後関係から見て仙台市青葉区四ッ谷堀敷付近、宮城郡下愛子村とは青葉区下愛子付近とすれば、両地点は広瀬川の下流と上流の関係にあり5km程離れた2地点となる。7月7日の調査地点である仙台市内支倉は現在の青葉区支倉、三居沢は青葉区荒巻付近で、この2地点も1.5km程離れた広瀬川の下流と上流の関係に位置する。なお、この日午後に調査したとされる"六郷"の地名は、現在の仙台市内では若林区に見ることができるが、前後の調査地点と比較すると、これはやや離れ過ぎているようである。"六郷"は翌日調査を行う、郷六の誤植と考えるべきであろう。翌7月8日、バルトンらは四谷堰及び郷六地方を調査しているが、郷六は現在の若葉区郷六で、四谷堰はこの地点で広瀬川と分流している。このようにバルトンによる仙台における一連の調査

3 来日から渡台まで

地点は広瀬川流域やここから分岐する四谷堰付近に集中する。

ところで栗田彰が紹介するバルトンによる報告書で、この仙台調査における水源は、

> 給水の最良の水源とするものは市中に通じる川であることは疑い無い。《中略》当該の川の水を取り入れる位置は上流の一箇所であり、予定の場所は標準基面上の高さ約二八〇尺〈約八五ｍ〉の所に取入口を選ぶこと。この位置は仙台市から遡ること、六マイル半〈約九・六km〉ばかり上流にある[295]

として具体的な地名は言及されないが、調査地点の1つである下愛子が、市役所を基点とすれば凡そ10km弱の地で、標高も80m余となる。

また、四谷堰付近については、報告書によれば後段の"水力の供給"において、

> 川の流れを引き入れる位置として、もし左岸を採用する場合には、現在の用水引入口の辺が最も良いであろう[296]。

として付図も添付されるが[297]、水力発電用用水引入口を想定したものであることが分かる。

以上のようにバルトン一行の仙台滞在は明治26（1893）年7月5日から16日までの12日間で、バルトンには内務省技師岡田義行が同行し、仙台における宿所は安藤旅館であった。そしてバルトンによる衛生調査は7月6日に宮城郡四ッ谷地方から同郡下愛子村近辺、7月7日は仙台市内の支倉から広瀬川筋青葉城の付近及び三居沢方面、7月8日には四谷堰及び郷六地方において実施されたことが明らかとなる。

## 甲　府

仙台での調査後、バルトンは一度東京へ戻り、改めて甲府へ向かっている。これまでバルトンの甲府調査は、

> 内務省は翌26年7月、ウイリアム・キンニモンド・バルトン氏を派遣してきた[298]

とあるように、明治26（1893）年7月にバルトンが派遣された旨のみを記録するに過ぎなかったが、バルトンの甲府への訪問については明治26（1893）年7月27日号以後の『甲府日日新聞』において報道されている。

　●バルトン氏の来峡　当市水道設計の為め招聘したる内務省御雇技師バルトン氏は明廿八日随行者一名と共に来峡する筈なり(299)

そして、バルトンの到着及び翌日の行程は以下の通りである。

　●バルトン氏着峡す　兼ゝ来峡の趣を記し置たる内務省御傭技師バルトン氏は当市飲用水路設計調査の為め一昨日午後七時岡田技師と共に着峡し望仙閣へ投宿せしが昨日は早天より県庁へ出頭し知事及び書記官等に面会して協議する処あり夫れより県会議事堂に於て渡辺書記官、田中参事官、岸土木課長、岡田技師及髙木市長、藤田、島田等の各市参事会員と共に現水道の現況其他調査上に必要なる事項の下調を為し午後二時頃退散したり(300)

　●調査に着手す　又同氏は愈々本日より調査に着手する由にて其順序は先つ当市より大宮村間の現水路を視察し夫れより新水道の調査を始むる趣にて県庁よりは田中参事官市役所よりは髙木市長島田参事会員の三氏同行すと云へり(301)

即ち、バルトンの甲府到着は明治26（1893）年7月27日午後7時で、当日バルトンは同行の内務省衛生局技師岡田義行(302)と共に甲府市の太田町(303)に明治21（1888）年に開設された望仙閣(304)に宿泊した。続く7月28日は朝からバルトンらは県庁に赴いて、中島錫胤知事、渡辺孝書記官と面会して、続いて県会議事堂においては渡辺書記官、田中庁達参事官、岸正形土木課長、岡田技師、髙木忠雄市長、藤田正義、島田勘六市参事会員(305)などとともに調査の打合せを行い、午後2時に出退している。(306)

そしてバルトンらによる現地調査は7月29日から、甲府―大宮間の現水路を視察することから始められ、これには田中参事官と市役所からは髙木市長、島田参事会員の三人が同行していることが分かる。以後の調査は、

　●バルトン氏　同氏は一昨日県官市吏員と共に現今の甲府堰を視察し夫れより新水道の調査に着手せり又昨日県会議事堂に於て県官及び市

3　来日から渡台まで

吏員市参事会員等と共に調査上の打合せを為したり<sup>(307)</sup>

と新聞報道にあるように、既に7月30日の段階で調査は終了しており、この日、県会議事堂において県及び市の職員、市参事会員らとバルトンは調査の打合せを行っている。

●水道調査の終了　当市の水道調査は愈々一昨日を以て結了しバルトン氏は昨日望仙閣に於て終日調査報告書の調製に従事したり今其大要を聞くに新水道の起点を吉澤紡績会社の上に定め和田峠の麓を屈曲して躑躅ケ崎の古城に出て夫れより直下当市に達するの設計なりと云ふ又市参事会員市会議員一同は本日午後二時より望仙閣に集会し右に関する打合を為す由にてバルトン氏は其席上に於て調査の大要を演説する筈なり<sup>(308)</sup>

●バルトン氏の談話（水道改良に就て）　内務省御雇バルトン氏は昨日午後当市望仙閣に於て市飲用水道改良の設計に就て頃日来実地取調へられたる結果を随員岡田某氏の通弁に依りて談話せられたるが渡辺書記官及び市参事会員市会議員用水区会議員各製糸家等凡そ四五十名市長の案内に依りて聴問したり其談話の大要を摘録すれば左の如し<sup>(309)</sup>

そして7月31日にバルトンは望仙閣で終日、調査報告書の作成を行い、8月1日は午後2時より望仙閣において市長、県書記官、市参事会員、市会議員、更に用水区会議員、各製糸家など45名程に対し岡田技師の通訳によりバルトンは調査結果を報告した。

報告の概要は水路の起点を吉澤紡績会社の上とし、和田峠の麓を廻り、躑躅ケ崎の古城へ出て、甲府市内市に達するものであった。

そして、バルトンの甲府出立は

●バルトン氏出発の期日　又たバルトン氏は明二日頃当地を出発して富士川を南下し名古屋に到りて同市の下水路改良の調査を終へ夫れより富山市に赴く筈にて帰京の期は本月二十三日頃なりと云へり<sup>(310)</sup>

とあるように8月2日の予定であったが、

●バルトン氏の出発　此程より当市水道布設に就ての調査に従事したる内務省御傭バルトン氏は昨夕当市を出発せしが昨夜は鰍沢に一泊し

469

> 本日富士川を下りて愛知県名古屋へ向かはる都合なり同氏出発の際は高木市長藤田市参事会員其他数名は氏を鰍沢まで見送れり<sup>(311)</sup>

とあるように8月3日夕方となり、鰍沢で一泊するバルトンを高木市長等が見送った。

なお、バルトンによる設計は人口5万人に対し1人1日当たり18ガロンを供給し<sup>(312)</sup>、見積額は163,300円であったが、これに貯水池から市内への配管見積はなく、最終的に20万円を超えると予想され、実現が危ぶまれて<sup>(313)</sup>いた。<sup>(314)</sup>

このように、バルトンによる甲府市上水道敷設調査の日程は明治26（1893）年7月27日から8月3日に及ぶもので、バルトンの計画は20万円に達する可能性もあり、実現の可能性は既に危ぶまれていたことが分かる。

## 名古屋

甲府の後にバルトンが向かったのは名古屋であった。従来、明治26（1893）年における名古屋におけるバルトンによる調査日程は、『名古屋市下水道事業史』に、

> バルトンは26年10月から調査を始め<sup>(315)</sup>

とされるに留まるが、調査は後述のように8月に実施されたことが明らかである。先ずはバルトンの甲府から名古屋への移動経路を見て行きたい。

バルトンは甲府を8月3日に離れ、この日は鰍沢に宿泊した。『山梨日日新聞』8月1日号によればバルトンは甲府の後、名古屋、富山へ向かい<sup>(316)</sup>、この段階で帰京予定は8月23日とされた。但し、同紙8月4日号ではバルトンの甲府出発が8月3日にずれ込み、この日は鰍沢に宿泊したことを記<sup>(317)</sup>す。そしてバルトンの名古屋到着は『扶桑新聞』の8月6日号によれば、

> ○バルトン氏　名古屋市内水道改良設計の為め依頼したる帝国大学雇兼内務省衛生顧問技師英国人ダブリュー、ケー、バルトン氏は内務技師岡田義行氏と共に昨夜十二時来名せしに付き河野書記官初め衛生関係員高橋助役其他数名県庁の馬車を以て笹島停車場へ出迎へぬ氏は迎

へられて富沢町の有隣亭に投宿し昨日午前県庁へ出頭知事初めに面会
し夫より市役所に出頭し名古屋地図等を一覧したるが何れ一両日中に
市中を巡視する由又氏は一昨日より秋琴楼に投宿中なる東京の豪商鹿
島清兵衛氏を訪問し同道にて前津なる青山朗氏の別荘に蓮花観覧に赴
きしとぞ[318]

と記される。8月6日付の紙面で"昨夜十二時来名"とするが、厳密には8
月5日24時頃、名古屋着の列車である[319]。つまり、バルトンは鰍沢から8月
4日に60km程離れた太平洋側の静岡付近まで人力車などで赴き、ここか
ら静岡発12時25分発となる列車[320]によって東海道を名古屋まで移動したと
判断できる。バルトンの到着を河野書記官、衛生関係員、高橋助役など数
名が県庁の馬車で出迎え、バルトンは有隣亭に投宿した。続いて5日午前
にバルトンは県庁へ出向いて知事と面会し、市役所で名古屋の地図に目を
通した。なお、バルトンはこの後、秋琴楼へ鹿島清兵衛を訪ね、青山家の
別荘に赴いている。鹿島清兵衛はバルトンと写真を介しての縁を持ち[321]、後
述する8月11日に実施された懇親会のために訪れていたのであろう。

さて、バルトンによる調査は8月8日付の『扶桑新聞』に、

　　○バルトン氏　名古屋市富沢町の信想方に投宿中なる内務省衛生顧問
　　技師バルトン氏は一昨日より市役所衛生課員安井書記及び土木係天野
　　氏の案内にて市内を巡視せり[322]

とされ、8月9日付紙面では、

　　○バルトン氏　昨日尾州丹羽郡入鹿池へ赴く[323]

とあるように調査は8月6日から本格化し、同日は市内の巡視、8日は入
鹿池での調査を実施した。なお、バルトンは『名古屋市給水工事に関する
意見書[324]』において入鹿池と木曽川の2水源の内でも入鹿池を推奨している。

そして、バルトンが8月11日に調査報告を市役所議事堂において行う
ことが同日付の『扶桑新聞』で告知された。

　　○バルトン氏の演説　本日午後五時より名古屋市役所議事堂に於て英
　　人バルトン氏は市内上水下水に関する演説を為す由[325]

演説会についての報道は13日付の『扶桑新聞』に、

○バ氏の演説　滞名中なりしバルトン氏は一昨日市役所議事堂に於て市内上下水の事に関する衛生演説を為したるが聴衆は予て通知を受けたる市参事会員、市会議員、各町衛生組合長、私立衛生会員等百廿余名午后六時頃を以て初め八時頃に至り退散したり[(326)]

とあるように18時頃から開始された。ところで同日には、

○写真師懇親会　名古屋市の重なる写真師の発起にて近県の写真師連合して目下滞名中なる写真術に頗る巧みなりと云ふ内務省雇工学博士バルトン氏及び同術を好み時々道楽に撮影する事ある東京の豪商鹿島清兵衛氏を招待し本日午後四時より洲崎橋畔の金城館に於て大懇親会を開きバルトン氏の写真術に関する演説を聴き又余興として煙火数十本を打揚ぐる由因に云ふ同懇親会へは写真師のみならず写真に関係ある営業者即ち薬種商玻璃商紙商等も出席し得るとの事なり[(327)]

とあるように、前述の鹿島を招いた懇親会が演説会に先立って16時から行われた。会の様子は、

○写真師大懇親会　は予記の如く一昨日午後四時より名古屋市洲崎橋畔の金城館に於て開きたり今其概況を報ぜんに門前には緑門を造り会場の一面には東京日本橋区本町小西商店よりの出品なる英国のイストマン会社製造のソリテペーパー及びブロマイデペーパーと称する写真見本凡そ四五十枚計りと並に当日の来賓鹿島氏がヲペラグラスと称する器械にて写したる引延し写真を陳列して来会者の展覧に供し軈て鹿島氏来会者一同を庭前に於て撮影せしが右は同氏より一同へ一葉宛寄贈する事とし夫より一同大広間に着席するや総代水谷鏡氏挨拶を述べ次に来賓バルトン氏は一場の演説を為し続て其演説草稿に依りて有藤金太郎氏之を訳説し終つて酒宴に移り席上二三の演説あり且つ鹿島氏が携へたる夜間早取写真器を用ひて両三度撮影を試みたり暫くにして予て設けたる煙火数十発を打揚げ庭前の池中にては金魚と称する煙火を弄するなど中々面白く来会者は凡そ七八十名にて愛知、三重、岐阜の三県は勿論東京より参会せし人もありて歓を尽して退散せしは十一時過なりしが実に近来の盛会なりき[(328)]

とあるように盛況で、その影響で演説会の開始も遅れたのであろう。

　このように、バルトンによる明治26（1893）年の名古屋市における調査日程は8月5日から13日頃と判断され、8月11日にはバルトンの衛生調査報告会と、写真師大懇親会が実施されたことが明らかとなる。

## 富　山

　バルトンは名古屋での調査を終えると富山へ移動した。その様子は8月12日の紙面に、

　　○バルトン氏　多分明日名古屋市を出発して北陸地方へ赴くならん<sup>(329)</sup>

とあることから13日に移動し、富山への到着は14日とされる<sup>(330)</sup>。富山への移動は当時、高山線が未通のため、東海道線の米原で乗り換え敦賀、金ヶ崎まで出て、船便で伏木へ向かったと考えるのが一般的である。名古屋－米原－敦賀（金ヶ崎）は名古屋を8月13日5時40分発の列車に乗車すれば、米原で乗り換え、金ヶ崎着10時34分となり<sup>(331)</sup>、敦賀－伏木は敦賀港13時出帆の熊本丸に乗船すれば<sup>(332)</sup>、翌8月14日の富山到着は可能である<sup>(333)</sup>。

　一方、『富山市水道50年史』によればバルトンの富山への到着は明治26（1893）年8月14日とされる<sup>(334)</sup>。以後の日程は、当時、富山で発刊された『北陸政論』の記載から知ることができるものの、同紙の明治26（1893）年8月発刊分は17、18、19日、21日号しか残らないため情報は少ない<sup>(335)</sup>。但しこの内、最も遡る8月17日付紙面によれば、

　　●バルトン氏の舟遊　昨夜江畔楽只園饗宴の余興として富山市参事会員諸氏はバルトン氏一行其他の来賓等主客一同を一舟に乗せ神通川に浮ひ出て更に種々の五馳走をなして送り精霊の景況を見物し居たりとそ<sup>(336)</sup>

とあり、8月16日夜にはバルトンらが招かれて楽只園にて送り精霊の様を見物したことが分かる。なお、同日の紙面には、

　　●バルトン氏の衛生演説　は昨日の紙上にも一寸記し置きしが愈来十九日とキマリ会場も諏訪座に確定したるよしにて本社へも優待券及

　　　　び懇親会通券を寄せられたり<sup>(337)</sup>

とあり、更に、

　　　　　　衛生演説会　傍聴
　　　　　　　　　　　　無料
　　　　　　出席弁士
　　　帝国大学御雇教師兼内務省衛生顧問技師英国人バルトン君
　　　　　　通訳者
　　　　　　　内務省技師　岡田義行君
　　　来ル十九日午后三時ヨリ諏訪座ニ於テ開演右閉会后直ニ桜街日新
　　　楼ニ懇親会ヲ開ク御同意之諸君ハ十八日中ニ総曲輪嶋権方ヘ御申込ア
　　　リタシ
　　　　但会費金五拾銭御携帯ノコト
　　　　明治二十六年
　　　　　　　　　　発起者<sup>(338)</sup>
　　　　　八月十七日

として演説会と懇親会の広告が掲載されている。新聞の記事によれば、バルトンによる講演会は既に前日16日の紙面にも報道されていたようである。一方、広告によるとバルトンによる講演は8月19日午後3時から諏訪座にて実施されると予告があり、傍聴は無料で通訳には岡田技師が当たるとされる<sup>(339)</sup>。また、講演後には桜町の日新楼において会費50銭にて懇親会の行われることが記されている。

　更に、8月18日紙面には、

　　●バルトン氏の昇庁　　バルトン氏は本日富山県庁へ出頭し知事に面会したり<sup>(340)</sup>
　　●バルトン氏　　は本日前田富山市長入江助役同道にて神通橋北及び鼬川筋を巡視せり<sup>(341)</sup>
　　●演説会の準備　　明十九日はバルトン氏の衛生演説を開くに付永松警部大垣富山市書記の両氏は本日午前より会場に充てたる諏訪座に出張し諸般の準備をなし居たり<sup>(342)</sup>

として3本の記事が掲載される。つまり、バルトンは8月18日には県庁で知事と面会し、前田富山市長、入江助役と共に神通橋北及び鼬川流域を調

査した。そして8月19日の講演会のため、永松警部、大垣富山市書記の両名が会場の下見を行っている。

諏訪座におけるバルトンによる衛生演説会は、予定通り8月19日に実施されたが、その概要は8月21日付紙面に掲載される(343)。なお、8月19日におけるバルトンによる講演及び以後の懇親会については8月21日付紙面において以下のように詳述されている。

●バルトン氏の衛生演説　前号の欄外にも記せし如く一昨日富山市諏訪座に於き開きたる内務省お雇教師バルトン氏の衛生演説は午後四時開会入江直友氏先つ開会の主意を述へ夫れより岡田技師の通訳にて別項《本紙第四面参観》に記す如き演説を為し午後五時散会したるか聴衆は凡そ七百名ありたり但し高田技師も通訳するやう広告しありしも囚は唯だ招牌のみなりし(344)

▲日新楼の懇親会　バルトン氏の衛生演説閉了後桜街日新楼に於て同氏を招請して懇親会を開きしに徳久知事、島田書記官、増田、三田の両参事官、黒田婦負郡長、秋山中学校長等を始め市吏員市会議員弁護士新聞記者等来会者無慮六十名バルトン氏は予ねて写真術に巧者なることとて来会者及ひ芸妓抔を列座せしめて写真を撮り夫れより配膳と共に斯波久次　氏の開会の主意及ひバルトン氏の挨拶岡田技師の通訳あり酒間は別項にも見ゆる如く校書の斡旋もあり主客打興して散会せしとそ(345)

▲皿を叩て踊を抶く　一昨夜日新楼の懇親会席上に於てバルトン氏は日本酒を痛飲し一杯気嫌の廻りし頃は同楼小富女郎の手を取りて踊りを始め尚ほ島田書記官をも促して踊らしめしに島田氏は初めの程は面白さうにバルトン氏と共々踊り跳ねたりして居たるも余り六ヶしさに何時か別席へ避けし跡は同席に相並ひし高田熊野の面々其の相手となり皿を叩て踊を抶くる抔只管らバルトン氏の歓心を求め居られし体に額を病ましめ居たる人さへありしと云う(346)

▲昨朝の訪問　前田市長入江助役高田技師の諸氏は昨朝バルトン氏の旅宿を訪問し下水工事設計の材料に供する測量絵図高邸絵図をバル

トン氏に渡せしか帰京の上氏は充分設計をなすべき筈なりと<sup>(347)</sup>
▲出張のケ所　今度バルトン氏の出張を請ひしは富山市のみならず仙台名古屋甲府等の各地にても下水等の設計に関し氏の出張を煩はし氏は各地の巡回を了へ最後に来富せしものゝよしなるか今聞く所に依れば仙台市の如きは水力を利用して或工業を起すの計画なりしも同市及び名古屋にては富山の如く測量の予備充分に行届き居らず切角出張を請ひし程の効果なかりしといふ<sup>(348)</sup>
▲バルトン氏帰る　此程より来富中のバルトン氏は昨午後六時東岩瀬港より直江津通ひの汽船に搭して帰京の途に就きしに付前田市長入江市助役を始め市参事会員市会議員市吏員等数十人の人々は東岩瀬まて見送りしとそ<sup>(349)</sup>

即ち、バルトンによる演説は予定されていた8月19日の午後3時よりはやや遅れ、午後4時に開会された。先ずは入江直友助役が趣旨を述べ、次いで岡田技師の通訳によりバルトンの演説が始まったという。聴衆は700人余となり、午後5時に散会したとする。なお、記事では高田技師も通訳に及ぶと広告されたとするが、8月17日号の広告にその記載はない。

続いて、桜町の日新楼で開かれた懇親会には徳久県知事、島田県書記官、増田、三田の両参事官、黒田婦負郡長、秋山中学校長等を始め市吏員市会議員弁護士新聞記者など60名余の来会者があったとされる。宴会に先立ってバルトンは来会者や芸妓を列ばせて写真撮影を行い、配膳後に斯波久次氏の開会趣旨、これに対するバルトンからの挨拶を岡田技師が通訳したという。そして、宴会においてバルトンは日本酒を痛飲し、酒宴は芸者による接待もあり、その手をとって踊り始めたという。島田書記官が最初は相手をしていたものの、席を離れ後は高田技師などが皿を叩いて相手をしたという。

翌8月20日朝には、前田市長、入江助役、高田技師らがバルトン氏の宿所を訪問し、設計に必要となる等高線入の地図を渡している。但し、バルトンが訪れた他都市との比較で、富山では充分な準備ができておらず、バルトン出張の効果を危惧している。

3　来日から渡台まで

　そしてバルトンは8月20日午後6時、現在の富山港となる東岩瀬港から直江津に向かう汽船に乗船し、帰京の途に就いたが、これを前田市長、入江市助役、市参事会員、市会議員、市吏員など数十名が見送ったという。なお、当初の日程によればバルトンの帰京は8月23日とされたが<sup>(350)</sup>、この行程で直江津にて列車へ直ちに乗り換えれば、21日中の帰京も可能であった。

　以上のように、バルトンによる明治26（1893）年の富山市における調査の日程は8月14日から20日と判断され、バルトンは帰路、東岩瀬港から海路を用い直江津に向かったと見ることができる。

## 明治27（1894）年

　この年、バルトンは5月19日に東京の英国領事館において荒川満津（子）と正式な結婚式を挙げている<sup>(351)</sup>。また、前年同様にバルトンは夏期休業に合わせる形で、7月から9月にかけて新潟、三条、福井、広島における衛生調査を実施し、9月には『都市への給水』を発刊している。なお、この調査期間中に、日清戦争が勃発し、調査を実施した広島の上水道施設が大本営移動の関係などもあって、勅許により急遽、建設に取りかかることとなった。更に戦後における台湾割譲は、バルトン自身が後年、彼の地へ赴くことになるなど、バルトンにも大きな影響を与えるものであった。

### 新　潟

**バルトンの新潟への招聘目的**

　この年、先ずバルトンは新潟へ赴いた。バルトンを新潟へ招聘した目的は、

　　1）新潟市飲料水の改良
　　2）三条町（当時）水道伏設に就いて大体の設計

と『新潟新聞』は伝える<sup>(352)</sup>。

　ところで、新潟市が新潟県知事へ明治27（1894）年7月6日付で提出し

477

たバルトン派遣の裏請には、

> 当市飲料水之改良及下水排除方法ニ付テハ、多年市民刻苦研究スル処ニ候得共于今恰当ノ考案定マラズ、頃日聞ク処ニテハ此等ノ技能ニ通暁セラレタル内務省御雇技師バルトン氏今般福井県ニ出張相成候由、果シテ然ル義ニ候ハ、其序ヲ以テ当市ニ於テモ同氏之踏査ヲ請ヒ、右上水ノ改良下水排除ノ方法ニ付同氏ノ意見ヲ承リ度候間、前陳其筋ヘ対シ可然御稟議被下度、此般裏請候也(353)

とあることから、バルトンによる新潟市調査は、福井県に出張の"序ヲ以テ"出張要請のなされたことが分かる。

### バルトンによる明治27(1894)年新潟の調査日程

　バルトンの新潟到着は明治27(1894)年7月12日のことである。バルトンは、東京から列車で直江津へ向かい、以後は海路を用いて汽船で新潟へ着いた。バルトンは翌7月13日から調査を開始し、新潟市内における浜手掘井戸や砂山の実況視察を午前7時から、鈴木市長、松山書記、黒木県技師、その他3名を伴い実施した。(354)翌7月14日、バルトンは新発田町(当時)に赴き、更に加治川水源探求のため、同日の午後4時頃に赤谷へ到着し、ようやく深夜12時に新発田町に戻っている。恐らくここで1泊したようで、翌15日新潟に戻り午後5時から、新潟市長などによって、行形亭において慰労を受けている。(355)(356)

## 三　条

### バルトンによる明治27(1894)年三条の調査日程

　バルトン一行及び黒田県技師の三条町(当時)来訪は7月16日で、新潟を正午の汽船安進丸で出発し、三条町では煙火による歓迎を受けた。(357)(358)バルトンは17日、三条町の水道伏設委員の案内で三条町衆楽館にて郡長、町長及び有志と面会し水道布設の趣旨について聞き取りを行ったようで、18日には三条町から五十嵐川上流の西大崎村籠場間の調査を実施した。同夜、再び三条町の衆楽館にて郡長、町長、委員及び有志による慰労会が実施さ

れ、バルトンはこれに臨んだ。[359]そしてバルトンが新潟へ戻ったのは19日で、20日には籠手田知事に面会し、21日早朝、直江津汽船にてバルトンは新潟の地を離れ福井へ向かった。[361][360]

**バルトンによる三条町上水道計画案**

　バルトンによる三条町上水道計画案は現在、昭和8（1933）年3月の写しとされる孔版のものしか伝わっておらず、この『新潟県下三條町衛生状況報告書訳』（以下、『報告書訳』と示す）は昭和8（1933）年当時、長らく行方不明になっていたものが、近年になって三条町の木戸直四郎方から発見されたものという。[362]なお、昭和8（1933）年6月11日の三条町上水道竣工を伝える『新潟新聞』にその全容が掲載されるものの、内容は孔版のものとは少々異なり、抄録的なものとなっている。さて、バルトンによる『報告書訳』は明治27（1894）年末の12月5日付で翻訳されたものである。[363]翻刻の表紙には"昭和八年三月写／教師バルトン捧呈／新潟県下三條町衛生状況報告書訳／千八百九十四年十二月五日付"（／は改行、以下同様。）と記される。本文は、"新潟県下三條町衛生情況報告"と先ずあり、

　　給水法
　　下水方
　　給水方改良案
　　給水引入口ノ位置
　　高圧、低圧ノ給水式
　　水道ノ形状、材料、大小
　　「コンクリイト」管ノ事
　　配水ノ方法
　　市中ノ下水方
　　（備考）

の項目から構成される。

　ところでこれらの案はどのような経緯を踏んで成ったのであろうか。三条町においてはバルトンによる調査以前の段階から、

> かねて同町人民は五十嵐川より飲料を市街へ引用せんとて水道伏設の計画をなし《中略》已に町会に於て議決し且つ有志金を募集し粗ほ設計を立てたるに依り今回特に同郡より其筋へ請求し同御雇外国人の実地見分を求めたるもの<sup>(364)</sup>

とある通り、事前に五十嵐川から取水、導水する上水道計画の立案があり事業費の募金もなされ、この段ではバルトンに計画の是非を問うために、実地見分を求めた色合いが強い。

　一方、バルトンは7月16日から19日までの4日間にわたり三条町に滞在したが、16及び19日の2日を移動日とすれば、実質の滞在日は17、18日の2日間に限られる。この間の日程は既述のように、17日は聞取り調査、18日は籠場等の現地調査に宛てられた。この内、三条町側の希望は、

> 三条町の希望は最初より大業になさず鉄管を省略して土管を用ゆるの予定にて実施の上愈よ確たる利益を認めたる上は将来進んで鉄管を伏設するの決心なり<sup>(365)</sup>

と報道の通り、17日の聞取りで計画の大要がバルトンへ伝えられた。そしてこれを受ける形でバルトンも、

> 仍て氏も右乃希望に依り設計を立つる筈にて三条、裏館一ノ木戸に於ける壱万六千人へ充分供給し得るの飲料水を五十嵐川より引き同町へ水道（土管を用ゆ）を伏設する目的及び経費等の方法を示さるゝ都合なりとぞ<sup>(366)</sup>

として、翌日の現地調査に臨んだ。つまり、前後の事情を勘案すれば、バルトンは三条町側のこのような事情を受けた上で調査を実施し、結果としてこの要望を追認する形の計画案をまとめることとなったのである。

　但し、報告書において地元の希望と大きく異なる点に取水地の移動が挙げられる。三条町側の案は籠場であったが、バルトンはこれよりやや下流の位置を提案している。新聞報道によると、

> 南蒲原郡三条町水道伏設に就てバルトン氏が実地巡検の摸様は前号に記せしが同水道の呑口は字籠場の事に略は決し居たるも同氏の見込にては此れより更に下流に於て呑口を設くるも其勾配十分なるよしにて

> 水道伏設費も大約一万円以上一万二三千円あれば十分なる予定なりと云へり<sup>(367)</sup>

とするように、取水地移動の理由には十分の勾配がとれることを挙げ、更に工費の面も強く述べられている。取水地をより下流に設ければ導水路は短くなり、その結果として工事費を削ることも可能である。つまりこれらの要因により取水地を移動させたと言えるのである。

このようにバルトンによる三条町上水道計画は、事前にあった計画に対して実地見分を加え、妥当性を検討するものであった。既に述べたように取水地を籠場よりやや下流とする案は調査直後となる7月22日の『新潟新聞』でも確認でき、併せて吐水口についても、

> 又同水道の吐口を信濃川に設くるに於ては出水の際に於て込水の虞あるべしとの懸念を抱くものあるよしなれど呑口と三条町とは殆んど五十尺高低あれば吐口を高くすること最も容易にして之を高くれば却て水道の流勢を急激ならしめず旁々好都合を得べく込水等の憂はなしと云へり<sup>(368)</sup>

とするように、やはり7月22日号に記され、計画に対する問題はほぼ調査直後に解決済みであったと云える。

以上のように考えると技術的な問題は既に実地見分直後に大方は解決しており、計画の大要はこの時点において練られていたものと判断することができる。但し、土管に替わるコンクリート管は新聞紙面における言及がなく、これらは東京へ戻ってからの提案と言えよう。

ところで、バルトンによる調査の目的は、前述のように新潟市と三条町における水道敷設についてのものであった。それでは、一泊を要して行われた新発田方面における調査の目的は何のためであったのだろうか。この点について7月17日付『新潟新聞』による報道では、

> ○新潟市の飲料水改良
> 此事に就ては外国人バルトン氏は其目的方法等探求中なれば未だ何等の意見をも示されざるが今日までの調査の模様に依れば本港海浜の砂山に二三ヶ所の蓄水場を設け市内に飲料水を引くを可とする傾きあり

此等の材料を得んため深く水量の調査を為すよし又遠く加治川水源の調査を要されしも当市飲料水改良の材料に供するためなりしが或は五十嵐川より引くの便否をも考案中なりとぞ[369]

との記事を伝えている。つまり、わざわざ宿泊を伴い、新発田まで赴いての加治川源流調査は、新潟市における上水道計画の一環であり、砂山における取水の担保的な意味合いがこれにあったと推察ができる。そして更に注目すべきは、五十嵐川からの取水導水も考案中とする点である。記事の冒頭では調査中のため何等の意見も出していない、との断わりはあるものの、三条における五十嵐川の調査も、新潟市に対する取水の予備的な意味合いが当初の段階において微塵も無かったとは言い切れないのである。

加治川からの導水はおよそ25km、これに対して五十嵐川からであると30km余となる。参考までに付言すれば、調査当時開通した横浜市の水道が相模川上流から直線距離で35km程の導水を行って完成している。導水距離だけのことを考えるのであれば、必ずしも無謀な計画とは言えない規模である。

以上のようにバルトンによる三条町の衛生調査は明治27（1894）年7月16日から19日まで、3泊4日の日程で実施され、バルトンは三条町の事情を受け、この要望を追認する形の計画案をまとめた。また、バルトン案の大筋は、調査直後に出来上がっていたものと判断できるが、バルトンの三条町調査は、新潟市の予備的な意味合いを感じ取ることができるのである。

## 福　井

バルトンは、新潟・三条方面の調査が終わった明治27（1894）年7月21日、同伴の高橋土木監督署技師[370]と共に、直江津汽船により福井市へ向った[371]。そして、後述のようにバルトンは金沢経由で陸路により福井に入っていることから、直江津以後は伏木行の船を用いたものと考えられる。当時、直江津–伏木間では毎日船便があり、鉄道に接続させての運行がなされていた[372]。そして、直江津以後におけるバルトンの具体的な足取りが判明するの

は7月23日からである。7月24日付『福井』によれば、

　　当市内下水工事等の調査に付き兼ねて本県より内務省へ派遣を乞ひたる同省雇技師バルトン氏は昨日午前七時金沢を出発せし旨の電報ありし(373)

とあり、21日は直江津から船中泊、22日は伏木経由で金沢へ50km余を恐らく人力車にて移動して投宿し、23日午前7時金沢出発とするのが妥当である。

　7月23日の移動は続いて、

　　氏は同日午后二時吉田郡森田へ着し少時休憩して四時頃着福し羽腰五岳楼へ投宿せり(374)

とされる。吉田郡森田は現在の福井市内、森田付近である。金沢と森田の距離は70km程、森田と福井は6km程であるが移動には人力車が用いられたのであろう(370)。結局、バルトンの福井到着は7月23日午後4時頃であった。

　続いては7月27日の紙面には、

　　●バルトン氏を饗応す　下水工事調査等の為め来福せし内務省雇技師バルトン氏を荒川知事、□岡崎警部長等首唱者となりて一昨夜羽畔風月楼に招き饗応したる由なり(375)

と、あるように福井到着2日後の7月25日夕刻には、羽畔風月楼において、荒川知事などの招きによりバルトンに対する饗応がなされている。

　更に、翌7月28日の紙面には、

　　●衛生講談会　大日本私立衛生会衛生工学博士バルトン氏来福せしに付き之れを好機として明二十九日午后三時より当市役所に於て衛生講談会を開くよし右に付き衛生会福井支会の幹事より□同支会員諸氏へ昨日夫れ〳〵通知をなしたり(377)

とあるように、7月29日午後3時からは、バルトンの福井調査を機に衛生講談会が福井市役所において実施されることとなり、その連絡が大日本私立衛生会の会員へ告知された。

　衛生講演会もこれまで調査を実施した多くの都市において確認されるが、午後にこれらの会が実施される場合、当該都市にバルトンは宿泊をしてい

*483*

る。このため、バルトンは少なくとも7月30日までは福井に留まっていたものと判断できよう。

　バルトンはこの後は後述のように広島へ明治27（1894）年8月4日に到着している。(378) バルトンは福井から敦賀までは人力車によって移動し、以後は列車を用いたと推察される。移動時間は敦賀までが1日、以後列車での移動に1〜2日をかけて最終列車で広島へ8月4日午後9時に到着したのであれば、バルトンらの福井出発の下限は8月3日とすることができる。

　即ち、バルトンは明治27（1894）年の福井市における水道敷設調査のため直江津、伏木、金沢を経由し福井を訪れ、福井到着は7月24日であった。そしてバルトンは福井市役所において7月29日に衛生講談会を行い、遅くても8月3日には福井を離れ、最終的には列車を用いて広島へ向かったとすることができる。

## 広　島

### バルトンの明治27（1894）年8月調査へ至る経緯

　さて、バルトンは明治27（1894）年8月4〜15日、明治28（1895）年7月20〜21日、明治29（1896）年9月16〜18日の3回に渡り衛生調査などのため広島を訪れているが、この明治27（1894）年8月の訪問が初めてのものとなる。この年におけるバルトン招請の理由は『広島市水道誌』によれば以下の通りである。(379) 即ち、明治27（1894）年4月に市会において水道仮測量費が可決されたが、かつて市の上水道計画は県において水道設計の経緯があり、これを下敷に県技師が計画案の策定を行えば経費の削減になるとの意見が出された。そのため当該案を内務省に照会すると同時に、バルトンの派遣を明治27（1894）年4月の段階で求めたものであった。(380) なお、県技師による案は"到底基礎資料となすに適せざるを発見"(381)がなされた。

　ところでバルトンの広島への派遣は、明治27（1894）年6月16日の『読売新聞』に、

　　●広島福井両市水道設計の実地挨分　　広島福井の両市共に水道布設

3 来日から渡台まで

の計画ありて其設計方法及び技師派遣の儀を内務省土木局へ請願し来りたるに付内務省にてハ設計取調方を帝国大学雇衛生工学技師バルトン氏へ嘱託せしか同氏ハ技手を随行せしめ来月早々実地検分として右両市へ出張する由(382)

とされるように、当初は明治27（1894）年7月早々に調査の予定であったが、この後、7月になって新潟市などにおける調査が組み込まれたため、バルトンの広島訪問は明治27（1894）年8月にずれ込んだわけである。

### バルトンの福井から広島への移動

バルトンは広島へ後述のように鉄道によって入っているため、福井からは陸路による移動と判断される。福井をバルトンが離れた日付は判明しないが、福井から広島への移動は福井－敦賀間が人力車、敦賀以後が鉄道によるものであろう。

さて、福井－敦賀間は60km弱の距離であるが、途中には山道もあり、一日弱の行程が必要であろう。また、後掲する『芸備日日新聞』の紙面では、バルトンの広島到着を"午後九時の終列車"(383)とするが、当該の列車は神戸を11時50分に出て、広島駅へ21時36分に到着する汽車を指すと考えることができる。但し、これに乗車するためには、金ケ崎（敦賀）を始発の6時20分発の列車に乗っても当日中に、当該の列車に乗って広島への到着は間に合わないものの、米原を始発である5時40分発の列車に乗車して出れば、神戸でこの列車への乗換が可能である。(384)

以上のことを勘案すると、バルトンが朝、福井を人力車で出発後、夕方までには金ケ崎に到着して16時20分発の列車に乗り込み、米原へ18時30分に到着して同地に宿泊し、翌日、既述した5時40分の始発に米原から乗り込めば、福井－広島間は都合2日の行程による移動が可能である。(385)

### バルトンの明治27（1894）年8月の広島調査の日程

バルトンの広島到着は『芸備日日新聞』8月6日号に以下のように記される。

> ●バルトン氏と高橋技師　　水道敷設に関する調査のため来広するよし本紙上に記載したる内務省雇英国人バルトン氏は第一区土木監督署技師高橋辰次郎氏と共に一昨日午後九時の終列車にて当地へ来着し大手町三丁目長沼方へ投宿したり<sup>(386)</sup>

記事によればバルトンは、新潟での調査以来同伴する高橋辰次郎と共に明治27（1894）年8月4日に広島へ到着し、この日は長沼旅館へ宿泊した<sup>(387)</sup>。

以下、バルトンの調査は、8月7日紙面に、

> ●バルトン氏の調査　　来広中なる内務省御傭技師バルトン氏は高橋同省技師幷本県在勤の吉原内務技試補、第二課土木係技手筒井学三、市書記真鍋泰介の諸氏と同行して当市内水道に関し昨六日も調査せり<sup>(388)</sup>

とあり、内務省の高橋技師、県在勤の吉原重長内務技師試補、筒井学三技手、市書記真鍋泰介などとともに8月6日おける調査が報道される。

更に8月11日紙面には、

> ●宴会　　本県庁高官及第二課土木係員幷に広島市長其他市吏員等は来広中なる内務省御傭技師バルトン氏を招じ昨十日午後河原町洗心楼に於て懇親の宴を張りたるよし<sup>(389)</sup>

とあるように、8月10日午後には河原町の洗心楼において、バルトンを招いて懇親会が催された。これは8月12日の紙面に、

> ●バルトン氏厳島に赴く　　予て本市に於ける水道試験のため来広中なりし内務省御傭バルトン氏は一昨日を以て該試験結了したるに付同行の内務省技師高橋辰次郎氏と共に昨日厳島に赴きたり<sup>(390)</sup>

と報道されるように、バルトンらによる調査が8月10日を以て終了したためであった。そして、バルトンら一行は8月11日に厳島へ渡っている。

バルトンの帰途は、

> ●バルトン氏と高橋技師　　水道試験のため来広両三日間滞在して厳島へ渡航せし内務省御傭バルトン氏は一昨日上航の汽船にて同島より直に帰京の途に就きたり又氏と同行せし内務省技師高橋辰次郎氏は同日再び当地へ来り大手町三丁目長沼方へ投宿の上昨日の第一列車にて帰京の途に就きたり<sup>(391)</sup>

と8月17日付紙面にあるように、8月15日に厳島から直接、帰京の途についている。当時、宮島（厳島）へは馬関（下関）−神戸間を結ぶ汽船が寄航しており、これに乗船してバルトンは帰途へついた。なお、広島、宮島でバルトンは写真撮影を行ったとされる。

### バルトン帰京後の動向

　帰京後、バルトンが広島における報告書をまとめ上げたのは明治27(1894)年12月17日のことで、和訳は他都市と同様、内務省属の宮原直尭によるものであった。訳出完了の年月日は明らかでないが、明治27(1894)年調査のものでは福井市のみに明治28(1895)年3月13日と訳出の日付が見られることから、その前後に広島市の報告書も翻訳が完了したものと思われる。そして、翻訳後にこの報告書が広島市へ届けられたのは福井市における事例を参照すれば明治28(1895)年4月頃と考えられるが、正式な内務省からの書類回付としては6月3日とされる。

　なお、バルトンから報告書中において更なる必要書類として、高低を記入した市街図、貯水池における高低を記入した測量詳細図、市内河川の干満水位を記入した断面図などが要求されているが、これは明治28(1895)年5月に内務省技師の吉原が準備して、バルトンはこれに関するする工事予算案を110.1万円として5月29日に提出し、やはり宮原直尭が訳出した後に、6月11日付で回付された。

　一方、広島市会における水道敷設の議論では、明治28(1895)年3月9日に決せられ、更に3月11日には水道布設委員設置方法などが市会で可決され、これが3月22日の国会で採択された。そして、市会ではバルトンからの計画案及び予算案の提出を受け、水道敷設費を盛り込んだ予算案並びに政府に補助を求める請願を7月1日に可決し、水道布設に関する稟請が明治28(1895)年7月5日付で提出された。なお、この予算額はバルトン案を一部変更した95万円で、$\frac{2}{3}$を国庫補助とする内容であった。

　ところで、この予算案の背景には明治27(1894)年7月から明治28(1895)年にあった日清戦争と、それに伴って明治27(1894)年9月から明治29

（1896）年4月の間におけるの大本営広島設置、明治27（1894）年9月から明治28（1895）年5月までの明治天皇の広島駐在が大きな要因として働いたことが指摘され、これが後の勅命軍事水道の敷設につながった。[406]

### 大学にて

例年のようにこの年10月末、土木工学科2年生が相模川上流の取水地付近で測量の実測を行ったが、この際、病を押して参加した大野時太郎は11月2日、舟が転覆し馬入川へ投げ出され水死した。大学は校葬を営み、[407]バルトンは後日、大野に対して弔辞を記している。[408]

## 明治28（1895）年

明治28（1895）年にバルトンは先ず2月に『写真新書』の和訳を出版し、更に夏期休業の時期には、広島、松江、京都、大阪、神戸を衛生調査などのために訪れている。また、大学では11月7日、学術実施指案のため、神奈川県へ赴いている。[409]

### 広 島

バルトンは明治28（1895）年7月、昨年に引き続き再び広島の地を訪れている。訪問の日程は明治28（1895）年7月23日付の『芸備日日新聞』、『中国』に、

　●バルトン氏等　　工科大学教師兼内務省顧問技師ダブリュー、ケイ、バルトン氏は土木監督署技師高橋辰四郎氏と共に来広、大手町長沼方に一泊し一昨日島根県に向け出発せり[410]
　●バルトン工師　　工科大学教師兼内務省顧問英国人バルトン氏は島根県下水道布設の件に同県に赴く途次去廿日当地に来り大手町三丁目長沼方へ一泊し翌廿一日同地に向け出発したり[411]

とあるように、7月20日に広島へ到着し、前年に宿とした長沼旅館へ投宿して、翌21日には松江へ向かったとされる。なお、この段階では広島以

西への鉄路が未通であったため、バルトン一行は、後述するように陸路による松江への移動であったと考えられる。[412]

この年におけるバルトンの広島訪問について『広島市水道史七十年史』などでは、

> この時は2日間滞在して水道計画の最終案を点検した。[413]

とするが、それを示す資料は残らない。なお、7月20日の到着時間は明らかではないが、翌21日の移動が船便であったとしても門司行きは14時10分の出発となるため、この年における広島への訪問は極めて限られた時間であったと言える。[414]

## 松　江

### バルトンによる明治28（1895）年松江調査に至る過程

松江では明治10（1877）年以後、コレラの発生があり、以後、上水道建設の民意が高まり、明治26（1893）年4月には大日本私立衛生会島根支部の田中知邦が「水道敷設建議書」を提出し、明治28（1895）年には島根県土木技師関屋忠正らが各地における水道敷設の調査を開始している。[415][416]

バルトンの7月訪問に先立っては、早い段階から準備が行われた。7月6日付『山陰新聞』によれば、

> ●松江市水道布設々計に関する調査
> バルトン氏の来着迄に下調査を充分にすへき要あり属北村佐太郎氏は其調査□を嘱託せられ本日より関屋工学士の可認せし意宇川（一名熊野川）流域の実地測量及ひ当市内の高低測量に着手する筈[417]

とされ、この調査の進捗自体が7月9日紙面に、

> ●当市水道敷設に係る北村県属の調査
> 昨日午前中を以つて大橋以南の高低測量を了し午後より大橋以北の測量に着手せしが本日を以て終り夫れより意宇川（熊野川）流域なる天狗山（水源仮定地）の測量に着手すと云ふ[418]

と報道される。また、バルトンの調査と今後の予定は、

> ●松江水道とバルトン氏

バルトン氏か調査設計の為め来松する筈のことは既に本紙に掲載せしか氏の来るや其旅費日当等は一に内務省の支出に係るも調査設計に関する諸費は挙けて市の負擔たるへきこと勿論なり而して氏か来松するまてに市役所か其参考として提出すへき（其の注文に依りて）諸件は大約下記の如し（一）市内外の区別して一県下の人口及数年間人口の増減比例（二）市民の死亡に対する病源及地方病の状況就中熱病に関するものは詳細に取調且病人病死人数等（三）水源（数ヶ所調査のこと）及水源より市迄の高低及水源よりの平面市内のコントア（とは等高線の義）（四）火災の度合及焼失家屋数々年間比例（五）水源と思考する処の水質試験及市内井中の水質同上（六）雨量（七）市内地図の可成大なるもの等其重もなるものにして役所に於ては日夜取急きて調査に着手し略ほ脱稿せるやに聞けり氏にして弥々来松する上は直ちに水質善良供給十分工事可成容易なるものに付き沿道の調査に至るまて之れを結了したる上は帰京して工事の設計に従事するならんとのことゝて市にては自然測量等の用向出来するならんといへり而して其結果弥々之に着手すへきや否やに至りては固より市債に問ふへき大事業にしてソレまてには尚ほ幾多の困難あるへし因みに記るす氏は来松せは皆美館に投宿する筈にて昨今既に其准備に着手せりとそ[419]

とあるように、調査経費の支出、事前調査で必要な資料、調査後の予定、工事着手に至る予想等が詳しく報道される。加えてバルトンと同行の高橋[420]辰次郎についても、

　　　　●高橋土木監督署技師
　　内務省御雇技師バルトン氏に同行して来松する第一区土木監督署技師工学士高橋辰次郎氏の用向を聞くに氏は松江市水道布設々計の補助及ひ通弁をなすにあり[421]と

と、役割が記される。

　バルトンの松江到着は当初、

　　　　●バルトン氏の来松期●
　　内務省御雇技師バルトン氏は来十四日頃来松との報知あり[422]

として7月14日頃と報道され、更に、

　○バルトン氏　当市水道事業調査の為め三四日以内に来松する同氏は多くも一週間位当市に滞在して概略の視察をなし其余は調査の方針を示して帰京の上設計をなすべしと云ふ<sup>(423)</sup>

18日から3、4日以内とされたが、21日付紙面に、

　○バルトン氏　水道敷設調査の為めに内務省御雇バルトン氏は同省技師高橋辰次郎氏と共に本日広島発二十三日来県の筈なりと云ふ<sup>(424)</sup>

とあるように到着は最終的には7月23日に予定された。

## バルトンによる明治28（1895）年松江調査の日程

バルトンの松江到着には、

　　●バルトン氏の来松
　バルトン氏は愈々本日来松の筈にて八十川本県技手及び中島松江市書記は昨日午后意宇郡穴道村迄出迎へり<sup>(425)</sup>

とあるように、八十川県技手と中島松江市書記が7月22日に宍道まで出迎え、バルトンらの松江到着は23日午後となり、

　　●バルトン氏の着松
　工科大学教師兼内務省御雇ダブリュー、ケイ、バルトン氏及同行の第一土木監督署技師工学士高橋辰次郎氏は一昨日宍道へ出迎へたる八十川本県技手、中島市書記と共に昨日午後来松末次本町皆美館に投宿す<sup>(426)</sup>

とあるようにバルトンらは皆美館に入った。広島からの経路は記録されないが、海路と陸路が想定される。海路では馬関もしくは門司で乗換えが必要で、明治28（1895）年当時、馬関・門司−境港は大阪商船と日本郵船の便が確認される。大阪商船によれば境港入港7月21日の鎮西丸であるが<sup>(427)</sup>、これは23日の松江来着に適さず、しかも到着が境港となるため、出迎えの穴道とは方向が異なる。また、日本郵船では24日境港延着のアウレツタ号となるが<sup>(428)</sup>、同便は馬関−境港間の停泊地がなく、23日における松江着の条件を満たさない。

一方、陸路では現在の国道54号に当たる出雲街道が考えられる。距離は150km程で、2日あれば人力車での移動が可能で、宍道が中継点となる。明治時代中期、この道は3間程の幅に整備され、宍道には広島方面からの往来も多く、人力車の交通も盛んであったとされる。
　以上より、バルトンらは広島から陸路で松江に向かったとするのが妥当である。以後の動向は、

　　　　●バルトン氏
　一昨日来松せし工科大学教師兼内務省御雇英国人ダブルユー、ケイ、バルトン氏及高橋第一土木監督署技師は昨日松江市役所及県庁に出頭して諸事の打合をなし午後八十川本県技手中島市書記と共に城山を始め市内の実地検査に着手せるか市有志者は昨夜バ氏一行を松江分雲陽館に饗応せり
　関屋工学士帰松を待ち多分明日水源調査として熊野、目無の二ヶ所に赴くことゝなるへく本調査は凡そ一週間を要する予定なりと
　而して一行は霊跡竝観光の為め本日神門郡杵築に抵り即日帰松する筈と7月25日の紙面にあるように、バルトンらは7月24日に市役所及県庁へ赴いて打合せ、午後には八十川県技手、中島市書記とともに城山を始め市内の実地検査に着手し、夜には有志者による饗応が行われた。7月25日付紙面では雲陽館での実施とされるが、26日付紙面では、

　　　　●バルトン氏一行を饗す
　当市水道敷設の調査設計を托したるバルトン氏一行を饗せんため市有志者は一昨夜宴を臨水亭（前号に雲陽館とせしは誤聞）に開きしか来り会するものは市参事会員市会議員の過半市書記其他岡崎運兵衛森脇甚右衛門高城権八岡本金太郎山崎幹田野俊貞等の諸氏にして大約三十余名席定まるや福岡市長は起ちて演説して曰く当度バルトン氏を聘て当市に最も必要なる水道敷設の調査設計を托せんか為めに其来松を請ひしに公務の暇を以て態々来松せられコレより事に此に従はゝ事となれり併し調査の結果、果して市の負擔に任し得らるゝや否やは市の経済如何に在り必らすしも其成を期すへきにあらす況んや吾等の水源

3 来日から渡台まで

地と仮定するものか果して供給に余裕あるや否やも亦た保すへからざるに於てをや唯其結果にして今日市民の力に称はずとするも他日経済の之を許す時あるに於ては数万の生霊をして倶に其の利を被むらしむるの途に出でざるべからず幸にして此に至らばコレ取りも直さずバルトン氏当度来松の賜ものとして吾人市民は永世に其の慶を紀念して忘るゝことなかるへし今日は僅かに山陰の僻陬を厭はず来着されたるの厚意を謝するの万一なるのみ若しも吾人か満腔の誠意此少宴を張りしことを諾せらるゝを得は何の光栄か之に如かんや云ゝと同行の高橋工学士は通訳して此意をバルトン氏に伝ひしに氏は頗る感ぜし者の如く頓て起ちて左の答辞を述べたり

　市長たる福岡の君よ興は意外にも優遇を辱ふし実に感謝する所なり況して昨今は当市へ凱旋の名誉を荷ふて続ゝ帰来する日本帝国の軍人歓迎等頗る敬すへく賀すへき時節にして随ひて最も混雑を極むるにも拘はらず吾等一行を優遇せらるゝ如きは尚更其厚意を謝せさるへからす之れと仝時に吾等は唯耻入るの外なし市長の君は此の松江を目して山陰の僻陬なりと称せらるれど吾等は夙とに我同国人又は他の国人よりして山陰に松江の名勝あること伝聞し一たひは此の最古の歴史を有する名勝の区へ杖を笻かんことを望みしに思ひかけなく今日此の地に来りて宿昔の希望を達せり此の光景に対して此の清饗を受く吾等は殆んと謝する所以を知らす云々

との趣意にてありき次きて宴に移りしか宴酣なるとき高橋学士と与に一時席を辞し倶に白地の浴衣を被換へてヘコ帯にて着席しコレが日本流の席上にては大に気楽なりとて献酬湧くか如きの間に在りて頗る日本流の造作進退に巧みなりし殊には稍酔ふては各人の間に奔走して献酬する等磊ゝ落ゝとして殆んと外人とは思はれさる程なりしか十時頃退式せられたり因みに記す氏は蘇格蘭人にして年齢は当年四十、日本に雇はれて来りしは去る二十年日本語も多少は解する所あるか如し(433)

とあるように、臨水亭での実施と訂正している。また、7月25日付紙面では、同日からはバルトンらは霊跡及び観光のため神門郡杵築に赴くとする。

記事では当初は日帰りの予定であったが、実際の松江帰着は、

　　　　●バルトン氏
　神門郡杵築地方へ赴きしバルトン氏一行は昨日午後一時帰松せり<sup>(434)</sup>

とあるように7月27日で、予定が大きく繰り下がり2泊3日に延びた<sup>(435)</sup>。なお、神門郡杵築とは具体的には出雲大社などを指すものであろう。さて、バルトンらの実地調査は7月28日以後に本格化した。同日の紙面では、

　　　　●松江市水道敷設に関する調査
　関屋工学士、山崎松江病院長、八十川本県技手、福岡市長、高橋市助役、中嶋市書記等は昨日午後バルトン氏一行の旅館皆美館に集合して当市水道敷設に関する各種の取調に就き協議を遂げたるが其結果バルトン氏は水源調査として高橋工学士、高橋市助役、中島市書記同行本日午前七時出発意宇郡忌部村清水より熊野村大内谷深山谷等を探撿して即日帰松し更に明朝発途島根郡朝酌村目無を探撿して正午帰松する筈なりと<sup>(436)</sup>

とあるように7月27日午後に関屋工学士、山崎松江病院長、八十川県技師、福岡市長、高橋市助役、中嶋市書記等が皆美館に集って打合せ<sup>(437)</sup>、28日午前7時からバルトン一行は意宇郡忌部村清水、熊野村大内谷深山谷等を調査して同日中に松江へ戻り、29日朝からは島根郡朝酌村目無を調査し正午には戻る予定であった<sup>(438)</sup>。なお、後述するように7月29日14時から大日本私立衛生会島根支部総会が松江市会議所にて行われ、ここでバルトンは講演を行い、懇親会が18時から望湖楼において実施された。

## バルトンによる大日本私立衛生会島根支会総集会における講演

　講演会については、かなり早い段階からバルトンへの演説依頼が予定されていた。『山陰新聞』、明治28（1895）年7月3日付紙面によれば、

　　　　●大日本私立衛生会島根支会総集会
　は内務省雇技師バルトン氏来松の上一場の演説を請ふ予定なり<sup>(439)</sup>

とある通り、少なくとも7月3日の段階においては、バルトンへ対する講演依頼の予定があったものの、実際の依頼はバルトンが松江へ到着してか

*494*

らにずれ込んでいた。

『山陰新聞』の明治28（1895）年7月25日付紙面によれば、その経緯は、

> ●バルトン氏の講話
> 
> 松江市水道敷設調査として来松せしバルトン氏へ私立衛生会より講話を乞はんとの計画ありて一昨日申込みしに同氏は速かに承諾せしを以て右調査終了次第惣集会を開きて氏の講話を聴く筈なりと<sup>(440)</sup>

とあるように、7月23日にバルトンが松江に到着したその日に依頼を行っている。記事によればバルトンはこの申し出を快諾し、集会は水道敷設調査が終了次第、開かれることとなった。

大日本私立衛生会島根支会惣集会は、『山陰新聞』の明治28（1895）年7月27日付記事によれば、

> ●衛生支会惣集会
> 
> 大日本私立衛生会島根支会は来二十九日惣集会を市会議事所に開き諸報告役員撰挙討論演説をなす筈にて当日はバルトン氏も一席の講話をなすと云<sup>(441)</sup>

とされるように、7月29日に市会議事所にて実施されるものとされ、ここでバルトンの演説も予定された。

また、惣集会終了後には饗宴が予定されたが、その席上には、

> ●二十九日の歓迎
> 
> 同日はバルトン氏を聘して島根私立衛生会を市会議事所に開くことゝなりしを以て当日凱旋の軍人は事務所なる臨水亭に於て之れを饗することゝなれり<sup>(442)</sup>

とあるように、時節柄、日清戦争帰還の軍人も参加の予定とされた。

さて、大日本私立衛生会島根支部の明治28（1895）年惣集会は予定通り、7月29日に実施された。会とその後の懇親会については7月30日以後の紙面に詳しく報じられる。

> ●大日本私立衛生会島根支会第十二回総集会
> 
> 昨日午後二時より当市会議事所に於て開く官吏に在りては久保村書記官小川警部長伊藤参事官山上典獄松島島根外二郡長北川換事正谷口換

事等教官に在りては西田吉岡の両教諭等来席参会者無慮五百名先つ会長代山崎副会長開会の趣旨を述べ次に会務の報道管内衛上の景況報道会計の報告あり副会頭再び役員撰挙の結果を報道して曰く《中略》次て議事に移り議案も出でしか寧ろ之を演説後に議する方可ならんと囗の説出て則ち議事を中止し久保村書記官祝詞を朗読しバルトン氏の演説となり終りて再ひ議事を開き規則に多少の修正ありて閉会せしは五時頃なりき其バ氏の演説は余白なきを以て次号に譲る<sup>(443)</sup>

　　　●衛生会の懇親会

一昨日午後六時より望湖楼に於て開会せり来会者は凡そ六十名にしてバルトン氏一行も亦高橋衛生会幹事の按内に依りて来会せしが頓て役員惣代として山崎副会頭の開会の趣旨ありバルトン氏の答辞高橋工学士の通訳は例に依りて例の如し献酬盛にして弦歌湧き全く退散せるは同十時頃にてありしならん<sup>(444)</sup>

　新聞報道によれば、7月29日14時から開始された惣集会には500名余が参集し、会長代山崎副会長開会の辞、管内衛生状況、会計、役員選挙結果の報告後、議事に移ったが、途中でバルトンの演説を先に行うべきとの動議があり、これに従い演説後に規則改正などの議事があり、会自体は17時頃に終了した。そして18時から22時頃まで望湖楼に60名余を集め懇親会が行われた。<sup>(445)</sup>

　バルトンが7月29日に実施された大日本私立衛生会島根支部惣集会で行った演説の概要は7月31日付『山陰新聞』紙面に掲載されている。<sup>(446)</sup>バルトンの演説について、段落ごとの概要を示すと以下のようになる。

　　①謝辞
　　②現代における都市衛生の必要性
　　③水道敷設と疾病の相関
　　④松江市における上水道敷設の必要性
　　⑤松江市における上水道敷設の効用
　　⑥水道竣功の効用
　　⑦調査した清水、熊野谷、目無の3水源

⑧下水道の必要性

⑨上下水道の改良の必要

　上記の段落②都市衛生の必要性、③水道敷設と疾病の相関、④当該市における上水道敷設の必要性、における内容は、これまでバルトンが調査などで訪れた各都市においても繰り返し述べているものであるが、段落⑤においては、当地の山崎病院長との会談内容を示すなど、独自な内容も含まれるものとなっている。

　なお、松江における上水道敷設の可能性と調査内容は段落⑦において述べられており、調査した清水、熊野谷、目無の名称を具体的に挙げてはいるものの、この段階においてバルトンは三水源の内のいずれを選ぶのかについては述べていない。

　さて、講演会の翌日となる7月30日、

●バルトン氏の消息

昨日は市街を巡回して高低等の調査を為せしか明後二日境港出帆のサンダ号にて敦賀を経て京都市に赴き暫時同市に滞在の上帰京する考なりと
(447)

とあるようにバルトンらは市街地の高低調査を行っている。そして帰路は、
(448)

●バルトン氏の一行

市内の高低及ひ実地の調査を全く終へ予記の如く本日午後出発帰京の途に就く筈而して水道敷設の設計に関することは実地調査の結果に依り帰京の上にて決定するといふ
(449)

●松江市水道の水源

は目無、清水、熊野谷の三ヶ所を以てれ之に供せし頃日来バルトン氏の調査する所に拠れは要するに灌漑用に供給して余あり其余を以て松江市水道の用を便するを得は此上なしと雖目下の現状を以てすれは熊野谷或は最も適するならんと云へり其然る所以を問ふに仮りに当市の人口を二倍して六万人と為し二ヶ月の常用水を供給するの便あるものは熊野なり而して同地より五里の間、本市まで鉄管を通するときは其費甚た少からすと雖若し更に簡便なる方法を設け雑賀町辺迄は山又

山の間を繰り樋を通し雑賀町辺に於て一の溜井を堀り之れを第二の水源として各蜘蛛巣様の管に分配するに於ては其費左まて多額を要せさるの算なきにあらすと併し此の事たる固より確定したる意見にあらすとなり[450]

　　●バルトン氏への寄贈
市長助役より瑪瑙細工若山陶器各数点、市公務員より若山焼大花瓶香爐等を寄贈し来松の労を謝したりとそ[451]

　　●バルトン氏去る
市公務員其他に大橋迄見送られ昨日境に向けたり中島市書記は境港まて送り行けり[452]

とあるように、バルトンは8月2日、市職員などに大橋まで見送られ、中島市書記は境港まで同行した。既述した7月31日付報道でバルトンは"明後二日境港出帆のサンダ号"とあるが、サンダ号は8月3日午前中境港を着発し[453]、この船でバルトンは敦賀へ向かった[454]。なお、この段階で既に水源として目無、清水、熊野谷の三ヶ所が挙げられるのは、7月29日におけるバルトンの講演を受けたものであろう[455]。また、バルトンの帰路に際し市長助役から瑪瑙細工や若山陶器、市公務員からは若山焼大花瓶香爐などが寄贈された。


## バルトンが松江を離れてからの動向

　バルトンが松江を離れてからの松江における動向を見ると、明治28（1895）年8月6日付の報道では、

　　●松江市水道の水道
松江市水道の水源に就きバルトン氏か調査の結果として意宇郡熊野村の熊野谷最も適当なりと謂ひし由は去る三日の紙上に掲載せる所なるか尚ほ聞く所に依れは忌部村の清水、朝酌村の目無の二ヶ所も決して不適当なるにあらす唯遺憾なるは該二ヶ所其只今の水量を以て其部落の灌漑養水に充用しつゝあるを以て水道の水源に採用せんか勢ひ灌漑養水に欠乏を告け農民の困難を来たすの恐れあり若し水源を此の二ヶ

3　来日から渡台まで

　　所と定め両方より当市に管通せば可ならんも此の事たる費用の耐ゆる
　　所にあらす熊野谷は之れに反し灌漑用に供し其余を以て当市の水道の
　　用を弁することを得へし愈々水源を此の地に確定するとせん然らば沈
　　澱貯水池を作り其れより山又山を迂回して洞光寺若くは其附近の高山
　　或は二の丸迄鉄管を通し適当の所に濾過池と清水池とを作り其附近に
　　数多の弁井を作り支管を市内に設けさるへからすと関屋工学士は語れ
　　り附記すバルトン氏より熊野谷清水二ヶ所の実測竝に水量水質の再調
　　査を照会し来れりと[(456)]

とするように、三ヶ所挙げられた水源地についての優劣が論じられ、更に、
8月13日付紙面では、

　　●松江市水道の水源調査
　　バルトン氏より更に意宇郡熊野村熊野谷及同郡忌部郡清水の実地測
　　量及び水量水質を再査されたしと照会し越せしに付当市役所にては是
　　等に関する一切の調査を県庁へ嘱託せり[(457)]

として、東京未着[(458)]のバルトン[(459)]から熊野谷、清水の実測調査等の要請があり、
これに対して9月21日付紙面では、

　　●松江市計画の水道水源地測量結了
　　松江市の嘱託により本県属北村佐太郎氏は客月十八日より意宇郡熊野
　　村字大内谷及若松谷の測量に着手せしが全く結了昨日帰庁せり本日
　　より凡そ二週間に製図を終りバルトン氏に向け発送するの都合なり
　　と云ふ聞く所によれは若松谷と大内谷とは其間一里余の距離にして
　　愈々水源と決するに於ては何れの谷にせよ一ヶ所にては水量不足を告
　　くるの憾あり依て両谷を共に水源となすの見込を以て両谷間聯絡を付
　　けて測量したりと云ふ[(460)]

とあり、実測は北村県属が8月18日に着手し、9月20日に北村が戻った後
に2週間程かけて製図を行うとするため、バルトンへの資料送付はそれ以
後になったものと考えられる。

　つまり、バルトンによる明治28（1895）年の松江市水道敷設調査に際し、

499

一行は松江に明治28（1895）年7月23日に広島から陸路で到着し、8月2日に松江を離れたこととなる。この間にバルトン等は7月25日から27日まで、2泊3日の行程で霊跡及び観光を実施し、8月3日午前、境港出帆のサンダ号にて敦賀経由で京都へ向かったことが明らかとなる。また、バルトンは7月29日の14時から松江市会議事所で演説会を行い、ここでバルトンは調査結果より三水源の可能性を示したが、この段階ではそのいずれを選ぶかには至っていない。

## 京都

### バルトンによる明治28（1895）年京都市下水道調査に至る過程

この後、バルトンは京都へ向かったが、京都市における下水道計画は、明治27（1894）年3月の京都府会市部会における京都市内の高低測量の建議に始まるとされる。市内において当時は伝染病の流行が頻発し、河川の汚濁も進み下水道の整備も求められたという。[461]

### バルトンによる明治28（1895）年京都市下水道調査の日程

バルトンによる京都訪問について先ず報道するのは『日出新聞』の明治28（1895）年8月3日号となる。同紙の記載によれば、

●バルトン氏と高橋技師　内務大臣の命に依り岡山、鳥取、広島等の水道工事設計調査の為め出張中の同省雇バルトン氏及び高橋第一区土木監督署技師は今明日中に来京する由なるが右両氏は京都市下水工事設計調査の命をも帯び居るに付着京の上は直ちに其調査に着手する趣き尤も京都は未だ正確なる高低測量等出来居らざるに付直ちに工事設計に着手することは難かるべく今回は先づ大体の調査に止め工事取調費の予算を定むる位のことなるべしと云ふ[462]

とされ、バルトンは京都以前、"岡山、鳥取、広島等の水道工事設計調査の為め出張中"とされるが、既に述べたようにバルトンは京都以前、少なくとも松江において調査を実施している。松江からの移動には境港ー敦賀間は海路を用い、[463]敦賀からは鉄路を用いて京都に入ったものであろう。報

## 3 来日から渡台まで

道では当初、バルトンは8月3日到着の予定とされ、随行する第一区土木監督署の高橋辰次郎技師は広島、松江以来の同行としている。また、記事ではこの段階で京都における精緻な高低測量が行われておらず、今回の調査は概括的なものに留まるとされるが、これは既述した京都府会市部会における建議を受けた記述といえる。

　さて、バルトンの京都到着は、

> ●バルトン氏と高橋技師　　前号に記載せし如く水道及び下水道工事取調べの為め岡山外二県を巡廻中なりし内務省雇バルトン氏及び高橋第一区土木監督署技師は一昨日来京バルトン氏は円山也阿弥楼に、高橋氏は麩屋町柊屋に投宿し昨日午前両氏共府庁に出頭し谷井技師及び加藤第二課長等に面会して京都市下水工事設計調査着手の順序等を打合せたる由(465)

と既に稲場が指摘するように、明治28（1895）年8月4日にずれ込み、バルトンは当時の京都における外国人宿とされた也阿弥に、高橋技師は柊屋に投宿した。翌8月5日にバルトンらは京都府庁に赴き、谷井技師及び加藤第二課長らと面会して、下水道調査についての打合せを実施している。

　現地におけるバルトンの調査は8月9日号紙面に、

> ●下水工事の調査　　京都市下水工事設計調査の為め来京中の内務省雇バルトン氏は谷井京都府技師と共に一昨日下流地なる下京区八条近傍を巡視し昨日は上流の上京区北野近傍以東の土地を巡視したる由(467)

とあるように、8月7日からで、この日は谷井京都府技師等とともに下流となる八条付近、8月8日は上流となる北野付近の巡視を実施した。

　バルトンはこの段階で一連の調査を終えたようで、下水道設計については、

> ●下水工事設計調査　　屢々報せし如く内務省雇工師バルトン氏は谷井京都府技師と共に過日来京都市下水道工事の設計を調査したるが将来下水は下流村落の田養水に用ひ居るを以て先づ下水道工事の農作物に及ぼす利害及収穫の如何等を取調べざれば工事の方法を定むる能はずとのことにて結局農事に関することは佐藤農学校長に調査を托し其

他のことは谷井技師之れを調査してバルトン氏に報告し同氏は此報道(468)に依り大体の方針を定めて府知事に報告することと為したる由(469)

と、将来的に下水は田圃に用いるべきとするとの考えを述べ、その調査を農学校長佐藤校長に依頼したという。

なお、『日出新聞』にバルトンの出京は記されないが、明治28（1895）年8月10日朝にバルトンは大阪に向かい、これまで関わってきた大阪市の上水道工事進捗を確認している。そのためバルトンの京都市調査は明治(470)28（1895）年8月9日までと考えるのが妥当と言えよう。

つまり、明治28（1895）年の京都市における下水道建設調査において、バルトンは松江から船便で敦賀を経由し列車で京都へ入ったものと考えられる。そしてバルトンの京都市における調査日程は明治28（1895）年8月4日から9日と判断され、実踏調査は八条及び北野付近で行われたとすることができる。

## 大阪、神戸

**バルトンによる明治28（1895）年大阪市下水道調査に至る過程**

この年夏期における衛生調査は京都で終了の予定であったが、更にバルトンは大阪、神戸の地を訪れている。

大阪市は当時、明治25（1892）年の上水道着工に続き、伝染病対策として、近世以来の下水道改良に対して世論の盛り上がりがあった。同年4月の大阪私立衛生会総会においては長与専斉が下水道整備の急務を訴え、大阪における下水改良の急務が決議された。これに基づいて、大阪私立衛生会では7月に市会へ建議書を提出し、8月には市参事会にて意見陳述を行った。これに則って11月から測量設計が始まり、明治26（1893）年9月には下水改良計画案が策定され、10月21日の市会に提出され、修正の上、明治27（1894）年3月23日の市会で議決された。なお、この案を検討した下水道委員は上水道委員が兼務している。工事では工期を4期に分け、第1期工事は明治27（1894）年12月1日の着工で、明治28（1895）年6月30日

の竣功予定であったものが延び延びとなり、第1,4区は8月8日、第2,3工区は8月15日の竣功であった。ところでこの工事中の6月13日から15日の3日間、大阪地方は大雨に見舞われ、コンクリート製U字型溝の仕上げであるモルタルに多数の亀裂が生じて出水が確認され、以下の2点が問題視されるに至った。

　①亀裂は工事の不備
　②当初設計にあった粘土の使用を省いたことがモルタル破損の原因ではないか

これに対して理事者側は、

　①修理で対応する
　②技術的な問題はなく、設計変更は技術者の権限内

とした。問題は7月13日の臨時市会以後、噴出したため、市会はバルトンに鑑定を請うことを市参事会へ建議した。ところが8月10日、施工の進んだ上水道工事の視察にバルトンがたまたま京都から大阪に赴いていたため、ここで下水道改良工事の鑑定をバルトンへ依頼するに至ったのであった。[471]

　既に述べたようにバルトンはこの夏、広島、松江、京都で衛生調査を実施し、京都での調査は8月4日から9日の間で、以後の行程は8月11日付の新聞報道によれば、

　●バルトン工師　一昨日大阪市会に於て夫の下水道工事は欠点多きを以て内務省雇工師バルトン氏を聘し設計変更等に対し利害の鑑定を請はん事とし工師招待の手続を市参事会へ建議するに決したり然るにバルトン工師は過日来京都に出張し居りしが用済となり帰京の途次当地に立寄り先年水道敷設工事の設計に関係したる縁故あり今は過半落成したりと聞き右工事を一覧せんとて昨朝府庁に来りたるより市会議決の趣意に依り幸ひの事なれば下水道工事を視察せん事を請ひ承諾を得たるに付早速此旨を市会の下水道調査委員（九名）に通知し昨日正午十二時より中之島大阪ホテルに於て右工師、委員等会合し夫より工事現場を巡視し工師の意見を聴取する筈なりしが午前は上水道を視察したりと云ふ[472]

解説　バルトンによる上下水道・衛生調査の全容

とあるように、8月9日にはバルトンへの鑑定依頼があり、8月10日朝に上水道の工事視察のため大阪府庁を訪れたバルトンにこれを依頼することとなったのであった。

## バルトンによる明治28（1895）年大阪市下水道調査、神戸訪問の日程

　つまり大阪市におけるバルトンの上水道視察は8月10日に実施され、その日程と下水道鑑定を依頼する経過は8月11日付の新聞報道に詳しい。

　　●バルトン工師　　欄内に記載せし如く昨日午前に都島村水源及ひ城内貯水池を視察し府庁の馬車に植木吉村両技師と同乗し水道敷設委員谷口黙次氏（市公民）同伴午後一時三十分大阪ホテルに立寄り午餐を喫せり是より先き市会議員及公民中の水道委員七里事務長、香川属はホテルにて待合せ市参事会員及市会議員中下水調査委員等来会の上バルトン氏の意見を叩き猶実地の視察を請ひ彼の市会決議の利害鑑定に対する方法を求むる筈なりしが午後二時過に至り市参事会員田口播本の二氏来り市会の調査委員は二三人の外来会するを得ず而してバルトン氏は昨夜神戸に出で今日帰京の筈との事ゆゑ此好機を失はず親しく視察を請はんとて同氏に謀りしに氏は内務大臣の命令を得ば滞在せんと答えたるなり俄に七里氏は知事を官邸に訪ひ市会の希望もあり旁一両日の滞在を許可ありたき旨至急電報を以て上申し許可を竢つ事となりバルトン氏は兎も角も昨夜神戸に出で居りて其中に内務大臣より許可の沙汰あらば直ちに今日より実地の鑑定を請ふ筈なるよし斯に市会調査委員の意向なりと云を聞くにバルトン氏来阪は幸なるも突然の事なり日半日の滞留にては到底満足の質疑すらなすを得ざるべければ少くも二日位の滞在を求めん且通訳者若し植木技師なるときは其忌避を求めとざるべからずといふにありとなり[473]

　報道によれば、バルトンは8月10日午前には恐らく府庁から府の馬車で出発し、上水道工事に関わる都島の水源地、城内貯水池を視察し、13時30分には大阪ホテルに立ち寄り昼食を取った。そして14時過ぎに市水道委員の七里などから下水道工事の鑑定がバルトンへ依頼されたものの、バ

3　来日から渡台まで

ルトンは10日夜からは神戸に赴き11日に帰還の予定であることを告げた。千載一遇の機会であるため委員等は更に調査の実施を要請すると、バルトンは内務大臣からの命令があれば滞在は可能と答えた。そこで、七里は府知事にバルトン滞在の打診を願い出て、知事は電報によりその旨を照会して結果を待つこととなった。バルトンはこの日神戸に向かったが、内務大臣から許可があれば8月11日からの調査も可能としている。<sup>(474)</sup>

そして、翌日以後におけるバルトンの動向も8月13日付の新聞報道に詳しい。

●バルトン工師　　市内下水道判断の件は一昨夜に到り山田知事の稟請に係る工事滞在調査の許可内務大臣より回電ありて工師は一昨夜北陽静観楼に投宿し昨日は午前より市参事会員下水道敷設委員市会調査委員会等府庁にて待受居しに午前十一時工師は吉村技師と倶に府庁に出頭せしかば府会議事堂内にて質問を為す事となりたり是より先き大阪私立衛生会幹事平田好、大阪市下水道改良同志会総代佐久間俊明日野国明諸氏は質問応答を傍聴せんとて出頭し居りしが片岡書記官は傍聴者に向ひ本日の調査会は傍聴を許さゞる筈なりしも折角出頭せられ殊に少人数なれば特に許可するも今後は許さゞる旨を告げ議事堂内休憩室に入る席定まるや吉村技師通訳の嘱託を受けしも近年英語を操りたること少なきを以て諸君の満足は得難かるべきも意味の通せん限り努むべしとの挨拶あり片岡書記官本日先生を煩したるは当市下水道改良工事に付御意見を請はんが為にて第一目下施行中の下水工事は市民の衛生を保つ上に於て完全なるや否や詳言すれば当局者は七拾万円の工事として衛生の目的を達するに足るべき完全のものと認む然るに市会には不完全なりとの問題あり貴国に於けるが如く下水道は暗溝を鑿ちテームス河底に流出するが如きは数千万円を要するを以て到底望むべからざるも兎に角当局者が七拾万円の工事として完全なるや否や此設計に対する御意見を聴きたしと問ふバルトン工師曰く御質問の点は御受を為し力の及ぶ限り意見を開陳せん大阪市下水工事の設計は最も完全にして毫も欠点なしと称する能はずと雖も比較的完全なりと謂ふ

可し輓近世界にて下水の完美なるは独逸の伯林なりとす大阪下水工事は偶然にも此伯林の下水と同一の点あり是も大阪のごとく市街平坦にして勾配なく自然の流下法を以て悪水を排除するは頗る困難なり因りて悪水を一処に集合し排水ポンプを以て市外へ排出し田園に灌漑して肥料に供する方法を採れり此流下法の勾配は恰も大阪と同一なり今当地の下水道改良の完全を求めんと欲せば伯林の如くポンプを以て市外に排出する方法を採らざるべからず悪水を河口に流出するは宜しからず現今の工事を拡張してポンプ式に改めなば弐百五拾万円若くは三百万円を投ぜば完美善良なるを得ん然らざれば到底其の完全を望むべからず又た現今の設計に対する意見としては適当且つ良好にして十分に衛生の目的を達するものと断言するに躊躇せず元来下水対衛生の欠点は汚水の地下に滲入すると河口に流出して河水を汚濁するに在り現今の工事は滲入を防ぐ事を得べく河水を汚濁する点は未た防ぐ能はず而して現在実施せる工事に就きては二つの注意を要す第一将来ポンプ式を用ふる際改良工事をなし易き事、第二汚水の排口は成べくポンプ式に適用し得べき事即ち是なり大阪の下水勾配は六百分の一なりと聞く此勾配にては流出宜を得ざるべければフラッシング（適当の訳なし）を用ふるを要す然れども此点に就ては欧米にても衛生技師間に議論あり工事進行の程度に従ひ必要に応じて種々の方法を採用すべきなり要するに最大改良は前述の如きも現今の工事に就きては不可なる点なし、又問ふて曰く最初の設計には粘土を用ふる筈なりしも実際に当てはこれを許さゞるよりコンクリート、モルタルを多量に配合することゝせり粘土を廃せしは工事上の利害に如何の関係を及ぼすべきや、曰く下水工事に粘土を使用するは恐く必要なかるべし余が聞見せし欧米の下水にて数十哩に渉るものすら粘土を用ひたるを聞かず下水の圧力は極めて僅少にして高さ五尺位に過ぎざれば粘土を用ふるの必要なしコンクリート、モルタルの原料良好なるを採択せば完全の工事たるは疑なきも唯避くべからざるは亀裂の一事なるが是すら深く懸念するに及ばず其亀裂の部分を切取り純粋のセメント或はセメントの多きモ

ルタルを填補修繕せば完全なるを得ん故に粘土を廃せしは毫も差支なし此事は予が責任を帯びて答弁すと片岡書記官曰く段々の説明を得て参事会は満足せり此他は工事の方法に属するのみと、横田調査委員問ふて曰く粘土を取除けたるは大阪の如き湿潤淤泥の地質には何等かの影響なきや又地震水害の場合は如何と、工師曰く地震に就ては適当の質問なりコンクリート亀裂の場合に於て粘土あれば漏水を防ぎ得べきや否は一の問題たり激烈なる振動に遇ゞコンクリートも無論亀裂すべけれど修繕を加ふるは易々たるのみ粘土の有無には何等の関係をも見出す能はず又地質に就きては粘土の有無に影響せず下水工事は丈の低い幅の広き事業にて僅少の重きに堪ふれば足る地質脆弱なるも不都合なしと又問ふコンクリートの配合は如何曰く材料の品質善良にしてモルタルは砂一セメント一、石灰一、コンクリートは砂二石灰一、セメント一、礫五半の割合なれば十分なり又曰く設計は不完全ながらも先づ完全とし工事之に適合せば完全なりとの説明なるが如し就きては実地視察見分の上猶御説明を願ひたし答へて曰く然らば実地を視察せし上意見を開陳せん、是に於て午後二時より市内工事の既成未成の箇所を巡視すること〻なりたり(475)

新聞報道によれば、バルトンによる調査の件は8月11日夜には内務大臣から大阪府知事宛に許可の電報が届いた。一方、11日は日曜日で、この日にバルトンは神戸から大阪に戻り北陽の静観楼に宿泊した。バルトンは、翌8月12日11時に吉村技師と府庁に出向き、府会議事堂において市参事会員、下水道敷設委員会調査委員などから質問を受けることとなった。なお、ここにはいわゆる反対勢力であった大阪市下水道改良同志会総代なども参集し、会を傍聴することとなった。質問は議事堂の休憩室で、吉村技師の通訳によって行われた。先ずは片岡書記官がバルトンに謝辞を述べ、70万円とする工事費の妥当性を質問した。これに対しバルトンは大阪市における下水道工事が完璧なものではないが、それに近いものであるとした。そして、この工事では下水溝からの滲入を防止することを目的としており、その面では適当とした。また、粘土の不使用も問題なく、セメント

も品質と配合を適切に行えば問題はないと答え、実地見分での説明を承諾し、14時からの巡視予定となった。

そして同日午後の実地見分は、新聞報道で、

> ●バルトン工師の下水道実見　バルトン工師昨日午後二時過ぎ下水道工事実見の為め吉村技師に伴はれ府会議事堂に来るや待受け居たる市参事会員、片岡書記官、七里事務員、植木技師、水道敷設委員、市会調査委員の諸氏同伴先づ西区本田三番町工事既成部分次に西成郡九条村工事施工中の模様次に東区道修町五丁目過半落成の部分等を順次実見し各委員等も種々質問を試みしが何れにても工事上の欠点としては見出す能はずとて逐一其説明をなしたるより調査委員も安堵を表し一同伴ひて大阪ホテルに入り休憩点心の上会食をなす事となり其席上片岡書記官は工師に向ひ炎暑を冒して巡視するの労を謝し且実見の結果としてコンクリート、モルタル等に付き不完全の箇処を認めたりしやと問ひ工師は謝辞は敢て当らざるも実施視察の上に於て是といふ欠点なく不完全の結果を見ず併し唯注意を求むるは落成検査を厳正に遂げ夫の必要なるモルタル、コンクリトの剥落其他に注意を怠らざるを望むと答へたり其他種々の質疑ありしも答弁は結局大体に於て総て欠点なく唯モルタル抔の剥落せるなどは監督方法を厳にせば之を免るゝを得んこと信じて疑はずといふにあり又工師は責任ある自己の意見は内務大臣にも報告せんと述べ胸襟を披き快飲暢談午後九時に至りて散会したり工師は昨夜静観楼に一泊今十三日午後一時七分の汽車にて帰京するよし<sup>(476)</sup>

とされ、加えて『大阪市会史』には

> 午後四時三十分頃自由亭ニ集合セリ、其席上ニ於テ本日視察シタル箇所ニ対シ欠点ヲ発見シタリヤ、又其施行方法ハ如何及改善ヲ要スル点アラバ忌憚ナク明言センコトヲ望ムト述ベタルニ、同氏ハ特ニ欠点トシテ指摘スベキモノハ一モ発見セズ<sup>(477)</sup>

とあるように、市参事会員、市書記官、事務員、技師、敷設委員等とともに西区本田三番町の既成工事部分、西成郡九条村の工事施工中部分、東区

道修町五丁目過半落成の部分を順次実見し、質問に答え、欠点はないものとした。実見後、バルトンが大阪ホテルに戻ったのは、『大阪市会史』によれば上述のように16時30分頃とされ、軽食後に会食があり、書記官はバルトンに謝辞を述べ、実見によって問題点などがあったかと尋ねると、バルトンは欠点、不完全の点はなく、今後は落成検査を厳正に行うことの必要性とともに、施工管理の厳格を答え、更に今回の件は内務大臣へ報告するとして、一同は21時に散会したという。

　なお、バルトンはこの日も静観楼に宿泊し、翌8月13日13時7分の列車にて帰京の予定と伝える。

　ところで、8月12日午後の実見においては、
　　ばるとん氏自ラ鶴嘴ヲ把リ竣功シタル部分ヲ試験シタルニ、如何ニモ
　　堅牢ニシテ石造ヨリモ尚堅固ナルガ如ク見受ケタリ<sup>(479)</sup>
とあるように、バルトン自らが竣功した部分に対して鶴嘴を当て、モルタルが強固な仕上がりであったことを確認したという。

## バルトンによる明治28（1895）年大阪市下水道調査以後の動向

　バルトン視察後の動向も一応見ておきたい。バルトンによる8月12日の聞き取り、現場視察はこの後、8月15日の大阪市会において報告をされたが、市会は以後9月3日まで紛糾を続けた。この間、明治28（1895）年8月14日の『大阪毎日新聞』には、

　　頭痛逆上下の妙薬
　　バルトン丸　薬価　視線
　　此のバルトン丸といふは内務省より許可を得て調製したる新剤にて頭痛逆上下に効ある事妙なり気ふさぎ胸痞へ頭重き人、耳鳴り目眩む逆上強き人いづれも視線分一帖服すれば忽ち頭痛を忘れ精神を爽かにし大小便の通じを好く市くわい至る所の売捌店に売捌居れば最寄にて御求の上御試服下されたし

四三二堂<sup>(481)</sup>

として発行側が記した紛い広告も出され、委員側の動きを揶揄している。

解説　バルトンによる上下水道・衛生調査の全容

　以上より、バルトンによる明治28（1895）年の大阪市、神戸市における水道調査などの日程をまとめると、大阪市上水道視察のためバルトンが大阪を訪れたのは明治28（1895）年8月10日となる。同日バルトンは、上水道視察を終え、10日から11日は神戸に滞在した。ところが大阪市はバルトンに下水道の鑑定を依頼したため、バルトンは内務大臣の許可後となる8月12日午前に質疑を受け、午後は現地実見を行い、自ら鶴嘴を握って完成の箇所の確認を行った。そしてバルトンは8月13日、鉄道にて大阪から帰京したことが明らかとなる。

## 明治29（1896）年

　バルトンは明治29（1896）年5月25日に工科大学を満期解傭となったが[482]、その後も1ヶ月に渡り衛生工学の授業を嘱託され[483]、後藤新平の推薦もあり台湾へ渡った。なお、退任に際しては勲四等旭日小綬章が授けられ、大学は七宝焼花瓶一対をバルトンに贈呈したという[484]。

注

1　内閣官報局：官報1227、明治20（1887）.8/1、5頁

2　帝国大学：帝国大学一覧、278頁、明治20（1887）.10

3　W. K. Burton：東北地方衛生上巡視報告書、大日本私立衛生会雑誌53付録、明治20（1987）.10

4　W. K. Burton：THROUGH JAPAN WITH A CAMERA、BRITISH JOURNAL OF PHOTOGRAPHY. 35-1466〜36-1533、明治21（1888）.6/20〜明治22（1889）.9/20

5　報知社：郵便報知新聞、明治20（1887）.7/26、2頁欄外
　　報知社：郵便報知新聞、明治20（1887）.7/29、2頁

6　北溟社：函館新聞、明治20（1887）.7/30、1頁

7　北溟社：函館新聞、明治20（1887）.8/2、2頁

3 来日から渡台まで

8 台湾新報社：台湾新報、明治32 (1899).8/9、2頁。バルトンに関する逸話として以下のものを紹介する。"氏の一行各地を視察して終に函館に入るや同地の官民紳士等氏の一行を案内して共に水源地の視察を為せしに其水源地は二里余の山奥に在るを以て通路の嶮悪実に云ふべからず去れば有志者等は心窃かにバルトン氏が道路の嶮悪に避易して中途より引返すべしと思ひしに氏は衆に先んじて嶮を攀ぢ難を排し人々の之れを止むるにも拘らず終に水源地まで到りて詳細其実地を視察したりきとなり其職に忠なる一斑を窺ふに足るべし"とある。

9 北溟社：函館新聞、明治20 (1887).8/3、2頁
10 北溟社：函館新聞、明治20 (1887).8/6、4頁
    北溟社：函館新聞、明治20 (1887).8/7、2頁、
11 北溟社：函館新聞、明治20 (1887).8/6、1頁
12 北溟社：函館新聞、明治20 (1887).8/6、1頁
13 W. K. Burton：THROUGH JAPAN WITH A CAMERA、BRITISH JOURNAL OF PHOTOGRAPHY. 35-1472、453〜454頁、明治21 (1888).7/20
14 W. K. Burton：東北地方衛生上巡視報告書、大日本私立衛生会雑誌53付録、前掲
15 北溟社：函館新聞、明治20 (1887).8/12、3頁
16 W. K. Burton：東北地方衛生上巡視報告書、大日本私立衛生会雑誌53付録、19〜21頁、前掲
17 W. K. Burton：THROUGH JAPAN WITH A CAMERA、pp. 444〜454、BRITISH JOURNAL OF PHOTOGRAPHY. 36-1522、明治22 (1889).7/5
18 W. K. Burton：東北地方衛生上巡視報告書、大日本私立衛生会雑誌53付録、前掲
19 青森市水道部：青森市水道60年史、5〜18頁、昭和44 (1969).5
20 W. K. Burton：THROUGH JAPAN WITH A CAMERA、BRITISH JOURNAL OF PHOTOGRAPHY. 36-1523、479〜489頁、明治22 (1889).7/19
21 奉天社印刷所：秋田日日新聞、明治20 (1887).8/12、乙頁
22 奉天社印刷所：秋田日日新聞、明治20 (1887).8/14、乙頁
23 奉天社印刷所：秋田日日新聞、明治20 (1887).8/14、乙頁

解説　バルトンによる上下水道・衛生調査の全容

24　奉天社印刷所：秋田日日新聞、明治20(1887). 8/12、乙頁
25　奉天社印刷所：秋田日日新聞、明治20(1887). 8/14、乙頁
26　奉天社印刷所：秋田日日新聞、明治20(1887). 8/17、乙頁
27　奉天社印刷所：秋田日日新聞、明治20(1887). 8/16、乙頁
28　奉天社印刷所：秋田日日新聞、明治20(1887). 8/16、乙頁
29　奉天社印刷所：秋田日日新聞、明治20(1887). 8/17、乙頁
30　奉天社印刷所：秋田日日新聞、明治20(1887). 8/16、乙頁
31　奉天社印刷所：奥羽日日新聞、明治20(1887). 8/18、2頁
32　W. K. Burton：東北地方衛生上巡視報告書、大日本私立衛生会雑誌53付録、前掲
33　秋田市役所：秋田市水道誌、3～5頁、明治45(1912). 5
34　奉天社印刷所：秋田日日新聞、明治20 (1887). 8/16、乙頁、8/17、乙頁
35　奉天社印刷所：秋田日日新聞、明治20(1887). 8/2、乙頁
36　W. K. Burton：THROUGH JAPAN WITH A CAMERA、BRITISH JOURNAL OF PHOTOGRAPHY. 36-1525、494～495頁、明治22(1889). 7/26
37　奥羽日日新聞社：奥羽日日新聞、明治20(1887). 8/20、1頁
38　W. K. Burton：THROUGH JAPAN WITH A CAMERA、BRITISH JOURNAL OF PHOTOGRAPHY. 36-1527、526～527頁、明治22(1889). 8/9
39　秋田中正社：秋田日日新聞、明治20(1887). 8/2、乙頁
40　奥羽日日新聞社：奥羽日日新聞、明治20(1887). 8/25、6頁
41　日報社：東京日日新聞、明治20(1887). 7/19、4頁。7月16日に黒磯−郡山間が開通した。
42　日報社：東京日日新聞、明治20(1887). 7/8、4頁、によれば開通は明治21(1888)年3月頃とする。
43　奥羽日日新聞社：奥羽日日新聞、明治20(1887). 8/21、2頁
44　W. K. Burton：THROUGH JAPAN WITH A CAMERA、BRITISH JOURNAL OF PHOTOGRAPHY. 36-1527、526～527頁、前掲
45　仙台市下水道局：仙台市下水道100年史、25頁、平成10(1998). 3
46　W. K. Burton：東北地方衛生上巡視報告書、24～27頁、大日本私立衛生会雑誌53付録、前掲

47　奥羽日日新聞社：奥羽日日新聞、明治20（1887）. 8/23、1頁

48　W. K. Burton：THROUGH JAPAN WITH A CAMERA、BRITISH JOURNAL OF PHOTOGRAPHY. 36-1529、540～541頁、明治22（1889）. 8/23

49　W. K. Burton：THROUGH JAPAN WITH A CAMERA、BRITISH JOURNAL OF PHOTOGRAPHY. 36-1527、526～527頁、前掲

50　W. K. Burton：THROUGH JAPAN WITH A CAMERA、BRITISH JOURNAL OF PHOTOGRAPHY. 36-1529、540～541頁、前掲

51　仙台市下水道局：仙台市下水道100年史、25頁、平成10（1998）. 3

52　W. K. Burton：THROUGH JAPAN WITH A CAMERA、BRITISH JOURNAL OF PHOTOGRAPHY. 36-1530、575頁、明治22（1889）. 8/30

53　内閣官報局：官報1212、明治20（1887）. 7/14、143頁

54　内閣官報局：官報1253、明治20（1887）. 8/31、350頁

55　W. K. Burton：THROUGH JAPAN WITH A CAMERA、BRITISH JOURNAL OF PHOTOGRAPHY. 36-1530、575頁、前掲

56　W. K. Burton：東北地方衛生上巡視報告書、大日本私立衛生会雑誌53付録、27頁、前掲

57　平山：バルトンによる明治20（1887）年における日光の衛生試案について、W・K・バルトンの研究（6）、日本建築学会北陸支部研究報告集56、526～529頁、平成25（2013）. 5

58　W. K. Burton：THROUGH JAPAN WITH A CAMERA、BRITISH JOURNAL OF PHOTOGRAPHY. 36-1530、575頁、前掲

59　平山：バルトンによる明治20（1887）年における日光の衛生試案について、W・K・バルトンの研究（6）、日本建築学会北陸支部研究報告集56、526～529頁、前掲

60　W. K. Burton：THROUGH JAPAN WITH A CAMERA、BRITISH JOURNAL OF PHOTOGRAPHY. 35-1466、359頁、明治21（1888）. 6/20

61　W. K. Burton：東北地方衛生上巡視報告書、24～27頁、大日本私立衛生会雑誌53付録、前掲

62　東京大学史史料研究会：東京大学年報6、221頁、平成6（1994）. 3

63　沼田市史編さん委員会：沼田市史通史編3、397頁、平成14（2002）. 3、

64 沼田市史編さん委員会:沼田市史通史編3、397頁、前掲、によれば"内務省は曽我部調査官を派遣"とする。なお、明治20 (1887) 年において、『職員録』明治20 (1887) 年甲によれば内務省に曽我部を名乗る官吏は確認できない。但し、『職員録』明治21 (1888) 年乙、71頁、明治21 (1888). 5、では、群馬県書記官として曽我部道夫を見ることができる。曽我部道夫は当時、第二部長を兼務し、土木部なども管轄していたことが確認できる。

65 内閣官報局:官報1324、明治20 (1887). 11/26、248頁

66 『職員録』明治二十年甲、244頁、明治21 (1888). 2。なお、山口は翌年には山陽鉄道会社へ入社している。藤井肇男:土木人物事典、アテネ書房、323〜324頁、平成6 (2004). 12、に詳しい。

67 直近の『職員録』明治二十一年乙、71頁、前掲、によれば"植田一郎"とされるが、前後の年を確認すると"槙田一郎"とある。

68 日本水道史各論編Ⅰ、598頁、昭和42 (1967). 2、ではバルトンによる調査を"明治21年"とするが、この年であると山口が山陽鉄道へ入社しているため、明治20 (1887) 年が正しいとものと考えられる。

69 沼田町水道誌編纂委員会:沼田町水道誌、10紙表〜10紙裏、大正14 (1925). 11

70 沼田町水道誌編纂委員会:沼田町水道誌、10紙裏〜12紙表、前掲

71 工科大学:工科大学明治二十二年年報 教授教師等学事申報

72 工科大学:工科大学明治二十一年年報 為学術研究学生派遣

73 大日本私立衛生会:大日本私立衛生会雑誌62、458〜467頁、明治21 (1888). 7/28

74 読売新聞社:読売新聞、明治21 (1888). 7/17、2頁

75 理科大学:明治二十一年分理科大学年報 学術研究及学用標本採集派遣教員之部
理科大学:理科大学各教授及教師申報 教授関谷清景
読売新聞社:読売新聞、明治21 (1888). 7/20、2頁
なお、理科大学各教授及教師申報では7月17日に出張を命ぜられたとする。

76 東京市:東京市市区改正委員会議事録第6号、103〜104紙

| | | |
|---|---|---|
| 77 | 東京市：東京市市区改正委員会議事録第28号、205〜219紙 | |
| 78 | 東京市：東京市市区改正委員会議事録第28号、205〜219紙 | |
| 79 | 東京市：東京市市区改正委員会議事録第38号、55〜57紙 | |
| 80 | 東京市：東京市市区改正委員会議事録第43号、98〜112紙 | |
| 81 | 東京市：東京市市区改正委員会議事録第51号、152〜161紙 | |
| 82 | 内務省：内務省年報明治二十一年功程報告 衛生事務 衛生工事 | |
| 83 | 堀勇良：バルトンと横浜、下水道文化研究7、105頁、平成7(1995).9 | |
| 84 | 工科大学：工科大学明治二十三年年報 教授教師等学事申報 | |
| 85 | 工科大学：工科大学明治二十二年年報 為学術研究学生派遣 | |
| 86 | 長崎市水道局：長崎水道百年史、110頁、平成4(1992).3 | |
| 87 | 鎮西日報社：鎮西日報、明治22(1889).6/21、2頁 | |
| 88 | 鎮西日報社：鎮西日報、明治22(1889).6/23、2頁 | |
| 89 | 鎮西日報社：鎮西日報、明治22(1889).6/30、2頁 | |
| 90 | 鎮西日報社：鎮西日報、明治22(1889).7/4、2頁 | |
| 91 | 鎮西日報社：鎮西日報、明治22(1889).7/6、2頁 | |
| 92 | 長崎市水道局：長崎水道百年史、115頁、前掲<br>鎮西日報社：鎮西日報、明治22(1889).7/4、2頁 | |
| 93 | 長崎市水道局：長崎水道百年史、117頁、前掲 | |
| 94 | 鎮西日報社：鎮西日報、明治22(1889).7/14、2頁 | |
| 95 | 長崎市水道局：長崎水道百年史、117頁、前掲 | |
| 96 | 福岡日日新聞社：福岡日日新聞、明治22(1889).7/3、2頁。なお、この時期の同紙は頁数を振らないため、以下、タブロイド判の二つ折り誌面を表側から順に1,2,3,4頁とする。 | |
| 97 | 福岡日日新聞社：福岡日日新聞、明治22(1889).7/5、2頁 | |
| 98 | 福岡日日新聞社：福岡日日新聞、明治22(1889).7/6、2頁 | |
| 99 | 福岡日日新聞社：福岡日日新聞、明治22(1889).7/10、3頁 | |
| 100 | 福岡日日新聞社：福岡日日新聞、明治22(1889).7/10、3頁 | |
| 101 | 福岡日日新聞社：福岡日日新聞、明治22(1889).7/13、2頁 | |
| 102 | 福岡日日新聞社：福岡日日新聞、明治22(1889).7/13、2頁 | |
| 103 | 福岡日日新聞社：福岡日日新聞、明治22(1889).7/13、2頁 | |

解説　バルトンによる上下水道・衛生調査の全容

104　福岡日日新聞社：福岡日日新聞、明治22（1889）.7/14、2頁
105　福岡日日新聞社：福岡日日新聞、明治22（1889）.7/16、2頁
106　福岡日日新聞社：福岡日日新聞、明治22（1889）.7/18、2頁
107　福岡市役所：福岡市市制施行五十年史、316〜317頁、昭和14（1939）.3、にもこの日程は示される。
108　福岡日日新聞社：福岡日日新聞、明治22（1889）.7/19、2頁
109　鎮西日報社：鎮西日報、明治22（1889）.7/6、2頁
110　福岡日日新聞社：福岡日日新聞、明治22（1889）.7/20、2頁
111　五州社：神戸又新日報、明治22（1889）.7/23、2頁
112　Japan Mail Office：The Japan Weekly Mail.、明治22（1889）.7/27、90頁
113　五州社：神戸又新日報、明治22（1889）.7/26、2頁
114　五州社：神戸又新日報、明治22（1889）.7/28、2頁
115　五州社：神戸又新日報、明治22（1889）.7/30、1頁
116　五州社：神戸又新日報、明治22（1889）.7/30、1頁。なお、後述する『神戸市水道誌』では"神戸市水道布設ノ件"とする。
117　内閣官報局：職員録、明治二十二年乙、45頁、明治22（1889）.2、によれば粕谷素直は、会計、学務、監獄、土木、兵事を扱う兵庫県第二部に配された。
118　神戸市役所：神戸市水道誌、70頁、明治43（1910）.7
119　内務省：明治二十二年度功程報告 衛生事務 衛生工事、明治23（1890）.5
120　博文堂：写真新報1、明治22（1889）.2/25、
121　博文堂：写真新報2、明治22（1889）.3/25、1〜9頁
122　石井ゴンベエ：バルトン撮影による幻の写真集『日本の戸外生活風景』発見、地域雑誌「谷中・根津・千駄木」81、34頁、平成17（2005）.11
123　博文堂：写真新報4、明治22（1889）.6/3、1〜3頁
124　工科大学：工科大学明治二十三年年報
125　小澤清：写真界の先覚 小川一真の生涯、95頁、日本図書刊行会、平成6（1994）.3
126　バルトン：写真中にマグネシウムの危険なる爆発、写真新報19、170〜171頁、明治23（1890）.8、には"近来市場に在る閃光調合薬のために危

害を醸したる例は新聞上往々見る所にして其甚しきに至りては生命を絶つに至りたるものあり余も亦今日此爆発薬の害を受け幸に格別のことなきも"との記載が確認できる。

127 読売新聞社：読売新聞、明治23（1890）.7/23、2頁
128 読売新聞社：読売新聞、明治23（1890）.11/12、3頁
129 山陽新報社：山陽新報、明治23（1890）.12/20、3頁
130 山陽新報社：山陽新報、明治23（1890）.12/21、3頁
131 Japan Mail Office : The Japan Weekly Mail., 明治23（1890）.12/30、634頁
132 山陽新報社：山陽新報、明治23（1890）.12/23、3頁
133 印刷局：職員録　明治二十三年乙、121頁、明治23（1890）.2
134 山陽新報社：山陽新報、明治23（1890）.12/25、3頁
135 山陽新報社：山陽新報、明治23（1890）.12/26、2頁
136 印刷局：職員録　明治二十一年甲、37頁、明治21（1888）.12/10現在
　　印刷局：職員録　明治二十二年甲、43頁、明治22（1889）.12
　　印刷局：職員録　明治二十三年甲、41頁、明治23（1890）.12/10現在
137 三宅五七：岡山市商工便覧、17頁、大正5（1916）.7
138 栗田彰：W・K・バルトンが残した日本十都市衛生状況調査　口語表記体 No.2 岡山市下、39頁、水道公論45-6、平成21（2009）.6
139 栗田彰：W・K・バルトンが残した日本十都市衛生状況調査　口語表記体 No.2 岡山市下、39頁、前掲
140 「角川日本地名大辞典」編纂委員会：角川日本地名大辞典33　岡山県、1599～1616頁、角川書店、平成元（1989）.7。ここ記される小字一覧中に"水原"を見出すことはできなかった。
141 岡長平：岡山市水道通史、18頁、昭和19（1944）.11
142 栗田彰：W・K・バルトンが残した日本十都市衛生状況調査 口語表記体 No.2 岡山市下、39頁、前掲
143 日出新聞社：日出新聞、明治28（1895）.8/3、6頁
144 東洋学芸社：東洋学芸雑誌122、583頁、明治24（1891）.11
145 オリーヴ・チェックランド、加藤詔士・宮田学訳：日本の近代化とスコットランド、121頁、玉川大学出版部、平成16（2004）.4

解説　バルトンによる上下水道・衛生調査の全容

146　満野順一：大阪市水道誌、2〜3頁、明治32（1899）.1
147　満野順一：大阪市水道誌、74頁、前掲
148　満野順一：大阪市水道誌、3頁、前掲
149　満野順一：大阪市水道誌、81頁、前掲
150　満野順一：大阪市水道誌、92〜93頁、前掲
151　満野順一：大阪市水道誌、93頁、前掲
152　満野順一：大阪市水道誌、146頁、前掲
153　満野順一：大阪市水道誌、94頁、前掲
154　報知社：郵便報知新聞、明治24（1891）.1/13附録
155　大阪朝日新聞社：大阪朝日新聞、明治24（1891）.1/6、1頁
156　大坂朝日新聞社：大阪朝日新聞、明治24（1891）.1/7、1頁
157　大阪朝日新聞社：大阪朝日新聞、明治24（1891）.1/8、1頁
158　大阪朝日新聞社：大阪朝日新聞、明治24（1891）.1/9、1頁
159　大阪朝日新聞社：大阪朝日新聞、明治24（1891）.1/9、1頁
160　大阪朝日新聞社：大阪朝日新聞、明治24（1891）.1/9、1頁
161　大阪朝日新聞社：大阪朝日新聞、明治24（1891）.1/10、1頁
162　大阪朝日新聞社：大阪朝日新聞、明治24（1891）.1/11、1頁
163　大阪朝日新聞社：大阪朝日新聞、明治24（1891）.1/10、4頁、日本郵船会社汽船神戸出帆広告
164　Japan Mail Office：The Japan Weekly Mail., 明治24（1891）.1/17、82頁
165　満野順一：大阪市水道誌、187〜189頁、前掲
166　満野順一：大阪市水道誌、197〜203頁、前掲
167　満野順一：大阪市水道誌、203〜205頁、前掲
168　大阪朝日新聞社：大阪朝日新聞、明治24（1891）.1/10、2頁
169　村上千秋：新演説一千題、237〜45頁、浜本明昇堂、明治28（1895）.12
170　満野順一：大阪市水道誌、199頁、前掲
171　満野順一：大阪市水道誌、156頁、前掲
172　内閣官報局：官報2503、327頁、明治24（1891）.10/31、には"○被災地方調査派出　帝国大学ニ於テハ今回ノ震災調査ノタメ一昨二十九日鉄道庁ヘ協議ノ上工科大学教師ジョン、ミルン同ダブリュウ、ケー、バルト

ン及理科大学助手理学士大森房吉ヲ神奈川、山梨、愛知、岐阜、福井、石川、富山、三重、滋賀、奈良、兵庫ノ十二県及ビ京都、大阪二府地方ヘ昨三十日出発セシメタリ"とある。

173 John Milne. and W. K. Burton. Plates by K. Ogawa. ：The Great Earthquake in Japan, 1891.

174 岐阜日日新聞社：岐阜日日新聞、明治24（1891）.11/5、2頁欄外に旅人宿津国屋の見舞お礼広告がある。

175 平山：バルトンによる明治24（1891）年濃尾地震『THE GREAT EARTHQUAKE IN JAPAN, 1891.』の調査行程について W・K・バルトンの研究（53）、日本建築学会北陸支部研究報告集57、平成26（2014）.7

176 Japan Mail Office：The Japan Weekly Mail., 明治24（1891）.11/14、598頁

177 工学会：工学会誌121、本会記事、1頁及びジョン、ミルン：地震ニ就テ、1頁、明治25（1892）.1

178 Japan Mail Office：The Japan Weekly Mail., 明治24（1891）.12/5、690頁

179 『THE GREAT EARTHQUAKE IN JAPAN, 1891.』執筆、出版の経緯 W・K・バルトンの研究（39）、日本建築学会北陸支部研究報告集57、平成26（2014）.7

180 『THE GREAT EARTHQUAKE IN JAPAN, 1891.』出版経過と販売形態 W・K・バルトンの研究（40）、日本建築学会北陸支部研究報告集57、平成26（2014）.7

181 平山：J・ミルン、W・K・バルトンによる『THE GREAT EARTHQUAKE IN JAPAN, 1891.』の書誌情報、発刊の経緯、初版及び2版の異本について 『THE GREAT EARTHQUAKE IN JAPAN, 1891.』の研究　その1、日本建築学会計画系論文集712、1424頁、平成27（2015）.6

182 内務省衛生局：衛生局年報 自明治廿五年一月至同年十二月、85頁

183 印刷局：職員録 明治二十五年甲、45頁、明治25（1892）年1月1日現在、によると当時、黒坂五十二は内務省土木局第一区土木監督署長であり、技師の肩書も有した。

184 横浜市水道局：横浜市水道誌、251〜252頁、明治37（1904）.3

185 横浜市水道局：横浜市水道誌、255頁、前掲

186 中島工学博士記念事業会：日本水道誌、昭和2 (1927). 8、343頁

187 報知社：郵便報知新聞、明治24 (1891). 12/19、3頁

188 時事新報社：時事新報、明治24 (1891). 12/19、1頁

189 下関市水道局：下関市水道百年史、46〜51頁、平成18 (2006). 1 なお、栗田彰：口語体表記 No. 3 W・K・バルトンが残した日本十都市衛生状況報告書　下関市、水道公論45-7、50〜57頁、平成21 (2009). 7、に口語訳が翻刻される。

190 下関市水道局：下関市水道百年史、46頁、前掲

191 内務省：明治二十四年度功程報告、衛生事務、の項目。なお、本文は縦書で、傍線は向って右側に引かれる。また、本稿では、大日向純夫、我部政男、勝田政治：内務省年報・報告書14、275頁、三一書房、昭和59 (1984). 5、によった。

192 内務省：衛生局年報目明治二十四年一月至同年十二月、83〜84頁。なお、本稿では、内務省衛生局：明治期衛生局年報第I期6、東洋書林、平成4 (1992). 2、によった。

193 毎日新聞所：毎日新聞、明治24 (1891). 12/25、1頁

194 Japan Mail Office : The Japan Weekly Mail.、明治24 (1891). 12/26、794頁

195 大阪朝日新聞社：大阪朝日新聞、明治24 (1891). 12/23、4頁、日本郵船会社横浜汽船出発広告

196 防長新聞社：防長新聞、明治25 (1892). 1/6、3頁

197 Japan Mail Office : The Japan Weekly Mail.、明治25 (1892). 1/9、62頁

198 島海たへ子：遺稿　霧の中から――祖父バルトンを思う――、遺歌稿　強き糸、18頁、日本下水文化研究会、平成6 (1994). 4

199 島海たへ子：遺稿　霧の中から――祖父バルトンを思う――、遺歌稿　強き糸、14頁、前掲

200 平山：バルトンによる明治24 (1891) 年の大阪市における衛生調査の日程について W・K・バルトンの研究 (13)、日本建築学会北陸支部研究報告集56、前掲

201 満野順一：大阪市水道誌、225頁、前掲

202 満野順一：大阪市水道誌、228頁、前掲

203 満野順一：大阪市水道誌、228頁、前掲

204 大阪朝日新聞社：大阪朝日新聞、明治25 (1892). 6/19、1頁

205 郵便報知新聞、明治25 (1892). 6/21、4頁、日本郵船会社汽船横浜出帆日限表

206 大阪朝日新聞社：大阪朝日新聞、明治25 (1892). 6/23、1頁

207 大阪朝日新聞社：大阪朝日新聞、明治25 (1892). 6/24、1頁

208 大阪朝日新聞社：大阪朝日新聞、明治25 (1892). 6/24、4頁

209 大阪朝日新聞社：大阪朝日新聞、明治25 (1892). 6/26、1頁

210 大阪朝日新聞社：大阪朝日新聞、明治25 (1892). 6/29、1頁

211 大阪朝日新聞社：大阪朝日新聞、明治25 (1892). 6/30、2頁

212 Japan Mail Office：The Japan Weekly Mail., 明治25 (1892). 7/2、33頁

213 神戸市役所：神戸市水道誌、137〜141頁、前掲

214 印刷局：職員録 明治二十六年甲、51頁、明治26 (1893) 年1月1日現在、によれば坂部は衛生局所属。

215 内閣官報局：職員録 明治二十六年乙、39頁、明治26 (1893) 年1月31日現在

216 内閣官報局：職員録 明治二十六年乙、48頁、前掲

217 神戸市役所：神戸市水道誌、143頁、前掲

218 神戸市役所：神戸市水道誌、143〜156頁、前掲

219 大阪朝日新聞社：大阪朝日新聞、明治25 (1892). 7/13、1頁

220 大阪朝日新聞社：大阪朝日新聞、明治25 (1892). 7/15、1頁

221 大阪朝日新聞社：大阪朝日新聞、明治25 (1892). 7/28、1頁

222 大阪朝日新聞社：大阪朝日新聞、明治25 (1892). 7/31、2頁

223 大阪朝日新聞社：大阪朝日新聞、明治25 (1892). 8/11、1頁

224 五州社：神戸又新日報、明治25 (1892). 7/29、2頁

225 五州社：神戸又新日報、明治25 (1892). 7/31、2頁

226 五州社：神戸又新日報、明治25 (1892). 8/2、2頁

227 五州社：神戸又新日報、明治25 (1892). 8/4、1頁

228 五州社：神戸又新日報、明治25 (1892). 8/5、2頁

229 五州社：神戸又新日報、明治25 (1892). 8/7、2頁

230 五州社：神戸又新日報、明治25（1892）．8/9、2頁

231 五州社：神戸又新日報、明治25（1892）．8/12、2頁

232 五州社：神戸又新日報、明治25（1892）．8/11、2頁、日本郵船会社汽船出帆広告

233 この点については、平山：明治25（1892）年8月 バルトン正倉院に立つ W・K・バルトンの研究（19）、日本建築学会北陸支部研究報告集56、平成25（2013）．5にて詳細に検討している。

234 大阪毎日新聞社：大阪毎日新聞、明治25（1892）．8/4、1頁

235 門司市立図書館：門司郷土叢書113 門司上水道誌、61～65頁、昭和37（1962）．1

236 内務省：明治二十五年度功程報告、衛生事務、衛生工事

237 神戸市役所：神戸市水道誌、139頁、前掲

238 神戸市水道事務所、神戸市水道用書 全、28頁、明治29（1896）．10

239 門司市立図書館：門司郷土叢書113 門司上水道誌、65頁、前掲

240 福陵新報社：福陵新報、明治25（1892）．7/16、3頁

241 福陵新報社：福陵新報、明治25（1892）．7/20、2頁

242 福陵新報社：福陵新報、明治25（1892）．7/22、3頁

243 福陵新報社：福陵新報、明治25（1892）．7/22、3頁

244 福陵新報社：福陵新報、明治25（1892）．7/22、3頁

245 福陵新報社：福陵新報、明治25（1892）．7/24、3頁

246 平山：バルトンによる明治22（1889）年の柳川、久留米、福岡の衛生調査の日程について W・K・バルトンの研究（10）、日本建築学会北陸支部研究報告集56、前掲

247 福陵新報社：福陵新報、明治25（1892）．7/29、2頁

248 神戸市役所：神戸市水道誌、143頁、前掲

249 東京朝日新聞社：東京朝日新聞、明治26（1893）．2/19、3頁

250 平山：バルトンによる明治25（1892）年の門司、大牟田などにおける衛生調査日程について W・K・バルトンの研究（13）、日本建築学会北陸支部研究報告集56、前掲

251 神戸市役所：神戸市水道誌、155頁、前掲

252 五州社：神戸又新日報、明治25（1892）.8/2、2頁
253 五州社：神戸又新日報、明治25（1892）.8/4、1頁
254 五州社：神戸又新日報、明治25（1892）.8/5、2頁
255 五州社：神戸又新日報、明治25（1892）.8/5、2頁
256 五州社：神戸又新日報、明治25（1892）.8/7、2頁
257 五州社：神戸又新日報、明治25（1892）.8/9、2頁
258 五州社：神戸又新日報、明治25（1892）.8/12、2頁
259 五州社：神戸又新日報、明治25（1892）.8/11、2頁、日本郵船会社汽船出帆広告
260 大阪朝日新聞社：大阪朝日新聞、明治25（1892）.7/13、1頁
261 大阪朝日新聞社：大阪朝日新聞、明治25（1892）.7/28、1頁
262 大阪朝日新聞社：大阪朝日新聞、明治25（1892）.7/31、2頁
263 神戸市役所：神戸市水道誌、144頁、前掲
264 五州社：神戸又新日報、明治25（1892）.7/31、2頁
265 大阪朝日新聞社：大阪朝日新聞、明治25（1892）.8/6、1頁
266 大阪朝日新聞社：大阪朝日新聞、明治25（1892）.8/11、1頁
267 平山：バルトンによる明治25（1892）年7,8月の神戸、大阪における水道調査の日程について、W・K・バルトンの研究（16）、日本建築学会北陸支部研究報告集56、平成25（2013）.5
268 五州社：神戸又新日報、明治25（1892）.8/5、2頁
269 大阪毎日新聞社：大阪毎日新聞、明治25（1892）.8/5、1頁
270 大阪朝日新聞社：大阪朝日新聞、明治25（1892）.8/5、欄外記事
271 五州社：神戸又新日報、明治25（1892）.8/2、2頁
272 大阪朝日新聞社：大阪朝日新聞、明治25（1892）.8/6、1頁
273 大阪朝日新聞社：大阪朝日新聞、明治25（1892）.7/14、2頁
274 内閣官報局：官報2711、明治25（1892）.7/12、138～139頁
275 内閣官報局：官報1809、明治22（1889）.7/11、121～122頁
276 内閣官報局：官報2109、明治23（1890）.7/11、133頁
277 内閣官報局：官報2748、明治25（1892）.8/24、221頁
278 藤田賢二：バルトン先生の生い立ちと実績、水道公論35-7、27頁、平成

11（1999）．7

279　W. K. Burton：バルトン君東北地方衛生上巡視報告書、大日本私立衛生会雑誌53付録、24～27頁、前掲
280　仙台市役所：仙台市下水道誌 上篇、明治36（1903）．3、仙台市：仙台市下水道誌、昭和12（1937）．7、仙台市下水道局：仙台市下水道100年史、平成10（1998）．3、などでも明治20（1887）年のバルトンによる衛生調査は一切触れられない。
281　仙台市下水道局：仙台市下水道100年史、28頁、前掲
282　仙台市役所；仙台市水道誌、10～12頁、昭和10（1935）．8
　　　仙台市水道局：仙台市水道50年史、19頁、昭和48（1973）．11
283　奥羽日日新聞社：奥羽日日新聞、明治26（1893）．7/4、2頁には単に"遠藤庸治氏出京して"とあるが、内閣官報局：職員録 明治二十六年乙、162頁、前掲、によれば遠藤は当時仙台市長であったことが分かる。
284　奥羽日日新聞：奥羽日日新聞、明治26（1893）．7/4、2頁
285　内閣官報局：官報2874、明治26（1893）．1/31附録 全国汽車発着時刻及乗車賃金表、による。
286　印刷局：職員録　明治二十六年甲、52頁、明治26（1893）年1月1日現在、によれば内務省技師とされる。
287　奥羽日日新聞：奥羽日日新聞、明治26（1893）．7/6、2頁
288　内閣官報局：職員録　明治二十六年乙、157頁、前掲
289　奥羽日日新聞：奥羽日日新聞、明治26（1893）．7/8、2頁
290　帝国名誉会：帝国名誉録、617頁、明治23（1890）．8
291　奥羽日日新聞：奥羽日日新聞、明治26（1893）．7/9、2頁
292　奥羽日日新聞：奥羽日日新聞、明治26（1893）．7/15、3頁
293　内閣官報局：官報2874、明治26（1893）．1/31、附録　全国汽車発著時刻及乗車賃金表。塩竈着6時40分。
294　奥羽日日新聞：奥羽日日新聞、明治26（1893）．7/16、2頁
295　栗田彰：W・K・バルトンが残した日本十都市衛生状況調査 口語表記体No. 7仙台市、42～43頁、水道公論45-12、平成21（2009）．12
296　栗田彰：W・K・バルトンが残した日本十都市衛生状況調査 口語表記体

No.7 仙台市、46頁、前掲

297 栗田彰：W・K・バルトンが残した日本十都市衛生状況調査 口語表記体 No.7 仙台市、50頁、前掲

298 甲府市水道局水道史編さん委員会：甲府市水道史、17頁、昭和63 (1988). 10

299 山梨日日新聞社：山梨日日新聞、明治26 (1893). 7/27、2頁

300 山梨日日新聞社：山梨日日新聞、明治26 (1893). 7/29、2頁

301 山梨日日新聞社：山梨日日新聞、明治26 (1893). 7/29、2頁

302 印刷局：職員録 明治二十六年甲、52頁、前掲、によれば内務省技師とされる。なお、岡田は同年7月に実施された仙台におけるバルトンよる上水道敷設調査にも同行している。平山：バルトンによる明治26 (1893) 年仙台における衛生調査の日程につい W・K・バルトンの研究 (20)、日本建築学会北陸支部研究報告集56、平成25 (2013). 5、参照。

303 五味恵太郎：夜の甲府、95〜96頁、大正元 (1912). 9

304 甲府市市史編さん委員会：甲府市史別編Ⅳ、137頁、平成5 (1993). 3

305 印刷局：職員録 明治二十七年乙、123頁、明治27 (1894) 年2月1日現在

306 印刷局：職員録 明治二十六年乙、129頁、前掲

307 山梨日日新聞社：山梨日日新聞、明治26 (1893). 7/31、3頁

308 山梨日日新聞社：山梨日日新聞、明治26 (1893). 8/1、2頁

309 山梨日日新聞社：山梨日日新聞、明治26 (1893). 8/2、2頁。なお、講演の概要は8/2の2頁、8/3の2頁に記される。

310 山梨日日新聞社：山梨日日新聞、明治26 (1893). 8/1、2頁

311 山梨日日新聞社：山梨日日新聞、明治26 (1893). 8/4、2頁

312 山梨日日新聞社：山梨日日新聞、明治26 (1893). 8/5、2頁

313 山梨日日新聞社：山梨日日新聞、明治26 (1893). 8/4、2頁

314 山梨日日新聞社：山梨日日新聞、明治26 (1893). 8/7、3頁

315 名古屋市下水道局：名古屋市下水道事業史、38頁、平成3 (1991). 9

316 山梨日日新聞社：山梨日日新聞、明治26 (1893). 8/1、2頁

317 山梨日日新聞社：山梨日日新聞、明治26 (1893). 8/4、2頁

318 扶桑新聞社：扶桑新聞、明治26 (1893). 8/6、3頁

319　内閣官報局：官報3026、明治26 (1893). 7/31、附録 全国汽車発著時刻及乗車賃金表。時刻表ではこの列車の名古屋発時間のみ12時05分とされる、着時間の記載はない。上り列車などの運行と比較類推すると、この列車の名古屋着は12時00分程と判断される。

320　厳密には興津11時43分発、江尻11時52分発の乗車も可能性もある。

321　篠田鉱造：明治百話、四条書房、268頁、昭和6 (1931). 10

322　扶桑新聞社：扶桑新聞、明治26 (1893). 8/8、2頁

323　扶桑新聞社：扶桑新聞、明治26 (1893). 8/9、2頁

324　名古屋市役所：名古屋市水道誌、12〜25頁、大正8 (1919). 9

325　扶桑新聞社：扶桑新聞、明治26 (1893). 8/11、2頁

326　扶桑新聞社：扶桑新聞、明治26 (1893). 8/13、3頁

327　扶桑新聞社：扶桑新聞、明治26 (1893).8/11、2頁

328　扶桑新聞社：扶桑新聞、明治26 (1893).8/13、3頁

329　扶桑新聞社：扶桑新聞、明治26 (1893). 8/12、2頁

330　富山市：富山市水道50年史、93頁、昭和61 (1986). 3

331　内閣官報局：官報3026、明治26 (1893). 7/31、附録 全国汽車発著時刻及乗車賃金表

332　扶桑新聞社：扶桑新聞、明治26 (1893). 8/13、6頁、広告 日本郵船会社出帆船 同社敦賀発船但午后一時出帆《中略》伏木佐渡飛島船川函館小樽行

333　敦賀–伏木間における直接の所要時刻は確認できなかったが、庚寅新誌社：汽車汽船旅行案内27、85頁、内外国各港間航路海里表、明治29 (1896). 12、によれば両港間は199海里 (369km) とされる。63海里 (117km) とされる伏木–直江津間が8時間、即ち時速15km程であるので、24時間程度はかかったものと判断される。

334　富山市：富山市水道50年史、93頁、昭和61 (1986). 3

335　いずれも富山県立図書館蔵

336　北陸政論社：北陸政論、明治26 (1893). 8/17夕刊2頁

337　北陸政論社：北陸政論、明治26 (1893). 8/17夕刊2頁

338　北陸政論社：北陸政論、明治26 (1893). 8/17夕刊4頁。なお、翌18日の夕刊4頁にも同様の広告が登載されるが、これには発起者名がイロハ順にて

56名記載される。

339 但し、富山市：富山市水道50年史、93頁、前掲、では"20日諏訪座で衛生演説会をひらき、市の上下水工事に関する意見を陳述して10日帰京した。"とする。本文で述べたようにバルトンによる講演は8月19日に行われ、バルトンが富山を離れたのは翌8月20日のことであった。

340 北陸政論社：北陸政論、明治26(1893).8/18夕刊2頁
341 北陸政論社：北陸政論、明治26(1893).8/18夕刊2頁
342 北陸政論社：北陸政論、明治26(1893).8/18夕刊2頁
343 北陸政論社：北陸政論、明治26(1893).8/21夕刊4頁
344 北陸政論社：北陸政論、明治26(1893).8/21夕刊2頁
345 北陸政論社：北陸政論、明治26(1893).8/21夕刊2頁
346 北陸政論社：北陸政論、明治26(1893).8/21夕刊2頁
347 北陸政論社：北陸政論、明治26(1893).8/21夕刊2頁
348 北陸政論社：北陸政論、明治26(1893).8/21夕刊2頁
349 北陸政論社：北陸政論、明治26(1893).8/21夕刊2頁
350 オリーヴ・チェックランド、加藤詔士・宮田学訳：日本の近代化とスコットランド、133頁、前掲
351 山梨日日新聞社：山梨日日新聞、明治26(1893).8/1、2頁
352 新潟新聞社：新潟新聞、明治27(1894).7/12、2頁
353 新潟市：新潟市史　資料編6　近代Ⅱ、645頁、平成5(1993).2
354 新潟市：新潟市史　資料編6　近代Ⅱ、645～646頁、前掲
355 新潟新聞社：新潟新聞、明治27(1894).7/17、2頁
356 新潟新聞社：新潟新聞、明治27(1894).7/15、2頁では午後6時から、新潟市有志諸氏との宴会とある。
357 新潟新聞社：新潟新聞、明治27(1894).7/17、2頁
358 新潟新聞社：新潟新聞、明治27(1894).7/17、5頁
359 新潟新聞社：新潟新聞、明治27(1894).7/21、2頁
360 新潟新聞社：新潟新聞、明治27(1894).7/21、2頁
361 新潟新聞社：新潟新聞、明治27(1894).7/22、2頁
362 新潟毎日新聞社：新潟毎日新聞、大正8(1919).6/11、10頁

解説　バルトンによる上下水道・衛生調査の全容

363　全文及び翻刻、口語訳については、平山：『教師バルトン捧呈新潟県下三条町衛生状況報告書訳』翻刻及び口語訳、長岡造形大学紀要7、平成22(2010).3、を参照願いたい。

364　新潟新聞社：新潟新聞、明治27(1894).7/10、2頁

365　新潟新聞社：新潟新聞、明治27(1894).7/21、2頁

366　新潟新聞社：新潟新聞、明治27(1894).7/21、2頁

367　新潟新聞社：新潟新聞、明治27(1894).7/22、2頁

368　新潟新聞社：新潟新聞、明治27(1894).7/22、2頁

369　新潟新聞社：新潟新聞、明治27(1894).7/17、2頁

370　新潟新聞社：新潟新聞、明治27(1894).7/21、2頁、において高橋技師はバルトンと共に同伴していたことが分かる。

371　新潟新聞社：新潟新聞、明治27(1894).7/22、2頁

372　中越新聞社：中越新聞、明治20(1887).2/25、4頁広告によれば"毎日直江津港午后八時三十分出帆"とある。なお、庚寅新誌社：汽車汽船旅行案内41、明治31(1898).2、90頁によれば、直江津→伏木間の所要時間は10時間30分とされる。

373　福井社：福井、明治27(1894).7/24、2頁

374　福井社：福井、明治27(1894).7/24、2頁

375　西川太次郎：全国周游日記、16～25頁、明治30(1907).10。これに所収される明治25(1892)年11月の「福井紀行」では、鉄道未通区間の敦賀－福井など、いずれも人力車で移動を行っている。
　　　なお人力車の速さは、東京都：東京市史稿市街篇51、165頁、昭和36(1961).11、に掲載される引札に"一時五里"、即ち2時間でおよそ20kmとあり、時速10km程度と考えられる。

376　福井社：福井、明治27(1894).7/27、3頁

377　福井社：福井、明治27(1894).7/28、3頁

378　芸備日日新聞社：芸備日日新聞、明治27(1894).8/6、1頁

379　広島市役所：広島市水道誌、5～6頁、前掲

380　広島市水道局：広島市水道七十年史、144頁、昭和47(1972).8

381　広島市役所：広島市水道誌、6頁、前掲

382 読売新聞社：読売新聞、明治27（1894）.6/16、別冊1頁
383 芸備日日新聞社：芸備日日新聞、明治27（1894）.8/6、1頁
384 庚寅新誌社：汽車汽船旅行案内1、10、23、31、32頁、明治27（1894）.10
385 当時、神戸−広島間にはこの他2本の直通列車が確認されるが、広島着21時36分への乗車を考えるとこの行程が最も自然と言える。なお、ここでは最短の経路を検討したもので、途中下車などは考慮していない。
386 芸備日日新聞社：芸備日日新聞、明治27（1894）.8/6、1頁
387 紙面では単に"長沼方へ投宿"とあるが、他の記事と照合するとこれが、長沼旅館とすることは明らかで、前出の『広島市水道七十年史』なども"長沼旅館"との記載をする。
388 芸備日日新聞社：芸備日日新聞、明治27（1894）.8/7、1頁
389 芸備日日新聞社：芸備日日新聞、明治27（1894）.8/11、1頁
390 芸備日日新聞社：芸備日日新聞、明治27（1894）.8/12、1頁
391 芸備日日新聞社：芸備日日新聞、明治27（1894）.8/17、1頁
392 庚寅新誌社：汽車汽船旅行案内8、68〜69頁、明治28（1895）.6
393 広島市水道局：広島市水道誌稿本 創業編、220頁、昭和36（1961）.3
394 広島市役所：広島市水道誌、17頁、前掲
395 なお、同年に調査の行われた新潟、三条は12月5日、福井と広島が12月17日の提出日となる。
396 広島市役所：広島市水道誌、18頁、前出。なお、栗田彰：口語体表記W・K・バルトンが残した日本十都市衛生状況報告書No.9 福井市、水道公論46-2、56頁、平成22（2010）.2
397 栗田彰：口語体表記W・K・バルトンが残した日本十都市衛生状況報告書No.8 広島市、水道公論46-1、88頁、平成22（2010）.1、に"宮原直克"とあるのは"宮原直尭"の誤りであろう。
398 新潟市では、最終的にバルトンの報告書が届けられたのは、"二十八年四月其報告を得たり"とする。新潟市役所：新潟市水道誌、33頁、明治45（1912）.3。また、福井市では、バルトンから寄せられた報告書の全文が、『福井』紙上に明治28（1895）年4月14, 16, 17, 19, 20日の5回に分けて掲載される。

399　栗田彰：口語体表記 W・K・バルトンが残した日本十都市衛生状況報告書 No. 8 広島市、水道公論46-1、79頁、前掲

400　栗田彰：口語体表記 W・K・バルトンが残した日本十都市衛生状況報告書 No. 8 広島市、水道公論46-1、87～88頁、前掲

401　広島市水道局：広島市水道七十年史、144頁、前掲

402　栗田彰：口語体表記 W・K・バルトンが残した日本十都市衛生状況報告書 No. 8 広島市、水道公論46-1、89頁、前掲

403　広島市水道局：広島市水道七十年史、124～125頁、前掲

404　広島市役所：広島市水道誌、18～19頁、前掲

405　広島市水道局：広島市水道七十年史、144～145頁、前掲。なお、国庫補助は従来は函館、長崎、東京、大阪が1/3で、同時期の神戸も1/3の要求で前例のないものであったとされる。広島市水道局：広島市水道七十年史、153頁、前掲、参照。

406　広島市水道局：広島市水道七十年史、145頁、前掲

407　読売新聞社：読売新聞、明治27 (1894). 11/9、3頁

408　武内博：わが国衛生工学の恩人 W. K. バルトンのこと 明治水道史余聞、公衆衛生 35-11、59～61頁、昭和46 (1971). 11

409　帝国大学：帝国大学第十年報記明治廿八年一月全全十二月

410　芸備日日新聞社：芸備日日新聞、明治28 (1895). 7/23、1頁

411　中国新聞社：中国、明治28 (1895). 7/23、1頁

412　平山：バルトンによる明治28 (1895) 年の松江における衛生調査の日程について W・K・バルトンの研究 (25)、日本建築学会北陸支部研究報告集 56、平成25 (2013). 5

413　広島市水道局：広島市水道七十年史、138頁、前掲

414　庚寅新誌社：汽車汽船旅行案内、大阪商船会社郵便定期船馬関線、68～69頁、明治28 (1895). 8

415　松江市水道局：松江市水道史、17頁、昭和63 (1988). 6

416　松江市水道局：松江の水道通水90周年記念、26頁、平成21 (2009). 2

417　山陰新聞社：山陰新聞、明治28 (1895). 7/6、2頁

418　山陰新聞社：山陰新聞、明治28 (1895). 7/9、2頁。同様の記事は松江日報社：

松江日報、明治28（1895）.7/9、3頁、更に7/18、3頁、7/19、3頁には高低測量の様子も見られる。

419　山陰新聞社：山陰新聞、明治28（1895）.7/13、3頁
420　松江日報社：松江日報、明治28（1895）.7/6、3頁
421　山陰新聞社：山陰新聞、明治28（1895）.7/3、3頁
422　山陰新聞社：山陰新聞、明治28（1895）.7/11、3頁
423　松江日報社：松江日報、明治28（1895）.7/18、2頁
424　松江日報社：松江日報、明治28（1895）.7/21、2頁
425　山陰新聞社：山陰新聞、明治28（1895）.7/23、2頁。同様の記事が、松江日報社：松江日報、明治28（1895）.7/23、3頁にもある。
426　山陰新聞社：山陰新聞、明治28（1895）.7/24、2頁。同様の記事が、松江日報社：松江日報、明治28（1895）.7/24、3頁にもある。
427　山陰新聞社：山陰新聞、明治28（1895）.7/21、3頁欄外
428　山陰新聞社：山陰新聞、明治28（1895）.7/24、2頁欄外
429　長島千枝子：明治の修学旅行、大社の史話12、24頁、昭和51（1976）.6
430　宍道町役場：宍道町誌、327〜328頁、昭和38（1963）.4
431　山陰新聞社：山陰新聞、明治28（1895）.7/25、2頁。同様の記事が、松江日報社：松江日報、明治28（1895）.7/25、2頁にもある。
432　松江日報社：松江日報、明治28（1895）.7/26、3頁欄外に、城山にての調査が報道される。
433　山陰新聞社：山陰新聞、明治28（1895）.7/26、2頁
434　山陰新聞社：山陰新聞、明治28（1895）.7/28、2頁
435　松江日報社：松江日報、明治28（1895）.7/26、3頁、では"両三日"とする。
436　山陰新聞社：山陰新聞、明治28（1895）.7/28、2頁
437　松江日報社：松江日報、明治28（1895）.7/23、3頁欄外に、談話を実施の記事がある。
438　松江日報社：松江日報、明治28（1895）.7/28、2頁にも同様の記事がある。
439　山陰新聞社：山陰新聞、明治28（1895）.7/3、3頁。松江日報社：松江日報、明治28（1895）.7/5、3頁。
440　山陰新聞社：山陰新聞、明治28（1895）.7/25、2頁

441 山陰新聞社：山陰新聞、明治28（1895）.7/27、2頁

442 山陰新聞社：山陰新聞、明治28（1895）.7/28、2頁

443 山陰新聞社：山陰新聞、明治28（1895）.7/30、2頁

444 山陰新聞社：山陰新聞、明治28（1895）.7/31、3頁

445 松江日報社：松江日報、明治28（1895）.7/30、3頁及び8/1、3頁にも会の内容が詳しく報じられる。

446 山陰新聞社：山陰新聞、明治28（1895）.7/31、3頁

447 山陰新聞社：山陰新聞、明治28（1895）.7/31、2頁

448 松江日報社：松江日報、明治28（1895）.7/30、3頁

449 山陰新聞社：山陰新聞、明治28（1895）.8/2、3頁

450 山陰新聞社：山陰新聞、明治28（1895）.8/3、3頁

451 山陰新聞社：山陰新聞、明治28（1895）.8/3、3頁

452 山陰新聞社：山陰新聞、明治28（1895）.8/3、3頁

453 山陰新聞社：山陰新聞、明治28（1895）.8/3、2頁欄外

454 松江日報社：松江日報、明治28（1895）.8/3、3頁

455 山陰新聞社：山陰新聞、明治28（1895）.7/31、3頁

456 山陰新聞社：山陰新聞、明治28（1895）.8/6、2頁

457 山陰新聞社：山陰新聞、明治28（1895）.8/13、2頁

458 松江日報社：松江日報、明治28（1895）.8/18、3頁にも同様の記事がある。

459 この要請は、明治28（1895）.8月13日誌面に掲載されるため、少なくとも前日の8月12日までにもたらされたとすれば、その日バルトンは大阪に滞在していた。

460 山陰新聞社：山陰新聞、明治28（1895）.9/21、2頁

461 日本下水道協会下水道史編さん委員会：日本下水道史 事業編 下、15～22頁、昭和62（1987）.2

462 日出新聞社：日出新聞、明治28（1895）.8/3、6頁

463 平山：バルトンによる明治28（1895）年の松江における衛生調査日程について W・K・バルトンの研究（25）、日本建築学会北陸支部研究報告集56、平成25（2013）.5

464 印刷局：職員録明治二十七年甲、明治27（1894）.1/1現在、46頁

465 日出新聞社：日出新聞、明治28(1895).8/6、1頁
466 稲場紀久雄：バルトンと京都、下水道文化8、139頁、平成8(1996).8
467 日出新聞社：日出新聞、明治28(1895).8/9、1頁。なお、引用にある"バットン"とは"バルトン"の誤植であろう。
468 引用では"報道"とあるがルビでは"はうこく"とある。
469 日出新聞社：日出新聞、明治28(1895).8/13、1頁
470 大阪朝日新聞社：大阪朝日新聞、明治28(1895).8/11、1頁
471 大阪市下水局：大阪市下水道事業誌1、64～79頁、昭和58(1983).3
472 大阪朝日新聞社：大阪朝日新聞、明治28(1895).8/11、1頁
473 大阪朝日新聞社：大阪朝日新聞明治、明治28(1895).8/11、1頁欄外記事
474 大阪市参事会：大阪市会史2、1262頁、明治44(1911).8、で8月11日は休日のため、12日実施を求めたとする。
475 大阪朝日新聞社：大阪朝日新聞、明治28(1895).8/13、8頁
476 大阪朝日新聞社：大阪朝日新聞、明治28(1895).8/13、2頁欄外
477 大阪市参事会：大阪市会史2、1263頁、前掲
478 大阪朝日新聞にある"大阪ホテル"と『大阪市会史』にある自由ホテルとは同一のもの。
479 大阪市参事会：大阪市会史2、1266～1267頁、前掲
480 大阪市参事会：大阪市会史2、1266～1367頁、前掲
481 毎日新聞社：大阪毎日新聞、明治28(1895).8/14、6頁。なお、この経緯は、石井貴志：『御雇い外国人バルトン』メディアに浮かぶ肖像、「優雅に楽しむ新シャーロックホームズ読本」、311～312頁、フットワーク出版、平成12(2000).5、などにも詳しい。
482 社団法人土木学会：明治以後本邦土木と外人、69頁、平成5(1993).2
483 社団法人土木学会：明治以後本邦土木と外人、71頁、前掲
484 村松貞次郎：お雇い外国人⑮建築・土木、185頁、鹿島出版会、昭和51(1976).3
加藤詔士：日本の近代化の中のお雇い教師W・K・バルトン、W・K・バルトン生誕150年記念誌、54頁、平成18(2006).12

## 4　渡台以後

## 明治29（1896）年

明治29（1896）年におけるバルトン渡台とその後の動向

　この年、7月末に渡台したバルトンは助手の浜野弥四郎とともに、早速、台湾における衛生調査を開始した。

**バルトンの渡台**
　バルトンの台湾渡航の日程は明治29（1896）年9月に記された『台湾水道誌』によれば、

　　今回小官等本島衛生工事調査及設計ニ関スル事項取調トシテ客月五日入台シ[1]

とあることから、バルトンは明治29（1896）年8月5日に入台とされ、従来の研究でもこれらの資料を根拠としてバルトンの入台に8月5日の日付を採用している[2]。
　しかし、『台湾新報』明治29（1896）年8月11日号によれば、

　　●顧問技師バルトン氏　　本年五月まで十年一日の如く帝国大学衛生工学教授たりし英人ダブルユーバルトン氏は台湾総督府衛生工事顧問技師となり助手工学士浜野弥四郎氏を同道去廿六日渡台淡水館に投宿したり[3]

とあり、ここではバルトンと浜野の入台を7月26日としている[4]。
　ところで、この年7月中旬から8月初旬における台湾への航路は大阪汽船によるものに限られ、この時期の神戸出帆は7月15日発の須磨丸、25日出帆の舞鶴丸[6]、8月5日の明石丸[7]となる。これらの基隆着日は明らかでないが、同年12月の時刻表における運行予定に基づけば、須磨丸は門司、

三角、沖縄経由で8日後の7月23日着、舞鶴丸は鹿児島、沖縄、八重山経由で8日後の8月3日着、明石丸は鹿児島、大島、沖縄経由で8日後の8月13日到着となる。つまり、どの経路を採っても神戸出帆後8日後の基隆到着の予定であり、8月5日以前の到着を考慮すると、バルトンらが渡台に用いた船舶は須磨丸か舞鶴丸に絞られることとなる。なお、いずれの便も大阪汽船の広告によれば東京の出帆日を記すものの、12月の時刻表によれば時間の表示は神戸以後に限られることから、東京−神戸間は貨物の扱いに限られ、旅客の取り扱いは神戸以西に限られたものと考えられる。そのためバルトンらが当該の便に乗船するためには少なくても前日までにおける神戸への移動が必要で、須磨丸では7月14日まで、舞鶴丸では24日までの東京発が求められることとなる。

ところで、バルトンらの入台を7月26日としても、運行予定によれば直近は須磨丸7月23日の基隆着となる。この点について関連記事を当たると、明治29（1896）年8月1日の『台湾新報』に、

　●神州丸　同船は去月廿二日基隆へ入港の予定なりしも途中風波の為め大島北辺に難を避け居りし由なるが五日遅れ去る廿七日午前八時入港し廿八日午後出帆せり

とするものを見出すことができる。これによれば7月の下旬頃、近海では風波が激しく、船の延着が記録される。恐らく須磨丸も同様の措置を採らざるを得ず、基隆への入港が延着したものと考えることができよう。

なお、稲場紀久雄はバルトンの孫に当たる鳥海たへ子からの聞き取り及び提示された資料によって、台湾総督桂太郎からバルトンへ宛てられた22日付、夕食会招待状の存在を挙げている。稲場はこの夕食会が桂の台湾から帰京後の明治29（1896）年7月22日に実施されたものと推定し、ここで桂から直接バルトンへ渡台の懇願があったと考察している。しかし、上で見てきたようにバルトンが神戸を7月15日出帆の須磨丸で台湾に向かった際、この夕食会が7月22日に行われたとすれば、バルトンの出席は叶わない。また、バルトンの出発が7月25日の舞鶴丸であったとしても、既にバルトンは台湾赴任の直前となり、夕食会における"懇願"はなかっ

たものと判断される。<sup>(11)</sup>

　一方、黄俊銘は、バルトンの助手役とて渡台した浜野弥四郎の台湾総督府民政局技師叙任が明治29（1896）年9月4日付の官報に告示されるものの、前後の事情からバルトンと同時に渡台した可能性を指摘しているが、新聞記事によれば、黄の予想通り、両者は同時に渡台したこととなる。

　また、『台湾新報』明治29（1896）年8月11日号に記されるバルトンらが投宿した淡水館とは、台北における宿舎としての役割を持ち、バルトンらは明治29（1896）年おける滞在中はここに留まった様である。それは後述する9月4日付で提出された『衛生工事調査報告書』においても、

　　現今ノ井水使用ノ有様ヲ説明センカ為メ淡水館附近ノ井水ニ就テ一例
　　ヲ示サントス<sup>(13)</sup>
　　已ニ述ヘタル如ク独リ淡水川ノ辺リ或ハ溝渠ノ周囲等ハ塵芥汚物ヲ投
　　棄シアルノミナラス尚且住民家屋ノ裏辺ニ多クノ塵芥ヲ堆積スルアリ
　　現ニ此淡水館ノ楼上ヨリモ塵芥ヲ堆積或ハ散乱シアルヲ目撃ス<sup>(14)</sup>

とあるように、建物付近の様子や淡水館からの眺望を報告書に書き残している点からもうかがい知ることができる。

## 明治29（1896）年のバルトンによる台湾における衛生調査

　バルトン渡台後の動向は既往研究に加え、わずかながらではあるが新聞報道等から知ることができる。『台湾新報』によれば明治29（1896）年8月16日号に、

　　●バルトン技師　　総督府衛生工事顧問技師バルトン氏ハ着府の後台
　　北城内外上水下水調査に着手し去る十四日ハ淡水に出張して全地下水
　　排設方に付遍く踏査し兼て該地水道の設計に就き数次の質問を為し即
　　日帰府今十六日当地出発台中県に出張上水下水其他衛生工事設計等を
　　調査する筈なり<sup>(15)</sup>

とあり、バルトンと浜野は早速、台北及び8月14日には日帰りにて淡水の調査に取りかかったことが分かる。

　台北以下の調査については、明治29（1896）年9月4日付でバルトンと

浜野の連名で民政局長の水野遵宛として『衛生工事調査報告書』(以下、『報告書』と略記する) が提出されている。この『報告書』は鏡文以下、

　　台北市衛生状況一班
　　台北市給水工事設計報告書
　　台北市下水工事設計報告書
　　台北市街改良ニ関スル報告書
　　台中区新設並上水下水設計報告書
　　基隆上水下水工事設計報告書
　　台北市上水下水(工)事概算予算[16]
　　台北市衛生上改良ニ要スル費用[17]

からなるもので、バルトンが記したものを浜野が翻訳したと推察される。後述のようにバルトンがこの年に台湾を離れたのは9月11日と判断されるため、その日程に合わせ、バルトンらには着任直後に調査依頼があり[18]、台北、台中、基隆における調査及び報告書作成が行われたとするのが妥当である。

ところで『報告書』には記載がないものの、新聞報道にあるように、バルトンらは台湾到着から間もない極めて早い段階で、しかも限られた日程でありながら、8月14日には淡水における調査も実施している。

淡水水道は、明治28 (1895) 年7月以後に台湾総督府雇淡水電信所技師[19]でデンマーク人のハンセンに調査依頼があり、陸軍の援助もあり測量完了が8月6日、8日に測量図を完成させ、これらをまとめた意見書が8月17日に提出され、鋳鉄管を用いる工事費は68,500円とされた[20]。更に同年9月には淡水支庁員らによって土管の布設による48,881円の案が出された[21]ものの、翌明治29 (1896) 年2月に牧野実技術官の赴任があり、3月20日には鉄管を用いる2つの案が提出された。3月23日にはこの内、水源から直接導水する第二号設計が採決され、6月24日に予算は54,004.692円とされ、6月26日に申請がなされ、この予算は6月30日の台湾評議会で答申されている。そして工事は8月初旬に着工となったものの、9月18日付で13,4387.115円の増額請求があり[22]、採決の結果67,441.807円の改定予算と

なっている。そして明治30（1897）年7月の段階になって木管敷設に疑義が生じ、7月27日に鉄管変更についての設計をバルトンに委託すべしとの命が東京の総督府から下り、バルトンはこれに対する復命書を9月11日付で提出しているのである。但し、後述するように、バルトンは明治30（1897）年のこの時期、7月1日から9月5日まで台湾南部における調査を続けており、しかも台北に戻った9月5日から11日までの間に淡水に赴いた記録は残らない。そのため、バルトンは台湾南部における調査へ出掛ける以前の段階で、既に淡水における工事の状況にもある程度精通していたこととなる。即ち、それが約1年前となる明治29（1896）年8月14日におけるバルトンらによる淡水調査となるのであろう。上述した工事行程から見ると、バルトンらの訪問時期は淡水水道における工事着工直後のこととなり、既に計画の概要を把握することは可能な段階であった。

## 明治29（1896）年9月におけるバルトンの広島行

バルトンの明治29（1896）年における東京行は台湾側の資料には残らない。しかし、日本側の資料によるとバルトンはこの年の9月、長崎、門司を経由して広島へ向かっている。『東京朝日新聞』によれば、

●知事、技師　　　　　　十五日　午後八時二十五分　馬関特発
大森長崎県知事石黒内務技師同雇技師バルトン氏等は本日長崎より来りバルトン氏ハ宇品に向け其他ハ横浜丸にて神戸に行く

とあるが、明治29（1896）年9月15日に長崎を経由して門司へ向かう船便は、基隆を9月11日15時に出帆した日本郵船の小樽丸に限られる。バルトンらは14日午前には長崎へ入港し、同日午後に長崎を出帆して門司港着は翌15日午前と考えられる。小樽丸の寄港地は長崎、門司、宇品であったが、バルトンは門司で9月15日15時発、大阪汽船の錦川丸に乗り換え、16日早朝、広島に到着している。なお、バルトンの広島行きには浜野が同行した。

広島におけるバルトンの動向は9月17日付『芸備日日新聞』と『中国』に詳しく、

539

●バルトン氏　　内務省雇英国人バルトン氏は昨日来広、本県庁へ出頭し折田知事に謁を求めし処知事不在なりしかば関書記官に面会せんとしたるに書記官も未だ出庁せざりしを以て名刺を残しおきて退出したりき但し氏は工学士浜野矢四郎氏を同伴せり其旅館は大手町三丁目吉川旅館なり右一行は昨朝錦川丸にて門司より来りしものなり(30)

　●技官来広　　内務省御雇英人ダブリユー、ケー、バルトン工学士浜野弥四郎の両氏は昨十六日午前錦川丸にて門司港より来広し大手町三丁目吉川方に投宿したるが両氏共折田本県知事に面せんとて同日午前十時頃県庁に至りしも折田氏は目下上京不在中なるを以て其の意を達せず空しく退帰せしよし(31)

と両紙にあるように、9月16日早朝、門司港からの錦川丸にて宇品に到着したバルトンと浜野の一行は、10時に県庁へ折田知事を訪ねたものの、関係書記官も不在であったため、宿である大手町の吉川旅館へ帰ったとされる。

　なお、バルトンの帰京は、

　●バ氏帰京　　先日台湾より帰来し当地に滞在中なりし内務省御雇ダブユー、ケー、バルトン氏は昨十八日午前七時十五分発の列車にて帰東した(32)。

とある。即ち、明治29（1896）年におけるバルトンの広島滞在は9月16日に到着後、2日後の18日朝までの極めて短い日程で、バルトンが乗車した広島発7時15分の列車は神戸終着19時20分(33)となる。

　なお、この時期におけるバルトンの広島訪問は、配水池、取水場工事の視察に併せ、去る5月における感謝状(34)などに対する謝礼の意を表するものであろうとされる(35)。また、バルトンの広島訪問は後藤新平からの打電によるものとされる(36)が、これを示す資料は未見である。加えて、8月15日には取水場へ水道委員の視察が行われている(37)が、これにバルトンは同道していないことになる。

## 明治29（1896）年9月におけるバルトンの神戸、大阪行

次いでバルトンが向かった神戸の訪問は、以下のように報道されている。

●バルトン氏　　当市水道の設計を為したる内務省御雇外国人バルトン氏は台湾より帰京の途次三四日の中に馬関より着神する由[38]

但し、実際のバルトン神戸到着は9月19日付の紙面に、

●バルトン工師　　予て本紙に記載せし内務省御雇工師バルトン氏は帰京の途次昨夕神戸駅着の山陽列車にて着神居留地八十一番オリエンタルホテルに投宿したる筈なるが氏は当市水道布設の設計を為せし縁故あるに付当市の水道委員市参事会員及び水道技師等は同氏を招待して一席の談話を請ふ都合なりと云ふ[39]

とあるように、9月18日からであるが、馬関（下関）から直接のものではなく、9月16日～18日に広島に滞在の後[40]、広島18日7時15分発、神戸19時20分着の山陽鉄道によった[41]。なお、バルトンは神戸到着後、オリエンタルホテルではなく、明治22（1889）年の調査にも用いた自由亭へ入った[42]。

●バルトン工師　　予記の通り内務省御雇工師バルトン氏は訳官一名を随へ一昨夜七時半過ぎ広島より着、鳴滝市長を始め市参事会員及神田水道委員長、吉村工事長、粕谷同副長、宮内事務長等の出迎を受け夫より宇治川自由亭に投宿昨日午後五時より諏訪山常盤中店に於て催したる宴席に臨みたるが本日当地出発帰京する由[43]

●バルトン氏の招待会　　予記の通り当市参事会員及水道委員、水道技師は昨日午後五時より諏訪山中常盤楼に於て内務省御雇工師バルトン氏を招待し同席に於て鳴滝市長より当市水道計画上に就きて談話し工師の意見をも聴きたる筈なりし[44]

バルトンは翌9月19日、上述の記事にある通り、午後5時から常盤楼での宴会に出席した。19日付紙面ではバルトンに談話を請うとあり、同日、鳴滝市長から水道計画についてバルトンに意見が求められている。これに対して、

●水道水源拡張の事　　先年バルトン工師の当市水道の設計を為すや

人口二十五万人に供給するの目的を以て其水源を布引渓及再度渓の二ヶ所と定めたるを爾来人家益々増殖せるのみならず既に元八部郡の一部分も市へ編入することとなり尚ほ追々村落の市へ編入を希望せるものありて前に設計したる布引再度の二水源にては早晩不足を告ぐべきを以て此際水源を拡張し置かんとの説過日来市参事会員及水道委員の間に起りて種々協議する所あり鳴滝市長は今度バルトン工師の当市に立寄りたるを幸ひ同氏の意見を叩きたるに別項記載の如く氏も此事に同意を表せしに付水道事務所にては近日より予備に宛てありたる烏原水源実地調査に着手すべしとなり[45]

　●バルトン工師の招待会　は予記の如く去十九日午後五時より諏訪山中常盤に於て開会せり出席者は市参事会員、水道委員及水道技師等にしてバ氏は席上に於て水道拡張には同意なる事、熟練なる吉村技師を工事長として招聘したる上は此事の期成すべきは勿論なるも尚ほ自分も将来注意すべき旨を述べたりと云ふ[46]

とあるようにバルトンは宴会の席上、鳴滝市長からあった計画の拡張に同意し、かねて長崎水道などでともに仕事をした吉村長策を技師長として招聘しているのでこの計画は期待すべきものであること、バルトン自身も将来的にこの計画を注視する、と答えている。なお、同日の紙面には水道事務所敷地借用と水道に関わる神戸市会へ提出予定の諸案件が掲載されている[47]。そして、バルトンは後述のように9月22日頃、帰京の途に就いた。

　ところで9月20日付紙面においてバルトンの神戸からの帰京は同日と予定されているが、22日の紙面では、

　●バルトン工師　内務省御雇工師バルトン氏は大坂水道視察の為め一昨日上坂したるが昨日中に帰神し宇治川自由亭に投宿の上本日出帆の仙台丸にて帰京の筈[48]

とあるように9月20日から翌21日の日程で、バルトンは大阪市の水道視察を実施していることが分かる。なお、この段階でバルトンの帰京は9月22日午前4時神戸港出帆の仙台丸、次いで23日出港のイギリス汽船タコマ号とされたが[49]、実際は、24日出港の西京丸に乗船し[50]、9月25日に横浜へ

帰港している。

## バルトンの上海、香港、シンガポールにおける衛生調査

　さて、話を台湾に戻そう。バルトンらは台湾出発前の9月4日付で提出した『報告書』に綴られる『基隆上水下水工事設計報告書』において、本線の径を5吋としたものの、"精密なる大さは他日東京より報告す"としていたが、それらを含め、同名の報告書が浜野との連名で同年10月の日付でもたらされている。これが、『報告書』で東京からの報告とするものに該当するのであろう。

　また、11月には『大日本私立衛生会誌』にバルトンは台湾北部衛生上の状況として報告しており、これが『台湾新報』、『婦人衛生雑誌』などにも一部転載されている。

　このようにバルトンらは東京に戻ってからも台湾についての衛生調査に基づく報告書などの作成を行っていたが、台湾における衛生工事の参考として、明治29（1896）年末からは上海、香港、シンガポールの巡視を行っている。その日程は明治30（1897）年3月7日の『読売新聞』によると、

　◎バルトン博士一行の出発　　台湾総督府民政局雇技師バルトン博士及同技師浜田工学士ハ予て淡水基北台南基隆等に水道及下水を新設することに付客年十一月清国香港に赴き同地の上下水工事を実地踏査し之を模範として台湾に適する該工事の設計を為す為爾後調査をなし去る一月中帰京せし

とあるように、明治30（1897）年1月までとしている。記事においてバルトンらの視察先は香港が挙げられるのみであるが、翌年、バルトンらが台湾へもどってから視察の成果が『台湾新報』に10回に加え続編9回の合計19回に渡り連載され、これらに基づけば、バルトンらは上海、香港、シンガポールの地を回ったことが分かる。なお、この視察の成果は後年の高松における衛生講演会においても披露されている。

　視察の具体的な日程を見ると、往きにバルトンらは明治29（1896）年

12月1日、日本郵船の西京丸にて横浜を出港している(59)。当時、上海到着には7日を要しているため(60)、バルトンらの上海着港は12月8日頃と言えよう。帰途は明治30（1897）年2月9日に横浜港へフランス客船オセアニア号で帰還しており、視察は2ヶ月余に及んだことになる(61)。

　以上のように、バルトンらによる明治29（1896）年における台湾などにおける衛生調査などの日程について、バルトンと浜野の入台は従来、明治29（1896）年8月5日されるが、現地の新聞報道では7月26日と見ることができる。そしてバルトンは入台後、台北、淡水、基隆、台中における衛生調査を実施した後、この年、台湾を離れたのは基隆を9月11日15時に出港した日本郵船の小樽丸によるものと考えられ、以後、バルトンらは広島、神戸、大阪を経由して東京へ戻った。そしてバルトンは明治29（1896）年12月1日に横浜を出港し、上海、香港、シンガポールへの視察に出掛け、翌年2月9日、横浜へ戻ったのであった。

# 明治30（1897）年

## 明治30（1897）年におけるバルトンらの渡台

　この年、香港、上海、シンガポールからの帰国後、バルトンは日本に留まり、再び台湾へ赴いたのは明治30（1897）年3月のことであった。

　なお、同年5月、バルトンは東京市参事会に対して水道設計の報酬に対し請求訴訟を起こしたが、バルトンの死後、この訴えは取り下げられている(62)。

　明治30（1897）年3月7日付の『読売新聞』によれば、
　　◎バルトン博士一行の出発　《中略》本日午前六時新橋発の汽車にて下神し同港より薩摩丸にて直ちに淡水に赴く由(63)
とされる。但し、バルトンは3月7日6時、新橋発の汽車で神戸に向かい、同日の晩23時11分には神戸に到着し、3月8日15時出帆の小倉丸にて台湾へ向かい、寄港地は以下の新聞報道が示すように広島（宇品）、門司(64)、

長崎であった。

●バルトン氏の渡台　　　　八日午後一時十五分神戸特発

内務省雇工師バルトン氏ハ真野技師と昨晩来着本日小倉丸にて台湾へ行く(65)

●バルトン工師の渡台　　　十日午前十時四十八分●広島特発

台湾総督府民政局衛生課の嘱託に依り渡台すべき内務省雇工師バルトン氏ハ真野技師と共に小倉丸にて来れり(66)

●バルトン工師一行　　　十一日午後十二時四十二分馬関特発

淡水水道調査の用を帯び内務省雇工師バルトン氏真野技師一行本日渡台の途に就けり(67)

◎バルトン氏　　　　　　（十一日午後二時四十五分馬関特発）

技師バルトン氏等の一行本日小倉に来着したり(68)

●バルトン博士の一行　　台湾枢要の地に上下水を設けん為本月上旬出発したるバルトン博士及び浜野工学士ハ両三日前到着せし筈なるが先づ台南に入り昨年の調査残を取調るよしにて其工事に着手するハ両三年の後ならんといふ(69)

◎バルトン博士の一行　　台湾台北台南淡水基隆等の各要枢の地に上下水を設置する為め本月上旬同地に向け出発したる総督府内務部雇技師バルトン博士及浜野工学士ハ両三日前同地へ到着の筈るが同氏一行ハ先づ台南に入りて昨年調査未了の点に設計をなす為暫時同地へ滞在の予定なりと(70)

なお、報道で"真野技師"とあるのは"浜野技師"の誤りであろう。バルトンの台湾到着は、明治30（1897）年3月17日付の『台湾新報』に、

●浜野技師　　民政局技師浜野弥四郎氏は一両日前渡台昨日午前来府せり(71)

●バルトン氏　　総督府民政局衛生顧問技師バルトン氏は予て上京中なりしが昨日午前着の汽車にて基隆より当地に入れり(72)

とあることから、予定通り3月16日で、基隆から同日の列車にて、浜野ともども台北へ入ったことが確認される。

解説　バルトンによる上下水道・衛生調査の全容

　台湾入りしたバルトンは、3月19日に早速、昨年12月からこの年の2月まで掛けて実施した香港、上海、シンガポールなどにおける巡視の成果を、総督府において当時の乃木総督など関係者に対して報告している。

　　●衛生演説　　民政局衛生顧問バルトン氏は昨日午後総督府官房に於て氏が昨年末より今春に至る迄上海香港新嘉坡等清国地方沿岸に於ける衛生工事視察の結果報道を兼て本島に施行すべき衛生工事に就て委しき演説を為したり当日は乃木総督を始めとし杉村事務官衛生課員□□警部長等無慮三十余名列席したる由<sup>(73)</sup>

なお、この演説の内容は単に各地における上下水の設備に留まらず、各種の衛生設備にも及ぶものであることから、『台湾新報』では6月5日以後、

　　衛生工事調査顧問技師嘱託タブルユーケー、バルトン氏が曩に香港上海及び新嘉坡を視察せし衛生上の景況を演説せられし其筆記は左の如し<sup>(74)</sup>

として、6月16日まで10回に分けてその内容を連載し<sup>(75)</sup>、更に6月27日から、

　　●衛生視察　　過般バルトン氏が上海其他に至りて衛生上の視察をなせし演説は已に掲載せしが尚其他の模様を聞くに本島の衛生上大に参考すべきものあり依て左に続載すべし<sup>(76)</sup>

として、7月9日まで9回に分けて連載が続けられた<sup>(77)</sup>。

## 明治30（1897）年のバルトンらによる台湾における衛生調査

### 基隆水道調査

　バルトンと浜野は3月16日の入台後、早くも3月25日頃には基隆における衛生調査を実施している。報道では

　　●浜野技師　　民政局技師浜野弥四郎氏は衛生顧問技師嘱託ダブルエーケーバルトン氏と共に衛生上の用務にて基隆へ出張を命せられたり<sup>(78)</sup>

とされ、以後、4月14日付紙面にも

　　●雇外国人　　衛生工学調査設計技師嘱託ダブリユーケーバルトン氏昨日二番汽車にて基隆へ向ふ<sup>(79)</sup>

とあり、早い段階での集中的な調査が確認される(80)。

　基隆における上水道敷設調査は、前年の明治29（1896）年にバルトンは浜野との連名で、滞在中であった9月4日付『報告書』の中で『基隆上水下水工事設計報告書』として提出し、更に東京へ戻った後の10月に同名の報告書を提出した。明治29（1896）年9月の報告書では双竜滝付近に聚蓄地を設け、本管5インチ、支線2¼ないしは3インチの鉄管とする計画が提示され(81)、東京へ戻った後の10月の報告書でも聚蓄地を用い、同径の鉄管による案を追認し、当該地域における平面図、高低図の必要を記している(82)。

　そのような事情から、明治30（1897）年には早速、調査が必要で、バルトンらは更に4月中に『基隆水道工事調査報告』を提出した。この報告では双竜滝が夏期において水量が減少することを考慮して水源を基隆川上流に改め、自然流下式に基づいて原水を導く第一案と、濾過池などを設ける第二案を挙げ、14インチ径本管を鉄道トンネル内に通す計画に改めている(83)。5月上旬の段階では基隆川上流から取水する案が採用され(84)、第二案に工費467,000円が計上されたが、結局、第一案に181,000円、更には156,000円へ予算は減額され、配水線（配水支管）を中止する変更案が出された(85)。これに対しバルトンは、配水も含めた計画と予算を再度提示している(86)。後述のようにバルトンらは明治30（1897）年は9月25日に台湾を離れるが、その間際となる明治30（1897）年9月15日付の『台湾新報』には、

　　●基隆水道の調査　　衛生顧問ハルトン技師浜野弥四郎の両氏は基隆の水道工事調査として昨日午前発の汽車にて基隆に出張せしが右の水源地視察の上今明日の中には帰府すべしと云ふ(87)
　　●バルトン顧問及浜野技師　　基隆の水道工事視察として出張したるバルトン顧問及び浜野技師は一昨日帰府せり(88)

とあるようにバルトンらは9月14〜15日に基隆の調査を行ったが、これは再度提出した配水支管を伴う計画の提案のためのものであろう。なお、この後にバルトンの案は入れられず、変更案に基づき第一期工事が明治31（1898）年3月に着手され、翌年度以後の第二期工事において浄水設備などがあり、明治35（1902）年3月に竣工した(89)。

## 台北などの衛生調査

さて、バルトンは明治30（1897）年4月付で、『台北其ノ他ニ於ケル衛生工事設計ニ就キ意見』として、台湾における調査着手の順番として、

　　基隆上下水工事ノ調査設計
　　台北市街下水工事調査設計
　　台南市上下ノ調査設計其ノ他台南県下重ナル市街ニ於ケル上下水工事ノ調査設計
　　澎湖島上下水工事調査設計
　　台中街其ノ他台中県下ノ重ナル市街ニ於ケル上下水工事調査設計[90]

を挙げる。ここでは、

　　基隆市街ニ於ケル上下水両工事共ニ急施ヲ要スルカ故ニ、上水ニ就テハ其ノ水源地ノ選定調査ヲ遂ケ、其ノ設計ノ如キハ一面完全ナル給水工事ト、一面第一期工事ノ二途ニ就キ調査ヲ遂ケ[91]

とあるように、既に前述した基隆に対する明治30（1897）年4月における報告内容を再録するため、基隆の計画と同時進行的にこの報告がまとめられたといえよう。

なお、台北の給水計画は明治31（1898）年になって台北市区改正計画委員会が設けられ、調査計画に着手したものの[92]、工事の施工は明治40（1907）年となった。[93]

## 台湾南部の調査

この年の夏、バルトンと浜野が集中的に調査を実施したのは台湾南部地域であった。明治30（1897）年7月1日付の『台湾新報』には、

　　●バルトン顧問　　衛生顧問バルトン氏は台中台南嘉義鳳山澎湖島の衛生工学調査として今一日午前発新竹行の汽車にて出張する由[94]
　　●浜野技師　　民政局衛生課の浜野技師亦バルトン氏と共に台中其他の衛生工学調査の為め同行する都合にて昨日新竹迄先発せり[95]

とあるように、先ず浜野が6月30日に新竹に向かい、翌日にバルトンが出掛けた。今回の調査は長期間に及び、8月18日付の『台湾新報』には、

●バルトン顧問　　衛生工事設計視察として過日来台南鳳山嘉義澎湖島等へ出張中なるバルトン顧問は昨今鳳山地方に於て右調査中なる由なるが本月末迄には帰府すべしといふ<sup>(96)</sup>

とされたものの、台北への帰着は、

　●台湾の水道工事（一）　　過般来台南打狗其他各地方に出張中なりしバルトン顧問及ひ浜野技師は其視察を終り一昨晩の汽車にて帰府せり昨日就て其模様を聞くに曰く去年九月渡台以来本島北部の衛生工事調査に従事せしも其設計略ぼ纏まりたるを以て今回は南部地方調査の為め出張時日殆んど六十日を費したり<sup>(97)</sup>

と９月５日付の『台湾新報』にあるように、９月３日までの２ヶ月余に及び、調査対象地域は新聞報道によれば台中、台南、嘉義、鳳山、澎湖島、打狗の地域であった。台北への帰着後、９月10日には、

　●バルトン顧問の報告演説　　過日南部台湾の水道工事視察として出張せしバルトン衛生顧問は明十日午前九時より右出張中の状況に付き総督府に於て乃木総督に報告の演説をなす由なるが各部課長市区改正委員中央衛生会委員等も列席傍聴する筈なりといふ<sup>(98)</sup>

　●バルトン顧問の報告演説　　南部台湾の水道工事視察として巡回中なりしバルトン顧問は予記の如く昨日午前九時より同十時過迄総督府公室前に於て報告演説をなしたり来聴者には乃木総督の外角田海軍部長杉村民政局長代理木村副官中村財務部長代理沖殖産部長代理木村大島両秘書官大島参事官加藤衛生課長及び佐野文書課長高橋農商課長横沢警保課長心得松尾副院長等毎慮六七十名演説終りて乃木総督は全島の地図に就き種々諮問する所ありたり当日バルトン顧問の演説せし大要は左の如し<sup>(99)</sup>

とあるように、総督府公室前において乃木総督以下6、70名に対して調査報告が行われた。なお、講演の概要は９月11日紙面に掲載され、更に後日、"台湾の水道工事"として台南、打狗、鳳山、嘉義、澎湖島及び"一体の気候"として、それぞれの概要が報告された<sup>(100)</sup>。なお、ほぼ同内容が11月、『読売新聞』に浜野の談話として掲載され<sup>(101)</sup>、更に後日整理されて、『大日本私

立衛生会誌』(102)にも転載されている。

**淡水上水道工事への復命書**

　前述した通り、バルトンらは明治29（1896）年渡台後の極めて早い段階で、淡水上水道工事の開始直後における調査を実施した。ところで淡水の上水道工事においては木管使用の可否が明治30（1897）年7月の段階で問題となり、これをバルトンに諮ることとなった(103)。しかし、この時期にバルトンらは台湾南部の調査に長期間出掛けたものの、バルトンからの回答となる復命書は9月11日付であった(104)。バルトンの台湾南部調査からの台北帰着は9月3日で、9月10日には上述した報告会なども行われ、この期間にバルトンが淡水を訪れた記録は残らない。既に記したように明治29（1896）年における調査等を参考としてバルトンらは淡水上水道工事についての復命表を作成したと判断される。

## 明治30（1897）年9月におけるバルトンらの東京行

　バルトンらは2ヶ月余に及ぶ台湾南部の調査を終えて9月3日に台北へ帰着後も淡水に対する復命書の作成、基隆における調査などを休む間もなく行っている。この年の台湾からの東京行は9月25日であるが、これに先立っては忙しい日程を遣り繰りして、

　　●バルトン顧問の晩餐　　予記の如くバルトン顧問は本日午后五時より水道に関係ある衛生課員等を招き東館に於て晩餐会を催す由(105)

とあるように9月19日にはバルトン主催の晩餐会、更に翌20日には、

　　●総督官邸の饗宴　　乃木総督は去る十八日午後七時より杉村民政局長代理橋口台北県知事桜井新竹県知事小倉嘉義県知事伊集院澎湖庁長等を其官邸に招き饗宴を催したりしが昨夜も同時よりバルトン顧問山口法務部長事務取扱川淵検察官浜野技師野村平川両税関長及び石部浅野新任両検察官等を其官邸に招き晩餐を催せり(106)

とあるように乃木総督主催の晩餐会もあり、バルトンはこれにも臨んでいる。なお、バルトンらはこれらの晩餐会後も、

> ●水道視察　　バルトン顧問及び浜野技師は明后二十一日水道工事視察として新竹に出張二十三日頃帰府するの予定なりと因に記すバルトン顧問の帰京は帰府の上にて日限を定むる筈なりと(107)

とあるように、9月21〜23日には新竹において水道工事調査を実施し(108)、新竹からの帰途後の9月25日に東京へ戻った(109)。その様子は、

> ●土居氏其他出発光景　　土居通予シャーベルト及バルトン山下秀実の諸氏は予記の如昨日午前七時三十分発の汽車にて当地出発基隆に向ひ直ちに汽船横浜丸に搭じたるが右諸氏を見送らんとて内藤旅団長杉村民政局長代理角田軍務局長代理木村副官楠瀬第一課長木村大鳥両秘書官冲殖産部長代理佐野横沢加藤菊池有田等の諸氏を始め民間の実業家に至るまで数百名詰め掛け殊に全日は横浜丸出帆の日なれば下等乗客非常に夥しく且之れに対する見送人も亦た中々少なからず一時は制し切れぬ程の雑踏なりし為めに停車場にては臨時汽車を差立てたる次第なり此くて発車の時刻となるや予て場内に用意し居れる楽隊の吹奏と爆竹とに送られ汽笛一声一道の烟を残して徐々と基隆へ向へり(110)

とある通りで、台北7時30分発の列車で基隆に向かい、17時に出帆の日本郵船横浜丸に乗船した(111)。

この年、バルトンは上海などの衛生調査後となる3月に渡台し、その調査成果を総督府において早速披露している。台湾における調査は基隆、台北のほか2ヶ月余に及ぶ南部地域の調査を敢行し、この成果も総督府において報告している。そして新竹における調査後、バルトンらは9月末に日本へ戻っている。

# 明治31（1898）年

## 高　松

明治31（1898）年、バルトンはこの年、高松において先ず衛生調査を実施した。調査の日程は1月25日から27日であったが、香川県における滞

解説　バルトンによる上下水道・衛生調査の全容

在は2月1日までで、調査後の1月28日には屋島、29日に小豆島、30日には坂出において実地視察と衛生講演会を行い、2月1日に金刀比羅宮を参拝をしている。

　バルトンの高松訪問は、先ず『香川新報』の明治31（1898）年1月21日号に報道される。

　　●バルトン氏　当市水道布設の件に就き兼て派遣を内務省へ請求したるに全省御雇技師英国人バルトン氏は明廿二日東京出発来高の途に就かるゝ趣き昨日本県衛生課へ電報ありしが途中何処にか立寄らるものと見へ着高日は追て通知すとありし由(112)

これによれば、バルトンは明治31（1898）年1月22日に東京を出発する当初の予定があり、これを受けて1月22日の紙面では、

　　●打合せ　別項記載の如くバルトン氏来高に就て市書記秦囻越の両氏昨日登庁事務の打合せを為せり(113)
　　●バルトン氏　前号に記したる内務省雇外人バルトン氏は本日東京出発本県に出張さるゝ由着高は廿五日頃ならんとの事なるが滞在凡三週間位ならんと云ふ(114)

として受け入れ準備とともに、1月25日の来着が記され、バルトンの高松滞在はこの段階で3週間程とされた。

　　●英人バルトン氏　一再記せしバルトン氏は弥よ今廿三日東京出発直ちに来高することとなりしを以て二十四日の夜には必ず着高す可く着高の上は内町安藤常盤館に投宿する筈なるが氏の滞高は二三日に過きさる可し而して氏は尤も風流にして殊に本邦の山紫水明を愛するが故来県の上は琴平、屋嶋、寒霞渓の三勝地を遊覧せしめんとの計画ありとぞ(115)

但し、翌1月23日の紙面によれば、バルトンの出発は1月23日に延び、24日の高松到着を報じ、滞在期間は2、3日で、琴平、屋島、小豆島の寒霞渓の三勝を遊覧する予定とする。そして、

　　●バルトン氏一行　昨夜着高の筈なる英人バルトン氏の一行は通弁に

552

台湾総督府技師浜野弥四郎氏、大日本私立衛生会常務員編輯係り守屋
善平氏も全会拡張旁々同行来高さるゝ筈なりしと<sup>(116)</sup>

とあるように、1月25日付『香川新報』ではバルトンは1月24日の到着の"筈"とするものの、同日付の『東京朝日新聞』においては、

●バルトン氏　廿五日<sup>午前十時</sup><sub>五十八分</sub>高松特発
　水道布設調査の為めバルトン氏本日来県<sup>(117)</sup>

としており、バルトンの高松着は明治31（1898）年1月25日になったと考えることができる。なお、先に挙げた『香川新報』の記事から台湾総督府技師浜野弥四郎と共に、大日本私立衛生会常務員編輯係守屋善平が同会拡張のため同行したことが判明する。

バルトンの高松到着後における具体的な調査動向は明らかではないが、1月28日付の『香川新報』によると、

●バルトン氏饗醼　一昨日当市参事会員諸氏よりバルトン氏を栗林公
　園に招し晩饗の饗応を為したるに氏も諸氏の厚遇に大に満足したるも
　のゝ如くにて杯一杯益々興に入り自ら立つて舞踏を演せられたる由<sup>(118)</sup>

とあるように、到着翌日となる1月26日には栗林公園において高松市参事会員がバルトンを招き饗応を行ない、興に乗ったバルトンは、自ら舞踏を演じたという。

そして1月27日午後1時からは、『高松市水道史』にも記される通り<sup>(119)</sup>、

●バルトン氏の演説　は予期の如く福善寺本堂に於て昨日午后一時半
　頃より開会されたり十二時頃より傍聴者続々来集し松井警部長はバル
　トン氏臨席まで一場の演説をなし軈てバルトン氏一行臨場先づ此屋善
　兵衛氏は私立大日本衛生会に就て演説され次にバルトン氏は浜野技師
　の通訳に由て下水道上水道の改善に就き詳細なる演説ありたり警部長
　の演説終る頃より来庁者弥々多く終に本堂に溢れ廻廊に立てる者数を
　知れざる程なりき尚ほバ氏演説の要旨は次号に於て報道すべし<sup>(120)</sup>

として、福善寺本堂においてバルトンによる講演会が実施され、ここでは、大日本私立衛生会の守屋善平による講演も記録される。なお、バルトンの講演内容は後日3回に分けて連載されている<sup>(121)</sup>。さて、講演会終了後には、

解説　バルトンによる上下水道・衛生調査の全容

　●慰労会況　大日本私立衛生会本県支会にては来高中なるバルトン氏一行を一昨夜内町可祝楼に招待し氏等が今回衛生上に関し非常に尽力されし慰労の醼を開催せしに来客者四十余名にて即て定刻となるや来賓一同着席此時香川音楽会々員奏楽あり次て英国の国歌を吹奏せしにバルトン氏は東京出発以来故国の国家を聞くを得さりしに今茲に於て之を聞く歓喜に耐へすと大に喜ひたり次て我国の国歌君ケ代を吹奏せしにバルトン氏先づ立て敬礼を表し来賓一同亦敬意を表し終て配膳するやバルトン氏起て席上演説を為したり其要は今回高松市の上水下水の事を見るに実に謂ふに忍ひさる程不完全なるを以て其悪しき処を摘挙し演説せしは或は諸君の感情を害したるやも計り難し信すれとも之れ職務の当然にして道破せざる可からざる事なるが故敢て此の摘挙を為したり之れ恰も外科医が患者に手術を施すと同一にて荒治療は患者の為めに外科医も忍ふ能はざる実に患者の手足を断つか如きは気の毒に耐へさることあれとも医当然の職務として其の忍ひざる処をも為さゞる可からさると同一なり然れは諸君に於ても悪しき所を摘挙したるを必す悪しくな思ひ給ひそと述べ尚終りに臨みて諸君に斯くの如き懇切なる厚遇を受くること感謝に堪へす若し余に時日あらは暫くにても起居を諸君と倶に為さまく欲すれども余日なきは遺憾千万なりとて世辞一番せり夫れより数名の歌妓舞妓酒間を斡旋し又時々奏楽あり主客十二分の歓を尽し全く散したるは十時過くる頃なりし[122]

とあるように、内町の可祝楼において慰労会が催され、ここでもバルトンの演説があった。内容としては同日の講演に一部重複するが、高松の調査から同地が衛生的に劣悪な状況にあることを挙げ、その改善を促している。

　翌1月29日の新聞によれば、

　　●バ氏登山　バルトン氏は前記の如く昨日朝より強風を冒して屋島山に登り探景されしが小田市長、喜田助役及書記並に県官数名は氏に同伴し案内の労を執りたり[123]と

とあり、バルトンは強風を押し、小田市長など数名の案内で1月28日には屋島山へ登っている。なお、同日の天気予報は、

●天気予報（昨日午后六時より／本日午后六時まで）東の風雨又は雪 (124)

とあるように、強風の上、雨または雪であった。そのため、

●バ氏と屋島　来高中のバルトン氏は一昨日一行の浜野工学士守屋衛生会幹事と共に屋島に遊ばれたるが同氏を初め一行孰れも其風光の快闊なるを賞賛して措かざりし由然るに同日は天気荒れたりければ一時過くる頃下山し潟元村柏原金四郎氏邸にて屋島保勝会より一行を饗応し帰高せるは午后七時頃なりしがバルトン氏は保勝会の為にとて毛筆を用ゐ扇面に紀念の揮毫ありたる由試みに記載すれば「余は屋島保勝会の目的を以て屋島保勝会員か結合せることに就て誠実なる賞賛を表し及ひ本日会員諸君か余を歓待せる深き好意を謝す」と云にあり毛筆を巧みに揮ひなせる手蹟最も香ばしく見られぬ (125)

とあるように、バルトンら一行は、午後1時頃には下山し、屋島保勝会から饗応を受け、午後7時に高松へ戻った。なお、バルトンは保勝会のため扇に毛筆で揮毫を試みている。

## 坂　出

次いで1月30日紙面では、

●バ氏出発　バルトン氏昨日県官市吏員等と共に警察部の小蒸汽船に乗し小豆島寒霞溪に赴きたるが本日当地出発西讃阪出に行き衛生上の演説を為し夫より琴平に至り帰京の途に就くことなるが県庁よりは稲場衛生課長、衛生会香川支会よりは幹事平野秋平氏多度津まで見送らるゝ由 (126)

とあるように、バルトンらは1月29日に警察部の船で小豆島寒霞溪へ渡り、翌30日は高松から坂出へ向かい、

●鎌田氏の饗醼　長者議員鎌田勝太郎氏は一昨日全町の悪水路改良に就き実地視察されし英人バルトン氏の一行を自宅に招し饗醼を開きたりと云ふ因に記すバ氏一行は昨日多度津出発帰京の筈なりし (127)

とあるように、ここで実地視察と衛生演説を行った。そして、琴平への訪問は2月1日の紙面に、

●バ氏　バ水道審査の為高松市に来られし内務省御雇バルトン氏一行は帰京の途次金刀比羅宮参詣の為め本日午後来琴の筈なりし[128]

とされ、同日のことであることが分かる。また、

●稲場課長　バルトン氏見送の為め琴平に赴きたる本県衛生課長稲場脩敬氏は一昨日帰庁したり[129]

●外人と守札　水道実査の為め過日来高されたるバルトン氏と同行せし氏の友人ドクトル、チルデンとは云へる米国人は去月三十一日西讃金分比羅宮に参詣し昇殿を許され宝物をも拝観したる末「私は神道信者です」との愛嬌を洩して社務所に至り大きなる円に金入の守札を購い帰りたる由なるが外人に守札を売りしは同社にては是が嚆矢なりと云ふ[130]

とあるため琴平までは県衛生課長の稲場脩敬が見送り、バルトンには友人でアメリカ人のチルデンが同行し、バルトンより1日早く金刀比羅宮の参拝を行ったことが判明する。

## 明治31（1898）年におけるバルトンらの渡台

明治31（1898）年におけるバルトンの台湾行は4月17日付の『台湾新報』に、

●バルトン技師　は台中丸にて渡台石防街の官舎に入れり[131]

と報道され、到着後には4月22日付『台湾新報』に、

●総督バルトン氏を饗応せんとす　児玉総督は本日バルトン氏を饗応する筈[132]

とあるように、児玉総督から饗応を受けている。ところで台中丸の基隆入港は4月15日の『台湾新報』の別記事には、

●台中丸入港　昨日午前六時[133]

とあることから、バルトンの基隆到着は4月14日と判明する。この台中丸は大阪商船による運行で、4月10日正午に神戸港を出帆している。[134]

また、4月17日付の『台湾新報』からバルトンの官舎は石防街に所在したことが明らかとなるが、今回の渡台にバルトンは妻を同伴している。それは、

●橋口知事の饗宴　　橋口台北県知事は一昨夜独逸領事、同訳官、米国領事、和蘭代理領事、英国領事、バルトン雇技師夫婦其他英人二名、徳記洋行のテート諸氏十三名及び各弁務署長、各警察署長、県庁各課長を官邸に招き饗宴を張りしが台北音楽会の奏楽あり外人の唱歌ありて中々の盛会なりしと云ふ<sup>(135)</sup>

とする4月28日の記事に"バルトン雇技師夫婦"とあることから判明する。

そして渡台直後となる4月16日付でバルトンは『台北城内下水及水槽ノ現状ニ付意見書』、『台北市水槽等ニ付意見書』などを恐らく後藤新平台湾総統府民政局長宛に提出している<sup>(136)</sup>。

なお、この年バルトンは『都市への給水』第2版を出版している。

明治31（1898）年にバルトンは先ず、1月末から2月初旬にかけ、高松、坂出における調査を行い、合わせて屋島、小豆島、金刀比羅宮なども訪れている。そして、4月の渡台は家族を伴うものであった。

## 明治 32（1899）年

### 明治 31 〜 32（1898 〜 1899）年のバルトンらによる台湾における衛生調査

明治31〜32（1898〜1899）年におけるバルトンによる台湾の衛生調査の記録は余り伝わらない中、『台湾水道誌』によれば台北におけるバルトンの活動が記録される。

　尋テ「バルトン」ハ鑽井ヲ以テ台北水道ノ第一期水源ト予定シ、将来第二期ノ水道工事ニ伴フ水源ヲ攻究シ置クノ必要アリトシ、明治三十一年淡水水道水源ノ東北二十町ヲ距ル水梘頭庄ノ湧泉ヲ踏査シ、又同年淡水河ノ上流視察ノ途ニ上リ、新店街ノ上流附近ニ於テ水源トシテ適当ノ箇所ヲ発見シ、猶衛生上ニ及ホス新店渓上流ノ情況ヲ査覈スルノ必要ヲ感シ、小租坑、屈尺ヲ経テ、今之第一発電所亀山ニ到リシカ、当時亀山附近ハ獰猛ナル生蕃ノ跳梁スルアリ、到底之ヨリ上流

ヲ探検スルコト能ハサリシ、「バルトン」ハ実ニ斯業ニ熱心ナリシヲ以テ、当時生蕃、土匪両ナカラ危険ナル新店渓上流ノ路査ニ、雨天炎暑ヲ厭ハス山野河渓ヲ跋渉中、不幸ニモ急激ナル悪性麻拉里亜ノ侵ス所トナリ、遂ニ明治三十二年八月五日ヲ以テ逝去セリ<sup>(137)</sup>

なお、後掲する『読売新聞』のバルトン訃報に示したように、バルトンのこの病気はその後に快復しており、明治32（1899）年3月には台中付近における衛生調査を実施したことが『台湾新報』の記事からも明らかとなる。

　　▲バルトン氏の水源調査　総督府衛生顧問バルトン氏は衛生課技手飯塚忠太郎氏と共に過日葫蘆墩地方に出張し同地の水源調査を為したりしが本朝更に梧棲地方に出張したり<sup>(138)</sup>

記事によれば、バルトンは3月30日以前、台中の葫蘆墩地方へ衛生課技手の飯塚忠太郎とともに出張し、更にこの3月30日からはこれも台中の梧棲地方へ出張したという。

## 明治32（1899）年5月におけるバルトンの東京行

明治32（1899）年におけるバルトンらの東京行は先ず、5月11日付の『台湾新報』に、

　　●バルトン氏の上京　総督府顧問たる「バルトン」氏は明日上京の途に上るよし<sup>(139)</sup>

と報道されたが、実際は5月12日紙面に、

　　●横浜丸船客　去る十日基隆出帆の横浜丸船客は左の如し
　　　バルトン、同夫人、《中略》後藤夫人、後藤市蔵（以上一等）<sup>(140)</sup>

とあるように、5月10日基隆発、日本郵船の横浜丸にて、夫婦ともども乗船して東京へ向かった。予定通りであれば横浜丸の神戸港着は5月14日<sup>(141)</sup>、その日の列車に乗り換えても東京着は最短で5月15日となる。

なお、バルトンの東京行は、バルトン死後となる『読売新聞』の"故バルトン氏の功績"とする関連記事に、

　　明治二十九年台湾の衛生工事顧問技師に聘せられ家族一同を伴ひ同地に住居し専ら衛生工事の設計に当たり良好の成績を収め同地衛生工事

の面目を一新せしめたるが不幸にして同地に於て悪疫に罹り一旦快復の上龍動に帰省せんとする途次東京に於て再び二腎に犯され第一医院に入院して療養を加へしも薬石効なく終に去る五日溘然永眠したり<sup>(142)</sup>

として、英国へ帰郷を前提にしたものとされ、これについてはバルトンの孫に当たる鳥海たへ子も同様の証言を行っている<sup>(143)</sup>。

### バルトンの逝去

バルトンは明治32（1899）年8月5日21時10分<sup>(144)</sup>に逝去した。本郷の大学病院に入院していたバルトンの死は在京各新聞においても報道され、死因は赤痢のため肝臓の欣衝とされた<sup>(145)</sup>。

8月7日付の『読売新聞』には古市公威、石黒五十二、中島鋭治、近藤虎五郎、清水彦五郎、加藤尚吉、山口秀高、小川一真ら友人らの連名による死亡及び葬儀告知の広告が掲載される。広告によると自宅出棺は8月7日9時で、葬儀は青山共葬墓地にて執行とされる<sup>(146)</sup>。また、8月9日付『読売新聞』には、妻松子及び友人一同の名義で会葬の広告を見ることができる<sup>(147)</sup>。そして、バルトンの死に対し、明治政府は250円を未亡人に賜与したという<sup>(148)</sup>。

注

1 バルトン、浜野弥四郎：衛生工事調査報告書、明治29（1896）.9、後藤新平文書7-31

2 黄俊銘：台湾におけるバルトンの水道事業について、土木史研究10、164頁、平成2（1990）.6
　稲場紀久雄：都市の医師　浜野弥四郎の軌跡、350頁、水道産業新聞社、平成5（1993）.2

3 呉文星：東京帝国大学に於ける学術調査と台湾総督府の植民地政策について、東京大学史紀要17、4頁、平成11（1999）.3

3 台湾新報社：台湾新報、明治29（1896）.8/11、2頁

4 黄俊銘：台湾におけるバルトンの水道事業について、土木史研究10、163～167頁、前掲、によれば浜野の台湾総督府技師への正式就任とな

る官報告示が明治29（1896）年9月4日付であるが、『衛生工事調査報告書』のバルトンと浜野の連名であること根拠にバルトンと浜野が同時に入台した可能性を指摘している。

5 朝日新聞社：東京 朝日新聞、明治29（1896）.7/8、6頁
6 朝日新聞社：東京 朝日新聞、明治29（1896）.7/15、6頁
7 朝日新聞社：東京 朝日新聞、明治29（1896）.7/26、6頁
8 庚寅新誌社：汽車汽船旅行案内27、80頁、明治29（1896）.12。なお、明石丸の経由地の1つである大島とは奄美大島を指すものと判断される。
9 台湾新報社：台湾新報、明治29（1896）.8/1、3頁。
10 稲場紀久雄：都市の医師　浜野弥四郎の軌跡、10〜11頁、前掲
11 なお、稲場は、稲場紀久雄：都市の医師　浜野弥四郎の軌跡、344頁、前掲、などにおいて、バルトンらの出発を明治29（1896）年8月1日とするが、これでは8月6日の入台としても間に合わない。
12 内閣官報局：官報3957、明治29（1896）.9/4、34頁。なお辞令は9月3日付。
13 バルトン、浜野弥四郎：衛生工事調査報告書 台北市給水工事設計報告書、前掲
14 バルトン、浜野弥四郎：衛生工事調査報告書 台北市街改良ニ関スル報告書、前掲
15 台湾新報社：台湾新報、明治29（1896）.8/16、2頁
16 本文中扉にて"エ"の字が入る
17 バルトン、浜野弥四郎：衛生工事調査報告書、前掲
18 黄俊銘：台湾におけるバルトンの水道事業について、土木史研究10、165頁、前掲、では基隆水道の調査依頼が"？"、台北水道は明治29（1896）年8月、台中水道については"市区新設並上下水計画依頼"明治29（1896）年8月とする。なお、台湾総督府民生部土木局：台湾水道誌、大正7（1918）.11、71頁、台北水道の項目では"明治二十九年八月ニ内務省雇工師トシテ衛生事業ニ研鑽堪能ノ聞高キ英人「ダブリユー、ケー、バルトン」ヲ聘シテ、全島ニ於ケル衛生工事ノ調査ト共ニ本水道ノ調査ヲ嘱託シ、総督府技師浜野弥四郎ヲ補佐トシ、調査研究及実行ニ従事セシメタリ。"とあるに留まり、台北、台中について具体的な調査依頼の記載は

## 4 渡台以後

管見の限り未見である。

19 台湾水道研究会：台湾水道誌、106頁、昭和16（1941）.3
20 台湾総督府民生部土木局：台湾水道誌、11〜13頁、大正7（1918）.11
21 台湾総督府民生部土木局：台湾水道誌、13頁、前掲
22 台湾総督府民生部土木局：台湾水道誌、18頁、前掲、では"臨時土木部ハ八月三日付民臨土第九十二号ヲ以テ滬尾出張員服務心得ヲ定メ"とあることから、この明治29（1896）年8月3日を着工日とすることもできるがその具体的な記述はない。但し、後に出された、台湾総督府民生部土木局：台湾水道誌、109頁、前掲、等では"起工　明治二十九年八月一日"とする。
23 台湾総督府民生部土木局：台湾水道誌、9〜20頁、前掲
24 台湾新報社：台湾新報、明治30（1897）.7/1、2頁
25 台湾新報社：台湾新報、明治30（1897）.9/5、2頁
26 東京朝日新聞社：東京朝日新聞、明治29（1896）.9/17、1頁
27 台湾新報社：台湾新報、明治29（1896）.9/9、4頁
28 当該月は現存しないので直近の、庚寅新誌社：汽車汽船旅行案内37、明治30（1897）.10、86頁、台湾直行定期船発着表、によった。これは大阪汽船のものであるが基隆から長崎へは3日目、門司へは4日目、宇品へは5日目、神戸へは6日目の到着とする。
29 中国新聞社：中国、明治29（1896）.9/17、1頁
30 芸備日々新聞社：芸備日日新聞、明治29（1896）.9/17、1頁
31 中国新聞社：中国、明治29（1896）.9/17、1頁
32 中国新聞社：中国、明治29（1896）.9/19、1頁
33 内閣官報局：官報3978付録、全国汽車発著時刻及乗車賃金表、明治29（1896）.9/30
34 芸備日々新聞社：芸備日日新聞、明治29（1896）.5/20、1頁
35 広島市水道局：広島市水道七十年史、138頁、昭和47（1972）.8
36 中岡隆志：バルトンと広島市の水道、水道公論35-7、59〜60頁、平成11（1999）.7
37 芸備日日新聞社：芸備日日新聞、明治29（1896）.9/17、1頁、9/18、2頁、

9/20、3頁。

　　　中国新聞社：中国、明治29（1896）. 9/18、1頁

38　五州社：神戸又新日報、明治29（1896）. 9/17、6頁
39　五州社：神戸又新日報、明治29（1896）. 9/19、1頁
40　平山：バルトンによる広島の水道調査の日程について W・K・バルトンの研究（24）、日本建築学会北陸支部研究報告集56、平成25（2013）. 5
41　内閣官報局：官報3978、明治29（1896）. 9/30、附録　全国汽車発著時刻及乗車亭便表、3頁
42　五州社：神戸又新日報、明治22（1889）. 7/23、2頁
43　五州社：神戸又新日報、明治29（1896）. 9/20、1頁
44　五州社：神戸又新日報、明治29（1896）. 9/20、1頁
45　五州社：神戸又新日報、明治29（1896）. 9/22、2頁
46　五州社：神戸又新日報、明治29（1896）. 9/22、2頁
47　五州社：神戸又新日報、明治29（1896）. 9/22、2頁
48　五州社：神戸又新日報、明治29（1896）. 9/22、2頁
49　五州社：神戸又新日報、明治29（1896）. 9/22、4頁、日本郵船株式会社神戸支店広告
50　五州社：神戸又新日報、明治29（1896）. 9/24、1頁
51　Japan Weekly Office: The Japan Weekly Mail., 明治29（1896）. 9/26、354頁
52　台湾総督府民生部土木局：台湾水道誌、36～39頁、前掲
53　大日本私立衛生会：大日本私立衛生会雑誌162、987～997頁、明治29（1896）. 11
54　台湾新報社：台湾新報、明治29（1896）. 12/10、2頁
55　私立大日本婦人衛生会：婦人衛生雑誌86、29～30頁、明治30（1897）. 1
56　読売新聞社：読売新聞、明治30（1897）. 3/7、6頁
57　台湾新報社：台湾新報、明治30（1897）. 6/5、2頁、6/6、2頁、6/8、2頁、6/9、2頁、6/10、2頁、6/11、2頁、6/12、2頁、6/13、2頁、6/15、2頁、6/16、2頁。後半は6/27、2頁、6/29、2頁、6/30、2頁、7/1、2頁、7/1、2頁、7/6、2頁、7/7、2頁、7/8、2頁、7/9、2頁。
58　香川新報社：香川新報、明治31（1898）. 2/5、1頁

59 Japan Mail Office: The Japan Weekly Mail., 明治29(1896). 12/5、644頁
60 庚寅新誌社:汽車汽船旅行案内47, 98頁、明治31(1898). 8
61 Japan Mail Office: The Japan Weekly Mail., 明治30(1897). 2/13、154頁
62 稲場紀久雄:都市の医師 浜野弥四郎の軌跡、385～388頁、前掲、に詳しい。
東京都水道局:東京都水道史、165頁、昭和27(1952). 10
63 読売新聞社:読売新聞、明治30(1897). 3/7、3頁
64 東京朝日新聞社:東京朝日新聞、明治30(1897). 3/7(第一回)、6頁
65 東京朝日新聞社:東京朝日新聞、明治30(1897). 3/9、1頁
66 東京朝日新聞社:東京朝日新聞、明治30(1897). 3/11、1頁
67 東京朝日新聞社:東京朝日新聞、明治30(1897). 3/12、1頁
68 読売新聞社:読売新聞、明治30(1897). 3/12、2頁
69 東京朝日新聞社:東京朝日新聞、明治30(1897). 3/20、2頁
70 読売新聞社:読売新聞、明治30(1897). 3/20、2頁
71 台湾新報社:台湾新報、明治30(1897). 3/17、2頁
72 台湾新報社:台湾新報、明治30(1897). 3/17、2頁
73 台湾新報社:台湾新報、明治30(1897). 3/20、2頁
74 台湾新報社:台湾新報、明治30(1897). 6/5、2頁
75 連載は6/5、6、8～13、15、16の10回。
76 台湾新報社:台湾新報、明治30(1897). 6/27、2頁
77 連載は6/27、29～7/2、6、7、9の8回。
78 台湾新報社:台湾新報、明治30(1897). 3/25、2頁
79 台湾新報社:台湾新報、明治30(1897). 4/14、2頁
80 台湾新報社:台湾日日新報、明治32(1899). 8/11、1頁"バルトン氏と台湾"にも"再び渡台せし際基隆に着するやバルトン氏は直ちに基隆附近の地形を調査し暖々街側に至り其上流の水源地と為すに足るの目的を定め之れが測量等に着手せし"とある。
81 バルトン、浜野弥四郎:衛生工事調査報告書基隆上水下水工事設計報告書、明治29(1896). 9、前掲
82 台湾総督府民生部土木局:台湾水道誌、36～39頁、大正7(1918). 11

解説　バルトンによる上下水道・衛生調査の全容

83　台湾総督府民生部土木局：台湾水道誌、40〜44頁、前掲
84　台湾新報社：台湾新報、明治30（1897）.5/8、2頁
85　台湾総督府民生部土木局：台湾水道誌、44〜45頁、前掲
86　台湾総督府民生部土木局：台湾水道誌、45〜46頁、前掲。なお、本文ではバルトンからの報告書日付は明治29（1896）年10月とするが、既に14インチ鉄管を用いる見積であることから明治30（1897）年と考えるのが妥当であろう。
87　台湾新報社：台湾新報、明治30（1897）.9/15、2頁
88　台湾新報社：台湾新報、明治30（1897）.9/17、2頁
89　台湾総督府民生部土木局：台湾水道誌、46頁、前掲
90　台湾総督府民生部土木局：台湾水道誌、73頁、前掲
91　台湾総督府民生部土木局：台湾水道誌、73頁、前掲
92　台北市役所：台北の水道、6頁、昭和4（1929）.9
93　台北市役所：台北の水道、17頁、前掲
94　台湾新報社：台湾新報、明治30（1897）.7/1、2頁
95　台湾新報社：台湾新報、明治30（1897）.7/1、2頁
96　台湾新報社：台湾新報、明治30（1897）.8/18、2頁
97　台湾新報社：台湾新報、明治30（1897）.9/5、2頁
98　台湾新報社：台湾新報、明治30（1897）.9/9、2頁
99　台湾新報社：台湾新報、明治30（1897）.9/11、2頁
100　台湾新報社：台湾新報、明治30（1897）.9/5、2頁、台湾の水道工事（一）、明治30（1897）.9/7、2頁、台湾の水道工事（二）、明治30（1897）.9/8、3頁、台湾の水道工事（三）。
101　読売新聞社：読売新聞、明治30（1897）.11/20、3頁、11/21、5頁、11/23、3頁、11/24、3頁
102　大日本私立衛生会：大日本私立衛生会雑誌174、831〜833頁、明治30（1897）.11、及び175、908〜913頁、明治30（1897）.12
103　台湾総督府民生部土木局：台湾水道誌、19頁、前掲
104　台湾総督府民生部土木局：台湾水道誌、19頁、前掲
105　台湾新報社：台湾新報、明治30（1897）.9/19、2頁

| | | |
|---|---|---|
| 106 | 台湾新報社:台湾新報、明治30(1897).9/21、2頁 | |
| 107 | 台湾新報社:台湾新報、明治30(1897).9/19、2頁 | |
| 108 | 台湾新報社:台湾新報、明治30(1897).9/25、2頁 | |
| 109 | 台湾新報社:台湾新報、明治30(1897).9/22、2頁 | |
| 110 | 台湾新報社:台湾新報、明治30(1897).9/26、2頁 | |
| 111 | 台湾新報社:台湾新報、明治30(1897).9/25、6頁 | |
| 112 | 香川新報社:香川新報、明治31(1898).1/21、3頁 | |
| 113 | 香川新報社:香川新報、明治31(1898).1/22、3頁 | |
| 114 | 香川新報社:香川新報、明治31(1898).1/22、3頁 | |
| 115 | 香川新報社:香川新報、明治31(1898).1/23、3頁 | |
| 116 | 香川新報社:香川新報、明治31(1898).1/25、3頁 | |
| 117 | 朝日新聞社:東京朝日新聞、明治31(1898).1/26、1頁 | |
| 118 | 香川新報社:香川新報、明治31(1898).1/28、3頁 | |
| 119 | 高松市水道局水道史編集室:高松市水道史、126頁、平成2(1990).11 | |
| 120 | 香川新報社:香川新報、明治31(1898).1/28、3頁 | |
| 121 | 香川新報社:香川新報、明治31(1898).2/2, 3, 5、1頁 | |
| 122 | 香川新報社:香川新報、明治31(1898).1/29、3頁 | |
| 123 | 香川新報社:香川新報、明治31(1898).1/29、3頁 | |
| 124 | 香川新報社:香川新報、明治31(1898).1/28、3頁欄外 | |
| 125 | 香川新報社:香川新報、明治31(1898).1/30、3頁 | |
| 126 | 香川新報社:香川新報、明治31(1898).1/30、3頁 | |
| 127 | 香川新報社:香川新報、明治31(1898).2/1、3頁 | |
| 128 | 香川新報社:香川新報、明治31(1898).2/1、3頁 | |
| 129 | 香川新報社:香川新報、明治31(1898).2/4、3頁 | |
| 130 | 香川新報社:香川新報、明治31(1898).2/4、3頁 | |
| 131 | 台湾新報社:台湾新報、明治31(1898).4/17、2頁 | |
| 132 | 台湾新報社:台湾新報、明治31(1898).4/22、2頁 | |
| 133 | 台湾新報社:台湾新報、明治31(1898).4/15、4頁 | |
| 134 | 庚寅新誌社:汽車汽船旅行案内43、86頁、明治31(1898).4 | |
| 135 | 台湾新報社:台湾新報、明治31(1898).4/28、2頁 | |

解説　バルトンによる上下水道・衛生調査の全容

136　バルトン：バルトン技師意見書、バルトン技師意見書二、明治31（1898）．4、後藤新平文書7-31
137　台湾総督府民生部土木局：台湾水道誌、76頁、大正7（1918）．11
138　台湾新報社：台湾日日新報、明治32（1899）．3/30、4頁
139　台湾新報社：台湾日日新報、明治32（1899）．5/11、2頁
140　台湾新報社：台湾日日新報、明治32（1899）．5/12、2頁
141　庚寅新誌社：汽車汽船旅行案内54、108頁、明治32（1899）．3
142　読売新聞社：読売新聞、明治明治32（1899）．8/9、2頁
143　稲場紀久雄：都市の医師　浜野弥四郎の軌跡、11頁、前掲、では、稲場の"明治三十二年ご一家が東京にもどられたのは先生のマラリアの治療のためだったのですか"との問に、バルトンの孫にあたる鳥海たへは"いえ、そうではないようです。実は回復したのを機会に休暇を頂いて十数年ぶりに英国に帰ることになり東京に戻ったのです"と答えている。
144　Japan Weekly Office: The Japan Weekly Mail., 明治32（1899）．8/12、156頁
145　読売新聞社：読売新聞、明治32（1899）．8/8、2頁
　　東京朝日新聞社：東京朝日新聞、明治32（1899）．8/8、1頁
146　読売新聞社：読売新聞、明治32（1899）．8/7、7頁
147　読売新聞社：読売新聞、明治32（1899）．8/9、5頁
148　加藤詔士：日本の近代化の中のお雇い教師W・K・バルトン、W・K・バルトン生誕150年記念誌、54頁、前掲

## 5 バルトンの日本及び台湾における衛生調査の概要

　バルトンによる明治20（1887）年以後の調査日程は表5-1、台湾と日本本土の往復は表5-2に示した通りある。

　これによると、バルトンは明治20（1887）年5月の着任後、7月末には早くも後藤新平らとともに東北地方を中心とした衛生調査に出掛けた。この時は横浜から出帆して函館へ向かい、船で青森に渡り秋田、水沢を経由して仙台と回る日程であった。ところで、調査期間に8月19日の皆既日蝕が当たるため、当初からの予定で、わざわざ仙台から白河まで観測に赴き、仙台の調査終了後は松島へ出向き、加えて仙台における七夕飾りにも遭遇している。そして、一連の調査に対する報告書を日光で記し、ここでも簡単な衛生計画をバルトンは考えているが、これを当時の内務省衛生局長の長与専斉に伝えた可能性が指摘される。また、同年11月には3日の調査日程により群馬県沼田の衛生調査を実施した。

　翌明治21（1888）年には7月15日に磐梯山の噴火があり、この調査・写真撮影のためバルトンは現地に赴いた。10月に東京市市区改正委員会上水下水設計取調主任となり上下水道計画の策定にバルトンは参画し、その年の11月28日から5日間に渡り多摩川上流に及ぶ調査を実施した。

　明治22（1889）年には、まず上水道工事が進んでいた長崎において貯水池水量の妥当性を検証するため、6月末の7日間、バルトンは調査を実施し、引き続き柳川、久留米、福岡の地における衛生調査を実施した。なお、長崎から柳川の移動では大雨のため一時、武雄で足止めを食らった。そして、帰京の途中には神戸を経由し、ここでは既に計画のあるパーマー案の検討をバルトンが実施したものと考えられる。ところで、明治22（1889）年10月には内務大臣から全国の市町村に対して上下水道敷設工事要請に関する訓令があり、それに応える形で以後、バルトンによる全国の衛生調査が本

格化する。

　明治23（1890）年は5月にバルトンが怪我により入院をしたためであろうか、夏期における調査は実施されず、11月に浅草凌雲閣の竣功後、年も押し迫った12月末、岡山での調査をバルトンは実施した。

　翌明治24（1891）年は、年始早々の1月5日、バルトンは東京を出発して大阪へ向かい、パーマー案について意見を述べ、計画の修正に携わった。なお、この年10月28日には濃尾地震が発生し、被災地の調査にバルトンは当日の内に出立し、帰京後に幻灯を用いた報告会を地震発生1ヶ月後となる11月28日などに実施している。そして、12月下旬には横浜上水道の拡張工事に係わる調査、下関における衛生調査に赴いている。

　明治25（1892）年は6月にバルトンらは大阪へ出向き、先年来関わり、すでに着工目前となった上水道計画の図面検討、水源地、貯水池の実見を行っている。一度帰京後の翌7月にバルトンは神戸を経由して門司、大牟田において衛生調査を行い、帰途途中の福岡においては先年実施した衛生調査の有効性を尋ねられている。また、大牟田、福岡では当地の写真師との交流も記録される。そして門司を経由して神戸に戻ったバルトンは、この地で明治21（1888）年に策定されたパーマー案が既に実情に合致しなくなっていたため、新たな案を策定するための調査を実施している。なお、神戸での調査終了後となる8月4, 5, 6日の日程でバルトンは奈良へ赴き、恐らく8月5日、曝涼にあわせ正倉院宝物の拝観をしている。

　明治26（1893）年は7月に仙台における衛生調査を実施後に一度帰京し、甲府、名古屋、富山の各都市における衛生調査を行った。

　明治27（1894）年は前年と同様、7月から調査があり、新潟、三条、福井、広島での調査を行い、最終地の広島では宮島から帰途へつき、9月には『都市への給水』を出版している。なお、この年の調査中に日清戦争が勃発し、以後、大本営の置かれた広島における調査が勅命として実現に向けて動き出すこととなる。

　明治28（1895）年7月には広島における計画が動き始め、最終的な確認もなされ、この後、陸路の移動でバルトンは松江へ向かい、衛生調査を実

施して出雲大社を拝観している。そしてバルトンは京都へ向かい下水道調査を実施し、たまたま上水道工事の進む大阪に赴いた折、下水道工事における調査を依頼されている。なお、バルトンは大阪から日帰りで神戸にも向かっている。

　明治29（1896）年、バルトンは5月で工科大学での任期が満了となり、6月までこれが延長され、7月末に台湾へ渡った。彼の地へ着任早々、バルトンは淡水、台北、基隆、台中の調査を行い、9月には日本に戻り、門司経由でいずれも短期間であるが広島、神戸、大阪を訪問している。なお、12月から翌年の2月には上海、香港、シンガポールなどにおける衛生調査を行っている。

　明治30（1897）年、バルトンは台湾へ広島、門司などを経由して3月に向かい、基隆の調査後、7月から9月にかけては台湾南部の台南、安平、鳳山、旧城、打狗、嘉義、澎湖島へ赴き、基隆、新竹の調査を実施して、9月には日本へ戻った。

　明治31（1898）年1月にバルトンは高松における衛生調査を実施し、屋島、小豆島を見物し、坂出においても視察を行なって、金刀比羅宮なども巡り、台湾へは4月に渡った。この年は、台北水道のための水源調査を重点的に実施し、ここでバルトンは罹患するも快復に向かったとする。

　明治32（1899）年、バルトンは3月末、台中の葫蘆墩、梧棲地方を調査後、5月に日本へ向かい、ロンドンへの帰省を目したが、8月5日、東京にて逝去した。

　以上より、バルトンによる衛生調査の足跡は、国内29ヶ所、台湾14ヶ所、中国2ヶ所、東南アジア1ヶ所の合計46ヶ所に及ぶこととなる。

表5-1　バルトンが明治20（1887）年〜明治32（1899）年までに実施した衛生調査

| 番号 | 都市名 | 時期 | 報告書 | 官報・内務省年報 | 根拠 |
|---|---|---|---|---|---|
| 1 | 函館 | 明治20（1887）.7/31〜8/6 | | | 一連の報告は、『**バルトン君東北地方衛生上巡視報告書**』大日本私立衛生会雑誌53付録：明治20（1887）.10『函館新聞』：明治20（1887）.7/30, 8/2, 3, 5〜7, 12 |
| 2 | 青森 | 明治20（1887）.8/6〜7 | | | 『函館新聞』：明治20（1887）.8/6, 7 |
| 3 | 秋田 | 明治20（1887）.8/10〜14 | ◎ | | 『秋田日日新聞』：明治20（1887）.8/10, 12, 14, 16〜18 |
| 4 | 仙台（1） | 明治20（1887）.8/16〜17, 8/21〜26 | | | 『奥羽日日新聞』：明治20（1887）.8/18, 20, 23、官報1253：明治20（1887）.8/31 |
| 5 | 日光 | 明治20（1887）.8/26〜9/初旬 | | | |
| 6 | 沼田 | 明治20（1887）.11/18〜20 | ○ | 官報 | 官報1324：明治20（1887）.11/26、**沼田町水道誌** 大正14（1925）.11 |
| | | 明治21（1888）.7/15 | | | ←磐梯山爆発 |
| 7 | 東京 | 明治21（1888）.10/28〜11/1　明治23（1890）.4/18 報告書提出 | ◎ | | 『東京市区改正委員会議事録6』：明治21（1888）.10/12、『**東京都水道史**』：昭和27（1952）.10 |
| 8 | 長崎 | 明治22（1889）.6/29〜7/6 | ◎ | 年報 | 『鎮西日報』：明治22（1889）.6/30, 7/4, 6、『**長崎水道百年史**』：平成4（1992）.3 |
| 9 | 柳川 | 明治22（1889）.7/8〜10 | ● | 年報 | 『福岡日日新聞』：明治22（1889）.7/5, 6, 10, 13 |
| 10 | 久留米 | 明治22（1889）.7/10〜13 | ● | 年報 | 『福岡日日新聞』：明治22（1889）.7/13 |
| 11 | 福岡（1） | 明治22（1889）.7/13〜18 | ● | 年報 | 『福岡日日新聞』：明治22（1889）.7/13, 14, 16〜20 |
| 12 | 神戸（1） | 明治22（1889）.7/20?〜25 | − | | 『福岡日日新聞』：明治22（1889）.7/20、『神戸又新日報』：明治22（1889）.7/23、『The Japan Weekly Mail』：明治22（1889）.7/27. |
| | | 明治23（1890）.11/11 | | | ←凌雲閣竣工 |
| 13 | 岡山 | 明治23（1890）.12/20〜25 | ● | 年報 | 『山陽新報』：明治23（1890）.12/20, 21, 23, 25, 26 |
| 14 | 大阪（1） | 明治24（1891）.1/6〜10 | − | | 『大阪朝日新聞』：明治24（1891）.1/8〜11、『郵便報知新聞』：明治24（1891）.1/13、『The Japan Weekly Mail』：明治24（1891）.1/17 |
| | | 明治24（1891）.7　明治24（1891）.10/28 | | 官報 | ←『実地写真術』出版　←濃尾地震　官報2513：明治24（1891）.10/31 |
| 15 | 横浜 | 明治24（1891）.12/18〜21 | ◎ | 年報 | 『郵便報知』：明治24（1891）.12/19、『**横浜市水道誌**』：明治37（1904）.3 |
| 16 | 下関 | 明治24（1891）.12/26〜明治25（1892）.1/5 | ● | 年報 | 『毎日新聞』：明治24（1891）12/25、『The Japan Weekly Mail』：明治24（1891）.12/26, 明治25（1892）.1/9『防長新聞』：明治25（1892）.1/6 |

5 バルトンの日本及び台湾における衛生調査の概要

| | | 明治25(1892).1/初 | | | ←『THE GREAT EARTHQUAKE IN JAPAN, 1891.』John Milne などと共著 |
|---|---|---|---|---|---|
| | 大阪(2) | 明治25(1892).6/23～29 | ◎ | 年報 | 『大阪朝日新聞』：明治25(1892).6/23, 24, 26, 29, 30、**『大阪市水道誌』**：明治32(1899).1 |
| | 神戸(2) | 明治25(1892).7/13～15, 7/27～8/1, 8/2～4, 8/6～11 | ◎ | 年報 | 『大阪朝日新聞』：明治25(1892).7/13, 15, 28, 31, 8/6, 11、『大阪毎日新聞』：明治25(1892).7/15, 16, 28, 29, 8/2, 4, 5、『神戸又新日報』：明治25(1892).7/29, 31, 8/2, 4, 5, 7, 9, 12、**『神戸市水道誌』**：明治43(1910) |
| | 大阪(3) | 明治25(1892).8/1～2 | － | | 『大阪毎日新聞』：明治25(1892).8/4 |
| 17 | 門司 | 明治25(1892).7/16～19, 7/22～26 | ◎ | 年報 | 『福陵新報』：明治25(1892).7/16, 20, 22, 24、**『門司水上道誌』**：昭和37(1962).1 |
| 18 | 大牟田 | 明治25(1892).7/19～21 | 現存せず | 年報 | 『福陵新報』：明治25(1892).7/20, 22 |
| | 福岡(2) | 明治25(1892).7/21～22 | － | | 『福陵新報』：明治25(1892).7/22 |
| | | 明治25(1892).8/4～6 | | | ←奈良　正倉院　『大阪朝日新聞』：明治25(1892).8/6 |
| | 仙台(2) | 明治26(1893).7/5～16 | ● | | 『奥羽日日新聞』：明治26(1893).7/6, 8, 9, 16 |
| 19 | 甲府 | 明治26(1893).7/27～8/3 | ● | | 『山梨日日新聞』：明治26(1893).7/27, 29, 31, 8/1～3 |
| 20 | 名古屋 | 明治26(1893).8/5～13 | ◎ 下水は不詳 | | 『扶桑新聞』：明治26(1893).8/6, 8, 9, 11～13、**『名古屋市水道誌』**：大正8(1819).9 |
| 21 | 富山 | 明治26(1893).8/14～20 | ● | | 『北陸政論』：明治26(1893).8/17, 18, 21、『富山市水道50年史』：昭和61(1986).3 |
| 22 | 新潟 | 明治27(1894).7/12～15, 7/20～21 | ◎ | | 『新潟新聞』：明治27(1894).7/12, 15, 17, 20～22、**『新潟市水道誌』**：明治45(1912).3 |
| 23 | 三条 | 明治27(1894).7/16～19 | ◎ | | 『新潟新聞』：明治27(1894).7/17, 20～22、**『教師バルトン捧呈新潟県下三条町衛生状況報告書訳』翻刻及び口語訳**：長岡造形大学紀要7 平成22(2010).7 |
| 24 | 福井 | 明治27(1894).7/24～30 以後 | ● | | 『福井』：明治27(1894).7/24, 27, 28 |
| 25 | 広島(1) | 明治27(1894).8/4～15 | ● | | 『芸備日日新聞』：明治27(1894).8/6, 7, 11, 12, 17 |
| | | 明治27(1894).9 | | | ←『都市の給水』出版 |
| | | 明治28(1895).2 | | | ←『写真新書』出版 |
| | 広島(2) | 明治28(1895).7/20～21 | － | | 『芸備日日新聞』：明治28(1895).7/23、中国：明治28(1895).7/23 |

解説　バルトンによる上下水道・衛生調査の全容

| | | | | | |
|---|---|---|---|---|---|
| 26 | 松江 | 明治28（1895）.7/23〜8/2 | | ○ | 『山陰新聞』：明治28（1895）.7/23〜28, 30, 31, 8/2, 3、『松江日報』：明治28（1895）.7/23〜28, 30, 8/1, 3、**『松江市水道史』**：昭和63（1988）.6、**『松江市水道の恩人、お雇い外国人技術者W.K.バルトン』**：岡崎秀・浴隆博 平成17（2005） |
| 27 | 京都 | 明治28（1895）.8/4〜9 | 不明 | | 『日出新聞』：明治28（1895）.8/3, 6, 9 |
| | 大阪（4） | 明治28（1895）.8/10, 8/11〜13 | − | | 『大阪朝日新聞』：明治28（1895）.8/11, 13, 14、『大阪市会史』2：明治44（1911）.8 |
| | 神戸（3） | 明治28（1895）.8/10〜11 | − | | 『大阪朝日新聞』：明治28（1895）.8/11 |
| T1 | 台北（1） | 明治29（1896）.8 | | ◎ | 『台湾新報』：明治29（1896）.8/16、**『衛生工事報告書』**：明治29（1896）.9、**『台湾水道史』**：大正7（1918）.11 |
| T2 | 淡水 | 明治29（1896）.8/14 | | ○ | 『台湾新報』：明治29（1896）.8/16、**『台湾水道史』**：大正7（1918）.11 |
| T3 | 台中 | 明治29（1896）.8/16 | | ◎ | 『台湾新報』：明治29（1896）.8/16、**『衛生工事報告書』**：明治29（1896）.9 |
| T4 | 基隆 | 明治29（1896）.8 | | ◎ | **『衛生工事報告書』**：明治29（1896）.9、**『台湾水道史』**：大正7（1918）.11 |
| | 広島（3） | 明治29（1896）.9/16〜18 | − | | 『芸備日日新聞』：明治29（1896）.9/17、中国：明治29（1896）.9/17, 19 |
| | 神戸（4） | 明治29（1896）.9/18〜20, 9/21〜24 | − | | 『神戸又新報』：明治29（1896）.9/19, 20, 22, 24、『大阪朝日新聞』：明治29（1896）.9/20, 22, 25、『The Japan Weekly Mail.』：明治29（1896）.9/26 |
| | 大阪（5） | 明治29（1896）.9/20〜21 | − | | 『神戸又新報』：明治29（1896）.9/22、『大阪朝日新聞』：明治29（1896）.9/22 |
| C1 | 上海 | 明治29（1896）.12/1〜 | 演説 | | 『The Japan Weekly Mail.』：明治29（1896）.12/5、明治30（1897）.2/13、『読売新聞』：明治30（1897）.1/24, 3/7、**『台湾新報』**：明治30（1897）.6/5, 6, 8〜13, 15, 16, 27, 29〜7/2, 6〜9 |
| C2 | 香港 | 明治30（1897）.2/9 | | | |
| S1 | シンガポール | | | | |
| | 基隆（2） | 明治30（1897）.3/25 | − | | 『台湾新報』：明治30（1897）.3/25 |
| | 基隆（3） | 明治30（1897）.4/14 | − | | 『台湾新報』：明治30（1897）.4/14 |
| T5 | 台南 | 明治30（1897）.7/1〜9/3 | | ◎ | 一連の日程は『台湾新報』、明治30（1897）.7/1, 8/18, 9/5、**『大日本私立衛生会雑誌』**174：明治30（1897）11、**『台湾新報』**：明治30（1897）.9/5, 7、**『読売新聞』**：明治30（1897）.11/20 |
| T6 | 安平（台南） | | | | **『大日本私立衛生会雑誌』**174：明治30（1897）11、**『台湾新報』**：明治30（1897）.9/5、**『読売新聞』**：明治30（1897）.11/20 |

5　バルトンの日本及び台湾における衛生調査の概要

| | | | | |
|---|---|---|---|---|
| T7 | 鳳山<br>(高雄) | | | 『**大日本私立衛生会雑誌**』174：明治30(1897).11、『**台湾新報**』：明治30(1897).9/7、『**読売新聞**』：明治30(1897).11/21 |
| T8 | 旧城<br>(高雄) | | | 『**大日本私立衛生会雑誌**』174：明治30(1897).11、『**読売新聞**』：明治30(1897).11/23 |
| T9 | 打狗<br>(高雄) | | | 『**大日本私立衛生会雑誌**』175：明治30(1897).12、『**台湾新報**』：明治30(1897).9/7、『**読売新聞**』：明治30(1897).11/23 |
| T10 | 嘉義 | | | 『**大日本私立衛生会雑誌**』175：明治30(1897).12、『**台湾新報**』：明治30(1897).9/7、『**読売新聞**』：明治30(1897).11/23 |
| T11 | 澎湖島 | | | 『**大日本私立衛生会雑誌**』175：明治30(1897).12、『**台湾新報**』：明治30(1897).9/8、『**読売新聞**』：明治30(1897).11/23 |
| | 基隆<br>(4) | 明治30(1897).9/14～15 | － | 『台湾新報』：明治30(1897).9/15, 17 |
| T12 | 新竹 | 明治30(1897).9/21～23 | － | 『台湾新報』：明治30(1897).9/19, 22, 25 |
| 28 | 高松 | 明治31(1898).1/25～27 | 不明 | 『東京朝日新聞』：明治31(1898).1/25、『香川新報』：明治31(1898).1/25, 28～30, 2/1～5 |
| 29 | 坂出 | 明治31(1898).1/30 | 不明 | 『香川新報』：明治31(1898).2/1 |
| | 台北<br>(2) | 明治31(1898) | ◎ | 『台湾水道史』：76頁、大正7(1918).11 |
| T13 | 葫蘆墩<br>地方<br>(台中) | 明治32(1899).3/30頃 | × | 『台湾日日』：明治32(1899).3/30 |
| T14 | 梧棲<br>地方<br>(台中) | 明治32(1899).3/30～ | × | 『台湾日日』：明治32(1899).3/30 |

明治32(1899).8/5　　　　　　　　　　　　　　　　　　←死没

凡例

報告書欄

　●：栗田彰による口語訳表記のなされ『水道公論』に連載がなされたもの。
　◎：栗田彰による口語訳表記はなされないが根拠欄の**ゴシック体表記記事**に報告書が掲載されるもの。
　○：概報, 報告などが根拠欄の**ゴシック体表記記事**に報告書が掲載されるもの。
　－：報告書が作成されていないと考えられるもの。
　不明：現存が不明のもの。

官報・内務省年報欄

　官報：官報にバルトン関連の記載があるもので、根拠欄に当該号及び年月日を記載。
　年報：当該年度の内務省年報などにバルトンの派遣が記載されるもの。

573

解説　バルトンによる上下水道・衛生調査の全容

表5-2　バルトンの明治29(1896)年〜明治32(1899)年の日本−台湾などにおける調査活動

| 年号 | 日本 | 台湾 | 調査地 | その他の調査地 | 報告書など |
|---|---|---|---|---|---|
| 明治29 1896 | 9/15 馬関 広島、神戸、大阪 | 7/26 着？ 9/1 発 小樽丸 | 8/14 淡水 8/16 台北 8/　基隆 12/1〜上海、香港、シンガポール | | 8/　台北調査嘱託：『台湾水道史』p.71 9/4　『衛生工事報告書』台北、台中、基隆 10/　基隆 設計報告：『台湾水道史』p.38〜39, 44〜45 |
| 明治30 1897 | 3/7 東京 3/8 神戸 3/10 広島 3/11 門司 9/28 馬関 | 3/16 着 小倉丸 9/25 発 横浜丸 | 〜2/9 3/20 総督府演説 3/25 基隆 4/14 基隆 7/1〜9/3 台南、安平、鳳山、旧城、打狗、嘉義、澎湖 9/10 総督府演説 9/14〜15 基隆 9/21〜23 新竹 | | 4/　台北　工事設計ニ就キ意見：『台湾水道史』p.40〜44 4/　基隆　工事調査報告：『台湾水道史』p.40〜44 7/27 設計変更依頼：『台湾水道史』p.19 9/11 淡水　復命書：『台湾水道史』p.19 |
| 明治31 1898 | 1/25〜27 高松 1/30 坂出 | 台中丸 4/14 着 | 台北 | | 4/16 意見書 1,2: 後藤新平文書 5/10 後藤新平宛書巻: 後藤新平文書 |
| 明治32 1899 | 5/13 馬関 8/5 没 | 5/10 発 横浜丸 | 3/30 頃 葫蘆墩地方 梧棲地方 | | |

574

# 訳者あとがき

　近代日本は、外国から招聘されたお雇い外国人の力があってこそ、ここまで発展した。この史実を学生時代から見聞きしてきたものの、我が国への貢献者による著作を一冊全体原著で読むことはなかった。今回は読むだけでなく、和訳する機会を得た。

　バルトンによる『都市への給水』は19世紀末に執筆されたがゆえ、本文の言葉は現代英語ではない。日本語で明治時代の文献を紐解く時と同じ様に、当時の言い回しや社会的及び技術的背景の今日との違いに留意する必要があったため、本著の翻訳作業を行っていた期間中は、あたかもヴィクトリア調時代の時空間に机上旅行するようであった。

　今日土木遺産と称されるものが当時は最先端の施設であった。一方、設備類がコンピュータ制御の導入によりブラックボックス化される前の状態で目に見えるため、現在でも感覚的に理解しやすい。それゆえに副題である「技師と学生のための実務手引」としての役割や示された考え方の根底は、一世紀という時代を越えても有効であり続ける。

　翻訳者は建築を専門とするため門外者ではあるが、工学書なので順序よく論理的に展開する内容であろうと判断して、取り組むこととした。全体を通して、特に技術的な説明については、原文を尊重するように日本語を当てはめた。バルトン特有の時にはまだるっこい、皮肉っぽい表現も含めて伝えられるように心掛けたつもりである。中でもバルトンの筆の進む範囲と、他者の研究に依拠して書かれた範囲とでは、言語を置き換える作業の速度においても、バルトンと歩みを共にするようであった。

　本著は表題が知られながらも、初めて全訳として刊行される。私たちの生活に欠かせない日本の水道施設の原点を記録する文献として広く手にとられ、受け継がれることを願う。

金出　ミチル

## おわりに

　120年以上前に出版された上水道工学に関する実用書とも言える技術書を、翻訳・出版する意義がどこにあるのか。この自問は、翻訳作業に当たる以前から何回も自分にぶつけてきたものであった。確かに本書では技術的には既に陳腐化したものが多くを占め、いまや使われなくなった技術設備に関する記述も縷々述べられる件（くだり）も多々散見された。
　しかし、自分がこの書に向き合った時に抱いた考えは、これとは全く別のものであった。

　話はやや遡るが、著者の研究経歴に少し付き合って頂くこととなる。
　古代日本の住居史を専門として建築史の研究を始めた自分が、近代の、しかも上水道やその技術書を研究するとは20年前には微塵も考えてはいなかった。著者が上水道を研究する切っ掛けとなったのは、新潟県の長岡造形大学に赴任して数年後のことである。
　授業において毎年、長岡市旧中島浄水場に学生とともに6月初旬の水道週間の頃に訪れていた。既に施設は信濃川の上流となる市内、妙見の地に移転して休場となっており、この施設で最後の場長を務めた諸橋さんに毎年、旧中島浄水場の説明を願っていた。ここには濾過池、喞筒室棟、管理室棟、予備発電機室棟、配水塔と今思えば、現役当時の施設が、昭和2（1927）年における建設当初のままの姿で残っており、この内、既に配水塔が平成6（1994）年に"水道タンク"の名称で国の登録有形文化財とされていた。確か、平成11（1999）年のことであったと思う。見学の最後に諸橋さんがぽろっと、"今度、予備発電機室を壊す"と洩らした。意外であった。国登録文化財は配水塔のみであったが、他の施設も同時期に建設がなされたはずであり、建設後50年とする国登録文化財における基準の1つは満たす

ものであった。旧浄水場は施設の移転を受けて、当時は市の施設として公園の整備が進み、その中で昭和42（1967）年頃に増築を受けた予備発電機室は、全体が"古くはないもの"と見なされ、解体の方針が打ち出されていたのだった。聞けば、既に市の予算も議会を通っていると言う。これは駄目かもしれない、と咄嗟に思ったものの、それまでに学生へ向けて発した自らの言葉が突き刺さった。

　学生とこの施設を訪れるのはこの施設を保存・活用するための演習に際してのものであった。それ以前の年における課題発表に際して、何人もの学生が予備発電機室を壊す案を出す度、自分が学生へ向けた言葉があった。
「何故、その施設を壊すのか」
と。その時、予備発電機室が、近代の上水道においてどのように位置付けられるのかも当然、正確には知ることはなかった。しかし、とにかく壊すことを止めねば、との思いが突き上げた。差し当たり、予備発電機室が既に国登録有形文化財となっている配水塔と同時期の建築であることを示した15、6頁程の報告書を10日程でまとめ、それを市の都市整備部長へ手渡した。そして保存を望む声を市議会議員の方々も上げて頂き、運良く予備発電機室は解体を免れることとなった。

　後々研究を進めると、近代上水道の三原則は"加圧、消毒、常時"であり、それを担保する施設が順に、喞筒室や配水塔、濾過池、予備発電機室であることを知った。即ち、上水道施設を文化財として保存を考える場合、これらの施設を一体としたものであることが前提となるのだ。単に予備発電機室は古いと言うだけではなく、その役割も考慮すれば、配水塔を残して予備発電機室を壊す、という理屈は成り立たない、としなければならなかったのだろうが、とても10日程の付け焼き刃の勉強では、そこまでの内容を報告書に盛り込むことはできなかった。

　余談となるがこの時に残された予備発電機室は、平成25（2013）年12月、監視室棟、喞筒室棟とともに国の登録有形文化財とされるに至っている。

　ところでこの辺りから、自分の中でスイッチが入った、と言うより、ここでは蛇口が開かれた、と表現する方が相応しいだろう。それでは何故、

長岡の地に配水塔があるのか、との疑問が次いで湧いてきた。幸い学生には未だその点は質問されていなかったため、夏休みをかけて分厚い『日本水道史』の各論編3冊を繰り、日本中の配水塔施設を網羅的に調べ上げ、その結果、戦前期の配水塔は平野部に集中することを知るに至った。当然と言えば当然であるが、戦前期、ポンプは低い性能の故に、朝晩の使用ピークとなる水量を配水塔に揚水しておくことで補ったのであった。その程度のことは戦前期における上水道関係の教科書にはさらっと記されていたが、分厚い『日本水道史』を複数回に及び読破したことで、上水道施設のあり方や全国における概要は頭に自然と入り、広い越後平野を持つ新潟県では多くの配水塔が現存することも知るに至った。

そしてその頃になると、近隣市からも文化財としての水道施設について調査依頼が舞い込むようにもなった。燕市では上水道施設が移転して諸施設は解体されたものの、配水塔のみが旧地に残されていた。ここでも長年、配水塔の解体か保存かで意見が分かれていたものの、最終的に補修して残すこととなり、国登録有形文化財申請のための調査を平成22（2010）年に依頼された。

前後して平成21（2009）年、三条市からも大崎浄水場の施設を国登録有形文化財とするための調査依頼を受けた。この施設は目の前を流れる五十嵐川下から取水した伏流水を濾過浄水後、近隣の要害山上の配水池に揚げて配水する構成であった。配水塔は立っていなかったが、取水喞筒室から始まり、着水井、濾過池、調整池、揚水喞筒室、配水池及び機械室、量水器室、洗砂場、事務棟、番宅、門柱に至るまで、当初となる昭和8（1933）年の施設が現役で働き続けていた。ここで更に驚かされたのは既に明治27（1894）年の段階で上水道敷設の動きがあり、そこにわざわざバルトンが調査に訪れていたこと、そしてその資料が現存していることであった。自分が調査に立つこの地に、百余年前、バルトンも立ったことを即座に理解することはできなかった。

バルトンの名前は『日本水道史』を繰る以前から何度も目にはしていたが、この地に来ていたことは全く知らなかった。一連の資料を整理する

## おわりに

中で、"バルトン　調査　都市"とインターネットにより検索をかければ、即座にバルトンが調査を実施した都市名が羅列されるものと思ったものの、その期待は当時、見事に裏切られた。末尾まで見ても"三条"の名前はついぞ登場しなかった。しかも、バルトンが調査した都市名は記事により一致するものではなく、必ず末尾に"など"がついて、調査の全容は漠としたものでしかなかった。

「これではいけない」
との思いが込み上げてきた。自分も含め、研究者としての怠慢を強く感じた。同時に、お雇い外国人として日本へ招聘され、再び故国の地を踏むことなく東京で客死したバルトンに対して、日本人としてその業績を顕彰することは間違いなく義務であることを痛く感じた。

そこで先ずは三条を中心としたバルトンの調査行程を明らかにすることに手を着けた。資料は少なく、当時の新聞が中心とならざるを得ないことを研究の過程で思い知った。次いで、明治20（1887）年の来日から、明治32（1899）年に至るバルトンの全仕事を同様の手法で追うことを自らに課した。大半の資料は国立国会図書館や東大の明治新聞雑誌文庫によったが、あわせて新潟、富山、福井、広島、山口などの県立図書館にも赴き、当時の新聞を繰り、ひたすら"バルトン"の活字を追った。この間にバルトンによる調査報告書が栗田彰により口語訳が出されたことは幸いだった。これらを含め、バルトンが各都市の調査を通してまとめた報告書を精読することで、都市と水道敷設の関係を深く知るに至った。

一方で、新たな疑問もまた湧いてきた。バルトンは調査に基づくとはいえ、どのような技術的背景で、これらの都市における設計を行ったのか、という点である。三条の場合は、既存案を追認する一方、適切な助言を与えることで工事費の削減をバルトンは提案している。つまり、この段に至り、ようやくではあるが、バルトンによる『都市への給水』を読んでみたい、という願望に駆られた。即ち、バルトンの技術的な背景＝『都市への給水』を知ることにより、何故、各々の都市における設計があのような形で呈示されるに至ったのか、その一端でも掴むことができるのではないか、

579

との考えたのである。

　手に取った原本は重く、読み通すことができるのか甚だ疑問ではあった。試しに1頁だけ自分で訳してはみたものの、とても太刀打ちできるものではないことが即座に分かった。これは誰かに頼むしかない。自分の知っている範囲で適任者としては今回の翻訳をお願いした金出ミチルしか、候補者としては思い浮かばなかった。

　幼少時を海外で過ごした金出は、大学時代は建築でも環境工学を専門としたが、大学院はアメリカにおいて建築保存を学んでいる。結果から見ればこれ程の適任者はいなかったことになると思う。確か、金出に訳出をお願いしたときは、ここまで詳しい自分の事情は話していなかったと思うが、彼女からは翻訳について快諾の返事をもらった。

　数ヶ月経った平成24（2012）年の末、金出から"荒訳だけれども"という注釈付きで初稿が送られてきた。はやる気持ちを抑えながら和文に目を通した。月並みな言葉ではあるが、感動した。和文の最初の読者として、近年にない幸せな気分で新年を迎えることができた。整理され切ってはいない言葉が並んでいたものの、バルトンの考え方や技術のとらえ方が行間、字間から十分に浸み出していた。本書に記されるような技術に支えられ、汽船、汽車、そして人力車に揺られながらバルトンは日本中、いや台湾を含む様々な地に赴いて調査を実施し、各都市に対して次々と上下水道の計画を立てて行ったことがやっと自分の中で納得いく形で理解ができた。また、本の中にはバルトンが自ら出向いて指導に当たった長崎や、計画に参画した岡山、福岡、東京の図面も図版として使っているが、バルトンは日本に来てからも、広く世界における技術の動向を収集し、またそれを実践したことも知ることができた。つまり、『都市への給水』は、このようにバルトンの一連の調査内容と比較することによって始めて深く理解できるわけである。

　加えて、明治時代の先鋭はこの書を原文で読み、日本各地の上水道施設

の建設に挑んだ点も、バルトンがお雇い外国人として工科大学で教鞭をとったことから明白な事実である。その面で、本書は単にバルトンの業績を示すに留まらず、日本の上水道建設における黎明期におけるバイブルと位置付けても過言ではない。

　文頭に掲げた自問に対し、上手く答えることができているのか、自分でも定かではないが、この書を翻訳して出版する意義は以上述べたように、バルトンによる全仕事の技術的裏付けを示すに留まらず、近代日本における上水道技術のあり方を指し示した一書を世に送り出す、とする点に集約できるものと考えている。つまり、今日の上水道技術とその施設、敢えて言えば近代的で安全な生活の基盤は、全てこの書から始まったと言えるわけである。その面で、一人でも多くの人々がこの本を手に取り、技術の持つ意味と、日本をこよなく愛し、この地に骨を埋めたバルトンの仕事を知って頂ければ幸である。

　最後になるが、本書は科学研究費補助金を受けての出版となった。出版に至るまで我慢強く後押し頂いた中央公論美術出版小菅勉社長と、辛抱強く出版作業を進めて頂いた担当の佐藤遥さんなくして本書は日の目を見ることは決してなかった。お礼を申し上げたい。また、普段から無理を聞いてもらい、文句を言いながらも雑務をこなしてもらっている研究室の西澤哉子さんにもお礼の言葉を述べたい。

　そして何よりも本書は、日本近代の礎を築き、日本の土に帰ったバルトンその人に捧げる一書としたい。合掌。

　　　　　　　　　　　　　　　　　　　　　　　　　平山　育男

［編著者略歴］

**平山 育男**（ひらやま いくお）
1982年早稲田大学理工学部建築学科卒業、1984年同大学院修士課程修了、1993年同博士（工学）、2008年長岡造形大学大学院博士（造形）。長岡造形大学教授。

［訳者略歴］

**金出 ミチル**（かなで みちる）
1988年東京大学工学部建築学科卒業、1994年米コロンビア大学建築・都市計画・歴史保存大学院歴史保存学部修士課程修了、博士（工学）。1995-2006年財団法人文化財建造物保存技術協会勤務、2006年より長岡造形大学非常勤講師。

---

都市への給水 W・K・バルトンの研究 ©

平成二十七年十一月　十　日印刷
平成二十七年十一月二十日発行

編著者　平山 育男
訳者　金出 ミチル
発行者　小菅 勉
印刷　広研印刷株式会社
製本　松岳社
用紙　北越紀州製紙株式会社

**中央公論美術出版**

東京都千代田区神田神保町一丁目十一
IVYビル六階
電話〇三―五五七七―四七九七

製函　株式会社加藤製函所

ISBN978-4-8055-0750-6